计算机技术开发与应用丛书

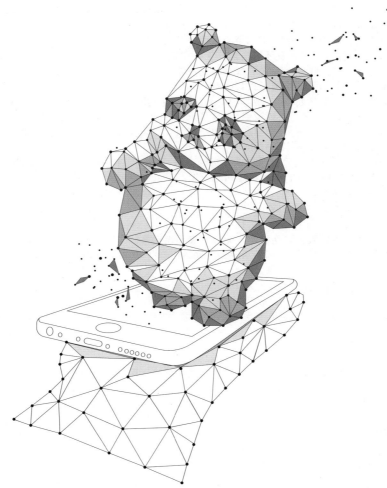

AR Foundation
增强现实开发实战
（ARKit版）

汪祥春 ◎ 编著

清华大学出版社

北京

内容简介

本书基于 AR Foundation 框架，采用 URP 渲染管线，利用 ARKit 进行 iOS 平台的 AR 应用开发，从 AR 技术概念、原理、理论脉络到各功能技术点、AR Quick Look、设计原则、性能优化，对 ARKit 应用开发中涉及的技术进行了全方位的讲述，语言通俗易懂，阐述深入浅出。

本书共分 3 篇：基础篇包括第 1 章至第 3 章，从最基础的增强现实概念入手，通过一个实例阐述了 AR 应用开发从软硬件准备、开发环境搭建、工程设置到发布部署的全流程，探讨了 AR Foundation 框架的技术基础、常用组件，并着重探索了 ARKit 功能特性和运动跟踪原理；功能技术篇包括第 4 章至第 13 章，对 ARKit 功能特性进行了全方位的详细探索讨论，从平面检测、2D 图像和 3D 物体检测、人脸检测到持久化存储与共享、光影特效、人体动捕等，全方位地进行了技术剖析、讲解、演示，并对 AR 场景管理、图像信息处理、3D 文字声频视频、AR Quick Look 等实用功能进行了阐述和使用操作讲解；高级篇包括第 14 章和第 15 章，主要阐述了 AR 应用设计、性能优化相关主题，着力提升开发人员在 AR 应用开发时的实际应用能力和整体把握能力。

本书结构清晰、循序渐进、深浅兼顾、实例丰富，每个技术点都有案例，特别注重对技术原理和实际运用的讲述，提供实际工程实践解决思路和方案。

本书适合 AR 初学者、Unity 开发人员、程序员、科研人员阅读，也可以作为各类高校相关专业师生的学习用书，以及培训学校的培训教材。

图书在版编目（CIP）数据

AR Foundation 增强现实开发实战：ARKit 版 / 汪祥春编著 . —北京：清华大学出版社，2023.2
（计算机技术开发与应用丛书）
ISBN 978-7-302-62701-2

Ⅰ . ① A…　Ⅱ . ① 汪…　Ⅲ . ① 虚拟现实—程序设计　Ⅳ . ① TP391.98

中国国家版本馆 CIP 数据核字（2023）第 026634 号

责任编辑：赵佳霓
封面设计：吴　刚
责任校对：李建庄
责任印制：沈　露

出版发行：清华大学出版社
　　　　　网　　　址：http://www.tup.com.cn，http://www.wqbook.com
　　　　　地　　　址：北京清华大学学研大厦 A 座　　　　邮　　编：100084
　　　　　社 总 机：010-83470000　　　　　　　　　　　邮　　购：010-62786544
　　　　　投稿与读者服务：010-62776969，c-service@tup.tsinghua.edu.cn
　　　　　质量反馈：010-62772015，zhiliang@tup.tsinghua.edu.cn
　　　　　课件下载：http://www.tup.com.cn，010-83470236
印 装 者：三河市龙大印装有限公司
经　　销：全国新华书店
开　　本：186mm×240mm　　　印　　张：29.5　　　字　　数：661 千字
版　　次：2023 年 4 月第 1 版　　　　　　　　　　印　　次：2023 年 4 月第 1 次印刷
印　　数：1～2000
定　　价：119.00 元

产品编号：099221-01

前 言
PREFACE

　　作为元宇宙技术底座人机交互中的重要技术，增强现实（Augmented Reality，AR）技术受到了广泛关注，并迅速成为科技巨头和初创企业竞先入局的科技赛道。客观而言，元宇宙仍处于行业发展的初级阶段，无论是底层技术还是应用场景，与预期的成熟形态相比仍有相当大的差距，但这也意味着元宇宙相关科技和产业发展空间巨大。作为元宇宙中最核心的增强现实技术是实现虚实融合、新型人机交互模式的关键，必将在接下来的十年中获得长足进步和发展。

　　与VR打造一个纯虚拟的数字世界不同，AR技术是一种将虚拟信息与真实世界融合呈现的技术，其广泛运用了人工智能、三维建模、传感计算、运动跟踪、智能交互等多种技术手段，将计算机生成的文字、图像、三维模型、声频、视频、动画等虚拟信息按照几何一致性和光照一致性原则应用到真实世界中，考虑了真实世界与虚拟信息的相互关系，虚实信息无痕融合，从而实现人类对客观世界认知能力的增强。

　　ARKit是苹果公司在前沿科技领域的重大技术布局，也是目前移动领域AR应用开发引擎标杆。得益于良好的软硬件生态整合，ARKit运动跟踪稳定性好、性能消耗低、功能特性丰富，利用它可以开发出令人惊艳的AR应用。ARKit支持iPhone和iPad设备，并且可以预见，其也必将支持即将面世的iGlass眼镜设备。

　　本书是《AR Foundation增强现实开发实战（ARCore版）》的姊妹版，讲述利用ARKit进行iOS/iPadOS平台的AR应用开发，从AR技术概念、原理、理论脉络到各功能技术点、实用技巧、设计原则、性能优化，对ARKit应用开发中涉及的技术进行了全方位讲述，旨在帮助开发者系统化掌握AR开发的相关知识，建立ARKit AR应用开发知识体系。

　　本书关注ARKit功能特性的实际应用，但在讲解技术点的同时对其原理、技术背景进行了较深入的探究，采取循序渐进的方式，使读者知其然更能知其所以然，一步一步地将读者带入AR应用开发的殿堂。

前置知识

　　本书面向ARKit应用开发初学者和Unity工程师，内容讲述尽力采用通俗易懂的语言、从基础入门，但仍然希望读者能具备以下前置知识。

　　（1）熟悉Unity引擎基本操作，掌握Unity开发基本技能，能熟练进行一般性的模型导入导出、属性设置、发布部署。

　　（2）熟悉C#高级语言，掌握基本的C#语法及常见数据结构、编码技巧，对常见游戏对象代码操作、事件绑定等有自己的理解。

（3）了解 Visual Studio for Mac 开发环境，能进行基本的开发环境设置、功能调试、资源使用。

（4）了解图形学。数字三维空间是用数学精确描述的虚拟世界，如果读者对坐标系、向量及基本的代数运算有所了解会对理解 AR 应用工作原理、渲染管线有帮助。但本书中没有直接用到复杂数学计算，读者不用太担心。

预期读者

本书属于技术类书籍，预期读者人群包括以下几类。

（1）高等院校及对计算机技术有浓厚兴趣的专科学校学生。

（2）对 AR 技术有兴趣的科技工作者。

（3）向 AR 方向转行的程序员、工程师。

（4）研究讲授 AR 技术的教师。

（5）渴望利用新技术的自由职业者或者其他行业人员。

本书特色

（1）结构清晰。本书共分基础篇、功能技术篇和高级篇 3 篇。紧紧围绕 ARKit 开发，对其功能特性进行了全方位讲述，并从实际应用角度阐述了 AR 应用设计原则、性能优化等相关知识。

（2）循序渐进。本书充分考虑不同知识背景读者的需求，按知识点循序渐进，通过大量配图、实例进行详细讲解，力求使读者快速掌握 AR Foundation 框架下的 ARKit 开发。

（3）深浅兼顾。在讲解 ARKit 功能技术点时对其技术原理、理论脉络进行了较深入的探究，语言通俗易懂，对技术阐述深入浅出。

（4）实用性强。本书实例丰富，每个技术点都配有案例，注重对技术的实际运用，力图解决读者在项目开发中面临的难点问题，实用性强。

源代码

本书源代码请扫描下方二维码下载。

本书源代码

读者反馈

尽管笔者在本书的编写过程中多次对内容、语言描述的连贯一致性和叙述的准确性进行审查、校正，但由于笔者水平有限，书中仍然难免存在疏漏，敬请读者批评指正。

致谢

仅以此书献给我的妻子欧阳女士、孩子妍妍及轩轩，是你们让我一直保持昂扬斗志，一往无前，永远爱你们。也感谢清华大学出版社赵佳霓编辑对本书的大力支持。

编　者
2023 年 1 月

目 录
CONTENTS

基 础 篇

功能技术篇

高 级 篇

基 础 篇

　　增强现实是一门新兴技术，它是三维建模渲染、虚实融合、传感计算、人工智能、计算机视觉处理等技术发展的结果，是全新的朝阳技术，也被誉为最近十年最重要的技术之一，特别是在元宇宙科技浪潮的推动下，应用广泛、前景广阔，正呈现蓬勃发展的态势。

　　本篇为基础入门篇，从增强现实概念入手，通过一个 HelloWorld 增强现实应用体验 AR 应用开发部署全流程，探讨了 AR Foundation 框架的技术基础、常用组件，并着重探索了 ARKit 功能特性和运动跟踪原理。

　　基础篇包括以下 3 章。

　　第 1 章　AR 开发入门

　　基础入门章节，简述了增强现实的概念、运动跟踪原理、AR Foundation 开发框架，通过一个实例阐述了 AR 开发从软硬件准备、开发环境搭建、工程设置到发布部署的全流程，并简要介绍了 AR 应用的调试方法和工具。

　　第 2 章　AR Foundation 基础

　　简述了 AR Foundation 体系架构、常用功能对象和组件、可跟踪对象及其管理，并对 AR 会话管理进行了使用演示。

　　第 3 章　ARKit 功能特性与开发基础

　　从 ARKit 主要功能、优势及不足、运动跟踪到设备可用性检查，对 ARKit 基本功能特性进行了讲述，并简要介绍了基于地理位置的 AR、设备热管理、AR 轻应用等相关知识。

AR 开发入门

科学技术的发展拓展了人类感知的深度与广度，增强了人类对世界的认知能力。高速的数据流使信息的传递与获取前所未有的便捷，虚实融合技术的出现，开创了人类认知领域新的维度，推动着信息获取向更高效、更直观、更具真实感的方向发展。

1.1 增强现实技术概述

增强现实技术是一种将虚拟信息与真实世界融合展示的技术，其广泛运用了人工智能、三维建模、运动跟踪、虚实融合、智能交互、传感计算等多种技术手段，将计算机生成的文字、图像、三维模型、声频、视频、动画等虚拟信息模拟仿真后，应用到真实世界中。增强现实技术同时考虑了真实世界与虚拟信息的相互关系，虚实信息互为补充，营造真实与虚拟无痕混合的体验。

1.1.1 AR 概念

VR、AR、XR、MR 这些英文术语缩写有时让初学者感到困惑。VR 是 Virtual Reality 的缩写，即虚拟现实，是一种能够创建和体验纯虚拟世界的计算机仿真技术，它利用计算机生成交互式的全数字三维视场，能够营造全虚拟的环境。AR 是 Augmented Reality 的缩写，即增强现实，是采用以计算机为核心的现代科技手段将生成的文字、图像、视频、3D 模型、动画等虚拟信息以视觉、听觉、嗅觉、触觉等生理感知方式融合叠加至真实场景中，从而对使用者感受到的真实世界进行增强的技术。VR 是创建完全数字化的世界，隔离真实与虚拟，AR 则是对真实世界的增强，融合了真实与虚拟。近年来，VR 与 AR 技术快速发展，应用越来越广，并且相互关联、相互促进，很多时候会被统称为 XR（eXtended Reality），即扩展现实。

MR 是 Mixed Reality 的缩写，即混合现实，是融合真实和虚拟世界的技术，混合现实概念由微软公司提出，强调物理实体和数字对象共存并实时相互作用，如虚实遮挡、环境反射等。比较而言，AR 强调的是对真实世界的增强，MR 则更强调虚实的融合，更关注虚拟数字世界与真实现实世界之间的交互，如环境遮挡、人形遮挡、场景深度、物理模拟，也更关注以自然、本能的方式操作虚拟对象。但 AR 与 MR 并非两个割裂的概念，而是对同一事物从不同角度的描述，随着移动端技术的发展，MR 概念中强调的环境遮挡、物理模拟，在 AR 中也能被高效地实现。

本书主要关注 iOS 移动端的 AR 技术，并将详细讲述如何利用 Unity 引擎和 AR Foundation 工具包在 ARKit 基础上开发构建移动设备上的 AR 应用，可用平台包括 iPhone、iPad 和 iPod，AR 虚实融合效果如图 1-1 所示。

图 1-1　AR 将虚拟信息叠加在真实环境之上

在增强现实环境中，真实世界环境被计算机生成的文字、图像、视频、3D 模型、动画等虚拟信息"增强"，甚至可以跨越视觉、听觉、触觉、体感和嗅觉等多种感官模式。叠加的虚拟信息可以是建设性的（对现实环境的附加），也可以是破坏性的（对现实环境的掩蔽），并与现实世界无缝地交织在一起，让人产生身临其境、分不清虚实、真假难辨的感观体验。通过这种方式，增强现实可以改变用户对真实世界环境的持续感知，这与虚拟现实将虚实隔离，用虚拟环境取代用户真实世界环境完全不一样。

增强现实的主要价值在于它将数字信息带入个人对现实世界的感知中，而不是简单的数据显示，通过与被视为环境自然部分的沉浸式集成实现对现实的增强。借助移动 AR 设备，用户周围的增强世界变得可交互和可操作。简而言之，AR 通过运动跟踪、环境理解等技术手段将现实与虚拟信息进行无缝对接，将在现实中不存在的事物构建在与真实环境一致的同一个三维场景中予以展现、衔接融合。

增强现实技术的发展将改变人们观察世界的方式，世界将不再是我们看到的表面现象集合，而是可以有其更深刻和更个性化的内涵，从而引发人类对世界认知方式的变革。想象用户行走或者驱车行驶在路上，通过增强现实显示器（AR 眼镜或者全透明挡风玻璃显示器），信息化图像将出现在用户的视野之内（如路标、导航、提示），这些增强信息实时更新，并且所播放的声音与用户所看到的场景保持同步；或者当我们看到一棵蘑菇时，通过 AR 眼镜即可马上获知其成分和毒性；或者在任何时候需要帮助时，数字人工智能人形助理马上出现在我们面前，以与真人无差异的形象全程为我们服务。

不仅如此，增强现实技术的发展符合更直接、更直观、更本能的人机交互趋势，必将创造全新的人机交互模式，以更加自然的方式连接虚实世界。

1.1.2　AR 技术应用

AR 技术是一门交叉综合技术，近几年来得到了长足的发展，相比于传统二维矩形框显示信息的方式，通过 AR 可以提供更自然、更直观、更符合人类本能的信息呈现和交互能力，概括而言，AR 系统具有 3 个突出的特点：

（1）真实世界与虚拟三维数字世界对齐融合。

（2）虚实信息相互影响实时交互。

（3）虚实世界均遵循几何一致性和光照一致性原则。

基于标识的增强现实（Marker Based AR）技术实现方案是采用图像作为识别物，即使用专门设计的黑边图或者经过训练的自然图像作为标识物，并在此基础上叠加虚拟信息。该方案在 AR 早期发展中占有重要地位，并在儿童绘本、海报广告 AR 方案中被大量使用，但由于需要预先制作跟踪标识物，识别不稳定、功能有限，不利于推广，也无法实现 6DoF（Degree of Freedom，自由度）设备位姿跟踪[①]。

无标识增强现实（Markerless AR）技术的核心基础是实时跟踪设备 6DoF 位姿，在此基础上渲染虚拟元素实现虚实融合。无标识增强现实技术由于可以按照几何一致性原则将虚拟信息叠加到现实世界之上、营造虚实融合一致的体验而在很多领域有广泛的应用前景和潜力[②]。无标识增强现实技术诞生后即迅速应用于游戏和娱乐领域，并促进了相关技术的融合，除此之外，AR 技术在文学、艺术、考古、博物、建筑、视觉艺术、零售、应急管理/搜救、教育、社会互动、工业设计、医学、空间沉浸与互动、飞行训练、军事、导航、旅游观光、音乐、虚拟装潢等领域有着广阔的应用前景。

> **提示**
>
> 在本书中，虚拟对象、虚拟信息、虚拟物体均指在真实环境上叠加的由计算机处理生成的文字、图像、3D 模型、视频等虚拟非真实信息，严格来讲这三者是有差别的，但有时我们在描述时并不严格区分这三者之间的差异。

1.2　AR 技术原理

AR 应用带给使用者奇妙体验的背后是数学、物理学、几何学、人工智能技术、传感器技术、芯片技术、计算机科学技术等基础科学与高新技术的深度融合，对开发人员而言，了解

---

① 自由度是指物理学中描述一个物理状态，独立对物理状态结果产生影响的变量的数量。运动自由度是确定一个系统在空间中的位置所需要的最小坐标数。在三维坐标系描述一个物体在空间中的位置和朝向信息需要 6 个自由度数据，即 6DoF，指 *XYZ* 方向上的三维运动（移动）加上俯仰/偏转/滚动（旋转）。

② 本书主要讲述基于视觉 SLAM 的无标识 ARKit 增强现实技术，后文所述 AR 技术均指提供 6DoF 跟踪能力的增强现实技术。

其技术原理有助于理解 AR 整个运行生命周期，理解其优势与不足，更好地服务于应用开发工作。

对 AR 应用而言，最重要也是最基础的功能是感知设备（使用者）位置，将虚拟数字世界与真实物理环境对齐，其核心技术基础是同时定位与建图（Simultaneous Localization And Mapping，SLAM）技术，即搭载特定传感器的主体，在没有环境先验信息的情况下，于运动过程中建立环境模型，同时估计自己的运动。SLAM 技术用于解决两个问题：一个是估计传感器自身位置；另一个是建立周围环境模型。通俗地讲，SLAM 技术就是在未知环境中确定设备的位置与方向，并逐步建立对未知环境的认知（构建环境的数字地图）。SLAM 技术不仅是 AR/MR 技术的基础，也是自动驾驶、自主导航无人机、机器人等众多需要自主定位技术的基础。经过近 30 年的发展，SLAM 技术理论、算法框架已基本定型，现代典型视觉 SLAM 技术框架如图 1-2 所示。

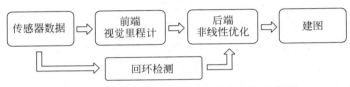

图 1-2　现代典型视觉 SLAM 技术架构示意图

1.2.1　传感器数据

携带于运动主体上的各类传感器，如激光传感器、摄像机、轮式编码器、惯性测量单元（Inertial Measurement Unit，IMU）、深度传感器等，它们采集的环境信息为整个 SLAM 系统提供数据来源，其中轮式编码器会测量轮子转动角度，IMU 会测量运动角速度和加速度，摄像机、激光传感器、深度传感器则用来读取环境的某种观测数据，它们测量的都是间接的物理量而不是直接的位置数据，我们只能通过这些间接的物理量推算运动主体位姿（Pose，包括位置和方向）。就移动端设备而言，我们更关注来自设备摄像头的图像信息、IMU 运动信息（可能还会有深度传感器信息），理论上可以通过这些数据解算出运动主体精确的位姿信息和环境地图，但遗憾的是来自各类传感器的数据都不是完全准确的，都带有一定程度的噪声（误差），这使问题变得复杂化，因为噪声数据会导致计算误差，而这种误差会随着时间的推移而快速累积（试想一下，一个微小的误差以每秒 60 次的速度迅速放大），很快就会导致定位和建图完全失效。

以图像数据为例，来自摄像头的图像本质上是某个现实场景在相机成像平面上留下的一个投影，它以二维的形式记录了三维的场景，因此，图像与现实场景相比少了一个深度方向的维度，所以仅凭单幅图像无法恢复（计算）拍摄该图像时相机的位姿，必须通过移动相机获取另一幅图像形成视差才能恢复相机运动，这也就是移动设备在使用 AR 应用时必须移动才能实现正确运动跟踪的原因。

　　图像在计算机中以矩阵的形式进行存储和描述，为精确匹配图像中的像素与现实世界中的环境点，图像数据还要进行校准才能进入 SLAM 系统中，校准分为相机光度校准与几何校准两部分。

　　（1）光度校准：光度校准涉及相机底层技术，通常要求 OEM 厂商参与。因为光度校准涉及图像传感器本身的细节特征及内部透镜所用的涂层材料特性等，光度校准一般用于处理色彩和强度的映射。例如，正在拍摄遥远星星的望远镜连接的相机需要知道传感器上一像素光强度的轻微变化是否确实是源于星星的光强变化或者仅仅是来源于传感器或透镜中的像差。光度校准对于 AR 运动跟踪的好处是提高了传感器上的像素和真实世界中图像点的匹配度，因此可使视觉跟踪具有更强的稳健性及更少的错误。

　　（2）几何校准：以普通相机为例，几何校准使用针孔相机模型校正镜头的视野和镜筒畸变。由于镜头的加工精度、安装工艺等缘故所有采集到的图像都会产生变形，软件开发人员可以在没有 OEM 帮助的情况下使用棋盘格或公开的相机规格进行几何校正，如图 1-3 所示。

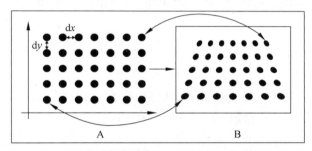

图 1-3　对图像信息进行几何校准示意图

　　对 SLAM 技术而言，光度校准确定了真实物理点与成像点颜色与强度映射，镜头出厂后不会再发生变化，而由于镜头加工精度、安装工艺所导致的畸变却会影响真实物理点与成像点的位置对应关系，它们对整个 SLAM 系统的精度影响非常大，必须进行预先处理。常见的畸变有桶形失真和枕形失真两种，如图 1-4 所示。

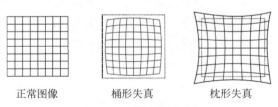

正常图像　　　　桶形失真　　　　枕形失真
图 1-4　图像畸变类型

　　除了图像数据噪声和畸变外，IMU 数据也不准确，IMU 产生数据的频率非常高，通常能达到每秒 100 ～ 1000 次，IMU 误差主要来自噪声（Bias and Noise）、尺度因子（Scale Errors）和轴偏差（Axis Misalignment），在极短时间内，可以信赖 IMU 数据，但由于 IMU 数据频率高，误差会在短时间内快速累积，因此也需要对 IMU 数据进行校准。

深度传感器也会带来误差，除了深度传感器本身的系统误差和随机误差，环境中的透明物体、红外干扰、材质反光属性都会增加深度值的不确定性，也需要进行误差校准和外点剔除。

1.2.2　前端里程计

基于视觉的 SLAM 前端里程计又称为视觉里程计（Visual Odometry，VO），其主要任务是估算相邻图像间的运动，建立局部地图。移动设备通常配备有 IMU 传感器，因此，在移动设备中的前端里程计融合了视觉和 IMU 各传感器数据，可以提供更高精度和稳健性。

里程计通过定量地分析图像与空间点的几何对应关系、相对运动数据，能够估计相机运动，并恢复场景空间结构，前端里程计只计算相邻时刻的相机运动，不关联之前的数据，因此不可避免地会出现累积漂移（Accumulation Drift），以这种方式工作，先前时刻的误差会传递到下一时刻，导致经过一段时间后，估计的运动轨迹误差越来越大，原本直的通道变成了斜的，原本圆的场景变成了椭圆的，为解决累积漂移问题，需要引入额外的抑制技术——后端优化和回环检测。

1.2.3　后端优化

概括地讲，后端优化主要指处理 SLAM 过程中的噪声问题。虽然希望所有输入的数据都是准确的，然而在现实中，再精确的传感器也带有一定的噪声。便宜的传感器测量误差较大，昂贵的则较小，有的传感器还会受磁场、温度、红外线的影响，所以除了解决"从相邻时刻估计出相机运动"之外，我们还要关心这个估计带有多大的噪声及如何消除这些误差。后端优化要考虑的问题，就是如何从这些带有噪声的数据中，估计整个系统的状态，以及这种状态估计的不确定性大小。这里的状态既包括运动主体本身的轨迹，也包含地图。在 SLAM 框架中，前端给后端提供待优化的数据，以及这些数据的初始值，而后端负责整体的优化过程，面对的只有数据，不关心这些数据到底来自什么传感器。在 ARKit 中，前端和计算机视觉研究领域更为相关，例如图像的特征提取与匹配等，也包括图像数据与 IMU 或者 TOF 数据的融合，后端则主要负责滤波与非线性优化算法。通过后端优化，我们能够比较有效地抑制误差累积，将整个 SLAM 系统维持在一个可接受的精度范围之内。

1.2.4　回环检测

回环检测，又称闭环检测（Loop Closure Detection），主要解决位姿估计随时间漂移的问题。假设实际情况下，运动主体经过一段时间运动后回到了原点，但是由于漂移，它的位置估计值却没有回到原点。如果有某种手段感知到"回到了原点"这件事，或者把"原点"识别出来，我们再把位置估计值"拉"过去，就可以消除漂移了，这就是所谓的回环检测。回环检测与"定位"和"建图"都有密切的关系。事实上，我们认为，地图存在的主要意义，是为了让运动主体知晓自己到达过的地方。为了实现回环检测，需要让运动主体具有识别曾到达过场景的能力。实现回环的手段有很多，例如可以在环境中的某个位置设置一个标志物（如一张二维码图片），只要它看到了这个标志，就知道自己回到了原点，但是，该标志物实际上是对环境位置的一种人为标识，对应用环境提出了限制，而我们更希望通过运动主体自身携带的传感器（图像数据），来完成这一任务。例如，可以判断图像间的相似性，来完成回环检测，这一点和人类是相似的，当我们看到两张相似图片时，容易辨认它们来自同一个地方，当然，在计算机中判断两张图片是否相似比我们想象的要难得多，这是一个典型的人觉得容易而计算机觉得难的命题。

如果回环检测成功，则可以显著地减小累积误差，所以回环检测，实际上是一种计算图像数据相似性的算法。由于图像的信息非常丰富，使正确检测回环的难度也降低了不少。在检测到回环之后，我们会把"A 与 B 是同一个点"这样的信息通知后端优化算法，后端根据这些新的信息，把轨迹和地图调整到符合回环检测结果的样子。这样，如果我们有充分而且正确的回环检测，就可以消除累积误差，得到全局一致的轨迹和地图。

1.2.5　建图

建图（Mapping）是指构建地图的过程。地图是对环境的描述，但这个描述并不是固定的，需要视 SLAM 的应用而定。相比于前端里程计、后端优化和回环检测，建图并没有一个固定的形式和算法。一组空间点的集合可以称为地图，一个 3D 模型也是地图，一个标记着城市、村庄、铁路、河道的图片亦是地图。地图的形式随 SLAM 的应用场合而定，按照地图的用途，地图可以分为度量地图和拓扑地图两种。

度量地图强调精确地表示地图中物体的位置关系，通常用稀疏（Sparse）和稠密（Dense）对它们进行分类。稀疏地图进行了一定程度的抽象，并不需要表达所有的物体。例如，我们选择一部分具有代表意义的标志，称为路标（Landmark），那么一张稀疏地图就是由路标组成的地图，而不是路标的部分就可以忽略掉。相对地，稠密地图着重于建模所有看到的场景。对于定位来讲，稀疏地图就足够了，而对于导航来讲，则需要稠密地图。

拓扑地图（Topological Map）是一种保持点与线相对位置关系正确而不一定保持图形形状与面积、距离、方向正确的抽象地图，拓扑地图通常用于路径规划。

在移动端 AR 设备中，主要使用稀疏地图实现对物理环境的映射，但在搭载有 LiDAR、TOF 传感器的设备上，可以通过物理方法得到场景深度值，利用这些深度信息，通过算法就可以建立对环境的映射（对环境场景几何表面进行重建），因此允许虚拟对象与真实物体发生碰撞及遮挡，如图 1-5 所示。

环境映射是实现真实物体与虚拟物体碰撞与遮挡关系的基础，在对真实环境进行 3D 重建后虚拟对象就可以与现实世界互动，实现碰撞及遮挡。

通过 SLAM 技术，我们不仅能解算出运动主体位姿，还可以建立起周围环境的地图，对齐虚拟数字世界与真实物理世界，因此，就能以正确的视角渲染虚拟元素，实现与真实物体一样的透视、旋转、物理模拟现象，营造虚实融合的 AR 体验。

图 1-5　对场景重建后实现遮挡示意图

1.3　AR Foundation 概述

在 2017 年，苹果（Apple）公司和谷歌（Google）公司相继推出了 AR 开发 SDK 工具包 ARKit 和 ARCore，分别对应 iOS 平台与 Android 平台 AR 开发。ARKit 和 ARCore 推出后，极大地促进了 AR 在移动端的普及和发展，自此之后，AR 开始进入普通消费场景中，并迅速在各领域落地应用。由于当前移动手机操作系统主要为 iOS 和 Android 两大阵营，ARKit 和 ARCore 分别服务于各自系统平台，这意味着软件生产商在开发移动 AR 应用时必须使用 ARKit 开发一个 iOS 版本、使用 ARCore 开发一个 Android 版本，这无疑增加了开发时间与成本。

ARCore 提供了 Android、Android NDK、Unity、Unreal 开发包，ARKit 官方只提供了 XCode 开发 API，这也增加了利用其他工具进行开发的开发者学习成本。为进一步提升 XR 开发能力和降低开发成本，Unity 构建了一个 AR 开发平台，这就是 AR Foundation，这个平台架构于 ARKit 和 ARCore 之上，其目的是利用 Unity 良好的跨平台能力构建一种与平台无关的 AR 开发环境，即做了一个中间软件抽象层。换言之，AR Foundation 对 ARKit 和 ARCore 进行了再次封装，提供给开发者一致的开发界面，屏蔽了底层硬件差异，依据 AR 应用发布平台自动选择合适的底层 SDK 版本。

AR Foundation 是 ARKit 和 ARCore 的软件抽象层，虽然最终都使用 ARKit SDK 或 ARCore SDK 实现相关功能，但已经将二者之间的使用差异抹平，开发者无须关心底层系统及硬件差异。由于考虑到提供公共的使用界面，因此 AR Foundation 对底层 SDK 特异性的功能部分做了取舍，如 ARCore 的云锚点功能，AR Foundation 不提供直接支持，除此之外，函数方法调用与原生 API 也不同。

AR Foundation 的目标并不局限于整合 ARKit 与 ARCore，它的目标是构建一个统一、开放的 AR/MR 开发平台，经过几年的发展，AR Foundation 也已经纳入 Magic Leap、HoloLens AR 眼镜端开发的相关 SDK，进一步丰富了 AR/MR 开发能力，不仅支持移动端 AR 设备，也支持穿戴式 AR 设备开发。

综上所述，AR Foundation 并不提供 AR/MR 的底层开发 API，这些与平台相关的 API 均由第三方（如 ARKit、ARCore、Magic Leap）提供，它是一个软件抽象层，通过提供统一的使用界面和功能封装，进一步降低了 AR/MR 跨设备、跨平台开发门槛。

1.3.1　AR Foundation 与 ARKit

AR Foundation 提供了独立于平台的脚本 API 和 MonoBehaviour 组件，因此，开发者可以通过 AR Foundation 使用 ARCore 和 ARKit 公有的核心功能构建同时适用于 iOS 和 Android 两个平台的 AR 应用程序，只需一次开发，就可以部署到两个平台的不同设备上，不必做任何改动。

AR Foundation 架构于 ARCore 和 ARKit 之上，相比于使用原生 SDK 进行开发，多了一个软件抽象层，其与 ARCore、ARKit 的关系如图 1-6 所示。

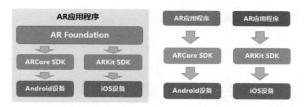

图 1-6　AR Foundation、ARCore、ARKit 相互关系图示

1.3.2　AR Foundation 支持的功能

AR Foundation 与 ARCore、ARKit 都处于快速发展中，支持的功能也从核心的运动跟踪、环境理解向周边扩展，对 AR 应用开发的支持越来越完善，它们的主要功能对比如表 1-1 所示。

表 1-1　AR Foundation、ARCore、ARKit 功能对比

支 持 功 能	AR Foundation	ARCore	ARKit
垂直平面检测	√	√	√
水平平面检测	√	√	√
特征点检测	√	√ + 支持特征点姿态	√
光照估计	√	√ + Color Correction	√ + Color Temperature
射线检测（Raycasting，对特征点与平面）	√	√	√
图像跟踪	√	√	√
3D 物体检测与跟踪	√	—	√
环境光探头（Environment Probes）	√	√	√

续表

支 持 功 能	AR Foundation	ARCore	ARKit
世界地图（World Maps）	√	—	√
人脸跟踪（Pose、Mesh、Region、Blendshape）	√	√	√（iPhoneX 及更高型号）
云锚点（Cloud Anchors）	√	√	—
远程调试（Editor Remoting）	MARS	√ -Instant Preview	√ -ARKit Remote
模拟器（Editor Simulation）	√	—	—
URP 支持（支持使用 ShaderGraph）	√	√	√
摄像头图像 API（Camera Image）	√	√	—
人体动作捕捉（Motion Capture）	√	—	√（iPhoneXr 及更高型号）
人形遮挡（People Occlusion）	√	—	√（iPhoneXr 及更高型号）
多人脸检测	√	√	√（iPhoneXr 及更高型号）
多人协作（Collaborative Session）	√	√	√（iPhoneXr 及更高型号）
深度图（Depth API）	√	√	√（iPhoneXr 及更高型号）
镜头噪声（Camera Noise）	√	—	√（iPhoneXr 及更高型号）
场景网格（Meshing）	√	—	√（LiDAR）
平面分类（Plane Classification）	√	—	√
地理位置 AR	√	—	√（部分地区）
多图像识别	√	√	√

　　AR 应用是计算密集型应用，对计算硬件要求较高，AR 应用启动后，即使在应用中不渲染虚拟对象，其底层运动跟踪功能也在对环境图像、特征点跟踪进行实时解算，由于移动端硬件设备资源的限制，一些高级 AR 特性只能在最新的处理器（包括 CPU 和 GPU）上才能运行，如人体姿态跟踪、场景网格、深度 API 等。

1.3.3　AR Foundation 功能概述

　　AR Foundation 功能的实现依赖于其底层 SDK，同时，AR Foundation 能实现的功能也与底层 SDK 所在平台相关，如 ARKit 有 ARWorldMap 功能，而 ARCore 没有，因此，即使 AR Foundation 支持 WorldMap 功能，该功能也只能在支持 ARKit 运行的 iOS 平台上才有效，编译到 Android 平台则会出现错误。对于 ARKit 和 ARCore 都支持的公共功能，AR Foundation 可以在编译时根据平台选择无缝地切换所用底层 SDK，达到一次开发跨平台部署的目的。除此之外，AR Foundation 也提供了很多辅助功能和组件以方便开发者使用。

　　AR Foundation 功能设计参考了 ARKit 现有功能，并主要以 ARKit 现有功能为基础设计其功能架构，因此，ARKit 支持的主要功能 AR Foundation 基本支持，并且版本迭代基本与

ARKit 一致。

1.3.4　AR Foundation 体系架构概述

虽然 AR Foundation 是在底层 SDK API 之上进行抽象封装，但为实现 AR 应用开发跨平台能力（平台无关性），AR Foundation 搭建了一个开放性的灵活架构体系，使这个架构能够容纳各类底层 SDK，能支持当前及后续其他底层 AR/MR SDK 的加入，宏观上看，AR Foundation 希望构建一个能开发各类 AR/MR 应用的统一平台。

为屏蔽底层系统和硬件差异，AR Foundation 建立在一系列的子系统（Subsystem）之上。子系统负责处理与平台相关的工作，进行软件抽象，屏蔽硬件差异，实现功能模块的平台无关性。如 XRPlaneSubsystem 子系统负责实现平面检测、显示功能，在编译时，AR Foundation 根据所选平台自动调用不同底层的 SDK，从开发者角度看，只需调用 XRPlaneSubsystem 功能，而不用关心最终这个实现是基于 iOS 还是 Android，对平台透明化。

这种架构对上提供了与平台无关的功能，对下可以在以后的发展中纳入不同的底层 SDK，从而实现最终的一次开发，跨平台部署的目标，更详细内容将在第 2 章中进行阐述。

1.3.5　基本术语

1. 运动跟踪（Tracking）

在 2D 和 3D 空间中跟踪用户的运动并定位其位姿是任何 AR 应用的基础，也是营造虚实融合体验的关键，运动跟踪又称为世界跟踪，指 AR 设备实时解算其在物理世界中的相对位置和方向的能力。当设备在现实世界中运动时，AR Foundation 通过 SLAM 技术来理解移动设备周边环境、定位设备姿态。SLAM 算法会检测从摄像头图像中捕获的视觉差异特征（称为特征点），并使用这些特征来计算其位置变化，这些视觉信息与设备 IMU 惯性测量结果结合，便可估测摄像头随着时间推移而相对于周围世界的姿态变化。

通过将渲染 3D 内容的虚拟相机的姿态与设备摄像头的姿态对齐，就能够从正确的透视角度渲染虚拟内容，渲染的虚拟图像可以叠加到从设备摄像头获取的图像上，让虚拟内容看起来就像真实世界的一部分。

2. 可跟踪对象（Trackable）

可以被 AR 设备检测和 / 或跟踪的真实特征，例如特征点、平面、人脸、2D 图像、锚点等。

3. 特征点（Feature Point）

SLAM 使用摄像头采集的图像分析和跟踪环境中用于构建环境地图的特定点，例如木纹表面的纹理点、书本封面的图像，特征点通常是视觉差异点，包含了被观察到的图像视觉特征集合。

4. 会话（Session）

会话用于管理 AR 系统的状态，是 AR 功能的入口，是 AR 应用中非常重要的概念。会话负责处理整个 AR 应用的生命周期，控制 AR 系统根据需要开始和暂停摄像头图像帧的采集、初始化、释放资源等。在开始使用 AR API 时，可通过 ARSessionState 状态值检查当前设备是否支持 AR 功能。

5. 会话空间（Session Space）

会话空间即为 AR 会话初始化后建立的坐标空间，会话空间原点（0，0，0）为 AR 应用完成初始化时设备摄像头所在位置，AR 设备跟踪的坐标信息都处在会话空间中，因此在使用时，需要将其从会话空间转换到 Unity 空间，类似于模型空间和世界空间的转换，AR Foundation 默认会执行会话空间到 Unity 世界空间的转换。

6. 射线检测（Ray Casting）

AR Foundation 利用射线检测获取世界空间中对应于手机屏幕的 X、Y、Z 坐标（通过点按或应用支持的任何其他交互方式），实现时将一条射线投射到摄像头的视野中，返回这条射线贯穿的任何平面或特征点及碰撞位置在现实世界空间中的姿态，通过射线检测可以与 AR 场景中的物体交互。

7. 增强图像（Augmented Image）

使用增强图像（图像检测）可以构建能够响应特定 2D 图像（如产品包装或电影海报）的 AR 应用，用户将设备摄像头对准特定图像时触发 AR 体验，如将设备摄像头对准电影海报后加载虚拟模型或者虚拟场景，实现对现实图像的增强。使用增强图像时可离线创建图像数据库，也可以在运行时实时添加参考图像，在 AR 应用运行时，AR Foundation 将检测和跟踪这些图像，并返回其姿态。

8. 体验共享（Sharing）

AR 数据持久化存储与体验共享是当前 AR 领域的一个难点问题，ARKit 提供了目前业内最好的解决方案。为解决数据持久化存储的问题，ARKit 提供了 ARWorldMap 技术；为解决体验共享的问题，ARKit 提供了协作会话（Collaborative Session）技术，通过这两种技术手段将复杂的技术简单化，并给予了开发者良好的支持。除此之外，借助于 ARCore 中的云锚点（Cloud Anchor）功能或者 Azure 云服务中的空间定位点功能，可以创建适用于 iOS 和 Android 设备的多人共享 AR 应用，实现 AR 体验的多人共享。使用云锚点时，一台设备可以将锚点及其附近的环境特征点信息发送到云端进行托管，通过锚点解析可以与同一环境中 Android 或 iOS 设备上的其他用户共享相关数据，从而让用户能够同步拥有相同的 AR 体验。

9. 平面（Plane）

为营造更加真实的 AR 体验，AR 场景中大部分内容需要依托于平面建立。AR Foundation 中平面可分为水平、垂直两类，平面描述了真实世界中的一个二维平面，包括平面的中心点、平面的 X 和 Z 轴方向长度、组成平面多边形的顶点等数据。检测到的平面还分为 3 种状态：正在跟踪、可恢复跟踪和永不恢复跟踪，不在跟踪状态的平面，平面包含的信息可能不准确。随着环境探索的进行，AR Foundation 也可能会自动合并两个或者多个平面。

10. 姿态（Pose）

在 AR Foundation 中，姿态用于描述物体位置与方向属性，AR Foundation API 中的姿态可以被认为与 OpenGL 的模型矩阵或 DirectX 的世界矩阵一致。随着 AR Foundation 对环境理解的不断加深，它会自动调整坐标系以便与真实世界保持一致，因此每帧中，虚拟物体的姿态都有可能发生变化。

11. 光照估计（Light Estimate）

光照估计描述了通过设备摄像头采集的图像信息估计真实环境中光照情况的过程，通过计算机视觉图像算法可以获取当前设备摄像头采集图像中的光照强度、颜色分量及光照方向，使用光照估计信息渲染虚拟对象，照明效果会更真实，并且可以根据光照方向调整 AR 中虚拟物体的阴影方向，增强虚拟物体的真实感。

1.4　支持的设备

由于 SLAM 对传感器的极度敏感性和 AR 应用对移动设备性能的要求，ARKit 只能在 iPhone 6s 及以上机型中运行，ARKit 支持 iPhone、iPad 和 iPod，受支持的设备如表 1-2 所示。

表 1-2　支持 ARKit 的设备明细

设备型号	型 号 列 表
iPhone	iPhone 14、iPhone 14 mini、iPhone 14 Pro、iPhone 14 Pro Max
	iPhone 13、iPhone 13 mini、iPhone 13 Pro、iPhone 13 Pro Max
	iPhone 12、iPhone 12 mini、iPhone 12 Pro、iPhone 12 Pro Max
	iPhone 11、iPhone 11 Pro、iPhone 11 Pro Max
	iPhone Xs、iPhone Xs Max、iPhone Xr
	iPhone X
	iPhone 8、iPhone 8 Plus、iPhone 7、iPhone 7 Plus
	iPhone 6s、iPhone 6s Plus
	iPhone SE（第 1 代）、iPhone SE（第 2 代）

续表

设备型号	型 号 列 表
iPad	12.9 英寸 iPad Pro（第 5 代）、12.9 英寸 iPad Pro（第 4 代）、12.9 英寸 iPad Pro（第 3 代）、12.9 英寸 iPad Pro（第 2 代）、12.9 英寸 iPad Pro（第 1 代）
	11 英寸 iPad Pro（第 3 代）、11 英寸 iPad Pro（第 2 代）、11 英寸 iPad Pro（第 1 代）
	10.5 英寸 iPad Pro、9.7 英寸 iPad Pro
	iPad Air（第 4 代）、iPad Air（第 3 代）
	iPad（第 9 代）、iPad（第 8 代）、iPad（第 7 代）、iPad（第 6 代）、iPad（第 5 代）
	iPad mini（第 6 代）、iPad mini（第 5 代）
iPod	iPod touch（第 7 代）

表 1-2 是一张动态更新的表，一般而言，新发布的所有 iPhone 手机、高端 iPad、iPod 都会支持 ARKit，但需要注意的是，由于硬件性能差异，并不是所有 ARKit 功能在所有的设备上都会得到支持，如对未配置 LiDAR 传感器的设备，场景表面几何网格（Meshing）功能将不可用，在购买或者使用相关硬件设备时，最好先查询相关产品的规格参数。

1.5 开发环境准备

开发 ARKit 设备的 AR 应用需要用到较多的工具软件，而且工具软件之间具有相关性，开发环境配置较容易出现问题，因此本节将详细介绍开发环境所需要的硬件、软件需求和配置。

1.5.1 所需硬件和软件

本书中我们使用 macOS Monterey、Visual Studio for Mac、Unity 2021.3 LTS、Xcode 13 开发 ARKit 设备的 AR 应用，为确保能高效地进行开发工作[①]，建议的开发计算机硬件配置如表 1-3 所示。

表 1-3 开发计算机硬件配置建议[②]

硬件名称	描　　述
CPU	Intel 桌面 i7 第 6 代（6 核）、AMD Ryzen 5 1600（6 核，12 线程）、Apple M1 及以上
GPU	支持 DX12 的 NVIDIA GTX 1060、AMD Radeon RX 480 (2GB)、Apple M1 及以上
内存	支持 DDR4 2660 及以上频率的 16GB 内存及以上
硬盘	240GB 固态硬件作为操作系统及各开发工具安装盘

---

① 根据笔者的使用经验，由于所使用工具均为重量级软件，完整的 AR 应用开发环境搭建完成大约需要 80GB ~ 100GB 硬盘空间，开发计算机性能不好会严重影响开发效率。另外，稳妥起见，本书采用 Unity 2021.3 LTS 版本，建议读者也不要盲目追随 Unity 新版本。

② 一般而言，2020 年及以后的 MacBook Air、MacBook Pro、Mac mini 等均能正常高效地进行开发工作。

续表

硬件名称	描　　述
显示器	1920×1080 及以上分辨率的 24 英寸显示器及以上
USB	至少 1 个 USB 接口

本书开发 AR 应用使用 macOS Monterey 12 操作系统，各主要工具软件及下载网址如表 1-4 所示。

表 1-4　开发计算机所需软件及下载网址

软　　件	下载网址或者升级教程
macOS Monterey 12	https://support.apple.com/zh-cn/macOS/upgrade
Visual Studio for Mac（17.0 或更高版本）	https://visualstudio.microsoft.com/zh-hans/vs/mac/unity/
Unity 2021.3 LTS	https://unity.cn/releases/lts/2021
Xcode 13.4	https://apps.apple.com/cn/app/xcode/id497799835?mt=12

1.5.2　软件安装

首先正确安装 macOS Monterey 最新版本，并更新到最新状态，确保硬件均已正确驱动。

1. Xcode 安装

安装 Xcode 最简单的方法是在 Mac 上打开 App Store 应用程序，搜索 Xcode 关键词，查找到 Xcode 应用，单击"安装"按钮即可开始自动下载和安装，如图 1-7 所示，本书使用的版本为 13.4。

图 1-7　Xcode 安装图示

2. Visual Studio for Mac 安装

使用 Visual Studio for Mac Installer 安装最新版本（17.0 及以上）的 Visual Studio for Mac[①]（独立安装 VS4M，不建议将其作为 Unity 软件工具模块的一部分安装[②]）。下载完成后，选择 VisualStudioforMacInstaller.dmg 加载安装程序，然后双击箭头图标进行 VS4M 安装，流程如图 1-8 所示。

(a) 安装　　　　　　　　　　(b) 下载完成　　　　　　　　(c) 勾选.NET和iOS复选框

图 1-8　VS4M 安装流程图示之一

在图 1-8（c）中，勾选 .NET 和 iOS 复选框以便我们能使用 C# 开发 iOS 应用。安装程序将自动下载并安装 VS4M，并显示任务进度，在这个过程中系统会提示输入密码以授予软件安装所需的权限，后续流程如图 1-9 所示。

(a) 自动下载并安装VS4M　　　　　　　　　　　(b) 选择快捷方式

图 1-9　VS4M 安装流程图示之二

3. Unity 2021.3 安装

建议使用 Unity Hub 安装 Unity 2021.3，Unity Hub 是专用于 Unity 软件各版本安装、管理、卸载的工具，利用该工具可以同时在计算机中安装多个版本的 Unity 软件，而且可以随时加

---

① 为方便描述，下文中 Visual Studio for Mac 和 Visual Studio 简称为 VS4M。
② 使用 Unity 组件方式安装 VS4M 需要自行下载额外软件和进行更多额外设置，推荐独立安装 VS4M。

载或者卸载各版本 Unity 的工作模块。在安装完成并启动 Unity Hub 后，选择 Installs 选项卡，
单击右上角 Install Editor 按钮打开 Unity Editor 安装面板，选择 2021.3 LTS 版本进行安装，如
图 1-10 所示。

图 1-10　通过 Unity Hub 安装 Unity

安装 Unity 软件时，由于已经安装了 VS4M（Unity 工作模块中也显示该模块已安装），
所以只需确保勾选 iOS Build Support 工作模块，如图 1-11 所示，然后单击 Install 按钮开始下
载和安装。

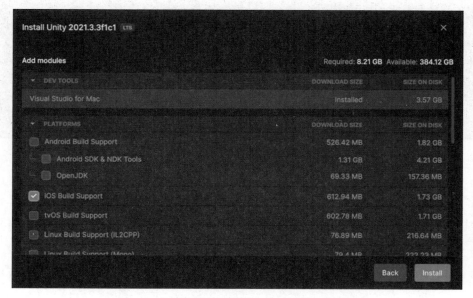

图 1-11　Unity 软件安装时勾选需要的工作模块

1.6　ARKit 初体验

在准备好所有开发所需软硬件之后，本节将构建一个 ARKit 应用，体验 AR 应用从工程设置到导出部署全过程、全流程。同时，为更好利用 Unity URP 渲染管线（Universal Render Pipeline，URP）在移动端应用渲染的优势，本书所有内容讲述和示例均基于 URP。AR Foundation 在 iOS 端使用 ARKit 底层技术，并且 Unity 工程不能一次性发布成 iOS 包文件，Unity 利用 AR Foundation 发布 iOS AR 应用需要分为两步：第 1 步使用 Unity 生成 Xcode 工程文件，第 2 步利用 Xcode 编译工程文件发布成 ipa 应用包。

1.6.1　工程创建

在程序坞或者 dock 栏上单击 Unity Hub 图标启动 Unity Hub，选择左侧 Projects 选项卡，如图 1-12 所示。

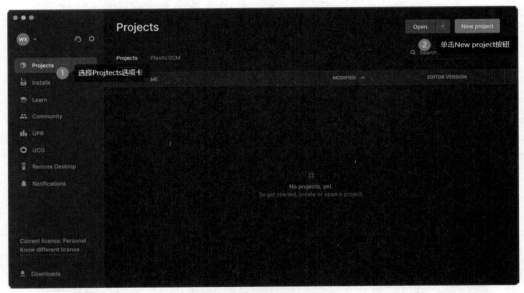

图 1-12　创建新 Unity 工程项目

在 Projects 窗口右上角单击 New project 按钮打开模板选择窗口，选择 3D 模板、填写项目名称、选择项目存放位置，将工程命名为 Helloworld，由于我们不使用 PlasticSCM 管理项目，所以不需要勾选该复选框，最后单击右下角 Create project 按钮创建项目[1]，如图 1-13 所示。

---

① 在图 1-13 中可以看到有一个 Universal Render Pipeline 应用模板，也可以直接使用该模板创建 URP 应用，但目前使用这个模板创建应用会引入一个案例场景和若干工程文件，可能会给初学者造成困惑，同时，为方便 Unity AR 应用开发者将已有 Built-in 工程转换到 URP 工程，我们选择从 3D 模板创建 URP AR 应用，方便开发者了解详细的 URP 配置过程。

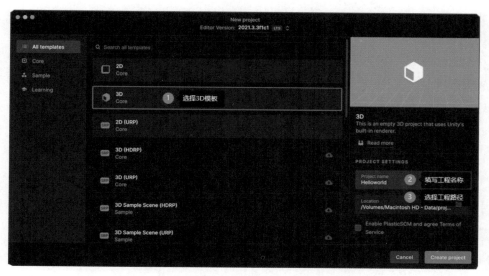

图 1-13　选择 Unity 工程模板，填写项目信息

待 Unity 窗口打开后，将当前场景名修改为 Helloworld，从菜单栏中选择 File → Build Settings（或者使用快捷键 Command+Shift+B），打开设置窗口。选择 Platform 下的 iOS 平台，然后单击 Switch Platform 按钮将开发平台切换到 iOS 平台，如图 1-14 所示。

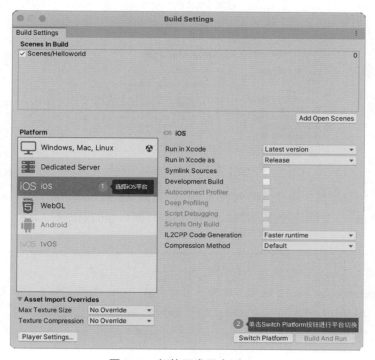

图 1-14　切换开发平台到 iOS

1.6.2　工具包导入

在 Unity 菜单栏中，依次选择 Window → Package Manager，打开 UPM 管理器窗口，单击该窗口左上角下拉菜单，选择 Unity Registry 选项，这样便会显示所有 Unity 中注册的工具包，如图 1-15 所示。

图 1-15　显示 Unity 中注册的所有插件

在本书创作时，AR Foundation v5.0 还处在 Preview 状态，默认 UPM 中不显示 Preview 状态插件包，单击右上角配置图标，如图 1-15 所示，打开 Project Settings 窗口，选择 Package Manager → Advanced Settings 选项卡，勾选 Enable Pre-release Packages 复选框，如图 1-16 所示。

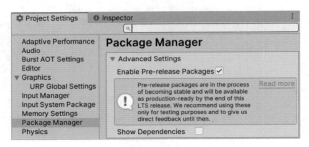

图 1-16　显示 Preview 状态插件

返回 UPM 包管理器，滑动左侧列表滚动条，找到 AR Foundation v5.0、Apple ARKit XR Plugin v5.0 工具包[①]，分别选择各工具包，然后单击右侧 Install 按钮进行安装，如图 1-17 所示。

> **提示**
>
> 在笔者的计算机上，即使勾选 Enable Pre-release Packages 复选框，在 UPM 中仍然看不到 AR Foundation 5.0-pre12 版本，这时，可以打开 Unity 工程文件夹下的 Packages 文件夹，使用文本编辑器打开 manifest.json 文件，添加对应的插件包及版本如下：

---

① AR Foundation v5.0 较以往版本变动较大，本书以 v5.0 版本为基础进行讲述，请读者与本书使用版本保持一致。Preview 版本可能存在兼容和稳定性问题，实际项目开发时，建议选择带 Release 或者 Verified 标识的稳定版本插件。

```
{
    "dependencies": {
        "com.unity.xr.AR Foundation": "5.0.0-pre.12", // 添加 AR Foundation 插件包
        "com.unity.xr.arkit": "5.0.0-pre.12",          // 添加 ARKit 插件包
        "com.unity.collab-proxy": "1.15.16",
        "com.unity.feature.development": "1.0.1",
        ...

    }
}
```

在创作本书时，最新版本为 pre.12，读者在使用时可以先通过官方文档查看最新版本号。保存后返回 Unity 时，Unity 会自动加载配置的插件包。

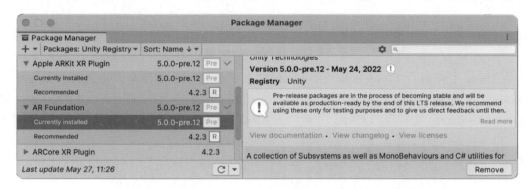

图 1-17　安装 AR Foundation 和 Apple ARKit XR Plugin 插件

由于使用 URP，所以还需要导入 Universal RP 工具包，滑动 UPM 管理器窗口左侧列表滚动条，找到 Universal RP 工具包并进行安装（或者通过搜索关键词进行安装），如图 1-18 所示。完成所需工具包导入后，关闭 UPM 管理器窗口。

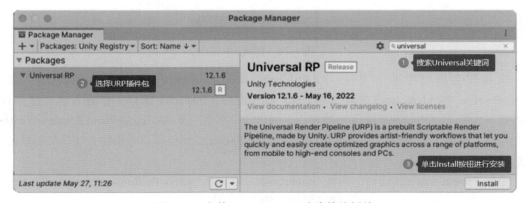

图 1-18　安装 Universal RP 渲染管线插件

1.6.3　工程设置

在 Unity 菜单栏中，依次选择 Edit → Project Settings 打开 Project Settings 窗口，选择 XR Plug-in Management 项，勾选 Initialize XR on Startup 和 Apple ARKit 复选框，如图 1-19（a）所示，然后选择 XR Plug-in Management 下的 Apple ARKit 子项，选择 Requirement 属性为 Required 值，不勾选 Face Tracking 复选框，如图 1-19（b）所示。

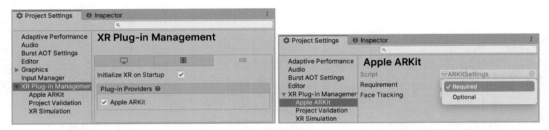

(a) 设置XR Plug-in Management属性　　　　　　　(b) 设置ARKit属性

图 1-19　设置 XR Plug-in Management 和 ARKit 属性

在 Unity 工程窗口（Project 窗口）Assets 目录下新建一个文件夹，命名为 Settings，右击 Settings 文件夹，在弹出的级联菜单中依次选择 Create → Rendering → URP Asset（with Universal Renderer）创建新的 URP，并命名为 ARKitPipeline，如图 1-20 所示。

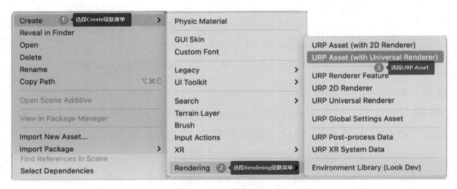

图 1-20　创建 URP

该步骤会新创建两个文件：ARKitPipeline.asset 和 ARKitPipeline_Renderer.asset。选择 ARKitPipeline_Renderer.asset 文件，在 Unity 属性窗口（Inspector 窗口）中查看该文件属性，单击其下方的 Add Renderer Feature 按钮，在弹出的菜单中选择 AR Background Renderer Feature 添加特性，如图 1-21 所示，通过添加该特性，AR Foundation 就可以将摄像头捕获的场景图像渲染为 AR 应用背景了。

返回 Project Settings 窗口，选择 Graphics 项，设置其 Scriptable Render Pipeline Settings 属性值为创建的 ARKitPipeline.asset 渲染管线，如图 1-22 所示。

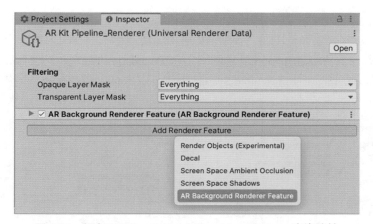

图 1-21　添加 **AR Background Renderer Feature** 渲染特性

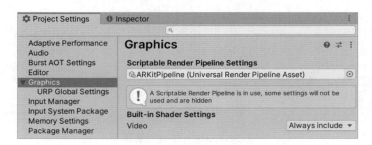

图 1-22　设置 **Graphics** 自定义渲染管线

在 Project Settings 窗口，选择 Quality 项，在右侧面板中选择 iOS 图标下的下拉菜单，将质量设置为 Low 或者 Medium（降低质量以提高性能），如图 1-23 所示。

图 1-23　设置 **Quality** 自定义渲染管线

在 Project Settings 窗口，选择 Player 选项，在 Player 栏的 Company Name 与 Product Name 中填写公司名与产品名，然后选择 iOS 选项卡进入 iOS 平台设置，打开 Other Settings 卷展栏，填写摄像头使用描述，这会在 AR 应用第 1 次启动时向用户请求摄像头使用权限；选择目标设备，目标设备可以是 iPhone，也可以是 iPad，还可以同时为 iPhone+iPad；选择目标

SDK，因为我们使用真机进行应用调试，所以这里将 Target SDK 设置为 Device SDK；填写最低 iOS 版本（ARKit 要求最低 11.0，否则 AR 应用无法运行），如果应用必须使用 ARKit，这里也可以勾选 Require ARKit support 复选框[①]。AR Foundation v5.0 版本支持新的输入系统，需要将 Active Input Handing 属性选为 Input System Package（New）或者 Both[②]，各项设置如图 1-24 所示。

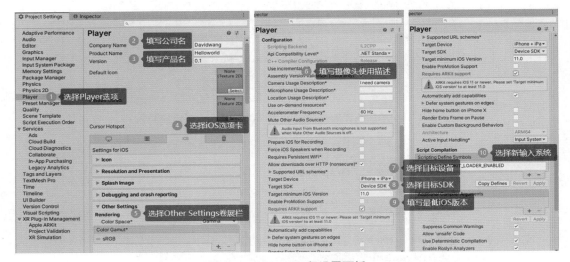

图 1-24　ARKit 工程设置面板

1.6.4　环境搭建

设置完成后返回 Unity 主界面，为统一规范管理各类文件，在工程窗口 Assets 目录下新建 Prefabs、Scripts 和 Materials 3 个文件夹，同时在层级窗口（Hierarchy 窗口）Helloworld 场景中删除 Main Camera 对象（因为 XR Origin 对象带有一个 AR 相机），Directional Light 对象可根据需要决定是否删除。

在层级窗口中的空白处右击，在弹出的级联菜单中依次选择 XR → AR Session 和 XR → XR Origin，新建这两个 AR 应用基础对象，如图 1-25 所示。

在工程窗口 Materials 文件夹中创建两种材质，分别命名为 Plane、Red，材质均使用 Universal Render Pipeline/Lit 着色器，分别为这两种材质设置不同的颜色，如将 Plane 设置为绿色，将 Red 设置为红色，如图 1-26 所示。

---

① 如果选择 Require ARKit support，则要求最低 iOS 版本为 12，否则通不过有效性检查。

② 旧版本的 Input Manager 输入管理器与新的 Input System 输入管理器不兼容，使用方式及代码编写也不相同。本书中所有代码均基于旧版本的 Input Manager 输入管理器，因此，使用本书中的代码需要选择 Both 值，否则所有用户输入将不起作用。

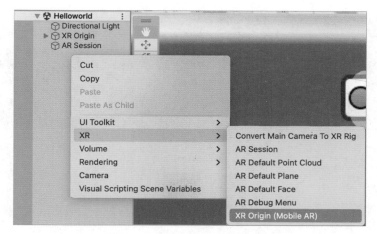

图 1-25　添加 AR 应用基础对象

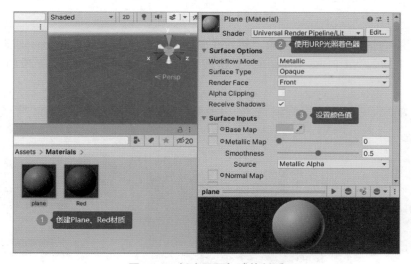

图 1-26　新建平面与球体材质

在层级窗口中的空白处右击，在弹出的级联菜单中依次选择 XR → AR Default Plane 创建
该对象，将其材质修改为新创建的 Plane[①]，将层级窗口中生成的 AR Default Plane 对象拖动到
工程窗口中的 Prefabs 文件夹下，制作一个平面预制体，如图 1-27 所示，然后删除层级窗口中
的 AR Default Plane 对象。

在层级窗口中的空白处右击，在弹出的级联菜单中依次选择 3D Object → Cube 创建一个
立方体对象，将 Cube 材质修改为 Red，将其 Scale 属性设置为（0.1，0.1，0.1），与制作平面
预制体一样，制作一个 Cube 预制体，然后删除层级窗口中的 Cube 对象。

————————————

① 默认的材质为 Built-in 管线材质，不适合 URP。

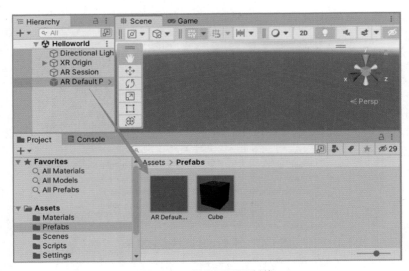

图 1-27 制作平面预制体

在层级窗口选择 XR Origin 对象，然后在属性窗口中单击 Add Component 按钮，并在弹出的搜索框中输入 AR Plane Manager，双击搜索出来的 AR Plane Manager 添加该组件，如图 1-28 所示。

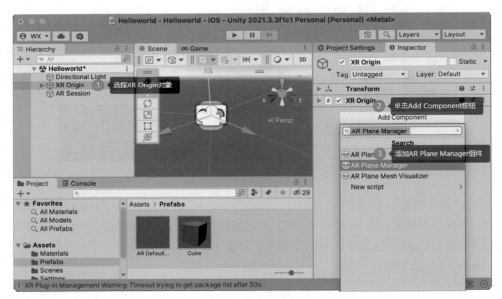

图 1-28 挂载 AR Plane Manager 组件

将 AR Plane Manager 组件的平面检测模式（Detection Mode）属性设置为 Horizontal 或者 Everything，将工程窗口中 Prefabs 文件夹下的 AR Default Plane 预制体拖动到 AR Plane Manager 组件下的 Plane Prefab 属性框，完成平面预制体的设置，如图 1-29 所示。

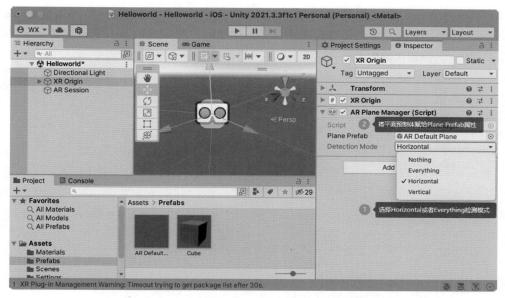

图 1-29　为 AR Plane Manager 组件 Plane Prefab 属性赋值

1.6.5　代码编写

使用 VS4M 编辑脚本代码，首先需要关联 Unity 中 C# 脚本与 VS4M IDE。在 Unity 菜单中，依次选择 Unity → Preferences 打开偏好设置窗口，在窗口左侧选择 External Tools 选项，将 External Scripts Editor 属性设置为 Visual Studio for Mac[17.0.0]，如图 1-30 所示。

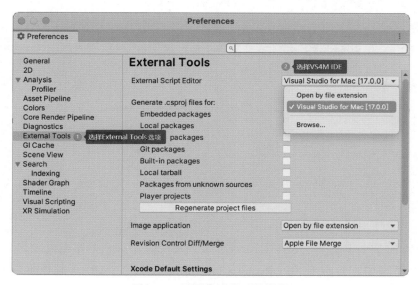

图 1-30　设置脚本代码编辑器

在工程窗口 Scripts 文件夹下，右击空白处，在弹出的级联菜单中依次选择 Create →
C#Script，新建一个脚本文件，并命名为 AppController，双击 AppController 脚本，在 VS4M
中编辑该脚本，添加代码如下：

```
// 第 1 章 /1-1
using System.Collections.Generic;
using UnityEngine;
using UnityEngine.XR.AR Foundation;
using UnityEngine.XR.ARSubsystems;

[RequireComponent(typeof(ARRaycastManager))]
public class AppController : MonoBehaviour
{
    public GameObject spawnPrefab;              // 需要放置的游戏对象预制体
    static List<ARRaycastHit> Hits;             // 碰撞结果
    private ARRaycastManager mRaycastManager;
    private GameObject spawnedObject = null;    // 实例化后的游戏对象
    private void Start()
    {
        Hits = new List<ARRaycastHit>();
        mRaycastManager = GetComponent<ARRaycastManager>();
    }
    void Update()
    {
        if (Input.touchCount == 0)
            return;
        var touch = Input.GetTouch(0);
        if (mRaycastManager.Raycast(touch.position, Hits, TrackableType
.PlaneWithinPolygon | TrackableType.PlaneWithinBounds))
        {
            var hitPose = Hits[0].pose;
            // 如果未放置游戏对象，则实例化；如果已放置游戏对象，则将游戏对象移动到新的
            // 碰撞点位置
            if (spawnedObject == null)
            {
                spawnedObject = Instantiate(spawnPrefab, hitPose.position,
hitPose.rotation);
            }
            else
            {
                spawnedObject.transform.position = hitPose.position;
            }
        }
    }
}
```

在上述代码中，首先使用［RequireComponent（typeof（ARRaycastManager））］属性
确保添加该脚本的对象上必须挂载有 AR Raycast Manager 组件，因为射线检测需要使用 AR

Raycast Manager 组件。在 Update() 方法中对手势操作进行射线检测，在检测到的平面上放置一个虚拟物体，如果该虚拟物体已存在，则将该虚拟物体移动到新的碰撞点位置。

在层级窗口中选择 XR Origin 对象，为其挂载 AppController 脚本（可以使用 Add Component 按钮在搜索框中搜索 AppController 添加，也可以直接把 AppController 脚本拖曳到 XR Origin 对象上添加），并将上一步制作的 Cube 预制体拖曳到 AppController 脚本的 Spawn Prefab 属性框中，如图 1-31 所示。

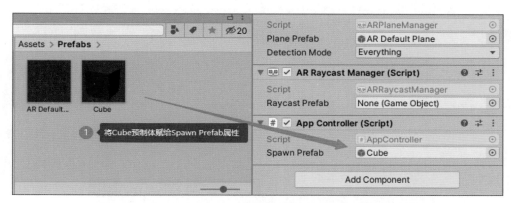

图 1-31 为 AppController 脚本组件 Spawn Prefab 属性赋值

至此，我们已完成 Helloworld AR 应用环境搭建和功能开发，但是 Unity 不能直接生成 iOS 端应用程序，所以还需要将 Unity 工程发布成 Xcode 工程。

1.6.6 发布 Xcode 工程

将 iPhone 手机通过 USB 线或者 WiFi 连接到开发计算机，按快捷键 Command+Shift+B（或者在菜单栏中选择 File → Build Settings）打开 Build Settings 对话框，如图 1-32 所示。

在打开的对话框中确保选中当前场景，单击 Build 或者 Build And Run 按钮生成 Xcode 工程，建议将 Xcode 工程保存到另一个独立的文件夹下（不要在原来的 Unity 工程文件夹下），设置发布后的程序名，最后单击 Choose 按钮开始编译，生成 Xcode 工程，如图 1-33 所示。当使用 Build And Run 方式时，生成完成后会自动通过 Xcode IDE 打开 Xcode 工程；当使用 Build 方式时，生成完成后会打开 Xcode 工程路径，这时可以通过双击 .xcodeproj 工程文件使用 Xcode IDE 打开工程，也可以先启动 Xcode IDE 后单击左侧 Open a project or file 按钮，然后选择 Unity 发布出来的 Xcode 工程并打开。

如果 Unity 编译生成没有错误，则可在 Xcode 打开生成的工程后，在其 IDE 窗口中依次选择 Xcode 工程图标→工程名，然后在打开的 General 通用配置面板检查和设置基本工程配置，填写好 Display Name（工程名）、Bundle Identifier（包 ID）、Version、Build[①]，Bundle Identifier

---

① 这些工程设置信息会从 Unity 工程中带过来。

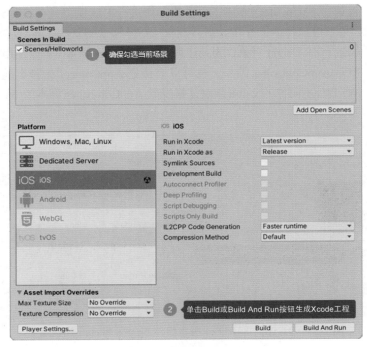

图 1-32　编译并运行应用对话框

图 1-33　选择 Xcode 生成路径

即 Unity 中设置好的 Bundle Identifier。如果要发布到 AppStore 上，则 Bundle Identifier 必须与苹果公司开发者网站上的设置保持一致，Version、Build 也要符合递增的要求，如图 1-34 所示。

图 1-34　检查和设置基本工程配置

设置好基本工程配置后，切换到 Signing&Capabilities 选项卡，勾选 Automatically manage signing 复选框使用自动签名管理，将 Team 属性设置为一个有效的开发者账号，如图 1-35 所示。

图 1-35　检查和设置基本工程配置

如果还没有开发者账号，则可单击 Team 属性框后的下拉菜单，选择 Add an Account 新建一个开发者账号，如图 1-36 所示，具体操作可参见官方说明文档。

图 1-36　创建开发者账号

通过 USB 或者 WiFi 将 iPhone/iPad 连接到开发计算机，在 Unity-iPhone 工程栏，依次选择 Unity-iPhone → ××× 的 iPhone，如图 1-37 所示。

图 1-37　选择真机设备

1.6.7　调试运行

在 Xcode 配置完成后，单击 IDE 左上角的编译运行图标（▶ 图标）开始编译、发布、部署、运行。如果 iPhone 手机是第 1 次运行 Xcode 应用，则会弹出授权提示框，如图 1-38（a）所示，为了方便直接在手机硬件上安装、调试应用程序，需要进行一些设置。

（1）单击设置图标，打开系统设置功能，单击"通用"按钮进入通用设置窗口，如图 1-38（b）所示。

（2）单击"VPN 与设备管理"按钮进入 VPN 与设备管理窗口，如图 1-38（c）所示。

(a) 授权提示　　　　　　(b) 设置步骤(1)　　　　　　(c) 设置步骤(2)

图 1-38　对开发计算机和应用进行授权设置（一）

（3）单击开发者账号进入开发者授权窗口，如图 1-39（a）所示。

（4）在开发者授权窗口，选择"信任 ××× 开发者"，如图 1-39（b）所示。

（5）在弹出的对话框中，单击"信任"按钮进行授权，如图 1-39（c）所示。此时 iPhone 手机会对该开发者账号信息进行网络验证（需要连接网络），验证通过后，发布安装的应用后会出现"已验证"字样，如图 1-39（d）所示，至此就可以通过 Xcode 将应用直接部署到手机并运行应用了。

(a) 设置步骤(3)　　　　　　(b) 设置步骤(4)　　　　　　(c) 设置步骤(5)

图 1-39　对开发计算机和应用进行授权设置（二）

若整个过程没有出现问题[①]，则可在 Helloworld AR 应用打开后，找一个相对平坦且纹理比较丰富的平面左右移动手机进行平面检测，在检测到平面后，用手指单击手机屏幕上已检测到的平面，将会在该平面上加载一个小立方体，如图 1-40 所示。至此，我们使用 AR Foundation 开发的 iOS Helloworld AR 应用已成功。

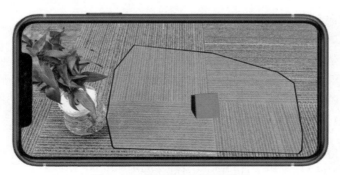

图 1-40　应用程序运行效果图

---

① 　如果是第 1 次通过 Xcode 部署运行 iOS 应用，则很可能会出现问题，如有问题可查阅官方相关文档。

1.7 Unity XR 模拟工具

AR 应用运行时需要采集来自设备摄像头的图像数据、设备运动传感器数据、LiDAR 传感器数据（如果有），并以此为基础构建环境感知和估计设备姿态，因此不能像普通 3D 应用那样可以直接在 Unity 编辑器中运行，而需要部署到真机设备上进行调试，这是一件特别费时费力的工作，影响开发迭代速度。

在 AR Foundation v5.0 版本推出后，也同步推出了 XR 模拟（XR Simulation）工具，允许开发者直接在 Unity 编辑器中进行 AR 应用调试[1]。XR 模拟工具模拟生成 AR 应用运行时的环境和传感器输入数据，因此，在使用该工具时可以通过单击 Unity 编辑器上的 Play 按钮进入运行模式，在 XR 模拟工具提供的场景中，可以像真机一样执行平面检测、2D 图像检测跟踪、点云检测等操作，极大地方便了 AR 应用的测试调试。目前 XR 模拟工具支持的功能特性如表 1-5 所示[2]。

表 1-5　XR 模拟工具支持的功能特性

功 能 特 性	支持情况	功 能 特 性	支持情况
设备跟踪（Device Tracking）	√	场景网格（Meshing）	√
平面跟踪（Plane Tracking）	√	2D 和 3D 人体跟踪（2D & 3D Body Tracking）	
点云检测（Point Clouds）	√	协作参与者（Collaborative Participants）	
锚点（Anchors）		人形分割（Human Segmentation）	
光照估计（Light Estimation）		射线检测（Raycast）	√
环境探针（Environment Probes）		真实场景背景（Pass-through Video）	
人脸跟踪（Face Tracking）		会话管理（Session Management）	√
2D 图像跟踪（2D Image Tracking）	√	遮挡（Occlusion）	
3D 物体跟踪（3D Object Tracking）			

XR 模拟工具默认并不会开启，需要进行配置，在 Unity 菜单栏中，依次选择 Edit → Project Settings 打开 Project Settings 窗口，选择 XR Plug-in Management 项，在右侧面板中选择 PC 选项卡，勾选 XR Simulation 复选框，如图 1-41 所示[3]。

开启 XR 模拟工具后，就可以像调试普通 3D 应用一样调试 AR 应用了，即可通过单击 Unity 编辑器上的 Play 按钮进入运行模式，XR 模拟工具会加载一个默认场景，在该场景中可进行平面检测、2D 图像跟踪等功能测试。

---

[1] 虽然目前支持的功能特性比较少，但还是极大地方便了应用调试。

[2] 从表 1-5 可以看到，XR 模拟工具目前支持的特性有限，但该工具也处在发展迭代中，后续其他功能特性也会慢慢得到支持。

[3] XR 工具只能在 Unity 工程切换到 Android、iOS 平台后才能正常开启。

图 1-41　开启 XR 模拟工具

　XR 工具支持通过鼠标和键盘操作漫游场景，具体方式如下：

（1）按住鼠标右键，上、下、左、右移动旋转摄像头。

（2）按住鼠标右键，再按住键盘 W 键前进、S 键后退。

（3）按住鼠标右键，再按住键盘 A 键向左移动、D 键向右移动。

（4）按住鼠标右键，再按住键盘 Q 键向上移动、E 键向下移动。

　为避免与场景中用户定义的操作冲突，XR 模拟工具也允许关闭键盘操作。在 Unity 菜单中，依次选择 Unity → Preference 打开偏好设置窗口，选择 XR Simulation 项，在右侧打开的面板中取消勾选 Enable Navigation 复选框，如图 1-42 所示，在该配置窗口也可以选择使用的模拟环境。

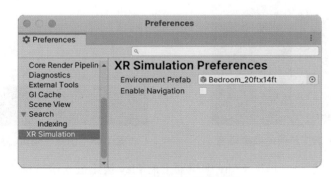

图 1-42　取消键盘按键操作

　结合鼠标与键盘操作就可以自由漫游场景，在此过程中 AR Foundation 则会执行相关的功能，如环境特征点提取、平面检测等，其行为与使用真机进行测试一致。平面检测只会针对与轴对齐的平面，不检测斜面；场景网格检测则会检测场景中的所有表面，与真机表现一致，但 2D 图像检测跟踪会跟踪场景中任何标记为图像的对象，而不管这些图像是不是在参考图像库中，这与真机表现不一致（主要是为了方便调试功能）。

　XR 模拟工具提供了一个虚拟环境管理窗口，可通过 Unity 菜单，依次选择 Window → XR → AR Foundation → AR Environment 打开该管理窗口，在该窗口中，可以查看、编辑、配置虚拟环境。XR 模拟工具带一个默认的简单场景，可以选择管理窗口环境管理栏，单击下拉菜单中的 Import sample environments 按钮导入更多的模拟环境，如图 1-43 所示。

图 1-43　导入更多的模拟环境

在导入成功后，就可以根据需要选择工程模拟环境了，如图 1-44 所示。

导入的所有模拟环境均由 Unity 预先制作，这些环境模型存储在 UnityXRContent/AR Foundation /SimulationEnvironments 路径下，这些预制模型涵盖了常见的主要使用场景，可以选择与开发项目预期使用场景相似的模拟环境进行测试。事实上，Unity 工程中任何挂载了 SimulationEnvironment 组件的预制体都会被 XR 模拟工具认为是预制环境，都会被扫描和添加到图 1-44 所示的列表中供选择使用，因此，除了使用 Unity 预制的模拟环境，也可以创建、编辑、复制自己的模型环境，如图 1-45 所示。自定义的模拟环境场景与其他场景一致，可以包含各类元素、物体、对象，唯一的区别是模拟场景根对象必须挂载 SimulationEnvironment 组件。

图 1-44　根据需要选择不同的模拟环境

图 1-45　创建、编辑、复制模拟环境

在选择好模拟环境后，单击 Unity 编辑器上的 Play 按钮进入运行模式就可以加载新的模拟环境进行 AR 应用的测试了。

不管是 Unity 预制的模拟环境还是自搭建的模拟环境，在进行 AR 应用模拟调试时，这些模拟环境都可以被 AR Foundation 进行特征提取、平面检测等，模拟环境也无须添加碰撞组件，但在进行如下模拟时需要进行额外的设置。

1. 2D 图像检测跟踪

在模拟环境中设置可跟踪的 2D 图像需要进行如下操作：创建空对象，为其挂载 SimulatedTrackedImage 组件，并且确保该对象 Y 轴指向上（默认方向），然后在该对象下创建

Quad 对象，将其绕 X 轴旋转 90° 以使 Quad 对象平铺为可视化 2D 图像，正常为其赋上纹理即可。

在模拟环境中检测识别 2D 图像需要满足 SimulatedTrackedImage 组件的 Image 属性指定的图像与参考图像库中的参考图像一致[①]，但事实上为了方便，任何挂载 SimulatedTrackedImage 组件的对象在模拟时都会被 AR Foundation 跟踪，无论其 2D 图像是否在参考图像库中，但如果 2D 图像不在参考图像库中，则 ARTrackedImage 的 GUID 值将会为 0。

2. 网格

AR Foundation 会检测到模拟环境中的场景网格，但无法为检测到的网格进行语义区分（Classification），为了测试语义功能，可以为模拟环境对象挂载 Simulated Mesh Classification 组件，并设置其类型（手工设置网格语义），挂载该组件的对象及其子对象都可以被 AR Foundation 检测到。事实上，如果场景对象未挂载 Simulated Mesh Classification 组件，则 AR Foundation 检测出来的网格分类都会被标记为 None。

3. X-Ray 着色器

为了方便查看封闭的模拟环境场景，可以将其外壳（墙壁）材质着色器设置为 Room X-Ray，如图 1-46（a）所示。将材质设置为该着色器后，墙壁向外一面不再渲染，不遮挡我们操作查看模拟环境。为控制裁剪区域，可以在场景对象上挂载 XRayRegion 组件（场景中只需挂载一个），并设置相应裁剪参数，如图 1-46（b）所示。

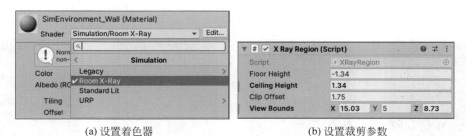

(a) 设置着色器　　　　　　　　　　　　　　(b) 设置裁剪参数

图 1-46　设备墙壁着色器及裁剪参数

XR 模拟工具可以进行灵活配置，在 Unity 菜单栏中，依次选择 Edit → Project Settings 打开 Project Settings 窗口，选择 XR Plug-in Management → XR Simulation 项，在右侧面板中可以进行模拟参数调整，如模拟环境所在的掩码层（Mask Layer）、环境扫描周期、射线检测距离等，通过自定义设置，可以适应各类模拟环境，特别是自搭建的模拟环境，以使模拟更贴合实际需求。

除此之外，每个模拟环境根对象上挂载的 SimulationEnvironment 组件属性参数也都可以根据需要进行调整，这些属性参数控制着模拟环境的外观、渲染、相机位置、场景入口，也

---

① 第 5 章会详细阐述。

定义了在进行模拟时场景的可操作边界及初始视场等，合理设置这些属性参数能为模拟带来很大的方便。

1.8 ARKit 会话录制与重放

使用 Unity XR 模拟工具能利用虚拟的场景辅助进行 AR 应用功能测试，加速应用开发迭代，但虚拟的场景无法满足需要进行现场验证的应用需求，如导航、实景增强类应用，这类应用还是需要亲自到现场测试，除了天气影响，这还是一个非常烦琐且费时费力的工作。

为解决这个问题，ARKit 引入了录制与重放会话功能（Record & Replay Sessions），利用该功能可以预先录制场景数据信息（包括摄像头图像信息、运动传感器信息、场景表面几何网格、设备姿态信息），在调试 AR 应用时可以重放这些场景数据并进行相应操作，因此可以对录制的 AR 会话进行重用，加速调试过程。

录制 AR 会话需要在移动设备端进行，苹果公司提供了 Reality Composer App 应用，可以在 AppStore 中下载并安装。利用 Reality Composer 进行会话录制的具体过程如下：

（1）在移动设备端（iPhone 或 iPad）打开 Reality Composer，打开后的界面如图 1-47（a）所示，单击右上角的"+"号新建一个项目，进入"选取锚定"界面，如图 1-47（b）所示。

（2）在"选取锚定"界面中，选择锚定类型，可根据测试需求选择不同的锚定类型，本示例选择水平锚定方式，选定后打开的场景如图 1-47（c）所示。

（3）在当前场景中删除默认的虚拟元素，如图 1-47（d）所示，然后单击右上角"···"符号便可打开如图 1-48（a）所示的"更多"菜单。

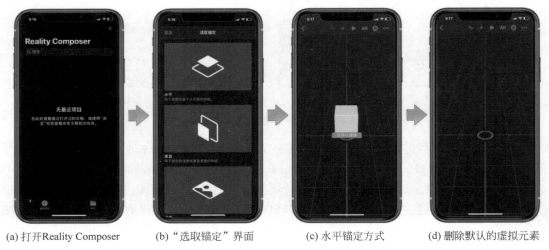

(a) 打开Reality Composer　　(b) "选取锚定"界面　　(c) 水平锚定方式　　(d) 删除默认的虚拟元素

图 1-47　录制 AR 会话界面（一）

（4）在如图 1-48（a）所示的"更多"菜单中选择"开发者"，打开"开发者"界面，如图 1-48（b）所示。

（5）在"开发者"页面选择"录制AR会话"功能，打开场景信息录制界面，如图1-48（c）所示。

（6）单击场景信息录制界面下方的"开始录制"按钮进行场景录制，在录制过程中平稳缓慢地移动设备，当检测到平面后，录制界面中会出现相应的平面检测框，提示用户当前平面检测情况。在采集到足够信息后单击录制界面下方的结束按钮，这时会打开"捕捉完成"界面，如图1-48（d）所示。用户可以根据情况选择"重播""共享""删除"，通过"共享"可以将录制的 AR 会话发送到开发计算机端。

(a)"更多"菜单　　　(b)"开发者"界面　　　(c)录制界面　　　(d)"捕捉完成"界面

图 1-48　录制 AR 会话界面（二）

将录制好的AR会话数据发送到开发计算机端后，启动Xcode IDE，将调试设备选为真机，如图1-49（a）所示，然后在 Xcode 菜单中依次选择 Product → Scheme → Edit Scheme，如图1-49（b）所示，打开 Scheme 设置对话框，如图1-50所示。

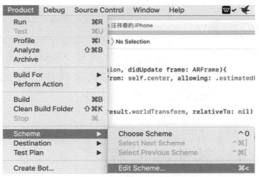

(a) 选择调试设备　　　　　　　　　　(b) 打开Scheme设置对话框

图 1-49　启动 Xcode IDE

图 1-50 将 ARKit 项的 Replay Data 属性设置为录制好的 AR 会话

在 Scheme 设置对话框中，选择 Run 选项，在右侧面板中选择 Options 选项卡，勾选 ARKit 项中 Replay data 前的复选框，单击其后方的下拉列表框，在弹出的下拉菜单中单击 Add Replay Data to Project 按钮（如果下拉菜单中已有录制好的会话，则可直接选择需要的会话），在打开的选择文件对话框中选择录制好的 AR 会话，然后关闭 Scheme 设置对话框，如图 1-50 所示。

至此已完成所有 AR 会话的录制及设置工作，按正常调试 AR 应用程序流程启动调试，当应用部署到真机设备后会自动重放录制的会话，虽然此时真机设备保持不动，但重放的 AR 会话就跟使用真机扫描环境一样，同样也允许与场景进行交互，如放置虚拟物体。

使用录制与重放会话的功能可以更方便地调试 AR 应用，例如，可以录制并保存几个不同的场景会话，利用这些场景会话，就可以调试 AR 应用在不同场景中的表现而不用亲自到现场场景中去测试。

> **提示**
>
> 目前，在使用 Xcode 进行 ARKit 开发时，不能使用模拟器，所以需要将调试设备选为真机设备。如果不选择真机设备，则 Xcode 代码编辑器中的 ARKit 相关代码会报错，而且也无法设置录制的 AR 会话。

1.9 其他模拟器

目前，Unity XR 模拟工具还不成熟，支持的功能特性也非常有限，下面简要介绍一些其他的模拟开发插件、工具，供读者根据自己的需求进行选择。

1. MARS 工具

Unity 混合和增强现实工具（Mixed and Augmented Reality Studio，MARS）是 Unity 公司开发的辅助增强和混合现实开发工具套件，MARS 包括一个 Unity 扩展包和一组配套应用程序。通过提供模拟仿真环境，将 AR 应用测试工作从真机设备迁移到 Unity 开发环境中，MARS 希望构建一个所见即所得的 AR 创作环境。MARS 提供多种室内和室外空间的模拟仿真环境，开发 AR 应用时可以不依赖于真机设备，但却可以测试和展现其在真实世界中运行时的状态。

MARS 以可视化的方式构建 AR 应用模拟仿真环境，开发人员在 Unity 编辑器中即可对应用进行测试，模拟仿真环境以 AR 应用运行时的逻辑构建，可以适应真实环境，能自动适应物理空间和进行基于真实环境的 AR 应用开发，帮助开发者在仿真的环境空间中进行创作。

MARS 工具套件建立在 AR Foundation 之上，针对 AR 应用开发提供了新的 UI 和控件，并能对 AR 内容的修改做出实时的响应；除此之外，还配套推出了移动端增强现实伴侣应用程序（Augmented Reality Companion App），通过该伴侣应用程序能捕获真实世界环境和对象数据，随后可以导入 Unity 编辑器中，提供对真实现场环境的测试支持，从而减少迭代时间，提高项目开发效率。

MARS 封装了 AR Foundation 的 API，将现有项目迁移到 MARS 中需要使用新的 API 重写脚本、使用 MARS 组件从头构建 AR 场景，即现有 AR Foundation 项目与 MARS 项目不兼容。因此，如果计划采用 MARS，则建议从项目开始即使用。MARS 的使用较为复杂，关于MARS 的更多内容，可查阅官方文档。

2. AR Foundation Editor Remote 工具

AR Foundation Editor Remote 工具（以下简称 Remote 工具）为第三方工具，可以在 Unity Assets Store 中购买，该工具支持通过 WiFi 或 USB 连接移动设备进行 AR 功能调试。Remote 工具也是一款 Unity 编辑器的扩展工具，该工具通过在移动设备端安装一个 AR 伴侣应用（AR Companion）采集 AR 应用所需数据并回传到 Unity 编辑器中，实现对 AR 应用的远程调试，支持平面检测、面部检测、射线检测、图像检测、光照估计、场景深度检测等功能，也支持远程 AR 会话的启用、禁用、跟踪。

使用 Remote 工具不需要额外的场景设置，与现有项目没有耦合关系，它只是采集真机数据并回传到 Unity 编辑器，方便进行 AR 应用调试。

3. AR Simulation 工具

AR Simulation 工具也是由第三方提供，同样构建于 XR 插件体系架构基础之上，但它不是将真机设备数据回传到 Unity 编辑器，而是完全模拟 AR 运行时的数据，因此，使用该工具时无须借助任何真机设备就可以进行 AR 应用调试。但是，通过生成模拟数据的方式可能不能完全再现真机的某些行为特性，基于此构建的 AR 应用最终依然需要进行真机测试以确保行为逻辑符合预期。使用 AR Simulation 工具时需要对场景进行少许设置。

在进行 AR 应用开发时，除 XR 模拟工具，我们通常还会选择这三者之一作为主要调试手段，AR Foundation Editor Remote、AR Simulation、Unity MARS 调试特性对比如表 1-6 所示。

表 1-6 AR Foundation Editor Remote、AR Simulation、Unity MARS 调试特性对比 [①]

AR 调试特性	AR Foundation Editor Remote	AR Simulation	Unity MARS
ARCore 支持	√	√	√
ARKit 支持	√	√	√
平面检测	√	√	√
点云跟踪	√	√	√
图像检测	√	√	√
场景网格	√	–	√
ARKit 场景网格分类	√	–	–
人脸检测	√	–	√ /–
会话录制（Session Recording）	√	–	+
射线检测	√ /–	√ /–	–
光照估计	√	√	–
锚点	√	√ /–	–
ARCore 云锚点	√	–	–
设备模拟	√	√	–
单击屏幕触摸模拟	√	√	–
双击屏幕触摸模拟	√	–	–
ARKit 眼动跟踪	√	–	–
ARKit 脸部 Blendshapes	√	–	–
摄像头视频流	√	–	–
遮挡	√	–	–
CPU 图像捕获	√	–	–
基于位置的服务（GPS）	√	–	–
ARKit 人形分割	√	–	–
ARKit 2D 和 3D 人体跟踪	√	–	–
ARKit 3D 物体检测	√	–	–
ARKit World Map	√	–	–
易于集成度	简单	比较简单	复杂

---

① 标示 √/- 符号表示该功能特性有限制或者有额外要求。

AR 调试特性	AR Foundation Editor Remote	AR Simulation	Unity MARS
与现有项目的耦合度	无耦合	弱耦合	不兼容，不支持切换
环境模拟	–	√	√
对新输入系统的支持	√	–	√ /–
最低 AR Foundation 版本	3.0.1	3.0.1	2.1.8
最低 Unity 版本	2019.4	2019.3	2019.3

　　配置好一个带有调试支持的 Unity 开发环境将使我们的开发工作更容易进行，有利于将主要精力投入应用程序功能开发上，加快测试调试进程。

第 2 章

AR Foundation 基础

AR Foundation 是 Unity 为跨平台 AR/MR 开发而构建的开放式架构插件包，它本身并不实现任何 AR/MR 特性，是第三方底层 SDK 的软件抽象层，为开发人员提供一个统一、公共、规范的接口。在目标平台上，AR Foundation 会调用该平台下第三方 SDK 库（如 iOS 上的 ARKit XR 插件或 Android 上的 ARCore XR 插件）实现功能，AR Foundation 整合了各平台独立的第三方 AR/MR 开发包，提供给开发者统一的使用界面，实现一次开发、多端部署的目的。

2.1 AR Foundation 体系架构

第 1 章中已讲解，AR Foundation 体系是建立在一系列的子系统之上的，这种架构的好处类似于接口（Interface），将界面与具体的实现分离，开发者只需面向接口编程，而无须关注具体的算法实现（在 AR Foundation 中这个具体的算法提供者叫作 Provider，Provider 这里指实现具体算法的包或者插件，为避免混淆，该英文后文不翻译）。在 v5.0 之前的版本中，AR Foundation 和子系统 AR Subsystems 分属不同的插件包，而在 v5.0 版本后 AR Subsystems 并入了 AR Foundation，实现更加紧凑，无须再导入 AR Subsystems 插件包，但从逻辑架构上看，这种架构层次并未发生变化。使用子系统软件抽象层可屏蔽底层差异并提供更好的可扩展性，允许多个具体实现，支持灵活添加自定义实现，即 AR Foundation 只定义了接口界面，而由 Provider 提供具体的实现，因此具有很强的可扩展能力，如人脸检测，AR Foundation 定义了 XRFaceSubsystem 子系统界面，ARCore 可以提供 Android 平台的具体实现，ARKit 可以提供 iOS 平台的具体实现，HoloLens 可以提供 HoloLens 眼镜的具体实现等，在同一体系架构下可以提供无限的具体实现可能性，并支持随时纳入新的 AR SDK。AR Foundation 在编译时会根据用户选择的平台调用该平台上的一种具体实现，这个过程对开发者透明，开发者无须关注具体的实现方式，从而实现一次开发、多平台部署的目的。AR Foundation 的体系架构如图 2-1 所示。

类似于接口，Provider 在具体实现特定接口（子系统）算法时，可以根据其平台本身的特性进行优化，并可以提供更多功能。由于硬件和软件生态的巨大差异，A 平台具备的特性 B

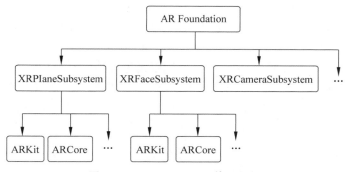

图 2-1　**AR Foundation 体系架构**

平台不一定提供，为了让开发者了解这种差异，AR Foundation 要求 Provider 提供子系统描述符（Subsystem Descriptor），子系统描述符描述了 Provider 对特定子系统提供的能力范围，有了这个描述符，开发人员就可以通过遍历查看特定的功能在某特定平台是否支持，为功能开发提供依据。

2.1.1　AR 子系统概念

子系统是一个与具体平台无关的软件抽象层，某一子系统定义了某一特定功能的开发人员使用界面，AR Foundation 中的子系统只定义了功能接口而没有具体实现，具体实现由 Provider 在其他包或者插件中提供，与 AR 相关的子系统隶属于 Unity.XR.ARSubsystems 命名空间。AR Foundation 目前提供了 13 类子系统，具体包括 Session、Anchors、Raycasting、Camera、Plane Detection、Depth、Image Tracking、Face Tracking、Environment Probes、Object Tracking、Body Tracking、Occlusion、Meshes。

由于具体的子系统算法实现由 Provider 在其他插件中提供，如果不引入相应的插件，则应用编译就会失败。因此，在编译到具体平台时就需要在工程中引入对应的插件，同时引入两个或者多个平台的插件并不冲突，AR Foundation 会根据当前工程的编译平台选择对应的插件。引入插件的方法是在 Unity 菜单中，依次选择 Window → Package Manager，打开 UPM 管理器窗口，然后在左侧的插件包中选择相应的插件进行安装①，目前 AR Foundation 支持的 Provider 包括 ARCore XR Plugin、ARKit XR Plugin、Magic Leap XR Plugin、Windows XR Plugin 4 种，如图 2-2 所示。

对于 AR Foundation 定义的子系统，Provider 可以实现也可以不实现，如 Body Tracking 子系

Package Manager		
+ ▾　Packages: Unity Registry ▾　Sort: Name ↓ ▾		
▶ AR Foundation		4.2.2 ✓
▶ ARCore XR Plugin		4.2.2
▶ ARKit Face Tracking		4.1.9
▶ ARKit XR Plugin		4.1.9 ✓
▶ Magic Leap XR Plugin		6.2.2
▶ Windows XR Plugin		4.6.2

图 2-2　**AR Foundation 底层 Provider 插件包**

---

① 默认只显示本工程使用的插件包，要导入其他插件包，需要在包管理器窗口中选择 Packages:Unity Registry 值显示 Unity 注册的所有插件。

统，ARCore XR Plugin 目前就没有实现，因此，Android 平台 Body Tracking 功能将不可用。另外，Provider 也可以比子系统提供更多的功能，如一些辅助功能，Provider 提供的这些额外功能在特定平台可以使用，但具体功能需要查阅 Provider 技术文档。鉴于以上情况，针对具体平台进行开发时一定要关注该平台 Provider 能够提供的功能范围和能力，另外，为了对特定平台进行优化，不同的 Provider 对参数也有要求，如在图像检测跟踪功能中，ARKit 要求提供被检测图像的物理尺寸，而 ARCore 则没有这个要求，这都需要参阅特定平台 Provider 的相关资料。本书针对 ARKit 开发，所有 ARKit 相关能力范畴都会涉及。

2.1.2　AR 子系统使用

所有子系统都有相同的生命周期：创建（Created）、开始（Started）、停止（Stopped）、销毁（Destroyed）。每个子系统都有对应的子系统描述符，可以使用 SubsystemManager 类遍历 Provider 能够提供的功能描述符集，一旦得到可用的子系统功能描述符，就可以使用 Create() 方法创建该子系统，这也是创建子系统的唯一方式（在实际使用时，很多时候由 SubsystemManager 类自动执行这个过程，但有时也可以手动进行代码控制）。下面以创建一个 Plane Subsystem 来说明这个过程，代码如下：

```
// 第 2 章 /2-1
XRPlaneSubsystem CreatePlaneSubsystem()
{
    // 得到所有可用的 Plane Subsystem
    var descriptors = new List<XRPlaneSubsystemDescriptor>();
    SubsystemManager.GetSubsystemDescriptors(descriptors);
    // 遍历获取一个支持 Boundary Vertices 的功能
    foreach (var descriptor in descriptors)
    {
        if (descriptor.supportsBoundaryVertices)
        {
            // 创建 Plane Subsystem
            return descriptor.Create();
        }
    }
    return null;
}
```

在这个例子中，首先得到 PlaneSubsystemDescriptor 描述符，然后遍历这个描述符检查其是否支持 BoundaryVertices 功能特性，如果支持说明满足需求，则创建它。子系统创建时其内部实现采用了单例模式，确保应用中只有一个该类型的子系统，即使再次调用 Create() 方法，还是会返回第一次创建生成的实例。一旦子系统创建成功，就可以通过调用 Start()、Stop() 方法来启 / 停用该子系统，但需要注意的是，对不同的子系统，Start()、Stop() 方法执行行为也会略有不同，但通常是启用与停用的操作，并且一个子系统允许在其生命周期内多次调用

Start()、Stop() 方法。在使用完某个子系统后，应当调用 Destroy() 方法销毁 [1] 该子系统以避免无谓的性能消耗，在销毁子系统后，如果需要再次使用，则需要重新创建，示例代码如下：

```
// 第 2 章 /2-2
var planeSubsystem = CreatePlaneSubsystem();
if (planeSubsystem != null)
{
    // 开始平面检测
    planeSubsystem.Start();
}

if (planeSubsystem != null)
{
    // 停止平面检测，但这并不会影响已检测到的平面
    planeSubsystem.Stop();
}

if (planeSubsystem != null)
{
    // 销毁该子系统
    planeSubsystem.Destroy();
    planeSubsystem = null;
}
```

除了可以直接使用第三方实现的子系统功能，也可以实现自定义的子系统功能，这对希望融入 AR Foundation 架构的第三方 SDK 产商而言非常方便，典型的实现子系统的示例如下：

```
// 第 2 章 /2-3
public class TestSubsystemDescriptor : SubsystemDescriptorWithProvider
<TestSubsystem, TestSubsystemProvider>
{ }

public class TestSubsystem : SubsystemWithProvider<TestSubsystem,
TestSubsystemDescriptor, TestSubsystemProvider>
{ }

public class TestSubsystemProvider : SubsystemProvider<TestSubsystem>
{
    // 实现 Start() 方法
    public override void Start() { }
    // 实现 Stop() 方法
    public override void Stop() { }
    // 实现 Destroy() 方法
    public override void Destroy() { }
}
```

---

① 事实上，子系统由 AR Foundation 内部管理，调用 Destroy() 方法不会完全销毁子系统，但可以释放部分资源。

从上述代码可看到，实现自定义子系统功能时，需要继承 SubsystemDescriptorWithProvider 和 SubsystemProvider 这两个类并重写相应方法。

再次提醒，由于各 SDK 具体实现不尽相同，针对特定平台的特定功能，在使用时应该查阅该 Provider 的资料以获取更详尽的信息。

2.1.3 跟踪子系统

跟踪子系统（Tracking Subsystem）是在物理环境中检测和跟踪某类信息的子系统，如平面跟踪和图像跟踪。跟踪子系统所跟踪的对象被称为可跟踪对象（Trackable），如平面跟踪子系统检测跟踪平面，因此平面是可跟踪对象。

在 AR Foundation 中，每类跟踪子系统都提供了一个名为 getchanges() 的方法，此方法用于检索有关它所跟踪的可跟踪对象的信息数据，getchanges() 方法用于获取自上次此方法调用以来添加、更新和移除的所有可跟踪对象信息，通过该方法可以获取可跟踪对象的变化情况。

每个可跟踪对象都由标识符 ID（TrackableId，一个 128 位的 GUID 值）唯一标识，即所有可跟踪对象都是独立可辨识的，可以通过这个 TrackableId 获取某个可跟踪对象。

跟踪子系统可以添加、更新或移除可跟踪对象。只有被添加到跟踪子系统中的可跟踪对象才可以被更新或移除，因此在更新或者移除可跟踪对象时需要先检查该对象是否在跟踪子系统的跟踪中，如果尝试更新或移除尚未添加的可跟踪对象，则会引发运行时错误，同样，未添加或已移除的可跟踪对象无法更新也无法再次移除。

为了方便使用，在 AR Foundation 中，每类跟踪子系统的管理类组件（如 AR Plane Manager 组件）通常提供一个 xxxChanged 事件（如 planesChanged 事件），可以通过其 xxxChangedEventArgs（如 ARPlanesChangedEventArgs）参数获取 added、updated、removed 可跟踪对象进行后续处理。

2.2 AR Session 和 XR Origin

在第 1 章的案例中，构建应用程序框架时，首先在层级窗口中创建了 AR Session 和 XR Origin 两个对象，如图 2-3 所示，这两个对象构建起了 AR 应用最基础的框架，所有其他工作都在此基础之上展开，那么这两个对象在整个 AR 应用中起什么作用呢？

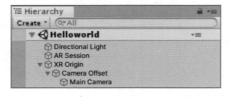

图 2-3　AR Session 和 XR Origin 基础对象

2.2.1　AR Session

　　AR Session 对象上挂载了两个功能组件：一个是 AR Session 组件，该组件用于管理 AR 会话（Session）；另一个是 AR Input Manager 组件，主要用于处理输入的相关信息，如图 2-4 所示。AR 会话管理 AR 应用状态、维护 AR 应用生命周期，控制在目标平台上启用或禁用 AR 功能，是 AR API 的主要入口。AR 会话根据需要开始或暂停摄像头图像帧的采集、初始化或释放相关资源、建立会话空间、执行运动跟踪、负责 SLAM 底层逻辑等。AR 场景中必须包含 AR Session 组件，但 AR Session 组件可以挂载在场景中的任何对象上，一般为了便于管理，我们将其挂载在 AR Session 对象上。如果在应用运行期间禁用 AR Session 组件，则 ARKit 将不再跟踪真实环境中的特征点、暂停 SLAM 运动跟踪功能，但如果稍后再启用，ARKit 则会尝试恢复运动跟踪、尝试重定位。

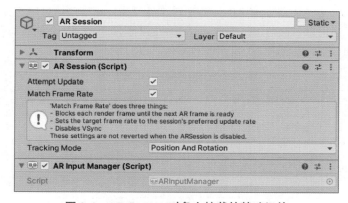

图 2-4　AR Session 对象上挂载的基础组件

　　AR Session 组件下有 3 个属性：Attempt Update（尝试更新）、Match Frame Rate（匹配帧率）、Tracking Mode（跟踪模式）。勾选 Attempt Update 复选框，在 AR 应用启动后，将在可能的情况下尝试安装 / 更新最新版的 ARCore（Google Play Services for AR），在 iOS 平台上，将尝试安装最新版的 ARKit[①]。

　　如果勾选 Match Frame Rate 复选框，则在 AR 应用运行期间会做 3 件事情：

　　（1）保持 AR 帧率与渲染帧率一致，AR 帧指完成一次图像采集、IMU 传感器数据读取等操作的执行周期，因为执行的操作比较多，速度可能会比较慢，从而导致渲染帧率与 AR 帧率不一致，勾选该选项后，则会保持两种帧率的同步。

　　（2）设置渲染目标帧率到 AR 会话预期的更新帧率，有助于提高跟踪质量。

　　（3）禁用 VSync，即禁用垂直同步，防止垂直同步影响 AR 帧率与渲染帧率同步。

　　Tracking Mode 属性用于设置 ARKit 运动跟踪使用的模式，支持 Rotation Only、Position And Rotation 两种模式之一，Rotation Only 只支持 3DoF 旋转跟踪，Position And Rotation 支持

---

　　① ARKit 随 iOS 版本更新升级，所以一般不需要勾选该属性。

6DoF 运动跟踪，一般选择 Position And Rotation。

AR Input Manager 组件是启用 SLAM 运动跟踪所必需的组件，如果不启用此组件，则 Tracked Pose Driver 组件（跟踪姿态驱动）将无法获取设备姿态数据[①]。

特别需要注意的是，在任何一个 AR 应用中，有且仅允许有一个 AR 会话，Unity 将 AR Session 组件设置成全局组件，因此如果场景中挂载了多个 AR Session 组件，则这些 AR Session 组件都将尝试管理同一个 AR 会话，同样，AR Input Manager 组件也只能有且仅有一个。

AR Foundation 框架支持的硬件设备多种多样，特别是 Android 移动手机平台设备种类繁多，并不是每款设备都支持 ARCore，ARKit 也只能在 iPhone 6s 及以上机型中才被支持，因此需要一些 AR 会话状态来表示设备的功能可用性，以便根据 AR 会话状态进行下一步操作或者在设备不支持 AR 时提供替代方案。

AR Foundation 使用 ARSessionState 枚举类型表示当前设备的 AR 会话状态（例如设备是否支持、是否正在安装 AR 软件及 AR 会话是否工作等），开发人员可以根据 AR 会话状态决定执行哪些操作，还可以订阅 ARSession.stateChanged 事件，在 AR 会话状态变化时得到通知。

ARSessionState 枚举包括表 2-1 所示的枚举值。

表 2-1　ARSessionState 枚举值

枚　举　值	描　　　述
None	设备状态未知
Unsupported	当前设备不支持 ARKit
CheckingAvailability	系统正在进行设备支持性检查
NeedsInstall	主要用于 ARCore，表示设备硬件支持 ARCore，但需要安装 ARCore 工具包
Installing	主要用于 ARCore，表示设备正在安装 ARCore 工具包
Ready	设备支持 ARKit 并且已做好使用准备
SessionInitialized	ARKit 会话正在初始化，还未建立运动跟踪
SessionTracking	ARKit 会话运动跟踪中，状态正常

根据 ARSession 状态值，可以检测 AR 应用的当前状态，关键代码如下：

```
// 第 2 章 /2-4
 IEnumerator CheckSupport()
 {
     Debug.Log(" 检查设备 ...");
     yield return ARSession.CheckAvailability();
     if (ARSession.state == ARSessionState.NeedsInstall)
     {
         Debug.Log(" 设备支持 AR，但需要更新 ...");
         Debug.Log(" 尝试更新 ...");
```

---

① 该组件挂载在 XR Origin → Camera Offset → Main Camera 对象上。

```
                yield return ARSession.Install();
        }
        if (ARSession.state == ARSessionState.Ready)
        {
            Debug.Log("设备支持 AR!");
            Debug.Log("启动 AR...");

            // 通过设置 enable=true 启动 AR
            m_Session.enabled = true;
        }
        else
        {
            switch (ARSession.state)
            {
                case ARSessionState.Unsupported:
                    Debug.Log("设备不支持 AR。");
                    break;
                case ARSessionState.NeedsInstall:
                    Debug.Log("更新失败。");
                    break;
            }
            //
            // 启动非 AR 的替代方案 ...
            //
        }
    }
    // 控制屏幕上的 UI 按钮
    void SetInstallButtonActive(bool active)
    {
        if (m_InstallButton != null)
            m_InstallButton.gameObject.SetActive(active);
    }
    // 安装 ARCore 支持包，ARKit 不需要进行手动安装
    IEnumerator Install()
    {
        if (ARSession.state == ARSessionState.NeedsInstall)
        {
            Debug.Log("尝试安装 ARCore 服务 ...");
            yield return ARSession.Install();

            if (ARSession.state == ARSessionState.NeedsInstall)
            {
                Debug.Log("ARCore 服务更新失败。");
                SetInstallButtonActive(true);
            }
            else if (ARSession.state == ARSessionState.Ready)
            {
```

```
            Debug.Log(" 启动 AR...");
            m_Session.enabled = true;
        }
    }
    else
    {
        Debug.Log(" 无须安装。");
    }
}


void OnEnable()
{
    StartCoroutine(CheckSupport());
}
```

代码中的安装指在 Android 手机端安装 ARCore 功能支持包，部分 Android 手机硬件支持 AR，但没有安装相应的 ARCore 功能包，可以通过这种方式进行安装①。

2.2.2　XR Origin

在 AR Foundation v5.0 版本中，XR Origin 取代了原 AR Session Origin 对象，XR Origin 位于 Unity.XR.CoreUtils 命名空间，隶属于 XR Core Utilities 插件包，该插件包抽取 AR、VR、MR 公共常见的工具方法，提供诸如几何、集合、数学、XR Origin 等公共基础库。XR Origin 表达 XR 空间的世界坐标系原点，同时适用于 AR 和 VR。为了提高灵活性，XR Origin 对象下有 Camera Offset 子对象，用于适应 AR/VR 硬件摄像头与渲染相机的偏移，Camera Offset 子对象下有 Main Camera 子对象，该子对象即为渲染相机对象。

XR Origin 默认挂载 Transform 组件和 XR Origin 组件，如图 2-5 所示。

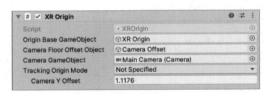

图 2-5　XR Origin 对象下的 XR Origin 组件

XR Origin 组件的作用是将可跟踪对象（如平面和特征点）姿态信息转换到 Unity 空间，因为 AR 应用由 AR 会话管理，因此其获取的各类可跟踪对象姿态信息在会话空间（Session Space）中，这是一个以 AR 会话初始化完成时所在位置为坐标原点的非标度空间，需要由 XR Origin 组件执行一次坐标空间变换，将其变换到 Unity 坐标空间，类似于从模型局部空间到世

---

①　安装程序会连接到 Google Play 应用商店中搜索并下载 ARCore 进行安装，因此需要能通过网络连接到 Google Play。由于 ARKit 随 iOS 版本升级而自动更新，因此 ARKit 不需要进行安装或更新。

界空间的变换。例如，我们在制作三维模型时，通常会建立模型本身的坐标系，模型的所有部件都相对于其自身的坐标系构建，模型自身的坐标系称为"模型空间"或"局部空间"，当将这些模型导入 Unity 中时，模型的所有顶点位置信息都要变换到以 Unity 坐标原点为基准的世界空间中。同样，由 AR 应用检测到的可跟踪对象姿态在会话空间中，因此也要做一次坐标变换将其变换到 Unity 世界坐标空间中。

Origin Base GameObject 属性用于表达 XR 空间的原点，默认即为场景中的 XR Origin 对象，在运行时该对象位姿由底层 SLAM 驱动；

Camera Floor Offset Object 属性用于描述渲染相机离地偏移量；

Camera GameObject 属性接收一个相机参数，这个相机就是 AR 渲染相机，AR 渲染相机与用户设备硬件摄像头通过 Tracked Pose Driver 组件提供的位姿对齐，同时与 AR 会话空间对齐，这样就可以从正确的视角在指定位置渲染虚拟物体；

Tracking Origin Mode 属性用于描述原点的跟踪模型，对 AR 应用，可选择 Not Specified、Device，而 VR 应用则需选择 Floor；

Camera Y Offset 属性用于表达渲染相机与地面的高度，这是个估计值，即移动设备使用时设备硬件摄像头与地面的高度，默认为 1.1176m。

XR Origin 对象下的 Main Camera 子对象默认挂载了 Tracked Pose Driver、AR Camera Manager、AR Camera Background 组件，如图 2-6 所示。

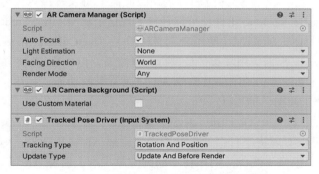

图 2-6　Main Camera 对象下的默认组件

Tracked Pose Driver 组件的主要作用是将 Unity 中的渲染相机与设备的真实硬件摄像头对齐，即根据设备硬件摄像头的位姿估计信息调整 Unity 中的渲染相机姿态，保持虚实相机对齐匹配，保持虚实相机参数一致（拥有相同的投影矩阵），从而确保 Unity 中渲染的虚拟物体在真实世界中的位置与方向正确。如果没有该组件，则 Unity 渲染的虚拟物体与真实环境就不会有联系。

Tracking Type 属性用于描述 ARKit 运动跟踪使用的模式，支持 Rotation Only、Position Only、Position And Rotation 这 3 种模式之一，Rotation Only 只支持 3DoF 旋转跟踪，Position Only 只支持位置变化，Position And Rotation 支持 6DoF 运动跟踪，一般选择 Position And Rotation。该属性与 AR Session 组件对应属性有重复，使用时需保持两者设置一致。

Update Type 属性用于描述 Tracked Pose Driver 组件的更新模式，支持 Update、Before

Render、Update And Before Render 这 3 种模式之一，默认选择 Update And Before Render 即可。

AR Camera Manager 组件负责处理、控制摄像头的一些细节参数，其有 4 个参数：Auto Focus（自动对焦）、Light Estimation（光照估计）、Facing Direction（使用设备摄像头类型）、Render Mode（渲染模式），具体意义如表 2-2 所示。

表 2-2　AR Camera Manager 组件属性

属　　性	描　　述
Auto Focus	自动对焦模式，勾选该值即允许摄像头自动对焦，一般我们会选择勾选，如果不勾选，则使用固定焦距，固定焦距不会改变设备摄像头焦距，因此，设备与被拍摄物体距离不合适时就会出现采集的图像模糊
Light Estimation	光照估计模式，由于各具体平台光照估计能力不同，这里将 ARCore、ARKit 所有与光照估计相关的能力都列出，在使用时可根据相应平台和所需能力进行选择。光照估计对性能消耗较大，不使用该功能时，建议将其设置为 None 值
Facing Direction	AR 应用使用的设备摄像头类型，World 值为使用后置摄像头，User 值为使用前置摄像头
Render Mode	将摄像头捕获的图像渲染成 AR 应用背景的时机，Before Opaque 值表示在不透明物体渲染前，After Opaque 值表示在不透明物体渲染后，Any 值表示由平台自行决定渲染时机

在 AR 中，我们以真实环境作为应用背景，因此需要将设备摄像头捕获的图像渲染成背景，使用 AR Camera Background 组件就可以轻松实现这个功能。AR Camera Background 组件还有一个参数 Use Custom Material（使用自定义材质），Use Custom Material 复选框一般情况下不勾选，默认由 Unity 根据应用发布平台进行背景渲染，但如果勾选，则需要提供背景渲染的材质，即实现将摄像头捕获的图像渲染成 AR 应用背景的功能，利用自定义材质可以实现一些高级功能，如背景模糊、描边等。

如果在场景中只有一个 XR Origin 对象，则为其子对象 Main Camera 添加 AR Camera Background 组件就可以实现将来自摄像头的图像渲染成 AR 应用背景。但如果场景中有多个 XR Origin 对象、多个摄像头图像（例如在不同的缩放尺度上渲染 AR 场景），则这时就要为每个 XR Origin 对象、每个摄像头指定一个 AR Camera Background 组件并进行相应设置。

AR Session 对象和 XR Origin 对象负责 AR 应用整个生命周期管理、AR 相机操作及背景渲染相关工作，这些工作任务每个 AR 应用都需要，但这些工作需要与设备硬件交互，需要与底层 SLAM 通信，通常也会非常复杂，这两个预制对象及其相应组件对此进行了良好封装处理，开发者不用再担心具体的实现细节，极大地降低了 AR 应用开发的难度。

2.3　可跟踪对象

在 AR Foundation 中，平面（Plane）、特征点云（Point Cloud）、锚点（AR Anchor）、跟踪图像（Tracked Image）、环境探头（Environment Probe）、人脸（Face）、3D 物体（Tracked

Object）、共享参与者（AR Participant）、场景网格（Mesh）这 9 类对象称为可跟踪对象（Trackable），也就是说 AR Foundation 目前可以实时检测跟踪处理这 9 类对象。当然，在运行时这 9 类对象是否可用还与底层 Provider 相关，如 3D 物体检测跟踪目前只在 ARKit 中被支持。

为了方便管理各类可跟踪对象，AR Foundation 为每类可跟踪对象建立了一个对应的管理器（Manager），一种管理器只管理对应的一类可跟踪对象，这种设计大大地提高了灵活性，可以非常方便地添加或者删除某类管理器，从而达到只对特定可跟踪对象进行处理的目的。另外，这 9 类管理器在界面及功能（包括事件及 API）设计上非常相似，掌握一个管理器的用法就可以类推到其他管理器的操作上，并且提供了统一的使用界面，方便开发人员的操作使用。

特别需要注意的是，可跟踪对象管理器只能挂载在 XR Origin 对象上，这是因为 XR Origin 组件定义了 AR 会话空间与 Unity 空间的转换关系，可跟踪对象管理器需要利用 AR 会话空间原点及其与 Unity 空间的转换关系才能将可跟踪对象定位在 Unity 空间中的正确位置。

2.3.1　可跟踪对象管理器

在 XR Origin 对象上添加一种可跟踪对象管理器即可开始对这种类型的可跟踪对象进行管理（包括启用、禁用跟踪），删除或者禁用一种可跟踪对象管理器即终止对这种类型的可跟踪对象的管理，AR Foundation 对可跟踪对象的这种处理方式有利于简化对可跟踪对象的管理。各管理器与可跟踪对象的对应关系如表 2-3 所示。

表 2-3　可跟踪对象及其对应管理器

可跟踪对象	可跟踪对象管理器	描　　述
ARPlane	ARPlaneManager	检测与管理平面，包括垂直平面与水平平面
ARPointCloud	ARPointCloudManager	检测与管理点云
ARAnchor	ARAnchorManager	检测与管理锚点，可以通过 ARAnchorManager.AddAnchor 和 ARAnchorManager.RemoveAnchor 添加和移除锚点
ARTrackedImage	ARTrackedImageManager	检测与管理 2D 图像跟踪
AREnvironmentProbe	AREnvironmentProbeManager	管理环境探头生成环境立方体贴图
ARFace	ARFaceManager	检测与管理人脸跟踪
ARTrackedObject	ARTrackedObjectManager	检测与管理 3D 物体对象跟踪
ARParticipantManager	ARParticipant	在多人协作会话中检测和跟踪参与者
ARRaycast	ARRaycastManager	处理与射线检测相关工作
Meshing	ARMeshManager	处理与场景表面几何网格相关工作

在 XR Origin 对象上添加某类可跟踪对象管理器后，AR Foundation 即开始对该类可跟踪对象的位置、姿态进行跟踪计算，持续对可跟踪对象的状态进行更新，但管理器并不负责可视化可跟踪对象，即管理器只负责存储可跟踪对象的姿态及状态信息，而不对数据进行其他

加工处理。如 AR Plane Manager 管理器，在检测到平面后，它会存储检测到的平面的位置、尺寸、边界等相关信息，但并不会可视化已检测到的平面，可视化平面的工作由其他脚本或者组件完成。

如前所述，启用或者添加可跟踪管理器将启用某类跟踪功能，例如，可以通过启用或禁用 AR Plane Manager 组件来启用或者禁用平面检测功能。另外需要注意的是，检测跟踪对象是一项非常消耗资源的工作，因此最好在不使用某类可跟踪对象时禁用或者删除相应的管理器。

一类可跟踪对象管理器只能管理与其相应的一类可跟踪对象，但可以管理一个或者多个该类可跟踪对象，如 AR Plane Manager 管理器可以管理一个或者多个检测到的平面，每个可跟踪对象管理器都提供了 trackables 属性，通过该属性可以获取其检测管理的所有可跟踪对象，典型代码如下：

```
// 第 2 章 /2-5
var planeManager = GetComponent<ARPlaneManager>();
foreach (ARPlane plane in planeManager.trackables)
{
    // 进行相应处理
}
```

访问 trackables 属性返回一个 TrackableCollection 类型集合对象，如果知道可跟踪对象 ID，则可以通过管理器直接检索获取该可跟踪对象，如 AR Plane Manager 管理器可使用其 GetPlane（TrackableId）方法获取指定检测到的平面，某些管理器还提供 TryGetTrackable() 方法，在使用时查阅 API 文档可了解更多使用详情。

2.3.2　可跟踪对象事件

每个可跟踪对象都可以被添加、更新、删除。在每帧中，管理器会对该类所有可跟踪对象状态进行检查，检测添加新可跟踪对象、更新现跟踪对象姿态、删除过时的可跟踪对象。有时可能需要在特定事件发生时执行一些操作，如在检测到平面时自动在检测到的平面上种植小草，为此，AR Foundation 所有可跟踪对象管理器都会提供一个状态变更事件，可以通过订阅对应事件进行处理，如表 2-4 所示。

表 2-4　可跟踪对象管理器常用事件

可跟踪对象管理器	常 用 事 件
ARPlaneManager	planesChanged
ARPointCloudManager	pointCloudsChanged
ARAnchorManager	anchorsChanged
ARTrackedImageManager	trackedImagesChanged
AREnvironmentProbeManager	environmentProbesChanged
ARFaceManager	facesChanged

可跟踪对象管理器	常 用 事 件
ARTrackedObjectManager	trackedObjectsChanged
ARParticipantManager	participantsChanged
ARMeshManager	meshesChanged

2.3.3　管理可跟踪对象

AR Foundation 中的可跟踪对象，有的可以手动添加或删除，有的则是自动管理不需人工参与，如 AR Anchor 和 Environment Probes，这两个可跟踪对象可以手动添加或删除，而 Plane 和 Face 等其他的可跟踪对象则完全由 AR Foundation 自动管理。PointCloud 比较特别，它既可以自动管理，也可以手动添加或者删除。

由于每类可跟踪对象都由对应的管理器进行管理，因此，我们不应该直接尝试去销毁（Destroy）可跟踪对象，事实上如果强行使用 Destroy() 方法销毁可跟踪对象会导致运行时错误。对于那些可以手动添加或删除的可跟踪对象，相应的管理器提供了移除方法，例如移除一个 AR Anchor，只需调用 ARAnchorManager.RemoveAnchor（ARAnchor）方法，而不应当直接使用 Destroy() 方法销毁可跟踪对象。

在添加一个可跟踪对象时，AR Foundation 需要做一系列的准备工作，因此，在添加一个可跟踪对象后，它并不会马上就被系统所跟踪，而是直到系统准备完毕并报告可跟踪对象已经添加到 AR Foundation 中才真正完成可跟踪对象的添加操作，这个过程和时间因可跟踪对象类型而异。为明确可跟踪对象状态，所有的可跟踪对象都有一个 pending 属性，pending 属性为 true 时标识该可跟踪对象已执行添加操作但还没有真正添加到 AR Foundation 跟踪系统中，通过检查这个属性可获取该可跟踪对象的跟踪情况，典型代码如下：

```
// 第 2 章 /2-6
var anchor = AnchorManager.AddAnchor(new Pose(position, rotation));
Debug.Log(anchor.pending);        // 返回值为 true

// 该方法不会在当前帧执行，直到可跟踪对象真正添加到跟踪系统中才执行
void OnAnchorsChanged(ARAnchorsChangedEventArgs eventArgs)
{
    foreach (var anchor in eventArgs.added)
    {
        // 正在跟踪的对象
    }
}
```

在上述代码中，添加一个 ARAnchor 后马上检查其状态，其 pending 属性为 true，意味着该可跟踪对象还未真正添加到 AR Foundation 跟踪系统中，因此该管理器的 OnAnchorsChanged

事件不会被触发，直到真正添加成功（可能 2 帧或者 3 帧后才会触发）。

有时可能需要禁用某些可跟踪对象的行为，但又不是完全禁用管理器对可跟踪对象的管理，例如不需要渲染已被检测到的平面，但又不是禁用平面检测功能，那么这时可以通过遍历对特定或者全部的正在跟踪的对象进行处理，典型代码如下：

```
// 第 2 章 /2-7
var planeManager = GetComponent<ARPlaneManager>();
foreach (var plane in planeManager.trackables)
{
    plane.gameObject.SetActive(false);
}
```

在上述示例代码中，我们将所有检测到的平面禁用以阻止其渲染。

当可跟踪对象管理器检测到一个可跟踪对象后会实例化一个该对象的预制体（Prefab），这个预制体必须挂载有该类可跟踪对象的对应组件，如平面预制体必须有 AR Plane 组件。如果开发人员没有提供这个预制体，则管理器将创建一个空的挂载该类可跟踪对象组件的对象；如果提供的预制体没有挂载该类可跟踪对象的对应组件，则管理器将自动为其添加一个，例如当 AR Plane Manager 管理器检测到一个平面时，如果其 Plane Prefab 属性有赋值，则它将使用这个预制体实例化一个 AR Plane 对象；如果提供的预制体没有 AR Plane 组件，则自动为其挂载一个；如果 Plane Prefab 属性没有赋值，则 AR Plane Manager 组件将创建一个只有 AR Plane 组件的空对象。

2.4 会话管理

在 AR 应用中，AR 会话极为重要，它用于管理应用的全生命周期。在 AR 应用运行时，可能需要暂停、重置 AR 执行，甚至可能需要完全重新初始化，这时就需要直接对 AR 会话进行操作，因为 AR 会话负责整个应用生命周期的管理，AR 会话的改变将直接导致整个应用行为的改变。

在 AR Foundation 中，提供了 4 种对 AR 会话的管理操作，如表 2-5 所示。

表 2-5　AR 会话常见管理操作

操　作	常　用　事　件
Pause	暂停 AR 会话，设备将暂停环境检测及可跟踪对象的跟踪，也将暂停图像和运动传感器数据采集，在暂停 AR 会话时，AR 应用不消耗 CPU 及 GPU 资源
Resume	恢复被暂停的 AR 会话，在恢复会话后，设备将尝试恢复环境检测及用户状态跟踪，在这个过程中原可跟踪对象可能会出现漂移现象
Reset	重置 AR 会话，这将清除所有可跟踪对象并高效地开始新的 AR 会话，用户创建的虚拟物体对象不会被清除，但因为所有可跟踪对象都已被清除，因此虚拟物体会出现漂移现象
Reload	重新载入一个新的 AR 会话，这个过程用于模拟场景切换，因为需要销毁原 AR 会话并重新初始化一个新 AR 会话，所以执行时间比重置方式长

在 AR Foundation 中，ARSession 类有一个 bool 值类型的 enable 属性，通过它可以控制
AR 会话的暂停和恢复，其还有一个 Reset() 方法，可以直接进行重置操作，典型代码如下：

```
// 第 2 章 /2-8
vpublic ARSession mSession;
private void PauseSession()
{
    if (mSession != null)
        mSession.enabled = false;
}
private void ResumeSession()
{
    if (mSession != null)
        mSession.enabled = true;
}
private void ResetSession()
{
    if (mSession != null)
        mSession.Reset();
}
private  void ReloadSession()
{
    if (mSession != null)
    {
        StartCoroutine(DoReload());
    }
}

System.Collections.IEnumerator DoReload()
{
    Destroy(mSession.gameObject);
    yield return null;
    if (sessionPrefab != null)
    {
        mSession = Instantiate(sessionPrefab).GetComponent<ARSession>();
        Debug.Log(" 重载 Session 成功 !");
    }
}
```

　　由于执行重载时间较长，上述方法中使用了协程方式防止应用卡顿。

　　除此之外，AR Foundation 还提供了一个 LoaderUtility 工具类，利用该工具类可以方便地
在 AR 场景与非 AR 场景之间进行切换。LoaderUtility 工具类提供了 Initialize()、Deinitialize()、
GetActiveLoader() 3 个方法协助进行 AR 会话及 AR Foundation 子系统的管理。

　　在多场景切换时，AR Foundation 中的组件会启用或者禁用子系统，但这些子系统实际上
是由 AR Foundation 内部进行管理，并不允许直接被销毁，从而导致这些子系统生命周期跨多

场景。LoaderUtility 工具类就是用于解决此类问题的，通过 Initialize()、Deinitialize() 方法可以创建或者彻底销毁子系统对象，从而优化应用性能，典型的应用代码如下：

```
// 第 2 章 /2-9
// 从非 AR 场景到 AR 场景切换
static void LoadARScene(string sceneName)
{
    LoaderUtility.Initialize();
    SceneManager.LoadScene(sceneName, LoadSceneMode.Single);
}
// 从 AR 场景到非 AR 场景切换
static void LoadNormalScene(string sceneName)
{
    SceneManager.LoadScene(sceneName, LoadSceneMode.Single);
    LoaderUtility.Deinitialize();
}
```

第 3 章

ARKit 功能特性与开发基础

ARKit 是一个高级 AR 应用开发引擎，得益于苹果公司强大的软硬件整合能力和应用生态，ARKit 一经推出即在科技圈引发极大关注，一方面是苹果公司在科技界的巨大影响力；另一方面是 ARKit 在移动端实现的堪称惊艳的 AR 效果。ARKit 的面世，直接将 AR 技术带到了亿万用户眼前，更新了人们对 AR 的印象。在集成到 AR Foundation 框架后，提供了简洁统一的使用界面，这使得利用其开发 AR 应用变得非常高效。ARKit 运动跟踪稳定性好，并且支持多传感器融合（如深度传感器、双目相机、LiDAR），性能消耗低，有利于营造沉浸性更好的 AR 体验。本章主要阐述 ARKit 本身的技术能力和功能特性。

3.1 ARKit 概述及主要功能

2017 年 6 月，苹果公司发布 ARKit SDK（Software Development Kit，软件开发工具包），它能够帮助用户在移动端快速实现 AR 功能。ARKit 的发布推动了 AR 概念的普及，但与其他苹果生态 SDK 一样，ARKit 只能用于苹果公司自家的移动终端（包括 iPhone、iPad、iPod 及未来的 iGlass）。苹果公司官方对 ARKit 的描述为通过整合设备摄像头图像信息与设备运动传感器（包括 LiDAR）信息，在应用中提供 AR 体验的开发套件。对开发人员而言，更通俗的理解即 ARKit 是一种用于开发 AR 应用的 SDK。

从本质上讲，AR 是将 2D 或者 3D 元素（文字、图片、模型、音视频等）放置于设备摄像头所采集的图像中，营造一种虚拟元素真实存在于现实世界中的假象。ARKit 整合了摄像头图像采集、图像视觉处理、设备运动跟踪、场景渲染等技术，提供了简单易用的 API（Application Programming Interface，应用程序接口）以方便开发人员开发 AR 应用，开发人员不需要再关注底层的技术实现细节，从而大大降低了 AR 应用开发难度。

ARKit 通过移动设备（包括手机与平板电脑）单目摄像头采集的图像信息（包括 LiDAR 采集的信息），实现了平面检测识别、场景几何识别、环境光估计、环境光反射、2D 图像识别、3D 物体识别、人脸检测、人体动作捕捉等高级功能，在这些基础上就能够创建虚实融合的场景。如将一个虚拟的数字机器人放置在桌面上，虚拟机器人将拥有与现实世界真实物体一样的外观、物理效果、光影效果，并能依据现实世界中的照明条件动态地调整自身的光照信息以便更好地融合到环境中，如图 3-1 所示。

图 3-1　在桌面上放置虚拟机器人的 AR 效果

得益于苹果公司强大的软硬件整合能力及其独特的生态，ARKit 得以充分挖掘 CPU/GPU 的潜力，在跟踪精度、误差消除、场景渲染方面做到了同时期的最好水平，表现在用户体验上就是 AR 跟踪稳定性好、渲染真实度高、人机交互自然。

ARKit 出现后，数以亿计的 iPhone、iPad 设备一夜之间拥有了最前沿的 AR 功能，苹果公司 iOS 平台也一举成为最大的移动 AR 平台。苹果公司还与 Unity、Unreal 合作，进一步扩大 AR 开发平台，拓宽 iOS AR 应用的开发途径，奠定了其在移动 AR 领域的领导者地位。

3.1.1　ARKit 功能

技术层面上，ARKit 通过整合 AVFoundation、CoreMotion、CoreML 这 3 个框架，在此基础上融合扩展而成，如图 3-2 所示，其中 AVFoundation 是处理基于时间的多媒体数据框架，CoreMotion 是处理加速度计、陀螺仪、LiDAR 等传感数据信息框架，CoreML 则是机器学习框架。ARKit 融合了来自 AVFoundation 的视频图像信息与来自 CoreMotion 的设备运动传感器数据，再借助于 CoreML 计算机视觉图像处理与机器学习技术，为开发者提供稳定的三维数字环境。

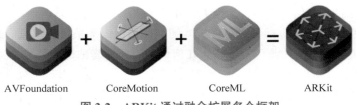

AVFoundation　　CoreMotion　　CoreML　　ARKit

图 3-2　ARKit 通过融合扩展多个框架

经过多次迭代升级，ARKit 技术日渐完善，功能也日益拓展。目前，ARKit 主要提供如表 3-1 所示的功能。

表 3-1　ARKit 主要功能

功　能	描　述
特征点检测（Feature Point）	检测并跟踪从设备摄像头采集的图像中的特征点信息，并利用这些特征点构建对现实世界的理解
平面检测（Plane Detect）	检测并跟踪现实世界中的平整表面，ARKit 支持水平平面与垂直平面检测
图像检测识别跟踪（Image Tracking）	检测识别并跟踪预扫描的 2D 图像，ARKit 最大支持同时检测 100 张图像
3D 物体检测跟踪（Object Tracking）	检测识别并跟踪预扫描的 3D 物体
光照估计（Light Estimation）	利用从摄像头图像采集的光照信息估计环境中的光照，并依此调整虚拟物体的光照效果
环境光反射（Environment Probes & Environment Reflection）	利用从摄像头图像中采集的信息生成环境光探头（Environment Probe），并利用这些图像信息反射真实环境中的物体，以达到更真实的渲染效果
世界地图（World Map）	支持保存与加载真实场景的空间映射数据，以便在不同设备之间共享体验
人脸检测跟踪（Face Tracking）	检测跟踪摄像头图像中的人脸，ARKit 支持同时跟踪 3 张人脸。ARKit 还支持眼动跟踪，并支持人脸 BlendShape 功能，可以驱动虚拟人像模型
眼动跟踪（Eye Tracking）	检测跟踪摄像头图像中的人眼运动，支持检测眼球凝视方向、双眼注视点
射线检测（Ray Casting & Hit Testing）	从设备屏幕发射射线检测虚拟对象或者平面
人体动作捕捉（Motion Capture）	检测跟踪摄像头图像中的人形，捕获人形动作，并用人形动作驱动虚拟模型，ARKit 支持 2D 和 3D 人形动作捕捉跟踪
人形遮挡（People Occlusion）	分离摄像头图像中的人形区域，并能估计人形区域深度，以实现与虚拟物体的深度对比，从而实现正确的遮挡关系
多人协作（Collaborative Session）	多设备间实时通信以共享 AR 体验
同时开启前后摄像头（Simultaneous Front and Rear Camera）	允许同时开启设备前后摄像头，并可利用前置摄像头采集到的人脸检测数据驱动后置摄像头场景中的模型
3D 音效（3D Audio）	模拟真实空间中的 3D 声音传播效果
景深（Scene Depth）	模拟摄像机采集图像信息时的景深效果，实现焦点转移
相机噪声（Camera Noise）	模拟相机采集图像时出现的不规则噪声

续表

功　能	描　述
运动模糊 （Motion Blur）	模拟摄像机在拍摄运动物体时出现的模糊拖尾现象
自定义渲染 （Custom Display）	支持对所有 ARKit 特性的自定义渲染
场景几何 （Scene Geometry）	使用 LiDAR 实时捕获场景深度信息并转换为场景几何网格
场景语义 （Scene Understanding）	支持检测到的平面和场景表面几何网格的语义分类
场景深度 （Depth API）	使用 LiDAR 实时捕获场景深度信息
视频纹理 （Video Texture）	采用视频图像作为纹理，可以实现视频播放、动态纹理效果
地理位置锚点 （Geographical Location Anchor）	利用 GPS 与地图在特定的地理位置上放置虚拟物体

除了表 3-1 中我们所能看到的 ARKit 提供的能力，ARKit 还提供了我们看不见但对渲染虚拟物体和营造虚实融合异常重要的尺寸度量系统。ARKit 的尺寸度量系统非常稳定、精准，ARKit 尺度空间中的 1 单位等于真实世界中的 1m，因此，我们能在 ARKit 虚拟空间中营造与真实世界体验一致的物体尺寸，并能正确地依照与现实空间中近大远小视觉特性同样的规律渲染虚拟物体尺寸，实现虚实场景的几何一致性。

需要注意的是，ARKit 并不包含图形渲染 API，即 ARKit 没有图形渲染能力，它只提供设备的跟踪和真实物体表面检测功能。对虚拟物体的渲染由第三方框架提供，如 RealityKit、SceneKit、SpriteKit、Metal 等，这提高了灵活性，同时降低了 ARKit 的复杂度，减小了包体大小。

3.1.2　ARKit 三大基础能力

ARKit 整合了 SLAM、计算机视觉、机器学习、传感器融合、表面估计、光学校准、特征匹配、非线性优化等大量的底层技术，提供给开发者简捷易用的程序界面。ARKit 提供的能力总体可以分为 3 部分：运动跟踪、场景理解和渲染，如图 3-3 所示，在这三大基础能力之上，构建了形形色色的附加功能。

运动跟踪　　　　　场景理解　　　　　渲染

图 3-3　ARKit 三大基础核心能力

1. 运动跟踪

实时跟踪用户设备在现实世界中的运动是 ARKit 的核心功能之一，利用该功能可以实时获取用户设备姿态信息。在运动跟踪精度与消除误差积累方面，ARKit 控制得非常好，表现在使用层面就是加载的虚拟元素不会出现漂移、抖动、闪烁现象。ARKit 的运动跟踪整合了 VIO 和 IMU，即图像视觉跟踪与运动传感器跟踪，提供 6DoF 跟踪能力，不仅能跟踪设备位移，还能跟踪设备旋转。

更重要的是，ARKit 运动跟踪没有任何前置要求，不需要对环境的先验知识，也没有额外的传感器要求，仅凭现有的移动设备硬件就能满足 ARKit 运动跟踪的所有要求。

2. 场景理解

场景理解建立在运动跟踪、计算机视觉、机器学习等技术之上。场景理解提供了关于设备周边现实环境的属性相关信息，如平面检测功能，提供了对现实环境中物体表面（如地面、桌面等）检测平面的能力，如图 3-4 所示。从技术上讲，ARKit 通过检测特征点和平面来不断改进它对现实世界环境的理解。ARKit 可以检测位于常见的水平或垂直表面（例如桌子或墙）上的成簇特征点，并允许将

图 3-4　ARKit 对平坦表面的检测识别

这些表面用作应用程序的工作平面，ARKit 也可以确定每个平面的边界，并将该信息提供给应用，使用此信息可以将虚拟物体放置于平坦的表面上而不超出平面的边界。场景理解是一个渐进的过程，随着设备探索的环境不断拓展而不断加深，并可随着探索的进展不断修正误差。

ARKit 通过 VIO 检测特征点来识别平面，因此它无法正确检测像白墙一样没有纹理的平坦表面。当加入 LiDAR 传感器后，ARKit 对环境的感知能力得到大幅提高，不仅可以检测平坦表面，还可以检测非平坦有起伏的表面，由于 LiDAR 的特性，其对弱纹理、光照不敏感，可以构建现实环境的高精度几何网格。

场景理解还提供了射线检测功能，利用该功能可以与场景中的虚拟对象、检测到的平面、特征点交互，如将虚拟元素放置到指定位置、旋转移动虚拟物体等。场景理解还对现实环境中的光照信息进行评估，并利用这些光照估计信息修正场景中的虚拟元素光照。除此之外，场景理解还实现了反射现实物理环境功能以提供更具沉浸性的虚实融合体验。

3. 渲染

严格意义上讲，ARKit 并不包含渲染功能，AR 的渲染由第三方框架提供，但除提供场景理解能力之外，ARKit 还提供连续的摄像头图像流，这些图像流可以方便地融合进任何第三方渲染框架，如 RealityKit、SceneKit、SpriteKit、Metal，或者自定义的渲染器。本书主要讲述利用 Unity 开发引擎进行 AR 场景搭建和渲染，因此无须关注底层的渲染技术。

运动跟踪、场景理解、渲染紧密协作，形成了稳定、健壮、智能的 ARKit，在这三大基

础能力之上，ARKit 还提供了诸如 2D 图像识别跟踪、3D 物体识别跟踪、物理仿真、基于 GPS 地理位置的 AR 等实用功能。

在苹果公司的强力推动下，ARKit 正处于快速发展中，性能更强的硬件和新算法的加入，提供了更快的检测速度（如平面检测、人脸检测、3D 物体检测等）和更多更强的功能特性（如人形遮挡、人体动作捕捉、人脸 BlendShapes、场景几何网格等）。ARKit 适用的硬件范围也在拓展，可以预见，ARKit 适用的硬件一定会拓展到苹果公司的 AR 眼镜产品。

3.1.3　ARKit 的不足

ARKit 提供了稳定的运动跟踪功能，也提供了高精度的环境感知功能，但受限于视觉 SLAM 技术的技术水平和能力，ARKit 的运动跟踪在以下情况时会失效。

1. 在运动中做运动跟踪

如果用户在火车或者电梯中使用 ARKit，这时 IMU 传感器获取的数据不仅包括用户的移动数据（实际是加速度），也包括火车或者电梯的移动数据（实际是加速度），则将导致 SLAM 数据融合问题，从而引起漂移甚至完全失败。

2. 跟踪动态的环境

如果用户设备对着波光粼粼的湖面，这时从设备摄像头采集的图像信息是不稳定的，会引发图像特征点提取匹配问题进而导致跟踪失败。

3. 热漂移

相机感光器件与 IMU 传感器都是对温度敏感的元器件，其校准通常只会针对某个或者几个特定温度，但在用户设备的使用过程中，随着时间的推移设备会发热，发热会影响摄像头采集图像的颜色 / 强度信息和 IMU 传感器测量的加速度信息的准确性，从而导致误差，表现出来就是跟踪物体的漂移。

4. 昏暗环境

基于 VIO 的运动跟踪效果与环境光照条件有很大关系，昏暗环境采集的图像信息对比度低，这对提取图像特征点信息非常不利，进而影响到跟踪的准确性，这也会导致基于 VIO 的运动跟踪失败。

除运动跟踪问题外，由于移动设备资源限制或其他问题，ARKit 还存在以下不足。

1. 环境理解需要时间

ARKit 虽然对现实场景表面特征点提取与平面检测进行了非常好的优化，但还是需要一个相对比较长的时间，在这个过程中，ARKit 需要收集环境信息构建对现实世界的理解。这是一个容易让不熟悉 AR 的使用者产生困惑的阶段，因此，AR 应用中应当设计良好的用户引导，同时帮助 ARKit 更快地完成初始化。在配备 LiDAR 传感器的高端设备上，由于 LiDAR 可以实时获取场景表面几何网格信息，从而大大加速了这个过程，也无须用户移动设备获取视差就能完成对周边环境的理解。

2. 运动处理有滞后

当用户设备移动过快时会导致摄像头采集的图像模糊，从而影响 ARKit 对环境特征点的提取，进而造成运动跟踪误差，表现为跟踪不稳定或者虚拟物体漂移。

3. 弱纹理表面检测问题

ARKit 使用的 VIO 技术很难在光滑、无纹理、反光的场景表面提取所需的特征值，因而无法构建对环境的理解和检测识别平面，如很难检测跟踪光滑大理石地面和白墙。当然，该问题也会因为有 LiDAR 传感器的加入而得到良好的改善。

4. 鬼影现象

虽然 ARKit 在机器学习的辅助下对平面边界预测作了很多努力，但由于现实世界环境的复杂性，检测到的平面边界仍然不够准确，因此，添加的虚拟物体可能会出现穿越墙壁的现象，所以对开发者而言，应当鼓励使用者在开阔的空间或场景中使用 AR 应用程序。

> **提示**
>
> 本节讨论的 ARKit 不足为不使用 LiDAR 传感器时存在的先天技术劣势，在配备有 LiDAR 传感器的设备上，由于 LiDAR 传感器并不受到弱纹理、灯光等因素的影响，因此 ARKit 能实时精准高效地重建场景几何网格，可以弥补由于 VIO 原因给 ARKit 带来的不足，但 LiDAR 只对场景重建有帮助，并不能解决如昏暗环境跟踪失效、热漂移、运动中跟踪等问题。对开发人员而言，了解 ARKit 的优劣势才能更好地扬长避短，在适当的时机通过适当的引导最佳化用户体验。

3.2　运动跟踪原理

第 1 章对 AR 技术原理进行过简要介绍，ARKit 运动跟踪所采用的技术路线与其他移动端 AR SDK 相同，也采用 VIO 与 IMU 结合的方式进行 SLAM 定位跟踪。本节将更加深入地讲解 ARKit 运动跟踪原理，从而加深对 ARKit 在运动跟踪方面优劣势的理解，并在开发中尽量避免劣势或者采取更加友好的方式扬长避短。

3.2.1　ARKit 坐标系

实现虚实融合最基本的要求是实时跟踪用户（设备）的运动，始终保持虚拟相机与设备摄像头的对齐，并依据运动跟踪结果实时更新虚拟元素的姿态，这样才能在现实世界与虚拟世界之间建立稳定精准的联系。运动跟踪的精度与质量直接影响 AR 的整体效果，任何延时、误差都会造成虚拟元素抖动或者漂移，从而破坏 AR 的真实感和沉浸性。

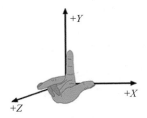

图 3-5　ARKit 采用右手坐标系

在进一步讲解运动跟踪之前，先了解一下 ARKit 空间坐标系，在不了解 AR 坐标系的情况下，阅读或者实现代码可能会感到困惑（如在 AR 空间中放置的虚拟物体会在 Y 轴上有 $180°$ 偏转）。ARKit 采用右手坐标系（包括世界坐标系、相机坐标系、投影坐标系，这里的相机指渲染虚拟元素的相机），而 Unity 使用左手坐标系。右手坐标系 Y 轴正向朝上，Z 轴正向指向观察者自己，X 轴正向指向观察者右侧，如图 3-5 所示。

当用户在实际空间中移动时，ARKit 坐标系上的距离增减遵循表 3-2 所示的规律。

表 3-2　ARKit 采用的坐标系与设备移动关系

移 动 方 向	描　述
向右移动	X 增加
向左移动	X 减少
向上移动	Y 增加
向下移动	Y 减少
向前移动	Z 减少
向后移动	Z 增加

3.2.2　ARKit 运动跟踪分类

ARKit 运动跟踪支持 3DoF 和 6DoF 两种模式，3DoF 只跟踪设备旋转，因此是一种受限的运动跟踪方式，通常，我们不会使用这种运动跟踪方式，但在一些特定场合或者 6DoF 跟踪失效的情况下，也有可能会用到。

DoF 概念与刚体在空间中的运动相关，可以解释为"刚体运动的不同基本方式"。在客观世界或者虚拟世界中，都采用三维坐标系来精确定位一个物体的位置。如一个有尺寸的刚体放置在坐标系的原点，那么这个物体的运动整体上可以分为平移与旋转两类（刚体不考虑缩放），同时，平移又可以分为 3 个度：前后（沿 Z 轴移动）、左右（沿 X 轴移动）、上下（沿 Y 轴移动）；旋转也可以分 3 个度：俯仰（围绕 X 轴旋转）、偏航（围绕 Y 轴旋转）、翻滚（围绕 Z 轴旋转）。通过分析计算，刚体的任何运动方式均可由这 6 个基本运动方式来表达，即 6DoF 的刚体可以完成所有的运动形式，具有 6DoF 的刚体物体在空间中的运动是不受限的。

具有 6DoF 的刚体可以到达三维坐标系的任何位置并且可以朝向任何方向。平移相对来讲比较好理解，即刚体沿 X、Y、Z 3 个轴之一运动，旋转其实也是以 X、Y、Z 3 个轴之一为旋转轴进行旋转。在计算机图形学中，常用一些术语来表示特定的运动，这些术语如表 3-3 所示。

表 3-3　刚体运动术语及其含义

术　　语	描　　述
Down	向下
Up	向上
Strafe	左右
Walk	前进后退
Pitch	围绕 X 轴旋转，即上下打量，也叫俯仰角
Rotate	围绕 Y 轴旋转，即左右打量，也叫偏航角（Yaw）
Roll	围绕 Z 轴旋转，即翻滚，也叫翻滚角

在 AR 空间中描述物体的位置和方向时经常使用姿态（Pose）这个术语，姿态的数学表达为矩阵，既可以用矩阵来表示物体平移，也可以用矩阵来表示物体旋转。为了更好地平滑及优化内存使用，通常还会使用四元数来表达旋转，四元数允许我们以简单的形式定义 3D 旋转的所有方面。

1. 方向跟踪

在 AR Foundation 中，可以通过将场景中 AR Session 对象上的 AR Session 组件 Tracking Mode 属性设置为 Rotation Only 值、XR Origin → Camera Offset → Main Camera 对象上的 Tracked Pose Driver 组件 Tracking Type 属性设置为 Rotation Only 值使用 3DoF 方向跟踪[①]，即只跟踪设备在 X、Y、Z 轴上的旋转运动，如图 3-6 所示，表现出来的效果类似于站立在某个点上下左右观察周围环境。方向跟踪只跟踪方向变化而不跟踪设备位置变化，由于缺少位置信息，无法从后面去观察放置在地面上的桌子，因此这是一种受限的运动跟踪方式。在 AR 中采用这种跟踪方式时虚拟元素会一直飘浮在摄像头图像之上，即不能固定于现实世界中。

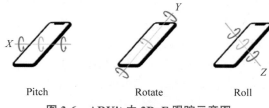

Pitch　　　　Rotate　　　　Roll

图 3-6　ARKit 中 3DoF 跟踪示意图

采用 3DoF 进行运动跟踪时，无法使用平面检测功能，也无法使用射线检测功能。

2. 世界跟踪

在 AR Foundation 中，可以通过将场景中 AR Session 对象上的 AR Session 组件 Tracking

---

①　这两个组件实际上分别对应老的 Input Manager 输入管理器和新的 Input System 输入管理器，即 AR Session 组件会在老的 Input Manager 起作用时有效，而 Tracked Pose Driver 组件会在新的 Input System 起作用时有效。

Mode 属性设置为 Position And Rotation 值、XR Origin → Camera Offset → Main Camera 对象上的 Tracked Pose Driver 组件 Tracking Type 属性设置为 Position And Rotation 值使用 6DoF 跟踪，这是默认跟踪方式，使用这种方式，既能跟踪设备在 X、Y、Z 轴上的旋转运动，也能跟踪设备在 X、Y、Z 轴上的平移运动，能实现对设备姿态的完全跟踪，如图 3-7 所示。

图 3-7　ARKit 中 6DoF 跟踪示意图

6DoF 的运动跟踪方式（世界跟踪）可以营造完全真实的 AR 体验，通过世界跟踪，能从不同距离、方向、角度观察虚拟物体，就好像虚拟物体真正存在于现实世界中一样。在 ARKit 中，通常通过世界跟踪方式创建 AR 应用，使用世界跟踪时，支持平面检测、射线检测，还支持检测识别摄像头采集图像中的 2D 图像等。

3.2.3　ARKit 运动跟踪

ARKit 通过 VIO + IMU 方式进行运动跟踪，图像数据来自设备摄像头，IMU 数据来自运动传感器，包括加速度计和陀螺仪，它们分别用于测量设备的实时加速度与角速度。运动传感器非常灵敏，每秒可进行 1000 次以上的数据检测，能在短时间跨度内提供非常及时准确的运动信息；但运动传感器也存在测量误差，由于检测速度快，这种误差累积效应就会非常明显（微小的误差以每秒 1000 次的速度累积会迅速变大），因此，在较长的时间跨度后，跟踪就会变得完全失效。

ARKit 为了消除 IMU 存在的误差累积漂移，采用 VIO 的方式进行跟踪校准，VIO 基于计算机视觉计算，该技术可以提供非常高的计算精度，但付出的代价是计算资源与计算时间。ARKit 为了提高 VIO 跟踪精度采用了机器学习方法，因此，VIO 处理速度相比于 IMU 要慢得多，另外，计算机视觉处理对图像质量要求非常高，对设备运动速度非常敏感，因为快速的摄像机运动会导致采集的图像模糊。

ARKit 充分吸收利用了 VIO 和 IMU 各自的优势，利用 IMU 的高更新率和高精度进行较短时间跨度的跟踪，利用 VIO 对较长时间跨度 IMU 跟踪进行补偿，融合跟踪数据向上提供运动跟踪服务。IMU 信息来自运动传感器的读数，精度取决于传感器本身。VIO 信息来自计算机视觉处理结果，因此精度受到较多因素的影响，下面主要讨论 VIO，VIO 进行空间计算的原理如图 3-8 所示。

图 3-8　VIO 进行空间计算原理图

在 AR 应用启动后，ARKit 会不间断地捕获从设备摄像头采集的图像信息，并从图像中提取视觉差异点（特征点），ARKit 会标记每个特征点（每个特征点都有 ID），并会持续地跟踪这些特征点。当设备从另一个角度观察同一空间时（设备移动了位置），特征点就会在两张图像中呈现视差，利用这些视差信息和设备姿态偏移量就可以构建三角测量，从而计算出特征点缺失的深度信息。换言之，可以通过从图像中提取的二维特征进行三维重建，进而实现跟踪用户设备的目的。

从 VIO 工作原理可以看到，如果从设备摄像头采集的图像不能提供足够的视差信息，则无法进行空间三角计算，因此无法解算出空间信息。若要在 AR 应用中使用 VIO，则设备必须移动一定的距离（X、Y、Z 方向均可），无法仅仅通过旋转达到目的。

在通过空间三角计算后，特征点的位置信息被解算出来，这些位置信息会存储到对应特征点上。随着用户在现实世界中探索的进行，一些不稳定的特征点被剔除，一些新的特征点会加入，并逐渐形成稳定的特征点集合，这个特征点集合称为点云，点云坐标原点为 ARKit 初始化时的设备位置，点云地图就是现实世界在 ARKit 中的数字表达。

VIO 跟踪流程图如图 3-9 所示。从流程图可以看到，为了优化性能，计算机视觉计算并不是每帧都执行。VIO 跟踪主要用于校正补偿 IMU 在时间跨度较长时存在的误差累积，每帧执行视觉计算不仅会消耗大量计算资源，而且没有必要。

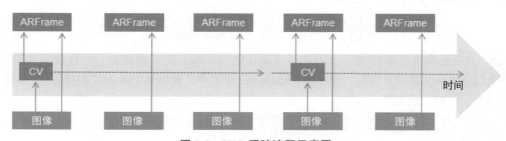

图 3-9　VIO 跟踪流程示意图

VIO 也存在误差，这种误差随着时间的积累也会变得很明显，表现出来就是放置在现实空间中的虚拟元素会出现一定的漂移。为抑制这种漂移，ARKit 使用锚点的方式绑定虚拟元素与现实空间环境，同时 ARKit 也会实时地对设备摄像头采集的图像进行匹配计算，如果发现当前采集的图像与之前某个时间点采集的图像匹配（用户在同一位置以同一视角再次观察现实世界时），则 ARKit 会对特征点的信息进行修正，从而优化跟踪（回环检测）。

ARKit 融合了 VIO 与 IMU 跟踪各自的优势，提供了非常稳定的运动跟踪能力，也正是因为稳定的运动跟踪使利用 ARKit 制作的 AR 应用体验非常好。

3.2.4　ARKit 使用运动跟踪的注意事项

通过对 ARKit 运动跟踪原理的学习，我们现在可以很容易地理解前文所列 ARKit 的不足，因此，为了得到更好的跟踪质量，需要注意以下事项。

（1）运动跟踪依赖于不间断输入的图像数据流与传感器数据流，某一种方式短暂地受到干扰不会对跟踪造成太大的影响，如用手偶尔遮挡摄像头图像采集不会导致跟踪失效，但如果中断时间过长，则跟踪就会变得很困难。

（2）VIO 跟踪精度依赖于采集图像的质量，低质量的图像（如光照不足、纹理不丰富、模糊）会影响特征点的提取，进而影响跟踪质量。

（3）当 VIO 数据与 IMU 数据不一致时会导致跟踪问题，如视觉信息不变而运动传感器数据变化（如在运动的电梯里），或者视觉信息变化而运动传感器数据不变（如摄像头对准波光粼粼的湖面），这都会导致数据融合障碍，进而影响跟踪效果。

开发人员很容易理解以上内容，但这些信息，使用者在进行 AR 体验时可能并不清楚，因此，必须实时地给予引导和反馈，否则会使用户困惑。ARKit 为辅助开发人员了解 AR 运动跟踪状态提供了实时的状态监视，将运动跟踪状态分为受限、正常、不可用（limited、normal、notAvailable）3 种，分别指示运动跟踪状态质量不佳、正常、当前不可用 3 种情况，并在跟踪受限时给出原因（在整合进 AR Foundation 时，状态由 ARSessionState 枚举描述）。为了提升用户的使用体验，应当在跟踪受限或者不可用时给出明确的原因和操作建议，引导使用者提高运动跟踪的精度和稳定性。

3.3　设备可用性检查

从第 1 章可知，只有 iPhone 6s 及以上 iPhone、第 5 代以上 iPad、第 7 代以上 iPod 才支持 ARKit，并且还有 iOS 版本要求，因此，通常在使用 ARKit 之前需要进行一次设备支持性检查以确保 AR 应用能正常运行。在 AR Foundation 框架中，使用 ARSession 类静态属性检查设备支持性，典型代码如下：

```
// 第 3 章 /3-1
public class DeviceCheck
```

```
{
    [SerializeField]
    private ARSession mSession;

    IEnumerator Check() {
        if ((ARSession.state == ARSessionState.None) ||
            (ARSession.state == ARSessionState.CheckingAvailability))
        {
            yield return ARSession.CheckAvailability();    // 检查设备支持性
        }

        if (ARSession.state == ARSessionState.Unsupported)
        {
            // 设备不支持，需要启用其他备用方案
        }
        else
        {
            // 设备可用，启动会话
            mSession.enabled = true;
        }
    }
}
```

设备支持状态由 ARSessionState 枚举描述，其枚举值如表 3-4 所示。

表 3-4　ARSessionState 枚举值

枚　举　值	描　　述
None	状态未知
Unsupported	当前设备不支持 ARKit
CheckingAvailability	系统正在进行设备支持性检查
NeedsInstall	设备硬件支持但需要安装 SDK 工具包，通常用于 ARCore
Installing	设备正在安装 SDK 工具包，通常用于 ARCore
Ready	设备支持 ARKit 并且已做好使用准备
SessionInitialized	ARKit 会话正在初始化，还未建立运动跟踪
SessionTracking	ARKit 会话运动跟踪中

在 ARKit 运动跟踪启动后，如果运动跟踪状态发生变化，则 ARSession.state 值也会发生变化，可以通过订阅 ARSession.stateChanged 事件处理运动跟踪状态变化的情况。

3.4　AR 会话生命周期管理与跟踪质量

AR 会话整合运动传感器数据和计算机视觉处理数据跟踪用户设备姿态，为得到更好的跟踪质量，AR 会话需要持续的运动传感器数据和视觉计算数据输入。在启动 AR 应用后，

ARKit 需要时间来收集足够多的视觉特征点信息，在这个过程中，ARKit 是不可用的。在 AR 应用运行过程中，由于一些异常情况（如摄像头被覆盖），ARKit 的跟踪状态也会发生变化，可以在需要时进行必要的处理（如显示 UI 信息）。

1. AR 会话生命周期

AR 会话的基本生命周期如图 3-10 所示，在刚启动 AR 应用时，ARKit 还未收集到足够多的特征点和运动传感器数据信息，无法计算设备的姿态，这时的跟踪状态是不可用状态。在经过几帧之后，跟踪状态会变为设备初始化状态（SessionInitialized），这种状态表明设备姿态已可用但精度可能会有问题。

不可用　设备初始化　　　　　　跟踪正常

图 3-10　ARKit 跟踪开始后的状态变化

再经过一段时间后，跟踪状态会变为正常状态（SessionTracking），说明 ARKit 已准备好，所有的功能都已经可用。

2. 跟踪受限

在 AR 应用运行过程中，由于环境的变化或者其他异常情况，ARKit 的跟踪状态会发生变化，如图 3-11 所示。

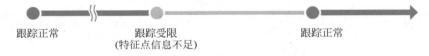

跟踪正常　　　　　　　跟踪受限　　　　　　　　跟踪正常
　　　　　　　　（特征点信息不足）

图 3-11　ARKit 跟踪状态会受到设备及环境的影响

在 ARKit 跟踪状态受限时，基于环境映射的功能将不可用，如平面检测、射线检测、2D 图像检测等。在 AR 应用运行过程中，由于用户环境变化或者其他异常情况，ARKit 可能在任何时间进入跟踪受限状态，如当用户将摄像头对准一面白墙或者房间中的灯突然关闭，这时 ARKit 就会进入跟踪受限状态。

3. 中断恢复

在 AR 应用运行过程中，AR 会话也有可能会被迫中断，如在使用 AR 应用的过程中突然来电话，这时 AR 应用将被切换到后台。当 AR 会话被中断后，虚拟元素与现实世界将失去关联。在 ARKit 中断结束后会自动尝试进行重定位（Relocalization），如果重定位成功，则虚拟元素与现实世界的关联关系会恢复到中断前的状态，包括虚拟元素的姿态及虚拟元素与现实世界之间的相互关系；如果重定位失败，则虚拟元素与现实世界的原有关联关系被破坏。

在重定位过程中，AR 会话的运动跟踪状态保持为受限状态，重定位成功的前提条件是使用者必须返回 AR 会话中断前的环境中，如果使用者已经离开，则重定位永远也不会成功（环境无法匹配）。整个过程如图 3-12 所示。

跟踪正常　　　　　　　　　　　不可用　设备初始化　重定位　　　　　　　跟踪正常

图 3-12　ARKit 跟踪中断及重定位时的状态变化

提示

　　重定位是一个容易让使用者困惑的操作，特别是对不熟悉 AR 应用、没有 AR 应用使用经验的使用者而言，重定位会让他们感到迷茫。所以在进行重定位时，应当通过 UI 或者其他视觉信息告知使用者，并引导使用者完成重定位操作。

在 AR 应用运行中，可以通过 ARSession.stateChanged 事件获取运动跟踪状态变化情况，在跟踪受限时提示用户原因，引导用户进行下步操作，典型代码如下：

```
//第 3 章 /3-2
using UnityEngine;
using UnityEngine.XR.AR Foundation;
using UnityEngine.XR.ARSubsystems;

public class TrackingReason : MonoBehaviour
{
    private bool mSessionTracking;            // 运动跟踪状态标识

    // 注册事件
    void OnEnable()
    {
        ARSession.stateChanged += ARSessionOnstateChanged;
    }
    // 取消事件注册
    void OnDisable()
    {
        ARSession.stateChanged -= ARSessionOnstateChanged;
    }

    //AR 会话状态变更事件
    void ARSessionOnstateChanged(ARSessionStateChangedEventArgs obj)
    {
        mSessionTracking = obj.state == ARSessionState.SessionTracking ? true :
false;
        if (mSessionTracking)
            return;
```

```
        switch (ARSession.notTrackingReason)
        {
            case NotTrackingReason.Initializing:
                Debug.Log("AR 正在初始化 ");
                break;
            case NotTrackingReason.Relocalizing:
                Debug.Log("AR 正在进行重定位 ");
                break;
            case NotTrackingReason.ExcessiveMotion:
                Debug.Log(" 设备移动太快 ");
                break;
            case NotTrackingReason.InsufficientLight:
                Debug.Log(" 环境昏暗，光照不足 ");
                break;
            case NotTrackingReason.InsufficientFeatures:
                Debug.Log(" 环境无特性 ");
                break;
            case NotTrackingReason.Unsupported:
                Debug.Log(" 设备不支持跟踪受限原因 ");
                break;
            case NotTrackingReason.None:
                Debug.Log(" 运动跟踪未开始 ");
                break;
        }
    }
}
```

在 AR 运动跟踪受限时，AR Foundation 会通过 NotTrackingReason 枚举值标识跟踪受限原因，NotTrackingReason 枚举各值如表 3-5 所示。

表 3-5　NotTrackingReason 枚举值

枚 举 值	描 述
None	运动跟踪未开始，状态未知
Initializing	正在进行跟踪初始化
Relocalizing	正在进行重定位
InsufficientLight	光照不足，环境昏暗
InsufficientFeatures	环境中特征点不足
ExcessiveMotion	设备移动太快，造成图像模糊
Unsupported	Provider 不支持跟踪受限原因描述
CameraUnavailable	设备摄像头不可用

3.5　基于地理位置的 AR

基于地理位置的 AR（Geography Location Based AR，以下简称地理 AR）因其巨大的潜在价值而受到广泛关注，通过将 AR 虚拟物体放置在真实世界经纬坐标上，可以实现如真实物体一样的自然效果，并支持持久共享。例如，可以在高速路两侧设置 AR 电子标志、虚拟路障、道路信息，一方面可以大大降低使用实物的成本；另一方面可以极大地提高信息反应速度，提高道路使用效率。

地理 AR 是非常具有前景的应用形态，但目前也面临很多问题，最主要的问题是定位系统的精度，在室外开阔的空间中，GPS/北斗等导航系统定位精度还不能满足 AR 需求，而且也受到很多因素的影响，如高楼遮挡、多径效应、方位不确定性等，无法仅凭 GPS/北斗等导航系统确定虚拟物体（或者移动设备）的姿态。

ARKit 已经在这方面进行了探索尝试，通过综合 GPS、设备电子罗盘、环境特征等各方面信息确定设备姿态。ARKit 实现地理 AR 非常依赖 GPS 与环境特征信息，如果这两者中的一个存在问题，则整体表现出来的效果就会大打折扣。GPS 信号来自卫星，环境特征信息来自地图，这里的地图不是普通意义上的地图，更确切的表述为点云地图，是事先采集的环境点云信息。当这两者均满足要求时，ARKit 就可以融合解算出设备的姿态，也就可以正确地加载虚拟物体，实现虚拟物体姿态与真实世界经纬度的对齐。

3.5.1　技术基础

在 ARKit 中，为了更好地使用地理 AR，需要使用 ARGeoTrackingConfiguration 配置类和 ARGeoAnchor 锚点类，前者专用于处理与地理位置相关的 AR 事宜，后者用于将虚拟物体锚定在一个指定经纬度、海拔高度的位置上。

使用 ARGeoTrackingConfiguration 配置类启动的 AR 会话会综合 GPS、设备电子罗盘、环境特征点信息数据进行设备姿态解算，如果所有条件都符合，则会输出设备的姿态。使用该配置类运行的 AR 会话也可以进行诸如平面检测、2D 图像检测、3D 物体检测之类的功能。另外，与所有其他类型应用一样，需要使用一个锚点将虚拟物体锚定到特定的位置，在地理 AR 中，这个锚点就是 ARGeoAnchor。

ARKit 为地理 AR 应用提供了与其他应用基本一致的操作界面，由于是锚定地理空间中的虚拟物体，所以 ARGeoAnchor 不仅需要有 Transform 信息，还需要有地理经纬坐标信息，并且 ARGeoAnchor 自身的 X 轴需要与地理东向对齐，Z 轴需要与地理南向对齐，Y 轴垂直向上，如图 3-13 所示。与其他所有锚点一样，ARGeoAnchor 放置以后也不可以修改。

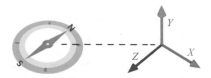

图 3-13　ARGeoAnchor 自身坐标轴与地理坐标轴对齐

进行地理位置定位不可控因素非常多，如 GPS 信号被遮挡、点云地图当前位置不可用等，都有可能导致设备位姿解算失败，ARKit 引入了 ARGeoTrackingState 枚举，用于描述当前设备定位状态，AR 应用运行时将处于表 3-6 中的某种状态。

表 3-6　ARGeoTrackingState 枚举值

枚　举　值	描　　述
ARGeoTrackingStateInitializing	地理位置定位初始化
ARGeoTrackingStateLocalized	地理位置定位成功
ARGeoTrackingStateLocalizing	正在进行定位
ARGeoTrackingStateNotAvailable	状态不可用

在 AR 应用运行过程中，设备定位状态也会由于各种因素发生变化，如图 3-14 所示，只有当定位状态为 ARGeoTrackingStateLocalized 时才能有效地跟踪 ARGeoAnchor。

图 3-14　定位状态会在运行时不断地变化

当定位状态不可用时，ARKit 使用 ARGeoTrackingStateReason 枚举描述出现问题的原因，开发人员可以实时地获取这些值，引导用户进行下一步操作，该枚举所包含的值如表 3-7 所示。

表 3-7　ARGeoTrackingStateReason 枚举值

枚　举　值	描　　述
ARGeoTrackingStateReasonNone	没有检测到问题原因
ARGeoTrackingStateReasonNotAvailableAtLocation	当前位置无法进行地理定位
ARGeoTrackingStateReasonNeedLocationPermissions	GPS 使用未授权
ARGeoTrackingStateReasonDevicePointedTooLow	设备摄像头所拍摄角度太低，无法进行特征点匹配
ARGeoTrackingStateReasonWorldTrackingUnstable	跟踪不稳定，设备姿态不可靠
ARGeoTrackingStateReasonWaitingForLocation	设备正在等待 GPS 信号
ARGeoTrackingStateReasonGeoDataNotLoaded	正在下载点云地图，或者点云地图不可用
ARGeoTrackingStateReasonVisualLocalizationFailed	点云匹配失败

为营造更好的用户体验，即使在定位成功（定位状态为 ARGeoTrackingStateLocalized）时，ARKit 也会根据当前定位的准确度将状态划分为若干精度级，由 ARGeoTrackingStatus .Accuracy 枚举描述，具体如表 3-8 所示。

表 3-8　ARGeoTrackingStatus.Accuracy 枚举值

枚 举 值	描　述
high	定位精度非常高
undetermined	定位精度不明确
low	定位精度较低
medium	定位精度中等

ARKit 对定位精度进行划分的目的是希望开发者能依据不同的精度制定不同的应对方案，定位精度越低，虚拟物体与定位点之间的误差就越大，表现出来就是虚拟物体偏移，如原来放置在公园大门前的虚拟物体会偏移到广场中间。针对不同的定位精度可以采用不同的策略，在定位精度较低时使虚拟物体不要过分依赖特定点，如飘浮在空中的热气球就比放置在门口的小木偶更适合，更不容易让使用者察觉到定位点的偏移。

> **提示**
>
> 本节讨论的基于位置的 AR 相关技术均为原生 ARKit 类，目前在 AR Foundation 中，并没有完全实现相应的方法和枚举，因此需要开发者自行进行处理。

3.5.2　实践

由于 AR Foundation 当前并不直接支持地理 AR，因此需要通过 Object-C 原生代码进行桥接，在 ARKit 初始化前通过 ConfigurationChooser 类进行配置，引导 ARKit 使用 ARGeoTrackingConfiguration 配置进行初始化。同时，为了在原生代码与托管代码间传递 ARSession 对象，也需要对 XRSessionSubsystem 类 nativePtr 指针进行转换。

另外，使用地理 AR 需要 iOS 14 以上操作系统及 A12 以上处理器，而且只有苹果公司提供点云地图的区域（目前区域有限，仅北美地区若干城市和伦敦提供）才可以使用，由于需要使用 GPS，因此需要开启 GPS 权限和支持网络连接。

下面以一个简单示例进行使用说明，该示例中，在获取当前设备位置姿态定位信息后，通过单击屏幕，在该地理位置添加一个 ARGeoAnchor 锚点[①]。

首先通过 Object-C 原生代码实现互操作类及方法，新建一个代码脚本文件，命名为 GeoAnchorsNativeInterop.mm，编写代码如下：

```
// 第 3 章 /3-3
#import<ARKit/ARKit.h>

// 获取 ARGeoTrackingConfiguration 配置类
```

---

① 有了锚点后我们就可以在该锚点上挂载虚拟物体、进行对象渲染展示等操作。

```
    Class ARGeoTrackingConfiguration_class() {
        // 地理 AR 需要 iOS 14 及以上版本
        if (@available(iOS 14, *)) {
            if (ARGeoTrackingConfiguration.isSupported) {
                return [ARGeoTrackingConfiguration class];
            } else {
                NSLog(@"ARGeoTrackingConfiguration 在当前设备不支持 ");
            }
        }
        return NULL;
    }

    // 在 ARSession 会话中添加 ARGeoAnchor
    void ARSession_addGeoAnchor(void* self, CLLocationCoordinate2D coordinate,
double altitude) {
        if (@available(iOS 14, *)) {
            // 将 void* 类型 ARSession 转换回 ARSession 类型
            ARSession* session = (__bridge ARSession*)self;

            // 执行添加 ARGeoAnchor 操作
            ARGeoAnchor* geoAnchor = [[ARGeoAnchor alloc] initWithCoordinate:
coordinate altitude:altitude];

            // 在当前 ARSession 中添加 geoAnchor
            [session addAnchor:geoAnchor];

            NSLog(@" 在纬度：%f, 经度：%f, 高度：%f 米处添加了 ARGeoAnchor 锚点 ",
coordinate.latitude, coordinate.longitude, altitude);
        }
    }

    // 在 ARKit 右手坐标系与 Unity 左手坐标系之间进行转换
    static inline simd_float4x4 FlipHandedness(simd_float4x4 transform) {
        const simd_float4* c = transform.columns;
        return simd_matrix(simd_make_float4( c[0].xy, -c[0].z, c[0].w),
                           simd_make_float4( c[1].xy, -c[1].z, c[1].w),
                           simd_make_float4(-c[2].xy,  c[2].z, c[2].w),
                           simd_make_float4( c[3].xy, -c[3].z, c[3].w));
    }

    // 演示地理 AR 的操作使用，本示例只是简单地遍历所有 ARGeoAnchor 并打印其 transforms 信息
    void DoSomethingWithSession(void* sessionPtr) {
        if (@available(iOS 14, *)) {
            ARSession* session = (__bridge ARSession*)sessionPtr;

            for (ARAnchor* anchor in session.currentFrame.anchors) {
                if ([anchor isKindOfClass:[ARGeoAnchor class]]) {
```

```
                        ARGeoAnchor* geoAnchor = (ARGeoAnchor*)anchor;
                        const simd_float4x4 transform = FlipHandedness(geoAnchor.transform);
                        const simd_float4* c = transform.columns;
                        NSLog(@"ARGeoAnchor %@ transform:\n"
                                "[%+f %+f %+f %+f]\n"
                                "[%+f %+f %+f %+f]\n"
                                "[%+f %+f %+f %+f]\n"
                                "[%+f %+f %+f %+f]\n",
                                [geoAnchor.identifier UUIDString],
                                c[0].x, c[1].x, c[2].x, c[3].x,
                                c[0].y, c[1].y, c[2].y, c[3].y,
                                c[0].z, c[1].z, c[2].z, c[3].z,
                                c[0].w, c[1].w, c[2].w, c[3].w);
                    }
                }
            }
        }
    }
    // 检查当前系统版本是否是 iOS 14 及以上
    bool AR FoundationSamples_IsiOS14OrLater() {
        if (@available(iOS 14, *)) {
            return true;
        }
        return false;
    }
```

　　将该文件放置到 Unity 工程 Assets/Plugins/iOS 文件夹下（这里只是为了便于管理，放其他路径下也没关系），选中该文件，在属性窗口（Inspector 窗口）中，勾选使用平台 iOS 和该平台框架 ARKit 后的复选框，如图 3-15 所示，以使 GeoAnchorsNativeInterop 代码能正确地在 iOS 平台下编译运行。

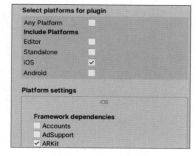

图 3-15　选择原生代码运行平台与所需特性

　　实现地理 AR 操作还是比较简单的，首先使用 ARGeoTrackingConfiguration 配置初始化 ARKit，如果当前配置不是 ARGeoTrackingConfiguration 配置，则需要进行替换和重新初始化。在此基础上，打开设备 GPS 定位功能，如果定位成功，则可以在该地理坐标位置添加 ARGeoAnchor 锚点，进而可以添加虚拟物体。也可以通过查询该地理位置所有的 ARGeoAnchor 锚点，获取锚点后就可恢复所有的虚拟物体对象，从而实现持久化的基于真实地理位置的 AR 体验。创建一个 C# 脚本，命名为 GeoAR，编写代码如下：

```
// 第 3 章 /3-4
using System;
using Unity.Collections;
```

```
using UnityEngine;
using UnityEngine.XR.AR Foundation;
using UnityEngine.XR.ARSubsystems;

#if UNITY_IOS
using System.Runtime.InteropServices;
using UnityEngine.XR.ARKit;
#endif

namespace Davidwang.Chapter3
{
    [RequireComponent(typeof(ARSession))]
    public class GeoAR : MonoBehaviour
    {
#if UNITY_IOS && !UNITY_EDITOR
        public static bool IsSupported => ARGeoAnchorConfigurationChooser.
ARGeoTrackingConfigurationClass != IntPtr.Zero;

        // 原生指针数据，用于原生代码与托管代码转换
        public struct NativePtrData
        {
            public int version;
            public IntPtr sessionPtr;
        }

        // 经纬坐标
        public struct CLLocationCoordinate2D
        {
            public double latitude;
            public double longitude;
        }

        // 开启GPS定位
        void Start() => Input.location.Start();

        void OnGUI()
        {
            GUI.skin.label.fontSize = 50;
            GUILayout.Space(100);

            if (ARGeoAnchorConfigurationChooser.ARGeoTrackingConfigurationClass ==
IntPtr.Zero)
            {
                GUILayout.Label("ARGeoTrackingConfiguration 在当前设备不支持 ");
                return;
            }
```

```
        switch (Input.location.status)
        {
            case LocationServiceStatus.Initializing:
                GUILayout.Label("正在开启 GPS...");
                break;
            case LocationServiceStatus.Stopped:
                GUILayout.Label("定位服务已停止，无法使用地理 AR。");
                break;
            case LocationServiceStatus.Failed:
                GUILayout.Label("定位失败，无法使用地理 AR。");
                break;
            case LocationServiceStatus.Running:
                GUILayout.Label("定位成功，单击屏幕添加 ARGeoAnchor 锚点。");
                break;
        }
    }

    void Update()
    {
        if (Input.location.status != LocationServiceStatus.Running)
            return;

        if (GetComponent<ARSession>().subsystem is ARKitSessionSubsystem
subsystem)
        {
            if (!(subsystem.configurationChooser is ARGeoAnchorConfiguratio
nChooser))
            {
                // 检查初始配置文件，使用 ARGeoTrackingConfiguration 进行配置
                subsystem.configurationChooser = new ARGeoAnchorConfigurati
onChooser();
            }

            // 使用设备电子罗盘进行方位对齐
            subsystem.requestedWorldAlignment = ARWorldAlignment
.GravityAndHeading;

            // 检查子系统指针情况
            if (subsystem.nativePtr == IntPtr.Zero)
                return;

            // 进行 ARSession 类型转换
            var session = Marshal.PtrToStructure<NativePtrData>(subsystem
.nativePtr).sessionPtr;
            if (session == IntPtr.Zero)
                return;
            // 检查屏幕手指单击操作
```

```
                        var screenTapped = Input.touchCount > 0 && Input.GetTouch(0)
.phase == TouchPhase.Ended;
                    if (screenTapped)
                    {
                        // 获取 GPS 数据
                        var locationData = Input.location.lastData;

                        // 调用原生代码，添加 ARGeoAnchor
                        AddGeoAnchor(session, new CLLocationCoordinate2D
                        {
                            latitude = locationData.latitude,
                            longitude = locationData.longitude
                        }, locationData.altitude);
                    }
                    // 执行自定义操作演示方法
                    DoSomethingWithSession(session);
                }
            }
        // 引入原生方法
        [DllImport("__Internal")]
        static extern void DoSomethingWithSession(IntPtr session);

        [DllImport("__Internal", EntryPoint = "ARSession_addGeoAnchor")]
        static extern void AddGeoAnchor(IntPtr session, CLLocationCoordinate2D
coordinate, double altitude);
    #else
        public static bool IsSupported => false;
    #endif
    }

#if UNITY_IOS && !UNITY_EDITOR
    // 自定义 ConfigurationChooser, 引导 ARKit 使用 ARGeoTrackingConfiguration 配置
    class ARGeoAnchorConfigurationChooser : ConfigurationChooser
    {
        static readonly ConfigurationChooser s_DefaultChooser = new
    DefaultConfigurationChooser();
        // 配置描述符
        static readonly ConfigurationDescriptor s_ARGeoConfigurationDescriptor =
new ConfigurationDescriptor(
            ARGeoTrackingConfigurationClass,
            Feature.WorldFacingCamera |
            Feature.PositionAndRotation |
            Feature.ImageTracking |
            Feature.PlaneTracking |
            Feature.ObjectTracking |
            Feature.EnvironmentProbes,
            0);
```

```
            public override Configuration ChooseConfiguration(NativeSlice<Configurat
ionDescriptor> descriptors, Feature requestedFeatures)
        {
            // 检测 GPS 状态，通过指针请求使用 ARGeoTrackingConfiguration 配置
            return Input.location.status == LocationServiceStatus.Running
                ? new Configuration(s_ARGeoConfigurationDescriptor,
requestedFeatures.Intersection(s_ARGeoConfigurationDescriptor.capabilities))
                : s_DefaultChooser.ChooseConfiguration(descriptors,
requestedFeatures);
        }
        // 桥接原生类
        public static extern IntPtr ARGeoTrackingConfigurationClass
        {
            [DllImport("__Internal", EntryPoint = "ARGeoTrackingConfiguration_
class")]
            get;
        }
    }
 #endif
 }
```

上述代码逻辑比较简单，使用时只需将该脚本挂载于场景中 ARSession 对象上。

使用 ARKit 地理 AR 需要满足 GPS 和点云地图同时可用才能正常运行，而基于真实地理位置的点云地图需要苹果公司预先对场景进行扫描并更新到地图中，由于地理信息的敏感性，国内使用还需时日。另外，开启 GPS 使用需要用户授权，所以 AR 应用应当在使用前进行 GPS 定位授权申请。

3.6　热管理

iOS 系统中有一个温度控制模块（Thermal Module）负责设备热管理，如环境温度过低时增加发热，而在设备温度过高时主动降温。温控模块通过监控设备温度状态，制定 CPU、GPU、DDR、GPS、蓝牙控制策略，如在设备温度非常高时会通过降低 CPU 频率降温，以防止蓝屏或者死机。

对 AR 应用而言，我们更关心设备温度过高的情况，因为 AR 应用是计算机密集型应用，其底层的 SLAM 算法对资源消耗很大，2D 图像检测跟踪、3D 物体检测跟踪、人体动捕、人形遮挡、光照估计、场景几何网格等功能都是性能消耗大户，使用时间稍长就会导致设备温度大幅度升高。通过前文的学习，我们知道 SLAM 运动跟踪对设备传感器参数极为敏感，温度的升高会导致跟踪热漂移，出现抖动、闪烁等问题，严重时会导致应用卡顿、假死。

为了防止出现类似问题，在设计 AR 应用时，一个比较合理的方案是根据设备热状态动态启停功能特性，如点云渲染、平面检测、人体动捕、光照估计等功能特性，可以根据设备

热状态开启或者关闭，动态进行性能效果平衡调节，防止性能恶化影响主功能的使用。

AR Foundation 并不直接支持获取 iOS 设备热状态，因此，我们采取与 3.5 节同样的思路，先通过原生代码做桥接，然后通过 C# 代码获取设备当前热状态，并根据当前设备热状态启用或者停用 AR 功能特性。首先，创建一个 ThermalStateForIOSProvider.mm 原生文件，编写代码如下：

```
// 第 3 章 /3-5
#import<Foundation/NSProcessInfo.h>
#define EXPORT(_returnType_) extern "C" _returnType_ __attribute__ ((visibility
("default")))

namespace
{
    // 枚举，主要是将 iOS 热状态类型转换为 C# 枚举，枚举序号需要与 C# 中的 ThermalState 枚举
    // 保持一致
    enum ThermalState
    {
        kThermalStateUnknown = 0,
        kThermalStateNominal = 1,
        kThermalStateFair = 2,
        kThermalStateSerious = 3,
        kThermalStateCritical = 4,
    };
    // 将 iOS 热状态类型转换为枚举值
    inline ThermalState ConvertThermalState(NSProcessInfoThermalState thermalState)
    {
        ThermalState returnValue;

        switch (thermalState)
        {
            case NSProcessInfoThermalStateNominal:
                returnValue = kThermalStateNominal;
                break;
            case NSProcessInfoThermalStateFair:
                returnValue = kThermalStateFair;
                break;
            case NSProcessInfoThermalStateSerious:
                returnValue = kThermalStateSerious;
                break;
            case NSProcessInfoThermalStateCritical:
                returnValue = kThermalStateCritical;
                break;
            default:
                returnValue = kThermalStateUnknown;
                break;
        }
```

```
                return returnValue;
        }
    }
    // 主要的导出方法，获取 iOS 设备热状态并转换成枚举值
    EXPORT(ThermalState) Native_GetCurrentThermalState()
    {
        return ::ConvertThermalState([[NSProcessInfo processInfo] thermalState]);
    }
```

将该文件放置到 Unity 工程 Assets/Plugins/iOS 文件夹下，选中该文件，在属性窗口中，勾选使用平台 iOS 复选框。

下面演示在运行时根据设备热状态情况动态开启、关闭平面检测功能[①]，新建一个 C# 脚本，命名为 ThermalManager，代码如下：

```
// 第 3 章 /3-6
using System;
using System.ComponentModel;
using System.Runtime.InteropServices;
using UnityEngine;
using UnityEngine.XR.AR Foundation;

public class ThermalManager : MonoBehaviour
{
    [SerializeField]
    private ARPlaneManager mPlaneManager;                // 平面管理器
    private ThermalState mPreviousThermalState = ThermalState.Unknown;
                                                        // 前一个设备热状态

    void Update()
    {
        ThermalState thermalState = NativeApi.GetCurrentThermalState();
        // 状态发生改变并且当前发热严重
        if (mPreviousThermalState != thermalState && thermalState > ThermalState
.Serious)
        {
            mPlaneManager.enabled = false;              // 关闭平面检测功能
        }
        else if (mPreviousThermalState != thermalState && thermalState <
ThermalState.Serious)
        {
            mPlaneManager.enabled = true;
        }
        mPreviousThermalState = thermalState;
```

---

① 第 4 章会详细阐述平面检测管理相关知识。

```
    }

    // 枚举，这里的序号需要与原生代码中的 ThermalState 枚举保持一致
    public enum ThermalState
    {
        [Description("Unknown")]
        Unknown = 0,
        [Description("Nominal")]
        Nominal = 1,
        [Description("Fair")]
        Fair = 2,
        [Description("Serious")]
        Serious = 3,
        [Description("Critical")]
        Critical = 4,
    }
    // 桥接原生方法
    static class NativeApi
    {
#if UNITY_IOS && !UNITY_EDITOR
        // 导入原生方法
        [DllImport("__Internal", EntryPoint = "Native_GetCurrentThermalState")]
        public static extern ThermalState GetCurrentThermalState();
#else
        public static ThermalState GetCurrentThermalState() => ThermalState
.Unknown;
#endif
    }
}
```

上述代码逻辑非常简单，首先通过原生 API 获取当前设备热状态，如果当前设备热状态与前一帧状态不同，则说明热状态发生了改变，这时比较当前设备热状态与设定的阈值，如果超过指定阈值，则关闭平面检测功能；如果低于指定阈值，则开启平面检测功能。

在使用时，只需将 ThermalManager 脚本挂载到场景对象上，并设置好平面管理器属性，AR 应用运行时会实时检查设备热状态并执行平面检测功能开启或关闭操作。

热管理对维持应用正常运行非常重要，特别是对 AR 应用这类计算密集型应用，通过在功能特性与设备性能之间进行动态调节，可以将用户体验维持在一个比较高的水平。在效果与性能之间进行折中，这也是 3D 游戏开发经常使用的技巧。

3.7　AR 轻应用

随着以用户体验为中心的软件设计思想的进步和网络通信技术的发展，各类小程序、快应用、即时应用获得了极大成功，用户不再需要为每个应用安装一个 App，通过一个统一的

入口即可以以随用随开启、用完即走的方式使用一段功能、完成一项任务，这是以用户体验为中心的思想在应用形态上的表现。

　　苹果轻应用（App Clips）与此类似，将执行代码放置在 App Store 仓库中，当用户需要使用时，将执行代码从 App Store 仓库下载到本地运行，使用后即可释放，不要求用户安装特定应用。通过这种方式，也可以实现 AR 轻应用，用户通过扫描如图 3-16 所示的 App 二维码即可触发 AR 体验。

图 3-16　App 轻应用二维码示例

　　通过轻应用开发（App Clips Codes），就可以先将 AR 应用执行代码及资源文件上传到 App Store 仓库，生成 App 轻应用二维码（以下简称二维码），生成的这些二维码可以打印后粘贴到海报、产品、场所等地方，使用时，用户只需打开其相机扫描这些二维码便可触发 AR 体验。这种 AR 体验方式具有广阔的应用前景，例如在产品包装盒上印上二维码，用户扫描后即可在真实场景中呈现产品，这对用户直观了解产品外观、尺寸、细节等非常有帮助，而且这些二维码还可以与 NFC（Near Field Communication，近场通信）技术结合，自动触发 AR 体验，人机交互更自然。

　　目前 AR 轻应用只支持原生开发，具体细节不再详述，读者如感兴趣则可以查阅相关资料。

功能技术篇

本篇对 ARKit 功能特性各方面进行翔实深入的探讨，从平面检测、2D 图像与 3D 物体检测、人脸检测跟踪、持久化存储与共享、光影特效、肢体动捕、人形遮挡等，全方位地进行技术剖析、讲解、演示，并对 AR 场景管理、图像信息处理、3D 文字声频视频、AR Quick Look 等实用功能进行阐述和使用操作，提高读者实际运用能力。

功能技术篇包括以下章节。

第 4 章　平面检测与锚点管理

详细讲述 ARKit 平面检测管理、可视化、个性化渲染、平面分类、射线检测、特征点与点云相关功能技术点，并对锚点工作原理、操作使用、注意事项进行阐述，带领读者熟悉可跟踪对象管理器的基本使用和操作方法。对通过 LiDAR 传感器检测生成的场景几何表面网格的基本使用、操作、渲染进行讲解示范。

第 5 章　2D 图像与 3D 物体检测跟踪

阐述 ARKit 对 2D 图像和 3D 物体检测、识别、跟踪操作使用方法，并从实际应用出发，对静态、运行时添加 / 切换参考图像、参考图像库进行详细使用演示，对多 2D 图像多模型、多 3D 物体多模型功能进行操作示范。

第 6 章　人脸检测跟踪

本章详细阐述人脸检测跟踪相关知识，对人脸姿态检测、人脸网格、多人脸检测进行操作使用演示，并对 BlendShapes 功能、开时开启前后摄像头、眼动跟踪等功能特性进行深入探讨和操作使用示范。

第 7 章　光影效果

光影是影响 AR 虚实融合的极其重要的因素，也是营造虚实融合沉浸体验的重要因素，本章讲述在 AR 应用中实现光照估计、环境反射的基本方法，并详细阐述在 AR 应用中实现阴影效果的各类技术和技巧。

第 8 章　持久化存储与多人共享

持久化存储与多人体验共享是 AR 应用中的难点，本章详细阐述通过 ARWorldMap、协作会话实现 AR 体验持久化与共享的相关知识，也将演示通过微软 Azure 云实现类似功能的方法。

第 9 章　肢体动作捕捉与人形遮挡

详细阐述 2D 与 3D 人体肢体动捕相关原理、技术点和使用流程，演示利用动捕数据驱动虚拟人体模型的一般方法，并对人形语义分割相关知识进行探索，实现人形遮挡与人形区域提取功能。

第 10 章　场景图像获取与场景深度

ARKit 需要捕获设备摄像头图像数据进行运动跟踪和 AR 场景背景渲染，本章阐述捕获设备摄像头图像数据及 AR 场景图像数据的一般方法，通过一个实例演示图像数据处理的一般流程，并阐述场景深度数据获取、应用相关知识。

第 11 章　相机与手势操作

用户与 AR 场景或者虚拟对象交互是 AR 应用的重要功能组成部分，本章阐述 AR 场景整体操作与场景中虚拟对象操作的方法和技巧。

第 12 章　3D 文字与音视频

AR 场景中不仅有虚拟模型，也会有 3D 文字，AR 定位不仅包括视觉定位，也包括声源的 3D 定位。本章详细阐述相关技术和应用，并演示在 AR 场景中播放视频的一般方法。

第 13 章　USDZ 与 AR Quick Look

本章阐述在 Web 端使用 ARKit 能力的方法，通过 Web 端 AR，用户无须安装 App，能极大地方便 AR 应用的传播和推广，并详细介绍 Web 端 AR 应用所使用的 USDZ 模型格式文件相关知识。

第 4 章

平面检测与锚点管理

平面检测是很多 AR 应用的基础，无论是 ARKit、ARCore 还是 AREngine，都提供了平面检测功能。在平面检测算法中，ARKit 通过设备摄像头采集图像中的特征点构建 3D 空间点云，并依据点云分布情况进行平面划分和构建，将符合一定规律的 3D 空间点划归为平面，在配备 LiDAR 传感器的设备上，ARKit 还可以构建场景表面几何网格，对现实场景进行三维重建，从而可以实现更好的虚实融合效果。AR Foundation 也提供了锚点，用于更准确地锚定虚拟对象与现实环境的关系，营造稳定、连续一致的虚实几何一致性。本章主要学习有关平面检测、3D 点云、锚点、场景表面几何网格相关知识。

4.1 平面检测引导

平面检测是很多 AR 应用的起点，而在技术上，平面检测需要场景视差信息，即要求使用者移动设备，这与当前用户的移动设备操作方式有很大不同，特别是对 AR 技术不熟悉的使用者，往往不知道该如何操作（这时场景中通常没有虚拟对象），因此，适当地进行引导将有助于用户理解并执行期望的操作。

4.1.1 Unity 实现

通常我们会以动画、文字、图片单独或者结合的方式对用户操作进行引导，相对而言，动画的形式更直观高效，本节使用视频动画的形式对平面检测、虚拟对象放置进行操作引导演示，利用 Unity，就可以实现引导，具体如下：

首先选择两个背景透明的视频文件，导入 Unity 中，在视频导入属性面板中勾选 Override for iPhone、Transcode、Keep Alpha 复选框，单击 Apply 按钮进行设置[①]，如图 4-1 所示。

---

① 如果 iOS 选项卡中各属性均为灰色不可修改状态，则可先切换到 Default 选项卡，勾选 Transcode 多选框，应用后再切换到 iOS 选项卡进行设置。

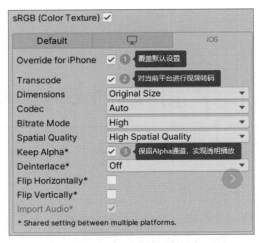

图 4-1　设置引导视频导入属性

　　希望在屏幕空间中播放引导视频，我们的思路是通过 Video Player 组件播放视频[①]，然后将视频帧渲染到 Raw Image 组件上，中间需要借助一个渲染纹理进行视频帧的传递。

　　按照以上思路，首先在层级窗口（Hierarchy 窗口）中创建一个 Raw Image UI 对象，命名为 UX，设置好该对象的尺寸；在工程窗口（Project 窗口）中创建一个 Render Texture 纹理，命名为 UXRenderTexture，确保该纹理尺寸与 UX 对象尺寸一致；选择层级窗口中的 UX 对象，为其挂载 Video Player 组件，将其 Render Mode 属性设置为 Render Texture 值，然后将 UXRenderTexture 纹理赋给其 Target Texture 属性、取消 Play On Awake 复选框、勾选 Loop 复选框；最后将 UXRenderTexture 纹理赋给 Raw Image 组件的 Texture 属性，即通过 UXRenderTexture 纹理接收并显示视频帧。Raw Image 组件与 Video Player 组件属性设置如图 4-2 所示。

图 4-2　Raw Image 组件与 Video Player 组件属性设置

　　在工程窗口的 Scripts 文件夹下，新建一个 C# 脚本，并命名为 UIManager，编写代码如下：

```
//第 4 章 /4-1
using System.Collections.Generic;
using UnityEngine;
```

――――――――――

① 　Video Player 播放组件的更多详细内容参见第 12 章。

```csharp
using UnityEngine.Video;
using UnityEngine.XR.AR Foundation;
using UnityEngine.XR.ARSubsystems;

[RequireComponent(typeof(ARPlaneManager))]
[RequireComponent(typeof(ARRaycastManager))]
public class UIManager : MonoBehaviour
{
    public VideoPlayer mVideoPlayer;             // 视频播放器
    public VideoClip mFindPlaneClip;             // 查找平面引导视频
    public VideoClip mPlaceObjectClip;           // 放置对象引导视频
    public GameObject spawnPrefab;               // 需要放置的游戏对象预制体
    public GameObject uiImage;                   // 播放视频的 UI 对象

    private bool isPlaneFound = false;           // 是否找到平面
    private bool isPlaced = false;               // 是否放置对象
    private static List<ARRaycastHit> mHits;     // 碰撞检测结果

    private ARPlaneManager mARPlaneManager;
    private ARRaycastManager mARRaycastManager;

    void Start()
    {
        mHits = new List<ARRaycastHit>();
        mARPlaneManager = GetComponent<ARPlaneManager>();
        mARRaycastManager = GetComponent<ARRaycastManager>();
    }


    void Update()
    {
        // 当没有找到平面时，播放查找平面引导视频
        if(!isPlaneFound)
        {
            if (mARPlaneManager.trackables.count > 0)
                isPlaneFound = true;
            if (!mVideoPlayer.isPlaying)
            {
                mVideoPlayer.clip = mFindPlaneClip;
                mVideoPlayer.Play();
            }
        }
        // 找到平面后，并且没有放置虚拟对象时，播放放置虚拟对象引导视频
        else if(!isPlaced)
        {
            if (mVideoPlayer.clip.name.ToLower().Equals(mFindPlaneClip.name
.ToLower()))
```

```
            {
                mVideoPlayer.clip = mPlaceObjectClip;
                mVideoPlayer.Play();
            }
        }
        // 找到平面，放置虚拟对象后，停止视频播放，释放渲染纹理
        else
        {
            mVideoPlayer.Stop();
            var renderTexture = mVideoPlayer.targetTexture;
            renderTexture.DiscardContents();
            renderTexture.Release();
            uiImage.SetActive(false);
        }
        // 放置虚拟对象逻辑
        if (Input.touchCount == 0 || isPlaced)
            return;
        var touch = Input.GetTouch(0);
        if (mARRaycastManager.Raycast(touch.position, mHits, TrackableType
.PlaneWithinPolygon | TrackableType.PlaneWithinBounds))
        {
            var hitPose = mHits[0].pose;
            Instantiate(spawnPrefab, hitPose.position, hitPose.rotation);
            isPlaced = true;
        }
    }
}
```

上述代码在检测到平面之前播放平面检测引导视频，在检测到平面后播放放置虚拟对象引导视频，并在虚拟对象放置后释放相应资源，关闭用于显示的 UI 对象。

在层级窗口中选择 XR Origin 对象，将该脚本挂载于此对象上，并设置好相关属性，运行效果如图 4-3 所示。

图 4-3　操作引导动画效果示意图

4.1.2　ARKit 引导视图

　　ARKit 建立环境理解需要一定时间，时间的长短取决于用户设备摄像头采集的图像质量（可信的特征点数量）和空间计算结果，为消除使用者的焦虑，同时更快地建立环境跟踪，ARKit 也提供了一个名为 ARKit 引导视图（ARCoachingOverlayView）的原生视图，用于引导使用者进行操作，该视图共包括 4 种类型：指导使用者移动设备、指导使用者继续移动设备、指导使用者放慢设备移动速度、指导使用者如何重定位。在 AR 会话初始化时或者跟踪受限时，会显示如图 4-4 所示的视图，引导用户移动设备检测水平平面或者垂直平面。

图 4-4　指导用户进行平面检测视图

　　如果 ARKit 收集的环境信息还不足以检测平面，则会显示如图 4-5（a）所示的视图，引导用户通过继续移动设备以便 ARKit 收集更多环境信息；如果在这个过程中，用户移动设备的速度过快，则会造成采集的图像质量下降，这时会显示如图 4-5（b）所示的视图，引导用户降低设备移动速度。

　　当 ARKit 收集到足够信息时，引导视图会自动消失，AR 应用进入正常跟踪状态。

　　重定位也是容易让用户困惑的操作，不按照 ARKit 设定的方式进行特定环境扫描，重定位可能永远都无法成功。因此，引导用户回到原工作环境中进行环境扫描非常重要，在进行重定位时，会显示如图 4-6 所示的视图，引导用户返回 AR 会话中断前的环境中以便更好地进行重定位工作。

(a) 环境信息不足   (b) 移动速度过快

图 4-5　指导用户继续移动设备进行平面检测视图

图 4-6　指导用户返回中断前环境中视图

ARKit 引导视图提供了一个标准的引导程序，在 AR 会话初始化或者跟踪受限时引导用户进行下一步操作。在使用 ARKit 引导视图时需要提供一个目标（Goal），即在什么情况下引导结束，这个目标可以是检测到水平平面、垂直平面或者跟踪建立。在 ARKit 中，这个目标由 ARCoachingOverlayView.Goal 枚举定义[①]，该枚举的各枚举项如表 4-1 所示。

---

① 这是 ARKit 原生的枚举定义，在 AR Foundation 中使用时，需要镜像该枚举。

表 4-1 ARCoachingOverlayView.Goal 枚举值

枚 举 项	描 述
anyPlane	任何平面，包括垂直平面和水平平面
horizontalPlane	水平平面
tracking	建立世界跟踪
verticalPlane	垂直平面

ARKit 引导视图的基本工作方式是，在达到开发人员指定的目标前，会显示引导视图指导用户进行下一步操作，在达到指定目标后，引导视图自动消失。如果在 AR 应用运行过程中，由于某些原因导致跟踪受限或者需要重定位，则也会显示引导视图。

下面演示基本使用方法，首先创建一个 C# 脚本，命名为 ARKitCoachingOverlay，代码如下：

```
// 第 4 章 /4-2
using System;
using UnityEngine;
using UnityEngine.XR.AR Foundation;
using UnityEngine.XR.ARKit;

[RequireComponent(typeof(ARSession))]
public class ARKitCoachingOverlay : MonoBehaviour
{
    [SerializeField]
    CoachingGoal mGoal = CoachingGoal.Tracking;
    // 获取 Goal
    public ARCoachingGoal goal
    {
        get
        {
            if (GetComponent<ARSession>().subsystem is ARKitSessionSubsystem
sessionSubsystem)
            {
                return sessionSubsystem.requestedCoachingGoal;
            }
            else
            {
                return (ARCoachingGoal)mGoal;
            }
        }

        set
        {
            mGoal = (CoachingGoal)value;
            if (supported && GetComponent<ARSession>().subsystem is
```

```
ARKitSessionSubsystem sessionSubsystem)
                {
                        sessionSubsystem.requestedCoachingGoal = value;
                }
        }
    }


    [SerializeField]
    bool mActivatesAutomatically = true;
    // 是否自动激活
    public bool activatesAutomatically
    {
        get
        {
            if (supported && GetComponent<ARSession>().subsystem is
ARKitSessionSubsystem sessionSubsystem)
            {
                    return sessionSubsystem.coachingActivatesAutomatically;
            }
            return mActivatesAutomatically;
        }
        set
        {
            mActivatesAutomatically = value;
            if (supported && GetComponent<ARSession>().subsystem is
ARKitSessionSubsystem sessionSubsystem)
            {
                    sessionSubsystem.coachingActivatesAutomatically = value;
            }
        }
    }
    // 检查 Coaching 是否支持
    public bool supported
    {
        get
        {
            return ARKitSessionSubsystem.coachingOverlaySupported;
        }
    }
    void OnEnable()
    {
        if (supported && GetComponent<ARSession>().subsystem is ARKitSessionSubsystem
sessionSubsystem)
        {
            sessionSubsystem.requestedCoachingGoal = (ARCoachingGoal)mGoal;
            sessionSubsystem.coachingActivatesAutomatically = mActivatesAutomatically;
            sessionSubsystem.sessionDelegate = new CustomSessionDelegate();
```

```
                }
                else
                {
                    Debug.LogError("ARCoachingOverlay 在该机型上不被支持 ");
                }
        }
        // 激活引导视图
        public void ActivateCoaching(bool animated)
        {
            if (supported && GetComponent<ARSession>().subsystem is ARKitSessionSubsystem
sessionSubsystem)
            {
                sessionSubsystem.SetCoachingActive(true, animated ?
ARCoachingOverlayTransition.Animated : ARCoachingOverlayTransition.Instant);
            }
            else
            {
                throw new NotSupportedException("ARCoachingOverlay 在该机型上不被支持 ");
            }
        }

        // 取消激活引导视图
        public void DisableCoaching(bool animated)
        {
            if (supported && GetComponent<ARSession>().subsystem is
ARKitSessionSubsystem sessionSubsystem)
            {
                sessionSubsystem.SetCoachingActive(false, animated ?
ARCoachingOverlayTransition.Animated : ARCoachingOverlayTransition.Instant);
            }
            else
            {
                throw new NotSupportedException("ARCoachingOverlay 在该机型上不被支持 ");
            }
        }
        // 实现与 ARCoachingOverlayView.Goal 一样的枚举，即镜像 ARKit 中的枚举
        enum CoachingGoal
        {
            Tracking,
            HorizontalPlane,
            VerticalPlane,
            AnyPlane
        }
        // 实现自定义的会话 Delegate, 这里只做简单演示
        public class CustomSessionDelegate : DefaultARKitSessionDelegate
        {
            protected override void OnCoachingOverlayViewWillActivate
(ARKitSessionSubsystem sessionSubsystem)
```

```
                {
                        Debug.Log(nameof(OnCoachingOverlayViewWillActivate));
                }
                protected override void OnCoachingOverlayViewDidDeactivate
(ARKitSessionSubsystem sessionSubsystem)
                {
                        Debug.Log(nameof(OnCoachingOverlayViewDidDeactivate));
                }
        }
    }
```

在上述代码中，支持引导视图自动显示隐藏，也支持手动方式控制引导视图显示隐藏，在 OnEnable() 方法中，设置了引导视图目标、触发方式、会话代理（SessionDelegate）。在自动触发方式下，将触发方式设置为自动即可，ARKit 会根据运动跟踪状态和设定的目标控制引导视图的显隐；在手动触发方式下，则需要在运行时通过调用 ActivateCoaching()、DisableCoaching() 方法实现引导视图的显隐，这两种方式的函数参数可控制是否使用动画过渡效果。

ARKit 会话代理用于回调执行用户操作，一般情况下我们会使用代理回调，因为不希望在引导视图未消失前出现 UI 元素或者虚拟对象，通过代理回调方法，在引导视图完成目标后才会在场景中加载虚拟元素。

使用 ARKit 引导视图的代理回调方法，必须遵循 ARCoachingOverlayViewDelegate 协议，该协议定义了 3 个可选（Optional）方法，如表 4-2 所示。

表 4-2　ARCoachingOverlayViewDelegate 代理方法

方　　法	描　　述
coachingOverlayViewWillActivate（ARCoachingOverlayView）	在 ARCoachingOverlayView 激活时调用
coachingOverlayViewDidDeactivate（ARCoachingOverlayView）	在 ARCoachingOverlayView 完成目标消失后调用
coachingOverlayViewDidRequestSessionReset（ARCoachingOverlayView）	在重定位时，当用户单击 Start Over 按钮要求重置 AR 会话时调用

在 AR Foundation 中使用时，我们只需继承 DefaultARKitSessionDelegate 类并实现相应方法，如可以通过 OnCoachingOverlayViewDidDeactivate() 方法在引导视图消失时执行射线检测、放置虚拟对象的操作；通过 OnCoachingOverlayViewWillActivate() 方法执行一些必要操作，如隐藏 UI、暂停 AR 进程等。

在 OnEnable() 方法中可以看到，引导视图有一个布尔类型的 activatesAutomatically 属性（该属性的默认值为 true），用于引导视图是否自动激活（如在跟踪受限时或者需要重定位时），默认自动激活。

在允许重定位时，ARKit 会在 AR 会话中断后尝试重新建立虚实联系，在这种情况下，引导视图也会激活，并且会出现一个 Start Over 按钮，该按钮允许使用者直接重置 AR 会话而不是重定位。如果使用者单击 Start Over 按钮，则 coachingOverlayViewDidRequestSessionReset() 方法就会执行 [1]，因此可以在该方法里执行一些 AR 会话重置的操作。如果我们没有重写该方法，则 ARKit 会自动执行 AR 会话重置，并清除所有锚点。

　　在使用时，只需将 ARKitCoachingOverlay 脚本挂载到层级窗口中的 XR Origin 对象上，如果将触发方式设置为手动触发，则需要通过按钮事件调用 ActivateCoaching()、DisableCoaching() 方法。

4.2　平面管理

　　从技术层面而言，平面也属于可跟踪对象，在 AR Foundation 中可使用 AR Plane Manager 组件管理平面检测、平面更新、平面移除等，该组件也是进行平面操作的常用组件。

4.2.1　平面检测

　　在 AR 中进行平面检测并不是 SLAM 运动跟踪工作的一部分，平面检测建立在 SLAM 运动跟踪能力之上，检测平面的基本原理如下。

　　ARKit 对设备摄像头采集的图像数据进行分析处理，提取图像中的特征点（这些特征点往往都是图像中明暗、强弱、颜色变化较大的点），利用 VIO 和 IMU 跟踪这些特征点的三维空间信息，生成 3D 空间点云，再通过平面拟合算法将空间中位置相近或者符合一定规律的 3D 空间点构建成平面。由于 IMU 可以提供重力方向，因此可以将平面区分为水平或者垂直类型 [2]。

　　ARKit 检测到平面后，会提供平面的位置、方向和边界信息，AR Plane Manager 组件负责检测平面及管理检测到的平面，但它并不负责渲染平面。

　　在 AR Plane Manager 组件中，可以设置平面检测方式（Detection Mode）：水平平面（Horizontal）、垂直平面（Vertical）、水平平面 & 垂直平面（Everything）、不检测平面（Nothing），如图 4-7 所示。

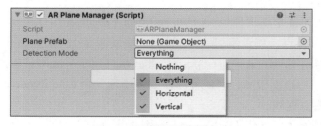

图 4-7　设置平面检测方式

---

① 在 AR Foundation 中，该方法并未实现。

② 平面检测建立在 SLAM 运动跟踪能力之上，SLAM 本身也会进行特征点的三角化工作，平面检测可以直接利用这些 3D 空间点云信息，不需要再独立进行处理。

当设置成检测平面后（水平、垂直、水平 & 垂直），AR Plane Manager 组件每帧都会进行平面检测计算，添加新检测到的平面、更新现有平面、移除过时平面[①]。当一个新的平面被检测到时，AR Plane Manager 组件会实例化一个平面预制体（该预制体由 Plane Prefab 属性指定）表示该平面，如果此时 AR Plane Manager 组件的 Plane Prefab 属性没有赋值，AR Plane Manager 组件则实例化一个空对象，并在这个空对象上挂载 AR Plane 组件，AR Plane 组件包含了有关该平面的所有相关数据信息。

AR Plane Manager 组件也提供了 planesChanged 事件，开发人员可以通过订阅该事件，在平面检测状态发生变化时进行自定义逻辑处理。

平面检测算法是一个计算密集型算法，而且每帧都会进行，会消耗较大性能，建议根据实际需要选择合适的检测方式、在不需要时关闭平面检测功能以优化应用性能。

4.2.2　可视化平面

在 AR Foundation 中，AR Plane Manager 组件并不负责平面的可视化渲染，而由其 Plane Prefab 属性指定的预制体负责。在第 1 章案例中，我们新建了一个 AR Default Plane 对象作为预制体，该预制体上挂载了如图 4-8 所示的组件。

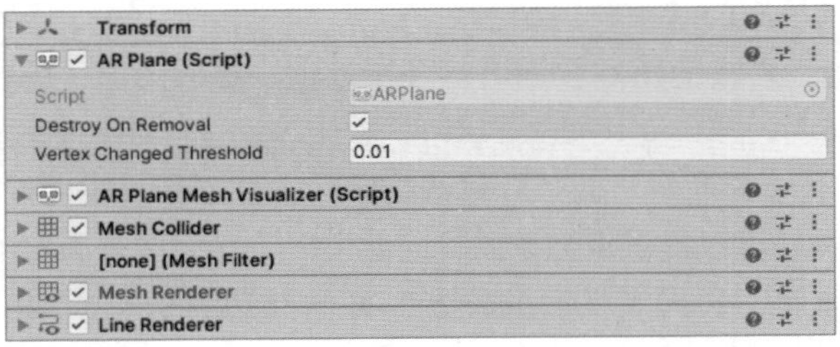

图 4-8　AR Default Plane 对象挂载的组件

其中，AR Plane 组件主要负责管理平面的所有相关数据，也负责管理平面对象实例，如是否在移除平面时销毁该实例化对象（Destroy On Removal 复选框），控制平面更新阈值（Vertex Changed Threshold 属性用于设置平面边界点的变动阈值，只有平面边界点变动幅度超过设定值时才会触发平面更新事件）；AR Plane Mesh Visualizer 组件主要负责根据平面边界点生成平面网格数据（顶点、顶点索引、UV 坐标、法线向量），在生成平面网格后通过 Mesh Renderer 组件采用合适材质渲染平面；Mesh Collier 组件用于生成网格碰撞器，使检测到的平面可以与其他对象进行碰撞检测；默认平面预制体还有一个 Line Renderer 组件，它负责渲染平面可视化后的边界点连线。

使用默认平面预制体可视化（渲染）已检测到的平面效果如图 4-9 所示。

---

① ARKit 检测到的平面与我们日常理解的平面有些许差异，如 ARKit 对地板进行平面检测时，可能会生成超过一个的平面，这个平面簇都是对地板的一个表达，随着环境探索的进行，一些平面会合并，但并不能保证只生成一个平面用于对应一个真实环境表面。

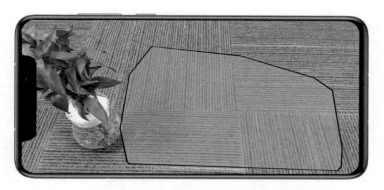

图 4-9　**AR Default Plane** 可视化已检测到的平面效果图

4.2.3　个性化渲染平面

平面默认的渲染效果显得有些生硬和突兀，通常我们需要更加友好的界面，这时就需要对已检测到的平面定制个性化的可视方案，为达到更好的视觉效果，处理的思路如下：

（1）不显示黑色边框。

（2）重新制作渲染材质和 Shader 渲染着色器，材质纹理使用带 Alpha 通道半透明的 PNG 格式纹理，通过透明混合 Shader 渲染这个半透明纹理，将纹理透明区域镂空。

（3）为达到更好的视觉过渡，编写一个渐隐的脚本，让平面边缘的纹理渐隐。

按照以上思路，直接对 AR Default Plane 预制体进行改造。

（1）删除 AR Default Plane 预制体上的 Line Renderer 组件。

（2）制作一张带 Alpha 通道半透明的 PNG 格式纹理，编写 Shader 代码如下：

```
// 第 4 章 /4-3
Shader "DavidWang/FeatheredPlaneShader"
{
    Properties
    {
        _MainTex("Texture", 2D) = "white" {}
        _TexTintColor("Texture Tint Color", Color) = (1,1,1,1)
        _PlaneColor("Plane Color", Color) = (1,1,1,1)
    }
    SubShader
    {
        Tags { "RenderType" = "Transparent" "Queue" = "Transparent" "RenderPipeline" =
"UniversalPipeline"}
            LOD 100
            Blend SrcAlpha OneMinusSrcAlpha
            ZWrite Off

        Pass
```

```
                {
            HLSLPROGRAM
            #pragma vertex vert
            #pragma fragment frag

            #include "Packages/com.unity.render-pipelines.universal/ShaderLibrary/
Core.hlsl"

            struct appdata
            {
                float4 vertex : POSITION;
                float2 uv : TEXCOORD0;
                float3 uv2 : TEXCOORD1;
            };

            struct v2f
            {
                float4 vertex : SV_POSITION;
                float2 uv : TEXCOORD0;
                float3 uv2 : TEXCOORD1;
            };

            TEXTURE2D(_MainTex);
            SAMPLER(sampler_MainTex);

            CBUFFER_START(UnityPerMaterial)
                float4 _MainTex_ST;
                float4 _TexTintColor;
                float4 _PlaneColor;
                float _ShortestUVMapping;
            CBUFFER_END


            v2f vert(appdata v)
            {
                v2f o;
                o.vertex = TransformObjectToHClip(v.vertex);
                o.uv = TRANSFORM_TEX(v.uv, _MainTex);
                o.uv2 = v.uv2;
                return o;
            }

            float4 frag(v2f i) : SV_Target
            {
                float4 col = SAMPLE_TEXTURE2D(_MainTex, sampler_MainTex, i.uv) *
_TexTintColor;
                col = lerp(_PlaneColor, col, col.a);
```

```
                col.a *= 1 - smoothstep(1, _ShortestUVMapping, i.uv2.x);
                return col;
            }
            ENDHLSL
        }
    }
}
```

　　新建一个材质文件，命名为 FeaturePlane，渲染着色器选择自定义的 Shader，Texture 属性即为纹理属性，将预先制作好的纹理赋给该属性。TextureTintColor 为纹理显示颜色，为了将半透明的十字星号显示出来，将其 Alpha 值设置为 220；PlaneColor 为平面渲染背景色，用于渲染平面底色，这里不设置背景色，将其 Alpha 值设置为 0，如图 4-10 所示。

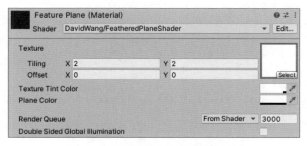

图 4-10　设置 Shader 着色器参数

　　（3）新建一个 C# 脚本文件，命名为 ARFeatheredPlaneMeshVisualizer.cs，代码如下：

```
//第 4 章 /4-4
using System.Collections.Generic;
using UnityEngine;
using UnityEngine.XR.AR Foundation;

[RequireComponent(typeof(ARPlaneMeshVisualizer), typeof(MeshRenderer),
typeof(ARPlane))]
public class ARFeatheredPlaneMeshVisualizer : MonoBehaviour
{
    [SerializeField]
    float mFeatheringWidth = 0.2f;                          // 平面边界渐隐区宽度

    static List<Vector3> mFeatheringUVs = new List<Vector3>();  //UV 坐标列表
    static List<Vector3> mVertices = new List<Vector3>();       // 顶点列表
    ARPlaneMeshVisualizer mPlaneMeshVisualizer;                 // 平面可视化器
    ARPlane mPlane;                                            // 当前平面
    Material mFeatheredPlaneMaterial;                          // 平面使用的材质
    public float featheringWidth
    {
        get { return mFeatheringWidth; }
        set { mFeatheringWidth = value; }
```

```
        }

        void Awake()
        {
            mPlaneMeshVisualizer = GetComponent<ARPlaneMeshVisualizer>();
            mFeatheredPlaneMaterial = GetComponent<MeshRenderer>().material;
            mPlane = GetComponent<ARPlane>();
        }
        // 注册当前平面边界变化事件
        void OnEnable()
        {
            mPlane.boundaryChanged += ARPlane_boundaryUpdated;
        }
        // 取消当前平面边界变化事件注册
        void OnDisable()
        {
            mPlane.boundaryChanged -= ARPlane_boundaryUpdated;
        }
        // 平面变化处理方法
        void ARPlane_boundaryUpdated(ARPlaneBoundaryChangedEventArgs eventArgs)
        {
            GenerateBoundaryUVs(mPlaneMeshVisualizer.mesh);
        }


        // 生成边界点的 UV
        void GenerateBoundaryUVs(Mesh mesh)
        {
            int vertexCount = mesh.vertexCount;

            mFeatheringUVs.Clear();
            if (mFeatheringUVs.Capacity < vertexCount) { mFeatheringUVs.Capacity =
vertexCount; }

            mesh.GetVertices(mVertices);
            if(mVertices.Count < 1)
                return;

            Vector3 centerInPlaneSpace = mVertices[mVertices.Count - 1];
            Vector3 uv = new Vector3(0, 0, 0);
            float shortestUVMapping = float.MaxValue;

            for (int i = 0; i < vertexCount - 1; i++)
            {
                float vertexDist = Vector3.Distance(mVertices[i], centerInPlaneSpace);

                float uvMapping = vertexDist / Mathf.Max(vertexDist - featheringWidth,
0.001f);
```

```
                uv.x = uvMapping;

                if (shortestUVMapping > uvMapping) { shortestUVMapping = uvMapping;}

                mFeatheringUVs.Add(uv);
            }
            // 设置 Shader 中的参数
            mFeatheredPlaneMaterial.SetFloat("_ShortestUVMapping", shortestUVMapping);

            // 添加中心点 UV
            uv.Set(0, 0, 0);
            mFeatheringUVs.Add(uv);

            mesh.SetUVs(1, mFeatheringUVs);
            mesh.UploadMeshData(false);
        }
    }
```

该脚本主要实现 UV 坐标生成、边界变化事件处理、平面边界的平滑渐隐过渡等功能。将 ARFeatheredPlaneMeshVisualizer 挂载到 AR Default Plane 预制体上，完成之后的预制体组件脚本应该如图 4-11 所示。

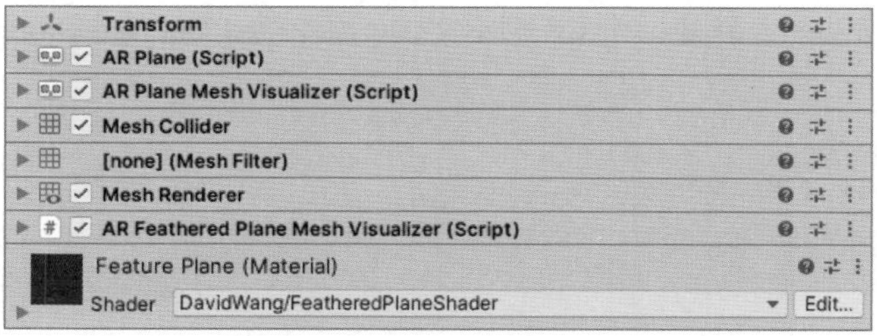

图 4-11　在 AR Default Plane 预制体上挂载自定义可视化脚本

编译运行，找一个富纹理表面进行平面检测，效果如图 4-12 所示。与默认平面渲染效果相比，个性化后的渲染视觉效果要好很多，而且在平面边界处也有一个渐隐的平滑过渡。

图 4-12　个性化渲染检测到平面效果图

> **提示**
>
> 　　事件注册与取消注册一定是成双成对的，如代码清单 4-4 所示，在 Start() 方法中进行了注册，在 OnDisable() 方法中撤销了注册，如果事件注册没有在适当的时机撤销，则有可能会引发难以排查的错误。

4.2.4　开启与关闭平面检测功能

　　AR Foundation 使用 AR Plane Manager 组件管理平面检测、更新、移除任务，并为开发者提供了简单易用的属性和事件，使平面管理工作变得轻松简单。在实际应用开发中，经常会遇到开启与关闭平面检测功能、显示与隐藏被检测到的平面等类似问题，利用 AR Plane Manager 组件可以方便地满足这些需求。

　　从前文可知，AR Plane Manager 组件负责管理平面检测相关工作，该组件有一个 enabled 属性，将其值设置为 true，即开启了平面检测；将其值设置为 false，则关闭了平面检测，因此，可以非常方便地使用代码控制平面检测功能的开启与关闭。在前文中我们也学习到，AR Plane Manager 组件并不负责对检测到的平面进行可视化渲染，因此，在关闭平面检测后还应该取消已检测到平面的显示。

　　为实现上述两项功能，新建一个 C# 脚本文件，命名为 PlaneDetection，代码如下：

```csharp
// 第 4 章 /4-5
using UnityEngine;
using UnityEngine.XR.AR Foundation;
using UnityEngine.UI;

[RequireComponent(typeof(ARPlaneManager))]
public class PlaneDetection : MonoBehaviour
{
    public Text txtPlaneToggle;          // 显示平面检测状态文字
    public Button BtnToggle;             // 控制平面检测开关按钮
    private ARPlaneManager mARPlaneManager;
    void Awake()
    {
        mARPlaneManager = GetComponent<ARPlaneManager>();
        BtnToggle.onClick.AddListener(TogglePlaneDetection);
    }
    // 开关平面检测功能及切换检测到的平面显隐
    public void TogglePlaneDetection()
    {
        mARPlaneManager.enabled = !mARPlaneManager.enabled;

        string planeDetectionMessage = "";
```

```
            if (mARPlaneManager.enabled)
            {
                planeDetectionMessage = " 禁用平面检测 ";
                SetAllPlanesActive(true);
            }
            else
            {
                planeDetectionMessage = " 启用平面检测 ";
                SetAllPlanesActive(false);
            }

            if (txtPlaneToggle != null)
                txtPlaneToggle.text = planeDetectionMessage;
        }
        // 显示或者隐藏所有已检测到的平面对象
        void SetAllPlanesActive(bool value)
        {
            foreach (var plane in mARPlaneManager.trackables)
                plane.gameObject.SetActive(value);
        }
    }
```

在上述代码中，TogglePlaneDetection() 方法是切换平面检测功能的开关函数，我们使用按钮事件来控制该方法的调用，每调用一次该方法则切换一次平面检测功能的开启与关闭；SetAllPlanesActive() 方法的主要目的是处理已检测到平面的显隐状态，根据平面检测功能的状态决定已检测到的平面是否显示[①]。

在使用时，只需将该脚本挂载在与 **AR Plane Manager** 组件相同的场景对象上，设置相应的按钮及显示文字对象。

4.2.5　显示与隐藏已检测平面

在 4.2.4 节中，已经实现了平面检测功能的开启与关闭，并对已检测到的平面进行了处理，4.2.4 节的代码可以实现预期目标。同时也可以看到，即使关闭平面检测功能，已检测到的平面依然是存在的，换言之，开启与关闭平面检测功能并不会影响已检测到的平面。

在关闭平面检测功能后，**AR Foundation** 不再检测新的平面，但原已检测到的平面依然存在，有时这并不是我们所希望的。例如在实际项目中，希望隐藏已检测到的平面，但还继续保留平面检测功能，以便需要再次显示检测到的平面时能直接显示检测到的平面而不是再去进行一遍平面检测工作。为实现这个功能，新建一个 C# 脚本文件，命名为 **PlaneDisplay**，代码如下：

---

① 这里需要注意，我们并没有使用 Destroy() 方法销毁已检测的平面，AR Plane Manager 组件负责平面检测功能管理，不需要手动去销毁平面，事实上，手动销毁平面可能会引发错误。

```
// 第 4 章 /4-6
using System.Collections.Generic;
using UnityEngine;
using UnityEngine.XR.AR Foundation;
using UnityEngine.UI;

[RequireComponent(typeof(ARPlaneManager))]
public class PlaneDisplay : MonoBehaviour
{
    public Text txtPlaneToggle;                       // 显示平面检测状态文字
    public Button BtnToggle;                          // 控制平面检测开关按钮

    private ARPlaneManager mARPlaneManager;
    private bool isShow = true;                        // 显示平面标志
    private List<ARPlane> mPlanes;                     // 所有已检测到的平面列表
    void Start()
    {
        mARPlaneManager = GetComponent<ARPlaneManager>();
        mPlanes = new List<ARPlane>();
        BtnToggle.onClick.AddListener(TogglePlaneDisplay);
        // 注册平面变化事件
        mARPlaneManager.planesChanged += OnPlaneChanged;
    }
    // 取消平面变化事件注册
    void OnDisable() => mARPlaneManager.planesChanged -= OnPlaneChanged;

    // 切换平面显示状态
    public void TogglePlaneDisplay()
    {
        isShow = !isShow;
        string planeDisplayMessage = "";
        if (isShow)
        {
            planeDisplayMessage = " 隐藏平面 ";
        }
        else
        {
            planeDisplayMessage = " 显示平面 ";
        }
        for (int i = mPlanes.Count - 1; i >= 0; i--)
        {
            if (mPlanes[i] == null || mPlanes[i].gameObject == null)
                mPlanes.Remove(mPlanes[i]);
            else
                mPlanes[i].gameObject.SetActive(isShow);
        }
        if (txtPlaneToggle != null)
```

```
                txtPlaneToggle.text = planeDisplayMessage;
        }
    // 平面变化事件处理方法
    private void OnPlaneChanged(ARPlanesChangedEventArgs arg)
    {
        for (int i = 0; i < arg.added.Count; i++)
        {
            mPlanes.Add(arg.added[i]);
            arg.added[i].gameObject.SetActive(isShow);
        }
    }
}
```

在上述代码中，通过 OnPlaneChanged() 方法，把所有已检测到的平面保存到 mPlanes List 列表中，并处理了新检测到平面的显示状态；TogglePlaneDisplay() 方法是切换平面显示状态的开关函数，可以使用按钮事件来控制该方法的调用，切换已检测到平面的显示状态。本示例演示了 AR Plane Manager 组件 planesChanged 事件的一般使用方法，也演示了存储检测到平面的一般处理方法。

需要注意的是，在代码中，把所有已检测到的平面都保存在 mPlanes 变量中，因此这个 List 中保存的是所有历史已检测到的平面，并不会主动删除失效的平面（AR Plane Manager 组件负责检测、更新、删除平面，但并不会影响到已保存的平面），切换已失效平面的显示状态有可能会引发错误，读者可思考一下怎么删除已失效的平面[①]。

与 4.2.4 节中脚本的使用方法一样，在使用时，只需将该脚本挂载在与 AR Plane Manager 组件相同的场景对象上，设置相应的按钮及显示文字对象。

4.2.6 平面遮挡

当前主流移动终端（手机、平板电脑）实现 AR 的方式是采用 Pass-Through 方案，即现实场景会以图像的形式作为 AR 应用的背景渲染，由于缺乏现实场景的深度信息，无法实现虚实遮挡[②]（虚拟对象会一直浮于现实场景之上）；但同时，ARKit 又能够检测区分出不同的平面，如桌面、地面。如果我们能够使用检测出来的平面进行虚实遮挡，则会进一步提升 AR 应用虚实融合的真实感。

为实现以上目标，我们的思路是不渲染检测到的平面，但通过 Shader 着色器让检测到的平面参与深度测试，这样自然就可以实现虚实遮挡，因此，首先编写一个 Shader 脚本，代码如下：

```
// 第 4 章 /4-7
Shader "DavidWang/PlaneOcclusion"
```

---

① 利用 planesChanged 事件中的 removed 参数进行处理。

② 关于场景深度的更多探讨参见第 9 章和第 10 章。

```
    {
        SubShader
        {
            Tags { "RenderType" = "Opaque" "Queue" = "Geometry-1"  "RenderPipeline" =
"UniversalPipeline" }
            ZWrite On
            ZTest LEqual
            ColorMask 0

            Pass
            {
                HLSLPROGRAM
                #pragma vertex vert
                #pragma fragment frag
                #include "Packages/com.unity.render-pipelines.universal/ShaderLibrary/
Core.hlsl"

                struct appdata
                {
                    float4 vertex : POSITION;
                };

                struct v2f
                {
                    float4 vertex : SV_POSITION;
                };

                v2f vert(appdata v)
                {
                    v2f o;
                    o.vertex = TransformObjectToHClip(v.vertex);
                    return o;
                }

                float4 frag(v2f i) : SV_Target
                {
                    return float4(0.0, 0.0, 0.0, 0.0);
                }
                ENDHLSL
            }
        }
    }
```

新建一个材质文件，命名为 PlaneOcclusion，选择该材质使用刚创建的 Shader 着色器，然后将 PlaneOcclusion 材质赋给平面预制体的 Mesh Renderer 组件材质属性即可。

编译运行，首先在地面上放置一个虚拟对象，然后移动到桌子的后面，可以看到虚拟对象会被现实中的桌子遮挡（ARKit 会检测到地面平面和桌子平面，放置在地面的虚拟物体会被桌子平面遮挡），实现虚实遮挡效果。

4.3　射线检测

射线检测（Hit Testing、Ray Casting）是在 3D 空间中选择虚拟物体的最基本方法。在 AR Foundation 中，除了使用 Unity 引擎提供的 Physics.Raycast() 方法进行碰撞检测之外，还提供了 AR Raycast Manager 组件，此组件专门用于在 AR 中处理射线与平面、特征点的碰撞检测任务。

4.3.1　射线检测概念

在 AR 中，当检测并可视化一个平面后，如果需要在平面上放置虚拟物体，则会碰到一些问题，在平面上什么位置放置虚拟物体呢？要知道检测到的平面是三维的，而我们的手机屏幕却是二维的，如何在二维的平面上选择三维放置点呢？

解决这些问题的通常做法就是进行射线检测，Ray Casting 直译为射线投射，通常我们根据它的作用称为射线检测，射线检测是在 3D 数字世界里选择某个特定物体常用的一种技术，如在 3D、VR 游戏中检查子弹命中敌人的情况或者从地上捡起一支枪，都要用到射线检测。

射线检测的基本思想是在三维空间中从一个点沿一个方向发射出一条无限长的射线，在射线的方向上，一旦与添加了碰撞器的模型发生碰撞，则会产生一个碰撞检测对象。可以利用射线实现子弹击中目标的检测，也可以利用射线来检测发生碰撞的位置。

对于 AR 中放置点选择的问题，可以利用屏幕上用户单击点和渲染相机的位置来构建一条射线，与场景中的平面进行碰撞检测，如果发生碰撞，则返回碰撞的位置，这样就可以在检测到的平面上放置虚拟物体了，射线检测原理如图 4-13 所示。

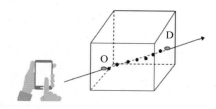

图 4-13　射线检测原理示意图

在图 4-13 中，对 AR 应用而言，用户操作的是其手机设备，射线检测的具体做法是检测到用户单击屏幕的操作事件，以单击的位置为基准，连接该位置与渲染相机位置就可以将两点构成一条直线。从渲染相机位置出发，通过单击点就可以构建一条射线[①]，利用该射线与场景中的物体进行碰撞检测，如果发生碰撞，则返回碰撞对象，从而可以确定碰撞点位置坐标及旋转姿态信息。

其实在第 1 章的示例中，我们就已经使用了射线检测，代码如下：

```
//第 4 章 /4-8
using System.Collections.Generic;
using UnityEngine;
```

①　这里的描述并不严谨，实际上是从渲染相机所在位置出发，通过屏幕单击点在成像平面上的投影点构建射线，由于涉及相机成像的相关知识，读者只要认为屏幕单击点有对应的 3D 空间中的三维坐标即可。

```
using UnityEngine.XR.AR Foundation;
using UnityEngine.XR.ARSubsystems;

[RequireComponent(typeof(ARRaycastManager))]
public class AppController : MonoBehaviour
{
    public GameObject spawnPrefab;                        // 需要放置的游戏对象预制体
    private static List<ARRaycastHit> Hits;               // 碰撞结果
    private ARRaycastManager mRaycastManager;
    private GameObject spawnedObject = null;              // 实例化后的游戏对象
    private void Start()
    {
        Hits = new List<ARRaycastHit>();
        mRaycastManager = GetComponent<ARRaycastManager>();
    }
    void Update()
    {
        if (Input.touchCount == 0)
            return;
        var touch = Input.GetTouch(0);
        // 进行射线检测，如果发生碰撞，则进行虚拟对象操作
        if (mRaycastManager.Raycast(touch.position, Hits, TrackableType.
PlaneWithinPolygon | TrackableType.PlaneWithinBounds))
        {
            var hitPose = Hits[0].pose;
            // 如果未放置游戏对象，则实例化；如果已放置游戏对象，则将游戏对象移动到新的碰撞
            // 点位置
            if (spawnedObject == null)
            {
                spawnedObject = Instantiate(spawnPrefab, hitPose.position,
hitPose.rotation);
            }
            else
            {
                spawnedObject.transform.position = hitPose.position;
            }
        }
    }
}
```

在上述代码中，我们使用 mRaycastManager.Raycast() 方法做射线检测来确定放置虚拟物体的位置。相比 Physics.Raycast() 方法，AR Raycast Manager 组件专门用于在 AR 中处理射线与平面、特征点等的碰撞检测任务，更适合在 AR 中对平面进行射线检测。通常，在 AR 中，除了对放置位置无要求的自动放置（如在检测到的平面上长草），在精确放置虚拟物体时，通常要做射线检测，以便确定放置位置信息。

4.3.2　射线检测详细讲解

AR Raycast Manager 组件中的射线检测与 Unity 中 Physics 模块使用的射线检测相似，但提供了独立的接口，该组件只能用来检测与 AR 相关的平面、点云、2D 图像、人脸（只对应 AR 中的可跟踪对象），不能用于检测场景中的 3D 物体。因为射线检测与被检测物体需要在同一个坐标空间中，所以该组件需要挂载在场景中的 XR Origin 对象上。

利用 AR Raycast Manager 组件进行射线检测可以使用以下两种方法之一，其函数原型如表 4-3 所示。

表 4-3　AR Raycast Manager 组件射线检测方法

射线检测方法	描　　述
public bool Raycast (Vector2 screenPoint, List <ARRaycastHit> hitResults, TrackableType trackableTypeMask = TrackableType.All)	参数 1 为屏幕坐标点；参数 2 为与射线发生碰撞的所有对象列表；参数 3 为 Trackable 类型掩码（只对一类或几类可跟踪对象进行射线检测）。该方法的返回值为 Bool 型，true 表示发生碰撞，false 表示未发生碰撞
public bool Raycast (Ray ray, List <ARRaycastHit> hitResults, TrackableType trackableTypeMask = TrackableType.All)	参数 1 为 Ray 类型的射线（包括位置与方向）；参数 2 为与射线发生碰撞的所有对象列表；参数 3 为 Trackable 类型掩码（只对一类或几类可跟踪对象进行射线检测）。该方法的返回值为 Bool 型，true 表示发生碰撞，false 表示未发生碰撞

trackableTypeMask 类型掩码用于过滤需要进行碰撞检测的对象类型，Trackable 类型的值可以是表 4-4 所示属性值中的一个，也可以是几个的组合，如果是几种类型值的组合，则采用按位或方式进行组合，如 TrackableType.PlaneWithinPolygon | TrackableType.FeaturePoint。

表 4-4　trackableType 属性

trackableType 属性	描　　述
All	这个值用于与所有可检测类型发生碰撞检测。如果选择该值，则发射的射线将与场景中的所有平面类型、多边形包围盒、带法线的特征点进行碰撞检测
FeaturePoint	与当前帧点云中所有的特征点进行碰撞检测
None	此值用于表示 trackableHit 返回值中没有碰撞对象，如果将此值传递给 Raycast() 方法，则不会得到任何碰撞结果
PlaneWithinPolygon	与已检测平面的凸边界多边形进行碰撞检测
PlaneWithinBounds	与当前帧中已检测平面的包围盒进行碰撞检测
PlaneWithinInfinity	与已检测到的平面进行碰撞检测，但这个检测不仅局限于包围盒或者多边形范围，还可以与已检测到平面的延展平面进行碰撞检测
FeaturePointWithSurfaceNormal	与带法线信息的特征点进行碰撞检测，这些特征点不一定能形成一个平面
Planes	射线与以上所有平面类型进行碰撞检测
Image	与 2D 图像进行碰撞检测
Face	与人脸进行碰撞检测

ARRaycastHit 类保存的是发生碰撞时检测到的碰撞体相关信息，其主要属性如表 4-5 所示。

表 4-5　ARRaycastHit 属性

ARRaycastHit 属性	描　　述
Distance	float 类型，获取从射线源到命中点的距离
trackableId	发生碰撞的可跟踪对象 ID
Pose	Pose 类型，获取射线检测击中的物体在 Unity 世界坐标空间中的姿态
hitType	Trackable 类型，获取命中的可跟踪对象类型，即表 4-4 所述的 10 种可跟踪类型之一
sessionRelativeDistance	在 Session 空间中从射线起点到碰撞点的距离
sessionRelativePose	在 Session 空间中碰撞点的姿态

在有了以上基础之后，我们就很容易理解 4.3.1 节中射线检测代码的逻辑及含义，首先初始化一个 ARRaycastHit 类型的 List 数组，用于保存所有与射线检测发生碰撞的可跟踪对象，这个 List 必须完成初始化，不可为 null，这也是为了避免垃圾回收机制（Garbage Collection，GC）反复分配内存，然后调用射线检测方法对指定可跟踪对象进行碰撞检测，如果发生碰撞，则使用 Hits[0]（这是第 1 个与射线发生碰撞符合条件的可跟踪对象，也是离射线源最近的一个，通常就是需要的结果）碰撞点所在的位置放置虚拟物体。

4.4　可视化放置点

在前面的放置操作中，加载虚拟物体的一般做法是先检测显示平面，然后通过屏幕单击手势进行射线检测，在平面碰撞点位置加载虚拟物体，这种方式不直观，无法在放置前获知准确的放置位置。本节讲述一种规避这两个问题的加载虚拟物体的方法：直接在可放置虚拟物体的地方显示一个放置指示图标，单击屏幕任何地方都会在指示图标所在位置放置虚拟物体。

虽然现在不再需要显示已检测到的平面，但我们还是需要平面检测功能（为了增强真实感，虚拟物体需要放置在平面上而不是悬浮在空中，这就需要平面检测功能检测到可放置虚拟物体的平面），因此仍然需要在场景中的 XR Origin 对象上挂载 AR Plane Manager 组件，但由于不需要渲染显示已检测识别的平面，所以将其 Plane Prefab 属性置空，如图 4-14 所示。

图 4-14　置空平面检测预制体属性

新建一个 C# 脚本，命名为 AppController，编写代码如下：

```
// 第 4 章 /4-9
using System.Collections.Generic;
using UnityEngine;
using UnityEngine.XR.AR Foundation;
using UnityEngine.XR.ARSubsystems;

[RequireComponent(typeof(ARRaycastManager))]
public class AppController : MonoBehaviour
{
    public GameObject mObjectPrefab;              // 需要放置的游戏对象预制体
    public GameObject mPlacementIndicator;        // 放置点指示图标预制体

    private ARRaycastManager mRaycastManager;
    private Pose placementPose;                    // 放置点的姿态 Pose
    private GameObject placementIndicatorObject;   // 实例化后的放置点指示图标对象
    private bool placementPoseIsValid = false;     // 是否可放置指标器
    private static List<ARRaycastHit> Hits;        // 碰撞结果
    private Vector3 screenCenter;                   // 屏幕中心点位置
    private Camera mCamera;                         //AR 主渲染相机

    void Start()
    {
        mRaycastManager = GetComponent<ARRaycastManager>();
        ARSessionOrigin mSession = GetComponent<ARSessionOrigin>();
        placementIndicatorObject = Instantiate(mPlacementIndicator, mSession
.trackablesParent);
        mCamera = Camera.main;
        screenCenter = mCamera.ViewportToScreenPoint(new Vector3(0.5f, 0.5f));
        Hits = new List<ARRaycastHit>();
    }

    void Update()
    {
        UpdatePlacementIndicator();
        // 在指示图标位置放置虚拟对象
         if (placementPoseIsValid && Input.touchCount > 0 && Input.GetTouch(0)
.phase == TouchPhase.Began)
        {
            Instantiate(mObjectPrefab, placementPose.position, Quaternion
.identity);
        }
    }
    // 进行射线检测，确定指示图标是否可见，更新指示图标姿态
    private void UpdatePlacementIndicator()
    {
```

```
        mRaycastManager.Raycast(screenCenter, Hits, TrackableType.PlaneWithinPolygon |
TrackableType.PlaneWithinBounds);

        placementPoseIsValid = Hits.Count > 0;
        if (placementPoseIsValid)
        {
            placementPose = Hits[0].pose;
            var cameraBearing = new Vector3(mCamera.transform.forward.x, 0,
mCamera.transform.forward.z).normalized;
            placementPose.rotation = Quaternion.LookRotation(cameraBearing);
            placementIndicatorObject.transform.SetPositionAndRotation(placementPose
.position, placementPose.rotation);
            placementIndicatorObject.SetActive(true);
        }
        else
        {
            placementIndicatorObject.SetActive(false);
        }
    }
}
```

上述代码首先实例化一个指示图标，然后使用射线检测的方式检查与检测到平面的碰撞情况寻找可放置点（射线从设备屏幕的正中心位置发出，不再需要用手指单击屏幕），在检测到与平面碰撞后显示并实时更新指示图标姿态，当放置位置有效（指示图标显示）时单击屏幕后会在指示图标所在位置放置虚拟物体。

将该脚本挂载在场景中的 **XR Origin** 对象上，并为其属性赋上指示图标与虚拟物体预制体，编译运行，当检测到平面时会显示可放置指示图标，单击屏幕任何地方都会在指示图标显示位置放置虚拟物体，效果如图 4-15 所示。

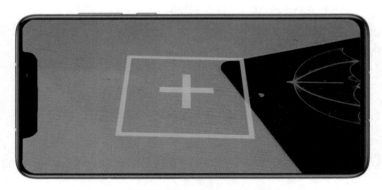

图 4-15　使用指示图标方式标识放置点位置

通过这种方式，在放置虚拟物体之前，用户就可以看到放置位置，更直观，也更便于用户理解。

4.5　特征点与点云

ARKit 通过视觉 SLAM 进行运动跟踪，根据设备摄像头采集的图像信息和 IMU 运动数据估计设备的运动。基于特征点的视觉 SLAM 具有稳定，以及对光照、动态物体不敏感的优势，也是目前主流的视觉 SLAM 方案。特征点与点云对 AR 跟踪的稳定性至关重要，也是实现虚实融合的关键因素。

4.5.1　特征点

视觉 SLAM 的核心任务是根据输入图像估计相机运动，然而，图像本身是一个由亮度和色彩组成的二维矩阵，图像元素数量巨大，单像素粒度太细，不具备可区分性，因此，从图像矩阵层面进行分析会非常困难。主流的做法是从图像中选取比较有代表性的点，这些点在相机视角发生少量变化后会保持不变，便于在后续图像帧中找到相同的点，在这些点的基础上，讨论相机位姿估计问题，以及这些点的定位问题。在经典 SLAM 模型中，称这些点为路标（Land Mark），而在视觉 SLAM 中，路标则是指图像特征（Feature）。

图像特征是一组与计算任务相关的信息，特征点是图像中一些特别的地方，如图 4-16 所示，可以把图像中的角点、边缘和区块都当成图像中有代表性的地方。通过图 4-16 可以看到，指出某两幅图像中出现了同一个角点最简单；指出某两幅图像中出现同一条边缘则稍微困难一些，因为沿着该边缘前进，图像局部是相似的；指出某两幅图像中出现同一个区块则是最困难的。通过图 4-16 也可以看到，图像中的角点、边缘相比于像素区块而言更加"特别"，它们在不同图像之间的辨识度更高，所以，常见的特征点提取方式就是在不同图像间提取角点，确定它们的对应关系，在这种做法中，角点就是所谓的特征点。角点的提取算法有很多，例如 Harris 角点、FAST 角点、GFTT 角点等。但在大多数应用中，单纯的角点依然不能满足 SLAM 定位跟踪需求，例如，从远处看上去是角点的地方，当相机离近之后，可能就不显示为角点了；或者，当旋转相机时，角点的外观会发生变化，也就不容易在不同图像帧间进行匹配了。为此，计算机视觉领域的研究者们在长年的研究中设计了许多更加稳定的局部图像特征，如 SIFT、SURF、ORB 特征等。相比于朴素的角点，这些人工设计的特征点具有可重复性（Repeatability）、可区别性（Distinctiveness）、高效率（Efficiency）、本地性（Locality）等特点，可以保持图像特征具有旋转、尺度不变性。

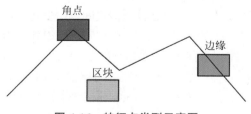

图 4-16　特征点类型示意图

所以更简单地说，特征点指 ARKit 通过 VIO 检测捕获的摄像头图像中的视觉差异点，这些视觉差异点是从图像中明暗、颜色、灰度差异比较大的点中挑选出来的，特征点的检测每帧或者隔几帧就会进行（提取频率取决于算法），提取图像特征是进行 AR 运动跟踪的重要环节，图像特征点的示意图如图 4-17 所示。

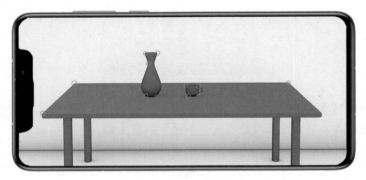

图 4-17　图像特征点提取示意图

4.5.2　点云

提取特征点的主要意义在于利用特征点可以在不同图像帧之间进行匹配，由于特征点具有旋转和尺度不变性，在不同图像帧之间进行的匹配也具有稳定性，即可了解同一个特征点在不同图像中的位置，利用这个位置关系就可以反向估算出采集这两幅图像时的相机相对位置的变化情况[①]。在计算出相机位置变化关系后就可以把特征点从二维映射到三维，这个过程称为空间三角化（Triangulation），三角化的过程其实就是估计出特征点的深度信息的过程，三角化后的空间特征点称为 3D 空间点，众多 3D 空间点就称为点云，所以特征点与点云有直接关系，只是特征点用于描述图像中的视觉差异点，是在二维空间中，而 3D 空间点是二维特征点的三维化，是在三维空间中。

在 AR 应用启动后，AR Foundation 即开始实时跟踪这些点云信息，在时间的推移中，新的 3D 空间点会被添加、原有 3D 空间点信息会被更新、无效的 3D 空间点会被删除，然后逐渐地就会形成一些稳定的 3D 空间点集合，利用这个稳定的集合，不仅可以跟踪用户（手机设备）随着时间推移而相对于周围世界的姿态变化，还可以大致了解到用户周边的环境结构，不仅如此，AR Foundation 也可通过点云信息来检测平面。

点云是一个 3D 空间点的集合，可以在帧与帧之间发生变化，在一些平台上，一个应用只生成并维护一个点云，而另一些平台则会将其 3D 空间点组织到不同空间区域的不同点云中。

在 AR Foundation 中，3D 空间点可以在帧与帧之间被识别，每个 3D 空间点都具有唯一的标识符。每个 3D 空间点都有一个 Vector3 类型的位置值（Position）、一个 ulong 类型的 id 值（Identifier）、一个 float 类型的置信值（Confidence Value）。置信值表示 AR Foundation 对

---

① 准确描述应该是位姿关系，不仅包括位置关系，还包括旋转关系。

每个 3D 空间点的信心程度,范围为 [0,1],值越大表示对这个空间点越确信。

在代码层面,3D 空间点的位置坐标可以通过 ARPointCloud.position 获取 [①]、id 标识符可以通过 ARPointCloud.identifiers 获取、置信值可以通过 ARPointCloud.confidenceValues 获取。

在 AR Foundation 中,点云由 AR Point Cloud Manager 组件负责管理,该组件负责点云的创建及 3D 空间点的创建、更新、移除。在使用中,空间点检测的启用禁用、空间点的显示隐藏与 AR Plane Manager 组件对平面处理方式一致。

点云数据可以辅助平面检测,更重要的是点云数据是真实场景结构重建的基础,这对 AR 理解环境非常关键。随着时间的推移,点云中的空间点数量会迅速增长,为了防止空间点过多而影响性能,ARKit 会根据设备性能将空间点的最大数量限制在一定范围内。

AR 应用启动后即开始点云构建,为直观地看到点云信息,可以将点云数据渲染出来,在 Unity 中层级窗口空白处右击,依次选择 XR → AR Default Point Cloud 创建一个点云对象,然后将 AR Default Point Cloud 对象从层级窗口拖动到工程窗口中的 Prefabs 文件夹下制作成一个预制体,并删除层级窗口中的该对象。

在层级窗口选择 XR Origin 对象,为其添加 AR Point Cloud Manager 组件,并将刚才制作好的 AR Default Point Cloud 预制体赋给 AR Point Cloud Manager 组件下的 Point Cloud Prefab 属性。

编译运行,找一个富纹理物体或表面,左右移动手机,这时 AR Foundation 会对特征点进行检测并渲染,效果如图 4-18 所示。

图 4-18 可视化点云效果图

特征点每帧都会发生一些变化,三角化后的 3D 空间点也会随时间发生变化,置信值小的空间点数据会被移除,新的空间点数据会被加入。采用这种方式可视化点云只会渲染当前帧图像中置信值比较高的空间点,所以看到的渲染结果每帧都会有变化。

4.5.3 点云数据采集

AR Point Cloud Manager 组件用于管理所有点云数据,点云数据是进行 SLAM 运动跟踪的

---

① 需要注意的是,这个坐标值为 AR 会话空间中的坐标值,不是 Unity 空间中的坐标值。

关键，也是进行网格重建、实现虚实遮挡等高级功能的重要数据[①]。我们可以保存所有检测到的点云数据，可以将这些数据存储在 Dictionary 或者 List 中，或者存储到文件系统中。

下面演示如何将点云数据存储到文件系统中，新建一个 C# 脚本文件，命名为 CloudPoints，并编写代码如下：

```
// 第 4 章 /4-10
using System.Collections.Generic;
using System.IO;
using System.Text;
using UnityEngine;
using UnityEngine.XR.AR Foundation;
using System.Collections;
using UnityEngine.UI;

[DisallowMultipleComponent]
[RequireComponent(typeof(ARPointCloudManager))]
public class CloudPoints : MonoBehaviour
{
    public Button BtnStart;                              // 开始采集点云 UI 按钮
    public Button BtnStopAndSave;                        // 停止采集点云并保存 UI 按钮

    private string fileName;                             // 保存点云的文件名
    private readonly string format = "MMddHHmmssy";      // 文件名日期格式
    private ARPointCloudManager arPointCloudManager;     // 点云组件
    // 点云点集合
    private Dictionary<ulong, Points4> mPoints = new Dictionary<ulong, Points4>();
    private void Start()
    {
        fileName = System.DateTime.Now.ToString(format);
        arPointCloudManager = GetComponent<ARPointCloudManager>();
        BtnStart.onClick.AddListener(StartCloudSession);
        BtnStopAndSave.onClick.AddListener(StopCloudSession);
    }

    // 开始采集点云数据
    private void StartCloudSession()
    {
        mPoints.Clear();
        arPointCloudManager.pointCloudsChanged += OnPointCloudChanged;
    }
    // 停止采集点云数据，并保存点云数据
    private void StopCloudSession()
    {
```

① ARKit 只提供稀疏点云，对场景重建而言是不充分的，但可以作为其他高级功能的数据来源。在配备 LiDAR 传感器的设备上，ARKit 能提供场景表面几何网格，实现对现实场景的三维重建。

```
        arPointCloudManager.pointCloudsChanged -= OnPointCloudChanged;
        StoreCloudPointsData();
    }

    // 格式化点云数据，每组 4 个，分别是 X、Y、Z 和置信值，用分号（;）隔离，保存数据
    private void StoreCloudPointsData()
    {
        if (mPoints.Count > 0)
        {
            StringBuilder sb = new StringBuilder();
            foreach (var value in mPoints.Values)
            {
                sb.Append(value.posX);
                sb.Append(",");
                sb.Append(value.posY);
                sb.Append(",");
                sb.Append(value.posZ);
                sb.Append(",");
                sb.Append(value.confidence.ToString("F2"));
                sb.Append(";");
            }
            // 存储到文件系统
            StartCoroutine(SaveDataToDisk(sb.ToString()));

        }
        else
            Debug.Log("无点云数据可保存!");
    }
    // 保存数据协程
    private IEnumerator SaveDataToDisk(string data)
    {
        string filename = "CloudPoints" + fileName + ".txt";
        string path = Application.persistentDataPath;
        string filePath = Path.Combine(path, filename);
        File.WriteAllText(filePath, data);
        yield return 0;
        Debug.Log("点云数据保存成功!");
    }
    // 更新所有点云数据
    void OnPointCloudChanged(ARPointCloudChangedEventArgs eventArgs)
    {
        foreach (var pointCloud in eventArgs.added)
        {
            if (pointCloud.positions.HasValue)
            {
                for (int i = 0; i < pointCloud.positions.Value.Length; i++)
                {
```

```
                Points4 points4 = new Points4(pointCloud.positions.Value[i].x,
pointCloud.positions.Value[i].y, pointCloud.positions.Value[i].z, pointCloud
.confidenceValues.Value[i]);
                    mPoints.Add(pointCloud.identifiers.Value[i], points4);
                }
            }
        }
        foreach (var pointCloud in eventArgs.updated)
        {
            if (pointCloud.positions.HasValue)
            {
                for (int i = 0; i < pointCloud.positions.Value.Length; i++)
                {
                    Points4 points4 = new Points4(pointCloud.positions.Value[i].x,
pointCloud.positions.Value[i].y, pointCloud.positions.Value[i].z, pointCloud
.confidenceValues.Value[i]);
                    mPoints[pointCloud.identifiers.Value[i]] = points4;
                }
            }
        }
        foreach (var pointCloud in eventArgs.removed)
        {
            if (pointCloud.positions.HasValue)
            {
                for (int i = 0; i < pointCloud.positions.Value.Length; i++)
                {
                    mPoints.Remove(pointCloud.identifiers.Value[i]);
                }
            }
        }
    }
    // 自定义空间点结构体
    class Points4
    {
        public float posX;
        public float posY;
        public float posZ;
        public float confidence;
        public Points4(float x, float y, float z, float confidenceValue)
        {
            posX = x;
            posY = y;
            posZ = z;
            confidence = confidenceValue;
        }
    }
}
```

上述代码主要利用 AR Point Cloud Manager 组件的 pointCloudsChanged 事件，通过注册与取消注册实现对点云数据的采集，最后将点云数据存储到文件系统中，代码还演示了获取空间点位置信息、id 信息、置信值信息的一般方法。

在使用时，只需将该脚本挂载在与 AR Point Cloud Manager 组件相同的场景对象上，然后设置相应的按钮。

4.6　锚点

锚点的原意是指不让船舶漂移的固定锚，这里用来指将虚拟物体固定在 AR 空间上的一种技术。由于 AR 运动跟踪使用的 IMU 传感器的特性，误差会随着时间积累，所以需要通过图像检测等方式对误差进行修正，此时，如果已存在于空间上的对象不同步，则进行校正时会出现偏差，锚点的功能是绑定虚拟物体与现实空间位置。被赋予锚点的对象将被视为固定在空间上的特定位置，并自动进行位置校正，因此锚点可以确保物体在空间中保持相同的位置和方向，让虚拟物体在 AR 场景中看起来待在原地不动，如图 4-19 所示。

图 4-19　连接到锚点上的虚拟对象像固定在现实世界空间中一样

锚点的工作原理如下：

在 AR 应用中，渲染相机和虚拟物体在现实世界空间中的位置会在帧与帧之间更新，即虚拟物体在现实世界空间中的姿态每帧都会更新，由于 IMU 传感器的误差积累，虚拟物体会出现漂移现象，为解决这个问题，需要使用一个参考点将虚拟对象固定在现实空间中，如前文所述，这个参考点姿态信息的偏差必须能用某种方式消除以确保参考点的姿态不会随着时间而发生变化。消除这个偏差的就是视觉校准技术，通过视觉校准能让参考点保持相同的位置与方向，这样，连接到该参考点的虚拟对象也就不会出现漂移现象了，这个参考点就是锚点。一个锚点上可以连接一个或多个虚拟对象，锚点和连接到它上面的物体看起来会待在它们在现实世界中的放置位置，随着锚点姿态在每帧中进行调整以适应现实世界空间更新，锚点也将相应地更新物体的姿态，确保这些物体能够保持它们的相对位置和方向，即使在锚点姿态调整的情况下也能如此。有了锚点，连接到锚点上的虚拟对象就像是固定在现实世界空间中一样[①]。

锚点是一种对资源消耗比较大的可跟踪对象，锚点的跟踪、更新、管理需要大量的计算开销，因此需要谨慎使用并在不需要时进行分离。

通常而言，在出现以下情况时有必要使用锚点：

（1）保持两个或多个虚拟对象的相对位置。在这种情况下，可以将两个或多个虚拟物体挂载在同一个锚点下，这样，锚点会使用相同的矩阵更新挂载在其下的虚拟对象，因此可以保持它们之间的位置关系不受其他因素影响。

（2）保证虚拟物体的独立性。在前文中，我们通过射线检测的方式在平面上放置了虚拟物体，通常情况下这没有问题，但如果后来因为某种原因 AR Plane Manager 被禁用、平面被销毁或者隐藏，则会影响到以平面为参考的虚拟物体位置的稳定性，导致虚拟物体漂移。在这种情况下，使用锚点将虚拟物体挂载在锚点下就能保持虚拟物体的独立性，不会受到平面检测状态的影响。

（3）提高跟踪稳定性。使用锚点后，即通知跟踪系统需要独立跟踪该点从而提高挂载在该锚点上虚拟物体的稳定性。

（4）保持跟踪对象与平面的相对位置稳定。使用 AttachAnchor() 方法可以将一个锚点与平面绑定起来，从而保持挂载在锚点下的虚拟物体与平面保持关系一致。如在一个垂直平面上使用 AttachAnchor() 方法建立一个锚点，在锚点更新时就会锁定 X、Z 分量值，从而保持虚拟物体与平面位置关系始终一致。

在 AR Foundation 中，锚点管理由 AR Anchor Manager 组件负责[②]，其提供的主要方法和事件如表 4-6 所示。

表 4-6　AR Anchor Manager 组件提供的主要方法和事件

方　　法	类型	描　　述
AddAnchor(Pose)	方法	通过给定的 Pose 添加一个锚点，Pose 为世界空间中的位姿，返回一个新的 ARAnchor 对象
AttachAnchor(ARPlane，Pose)	方法	通过给定的 Pose 创建一个相对于已检测到平面的 ARAnchor 对象，其中 ARPlane 是一个已检测到的平面，Pose 为世界空间中的位姿
RemoveAnchor(ARAnchor)	方法	移除一个 ARAnchor 对象，如果移除成功，则返回值为 true；如果返回值为 false，则通常意味着这个 ARAnchor 对象已经不在跟踪状态
anchorsChanged	事件	在 ARAnchor 对象发生变化时触发的事件，如新的 ARAnchor 对象创建、对一个现存的 ARAnchor 对象进行更新、移除 ARAnchor 对象

① 从技术理论上而言，锚点实际上对其周围环境的特征进行了提取，然后在每帧中进行特征匹配，这样就可以确保即使 SLAM 运动跟踪发生了漂移，也能将虚拟物体与现实空间锚定。

② AR Anchor Manager 组件有一个 Anchor Prefab 属性，该属性的使用方法有一些特别，第 8 章会讲解该属性的使用，通常不需要设置该属性，如果需要扩展锚点功能，则应先查阅官方资料。

　　AddAnchor(Pose) 方法与 AttachAnchor(ARPlane, Pose) 方法的区别在于，AddAnchor(Pose) 方法用于创建一个锚点，并要求跟踪系统跟踪空间中的这个特定位置，AR 会话发生变化时它可能会更新；AttachAnchor(ARPlane, Pose) 方法用于将一个锚点"附加"到一个平面上，该锚点会保持与平面的相对距离。例如，如果平面是水平的，则锚点仅在平面的 Y 位置更改时上下移动，其他情况下 Y 值不会发生变化，这对于在平面上或平面附近"粘贴"虚拟对象很有用。

　　锚点操作是一个计算密集型操作，添加一个锚点对象需要一到两帧的时间，在添加锚点对象操作执行后到添加成功之前，添加的锚点对象处于挂起（Pending）状态，这个挂起状态值可以通过 ARAnchor.pending 属性进行查询；同样移除一个锚点对象也需要一到两帧的时间，如果尝试移除一个还没有添加成功的锚点对象，则不会有任何效果。

　　锚点由 AR Anchor Manager 组件负责管理，不需要使用 Destroy() 方法销毁，事实上这会引发错误。如果需要移除锚点，则务必要通过调用 RemoveAnchor(ARAnchor) 方法的方式移除锚点对象。

　　下面演示锚点的使用方法，新建一个 C# 脚本文件，命名为 ARAnchorController，代码如下：

```
// 第 4 章 /4-11
using UnityEngine;
using UnityEngine.XR.AR Foundation;

[RequireComponent(typeof(ARAnchorManager))]
public class ARAnchorController : MonoBehaviour
{
    public GameObject spawnPrefab;                      // 虚拟对象预制体

    private GameObject spawnedObject = null;            // 实例化后的虚拟对象
    private ARAnchorManager mARAnchorManager;
    private readonly float distance = 0.5f;             // 放置在设备前的距离
    private Camera mCamera;                              // 主渲染相机
    private void Start()
    {
        mARAnchorManager = transform.GetComponent<ARAnchorManager>();
        mCamera = Camera.main;
    }
    void Update()
    {
        if (Input.touchCount < 1)
            return;
        var touch = Input.GetTouch(0);
        if (spawnedObject == null && touch.phase == TouchPhase.Began)
        {
            // 方法一
            Vector3 mMenu = mCamera.transform.forward.normalized * distance;
```

```
            Pose mPose = new Pose(mCamera.transform.position + mMenu, mCamera
.transform.rotation);
            ARanchor mReferencePoint = mARAnchorManager.AddAnchor(mPose);
            spawnedObject = Instantiate(spawnPrefab, mCamera.transform.position +
mMenu, mCamera.transform.rotation, mReferencePoint.gameObject.transform);

            // 方法二
            Vector3 mMenu = mCamera.transform.forward.normalized * distance;
            Pose mPose = new Pose(mCamera.transform.position + mMenu, mCamera
.transform.rotation);
            spawnedObject = Instantiate(spawnPrefab, mCamera.transform.position +
mMenu, mCamera.transform.rotation);
            spawnedObject.AddComponent<ARAnchor>();
        }
    }
}
```

　　在上述代码中，希望在用户设备正前方 0.5m 远的地方放置一个锚点，并在这个锚点上连接一个虚拟对象。我们使用了两种方法实现：第 1 种方法更直观，首先在指定的空间位置创建一个 ARAnchor 对象，然后将虚拟对象连接到该锚点，这样就可以锚定虚拟对象与现实环境之间的关系；第 2 种方法更自然，也是目前推荐的使用方式，只需正常实例化虚拟对象，然后在该虚拟对象上挂载 ARAnchor 组件。

　　使用锚点放置虚拟对象，无须事先检测到平面或者特征点，而且能保持虚实关系，效果如图 4-20 所示。

图 4-20　在空间中锚定虚拟对象效果示意图

　　使用锚点的注意事项如下。

　　（1）尽可能复用锚点。在大多数情况下，应当让多个相互靠近的物体使用同一个锚点，而不是为每个物体创建一个新锚点。如果物体需要保持与现实世界空间中的某个可跟踪对象或位置之间独特的空间关系，则需要为对象创建新锚点。因为锚点将独立调整姿态以响应 AR Foundation 在每帧中对现实世界空间的估算，如果场景中的每个物体都有自己的锚点，则会带来很大的性能开销。另外，独立锚定的虚拟对象可以相对彼此平移或旋转，从而破坏虚拟物体间相对位置应保持不变的 AR 场景体验。

例如，假设 AR 应用可以让用户在房间内布置虚拟家具。当用户打开应用时，AR Foundation 会以平面形式开始跟踪房间中的桌面和地板。用户在桌面上放置一盏虚拟台灯，然后在地板上放置一把虚拟椅子，在此情况下，应将一个锚点连接到桌面平面，将另一个锚点连接到地板平面。如果用户向桌面添加另一盏虚拟台灯，则此时可以重用已经连接到桌面平面的锚点。这样，两盏台灯看起来都粘在桌面平面上，并保持它们之间的相对位置，椅子也会保持它相对于地板平面的位置。

（2）保持物体靠近锚点。锚定物体时，最好让需要连接的虚拟对象尽量靠近锚点，避免将物体放置在离锚点几米远的地方，以免由于 AR Foundation 更新现实世界空间坐标而产生意外的旋转运动。如果确实需要将物体放置在离现有锚点几米远的地方，则应该创建一个更靠近此位置的新锚点，并将物体连接到新锚点。

（3）分离未使用的锚点。为了提升应用性能，通常需要将不再使用的锚点分离。因为每个可跟踪对象都会产生一定的 CPU 开销，AR Foundation 不会释放具有连接可跟踪对象的锚点，从而造成无谓的性能损失。

（4）锚点不可以手动更新。锚点由 AR Anchor Manager 组件负责自动更新，由于锚点采集了周边环境信息，是与现实环境空间位置绑定的，开发人员无法通过重新设置锚点的 transform 组件变更其位置，所以如果希望变更锚点，则应当通过 RemoveAnchor() 方法（或者将 ARAnchor 组件禁用）移除锚点，然后创建新锚点。

4.7　平面分类

ARKit 在检测平面时，不仅可以检测水平平面和垂直平面，还能利用已检测平面的法线方向分辨出平面的正面或者反面，并能对检测到的平面进行预分类（平面语义），即把检测到的平面分为桌面、地面、墙面等，分类类型由枚举 PlaneClassification 描述，如表 4-7 所示。

表 4-7　PlaneClassification 枚举

枚　举　值	描　　　述
None	未能识别检测到的平面
Wall	墙面
Floor	地面
Ceiling	天花板
Table	桌面
Seat	椅子
Door	门
Window	窗

  AR Foundation 对平面的预分类数据存储在 AR Plane 组件的 classification 属性中，因此，可以直接通过该组件获取平面分类结果。

  下面演示平面分类的用法，新建一个 C# 脚本，命名为 PlaneClassificationLabeler，该脚本主要用于完成两个任务：第 1 个是根据 classification 属性的不同值改变平面渲染的颜色；第 2 个是在已检测到的平面上显示平面分类名，代码如下：

```csharp
// 第 4 章 /4-12
using UnityEngine;
using UnityEngine.XR.AR Foundation;
using UnityEngine.XR.ARSubsystems;

[RequireComponent(typeof(ARPlane))]
[RequireComponent(typeof(MeshRenderer))]
public class PlaneClassificationLabeler : MonoBehaviour
{
    ARPlane mARPlane;                                    // 平面对象
    MeshRenderer mPlaneMeshRenderer;                     // 平面渲染对象
    TextMesh mTextMesh;                                  // 文本网格
    GameObject mTextObj;                                 // 文字对象
    Vector3 mTextFlipVec = new Vector3(0, 180, 0);       // 使文字面向用户

    void Awake()
    {
        mARPlane = GetComponent<ARPlane>();
        mPlaneMeshRenderer = GetComponent<MeshRenderer>();
        mTextObj = new GameObject();
        mTextMesh = mTextObj.AddComponent<TextMesh>();
        mTextMesh.characterSize = 0.05f;
        mTextMesh.color = Color.black;
    }

    void Update()
    {
        UpdateLabel();
        UpdatePlaneColor();
    }

    void UpdateLabel()
    {
        // 根据平面分类更新文字内容
        mTextMesh.text = mARPlane.classification.ToString();

        // 更新文字对象的姿态
        mTextObj.transform.position = mARPlane.center;
        mTextObj.transform.LookAt(Camera.main.transform);
        mTextObj.transform.Rotate(mTextFlipVec);
```

```
    }
    // 为不同的平面着色
    void UpdatePlaneColor()
    {
        Color planeMatColor = Color.cyan;
        switch (mARPlane.classification)
        {
            case PlaneClassification.None:
                planeMatColor = Color.cyan;
                break;
            case PlaneClassification.Wall:
                planeMatColor = Color.white;
                break;
            case PlaneClassification.Floor:
                planeMatColor = Color.green;
                break;
            case PlaneClassification.Ceiling:
                planeMatColor = Color.blue;
                break;
            case PlaneClassification.Table:
                planeMatColor = Color.yellow;
                break;
            case PlaneClassification.Seat:
                planeMatColor = Color.magenta;
                break;
            case PlaneClassification.Door:
                planeMatColor = Color.red;
                break;
            case PlaneClassification.Window:
                planeMatColor = Color.clear;
                break;
        }

        planeMatColor.a = 0.33f;
        mPlaneMeshRenderer.material.color = planeMatColor;
    }
    // 销毁对象
    void OnDestroy()
    {
        Destroy(mTextObj);
    }
}
```

其中，UpdateLabel() 方法负责显示平面分类名，并使文字以公告板（Bill Board）的形式始终
面向用户。UpdatePlaneColor() 方法负责以不同颜色渲染已检测到的不同平面分类。因为平面
预分类信息存储在 AR Plane 组件中，为了简化操作，我们将 PlaneClassificationLabeler 脚本挂

载在平面预制体 AR Default Plane 上。另外由于需要显示 UI，所以还需要在该预制体上挂载 Canvas Renderer 组件，并且将 Transform 组件变更为 Rect Transform 组件。

在使用时，正常进行场景搭建，将本节修改的平面预制体 AR Default Plane 赋给场景对象中的 AR Plane Manager 组件 Plane Prefab 属性即可，其他流程不用进行任何修改。编译运行，扫描不同的平面，可以看到平面分类效果如图 4-21 所示。

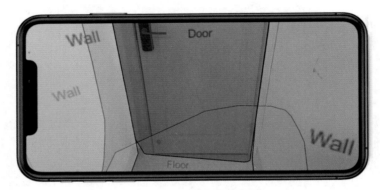

图 4-21　平面分类效果图

从测试结果看，ARKit 平面分类相对而言还是比较准确的。平面分类功能属于计算机图像处理语义范畴，为实现平面分类，ARKit 运行了一个深度学习网络，因此平面分类是一项计算开销比较大的功能特性，在不使用时需要及时关闭。

4.8　场景表面网格

在第 4 代 iPad Pro 和 iPhone 12 及以上高端机型中新增了 LiDAR（Light Detection And Ranging，激光探测与测距）传感器，该传感器的加入让移动设备获得了对物理环境的实时重建能力，因此可以实现诸如环境遮挡、虚实物理交互等利用单目或者双目计算机视觉扫描很难实现的效果，还可以有效弥补计算机视觉对弱纹理、重复表面检测识别能力的不足，轻松实现对白墙、反光等物理表面的深度信息采集。

LiDAR 的工作原理与雷达（Radio Detection And Ranging，RADAR）相似，在工作时，LiDAR 向空中发射激光脉冲，这些脉冲信号一部分会在接触物体后被物体吸收，而另一部分则会被反射，反射的激光脉冲被接收器捕获，利用发射与捕获脉冲信号的时间差即可计算出距离。

通过 LiDAR 传感器，ARKit 可以快速获取用户前面物理场景的深度（距离）信息，即 ARKit 不需要移动就可以快速获取物理场景表面的形状信息。利用获取的深度数据（一个一个离散的深度点），ARKit 可以将这一系列的表面点转换成几何网格。为了更好地区分场景物体属性，ARKit 并不会将所有表面点转换到一个几何网格，而是按照 ARKit 所理解的物体属性（门、窗、地板、天花板等）划分到不同的几何网格中，每个几何网格使用一个

ARMeshAnchor 锚点进行锚定，因此，ARKit 重建的三维环境包含很多 ARMeshAnchor 锚点，这些场景几何网格也描述了用户所在物理环境的属性。

LiDAR 传感器精度很高，因此，ARKit 对物理环境的重建精度也很高，包括物体中间的空洞、锐利的尖角等都可以被检测到。LiDAR 传感器速度很快，因此，ARKit 对物理环境的重建速度也可以达到毫秒级水平，对物体表面、平面的检测也非常快，而且不再要求用户移动设备进行环境感知。除此之外，由于是使用独立的硬件传感器感知物理环境信息，所以不需要消耗设备硬件计算资源。

对开发者而言，更重要的是我们并不需要关心 LiDAR 传感器的具体细节，ARKit 进行了良好的处理，就像不需要了解 IMU 运动传感器的具体工作细节一样，在开发应用时对底层硬件是无感知的。

> **注意**
>
> 　　通过 LiDAR 传感器检测生成的场景表面几何网格也会被简称为场景几何网格、场景网格、几何网格，它们均表达相同的含义。

4.8.1　场景几何

在 ARKit 中，通过将 LiDAR 传感器采集到的物理环境深度信息转换为几何网格，就可以对物理环境进行三维重建，生成环境网格数据，这被称为场景几何数据（Scene Geometry），如图 4-22 所示。

(a) 物理世界中的物体　　　　　(b) 物体表面几何网格　　　　　(c) 实物与数字几何网格叠加

图 4-22　LiDAR 检测物体表面并生成物体表面几何网格

在图 4-22 中，图（a）为物理世界中的物体，图（b）为通过 LiDAR 重建的物体表面几何网格，图（c）为实物与数字几何网格叠加显示示意图。通过图 4-22 可以看到，ARKit 使用术语"场景几何"相比"场景模型"描述更准确，在 AR 中，用户探索物理环境时获取的只是物体可见表面的几何信息，物体背面的几何信息无法获取，因此，并没有建立场景的完整三维模型。

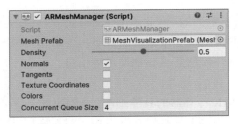

图 4-23　AR Mesh Manager 组件

AR Foundation 提供了 AR Mesh Manager 组件负责管理场景几何，利用该组件就能够获取和管理场景几何网格相关数据，该组件如图 4-23 所示。

与 AR Plane Manager 组件一样，该组件也提供一个 Mesh Prefab 属性用于渲染获取的网格，但与 AR Plane Manager 组件不同的是该组件不能直接挂载在 XR Origin 对象上，而需要挂载在 XR Origin 对象的子对象上。通常我们会在 XR Origin → Camera Offset 对象下新建一个空对象，以便挂载 AR Mesh Manager 组件。该组件各属性的意义如表 4-8 所示。

表 4-8　AR Mesh Manager 组件各属性意义

枚 举 值	描 述
Density（密度）	生成场景几何网格的密度，取值范围为 [0，1]，网格生成越密集对场景轮廓表现越准确，但性能消耗也越大，0 表示最低网格密度，1 表示最高网格密度
Normals（法线）	法线生成开关，勾选后会生成每个顶点的法线
Tangents（切线）	切线生成开关，勾选后会生成每个顶点的切线
Texture Coordinates（纹理坐标）	UV 坐标生成开关，勾选后会生成每个顶点的 UV 坐标值
Colors（颜色）	顶点颜色生成开关，勾选后会生成每个顶点的颜色值
Concurrent Queue Size（同时处理队列数量）	同时处理的网格队列数量，该值越大网格处理速度越快，但性能消耗也会越大

下面演示场景几何网格的基本用法，本示例使用线框（Wire Frame）模式渲染 ARKit 生成的场景几何网格。首先在场景 XR Origin → Camera Offset 对象下新建一个空对象，命名为 Mesh 并为其挂载 AR Mesh Manager 组件，勾选 Normals 复选框。

如前文所述，ARKit 检测生成的场景几何网格并不是一个单一的网格对象，所以需要对 AR Mesh Manager 组件生成的场景网格进行简单处理，新建一个 C# 脚本，命名为 MeshData，代码如下：

```
// 第 4 章 /4-13
using UnityEngine;
using UnityEngine.XR.AR Foundation;

[RequireComponent(typeof(ARMeshManager))]
public class MeshData : MonoBehaviour
{
```

```csharp
    private ARMeshManager mMeshManager;                    //ARMeshManager 组件
    void OnEnable()
    {
        mMeshManager = GetComponent<ARMeshManager>();
        // 注册事件
        mMeshManager.meshesChanged += MeshManagerOnmeshesChanged;
    }


    void OnDisable()
    {
        // 取消事件注册
        mMeshManager.meshesChanged -= MeshManagerOnmeshesChanged;
    }
    // 网格数据发生变化时，该事件被触发
    private void MeshManagerOnmeshesChanged(ARMeshesChangedEventArgs obj)
    {
        foreach (MeshFilter filter in obj.added)
        {
            GenerateData(filter.mesh);
        }


        foreach (MeshFilter filter in obj.updated)
        {
            GenerateData(filter.sharedMesh);
        }
    }


    #region Helper
    // 生成 Mesh 数据
    private void GenerateData(Mesh mesh)
    {
        SplitMesh(mesh);
        SetVertexColors(mesh);
    }
    // 生成顶点颜色
    private void SetVertexColors(Mesh mesh)
    {
        Color[] colorCoords = new[]
        {
            new Color(1, 0, 0),
            new Color(0, 1, 0),
            new Color(0, 0, 1),
        };

        Color32[] vertexColors = new Color32[mesh.vertices.Length];

        for (int i = 0; i < vertexColors.Length; i += 3)
```

```
    {
        vertexColors[i] = colorCoords[0];
        vertexColors[i + 1] = colorCoords[1];
        vertexColors[i + 2] = colorCoords[2];
    }

    mesh.colors32 = vertexColors;
}
// 切分网格
private void SplitMesh(Mesh mesh)
{
    int[] triangles = mesh.triangles;
    Vector3[] verts = mesh.vertices;
    Vector3[] normals = mesh.normals;
    Vector2[] uvs = mesh.uv;

    Vector3[] newVerts;
    Vector3[] newNormals;
    Vector2[] newUvs;

    int n = triangles.Length;
    newVerts = new Vector3[n];
    newNormals = new Vector3[n];
    newUvs = new Vector2[n];

    for (int i = 0; i < n; i++)
    {
        newVerts[i] = verts[triangles[i]];
        newNormals[i] = normals[triangles[i]];
        if (uvs.Length > 0)
        {
            newUvs[i] = uvs[triangles[i]];
        }
        triangles[i] = i;
    }

    mesh.vertices = newVerts;
    mesh.normals = newNormals;
    mesh.uv = newUvs;
    mesh.triangles = triangles;
}
#endregion
}
```

上述代码主要是对 ARKit 生成的场景网格进行了拆分和颜色处理，以使其符合 Unity 渲染要求，使用时需要将 MeshData 脚本挂载到与 AR Mesh Manager 组件相同的对象上。

在层级窗口中新建一个空对象，命名为 MeshVisualizerPrefab，并为其挂载 Mesh Filter 组件和 Mesh Renderer 组件，其中为 Mesh Renderer 组件的材质（Material）属性赋一个使用自定义着色器[①]的材质，然后将该对象制作成预制体，并删除层级窗口中的对象。

将制作好的 MeshVisualizerPrefab 预制体赋给 AR Mesh Manager 组件的 Mesh Prefab 属性，如图 4-23 所示。编译成功后，部署到配备 LiDAR 传感器的设备上，扫描现实场景，效果如图 4-24 所示。

图 4-24　场景表面几何网格线框模式渲染效果图

4.8.2　场景几何语义

利用场景几何网格数据，ARKit 还通过深度学习实现了对物理环境物体的语义分类，目前共支持 8 种对象分类，由 ARMeshClassification 枚举描述，如表 4-9 所示。

表 4-9　ARMeshClassification 枚举值

枚 举 项	描　　述
none	ARKit 未能识别的分类
wall	现实世界中的墙或类似的垂直平面
floor	现实世界中的地面或类似的水平平面
ceiling	现实世界中的屋顶水平平面或者类似的比用户设备高的水平平面
table	现实世界中的桌面或者类似的水平平面
seat	现实世界中的椅面或者类似的水平页面
door	现实世界中的各类门或者类似的垂直平面
window	现实世界中的各类窗或者类似的垂直平面

在 ARKit 中，每个检测到的物体对象分类都使用一个 ARMeshAnchor 锚点进行锚定，可以通过该锚点的 geometry 属性获取其关联的表面几何网格信息。ARMeshAnchor 锚点会随着

---

① 这里直接使用了 Unity 提供的 Shader Graph Wire Frame 渲染 Shader，该 Shader Graph 文件及使用说明参见本书配套代码文件。

ARKit 对环境理解的加深而不断地更新其关联的数据，包括表面几何网格信息，因此，当物理环境发生变化时（如一张椅子被移走），ARMeshAnchor 锚点会捕捉到相关信息并更新表面几何网格信息来反映该变化，但需要注意的是，ARMeshAnchor 锚点会自主决定在适当的时机进行更新，所以这个更新并不是实时的。

geometry 属性为 ARMeshGeometry 类型，几何网格数据被存储在该类的数组中。从 LiDAR 传感器采集的深度信息为离散点，ARKit 以这些离散点作为几何网格的顶点，每 3 个顶点构建成一个面（Face），每个面都包括一个外向的法线和一个其所属的分类信息（Classification 信息，如果 ARKit 未能成功分类，则该值为 0，表示 ARMeshClassification.none），所以通过 geometry 属性可以获取 ARMeshAnchor 锚点所关联的所有几何网格顶点、法线、分类等信息。

利用场景几何网格数据就可以轻松地实现诸如虚实遮挡、虚实物理交互功能，甚至可以利用虚拟光源着色物理环境表面。

在 AR Foundation 中，可以通过 ARMeshManager.subsystem 获取 XRMeshSubsystem 子系统，然后通过该子系统的 GetFaceClassifications() 方法获取指定 meshID 的语义信息。下面演示获取场景几何网格语义并使用不同颜色渲染各语义网格。首先，新建一个 C# 脚本，命名为 MeshClassification，代码如下：

```
// 第 4 章 /4-14
using System;
using System.Collections.Generic;
using Unity.Collections;
using UnityEngine.XR.AR Foundation;
using UnityEngine.XR.ARSubsystems;
using UnityEngine.XR.ARKit;
using UnityEngine.XR;
using UnityEngine;


[RequireComponent(typeof(ARMeshManager))]
public class MeshClassification : MonoBehaviour
{
    public MeshFilter mNoneMeshPrefab;           // 未分类的预制体
    public MeshFilter mWallMeshPrefab;           // 墙壁分类预制体
    public MeshFilter mFloorMeshPrefab;          // 地板分类预制体
    public MeshFilter mCeilingMeshPrefab;        // 天花板分类预制体
    public MeshFilter mTableMeshPrefab;          // 桌面分类预制体
    public MeshFilter mSeatMeshPrefab;           // 沙发板凳分类预制体
    public MeshFilter mWindowMeshPrefab;         // 窗户分类预制体
    public MeshFilter mDoorMeshPrefab;           // 门分类预制体

    private const int mNumClassifications = 8;   // 共计 8 种分类
    private readonly Dictionary<TrackableId, MeshFilter[]> mMeshFrackingMap =
new Dictionary<TrackableId, MeshFilter[]>();        // 存储 TrackalbeID 及其对应的网格
```

```csharp
private readonly List<int> mBaseTriangles = new List<int>();
                                            //ARKit 检测到的所有网格三角形
private readonly List<int> mClassifiedTriangles = new List<int>();
                                            // 分类好的网格三角形
private ARMeshManager mMeshManager;         //ARMeshManager 组件
private Action<MeshFilter> mSplitMeshAction;    // 网格分隔委托
private Action<MeshFilter> mUpdateMeshAction;   // 网格更新委托
private Action<MeshFilter> mRemoveMeshAction;   // 网格移除委托

void OnEnable()
{
    mSplitMeshAction = new Action<MeshFilter>(SplitMesh);
    mUpdateMeshAction = new Action<MeshFilter>(UpdateMesh);
    mRemoveMeshAction = new Action<MeshFilter>(RemoveMesh);
    mMeshManager = GetComponent<ARMeshManager>();
    if (mMeshManager.subsystem is XRMeshSubsystem meshSubsystem)
    {
        meshSubsystem.SetClassificationEnabled(true);   // 开启场景网格语义功能
    }
    mMeshManager.meshesChanged += OnMeshesChanged;

}
void OnDisable()
{
    if (mMeshManager.subsystem is XRMeshSubsystem meshSubsystem)
    {
        meshSubsystem.SetClassificationEnabled(false);  // 关闭场景网格语义功能
    }
    mMeshManager.meshesChanged -= OnMeshesChanged;
}
void OnMeshesChanged(ARMeshesChangedEventArgs args)
{
    if (args.added != null)
    {
        args.added.ForEach(mSplitMeshAction);
    }

    if (args.updated != null)
    {
        args.updated.ForEach(mUpdateMeshAction);
    }

    if (args.removed != null)
    {
        args.removed.ForEach(mRemoveMeshAction);
    }
}
```

```csharp
        // 获取跟踪的对象名称
        private TrackableId ExtractTrackableId(string meshFilterName)
        {
            string[] nameSplit = meshFilterName.Split(' ');
            return new TrackableId(nameSplit[1]);
        }
        // 抽取特定语义的网格
        private void ExtractClassifiedMesh(Mesh baseMesh, NativeArray<ARMeshClassification>
faceClassifications, ARMeshClassification selectedMeshClassification, Mesh classifiedMesh)
        {
            int classifiedFaceCount = 0;
            for (int i = 0; i < faceClassifications.Length; ++i)
            {
                if (faceClassifications[i] == selectedMeshClassification)
                {
                    ++classifiedFaceCount;
                }
            }

            classifiedMesh.Clear();
            if (classifiedFaceCount > 0)
            {
                baseMesh.GetTriangles(mBaseTriangles, 0);
                Debug.Assert(mBaseTriangles.Count == (faceClassifications.Length * 3),
"网格语义分类与三角形数不匹配");
                mClassifiedTriangles.Clear();
                mClassifiedTriangles.Capacity = classifiedFaceCount * 3;

                for (int i = 0; i < faceClassifications.Length; ++i)
                {
                    if (faceClassifications[i] == selectedMeshClassification)
                    {
                        int baseTriangleIndex = i * 3;
                        mClassifiedTriangles.Add(mBaseTriangles[baseTriangleIndex + 0]);
                        mClassifiedTriangles.Add(mBaseTriangles[baseTriangleIndex + 1]);
                        mClassifiedTriangles.Add(mBaseTriangles[baseTriangleIndex + 2]);
                    }
                }
                classifiedMesh.vertices = baseMesh.vertices;
                classifiedMesh.normals = baseMesh.normals;
                classifiedMesh.SetTriangles(mClassifiedTriangles, 0);
            }

        }
        // 拆分网格
        private void SplitMesh(MeshFilter meshFilter)
        {
```

```
        XRMeshSubsystem meshSubsystem = mMeshManager.subsystem as XRMeshSubsystem;
        if (meshSubsystem == null)
        {
            return;
        }
        var meshId = ExtractTrackableId(meshFilter.name);
        var faceClassifications = meshSubsystem.GetFaceClassifications(meshId,
Allocator.Persistent);
        if (!faceClassifications.IsCreated)
        {
            return;
        }

        using (faceClassifications)
        {
            if (faceClassifications.Length <= 0)
            {
                return;
            }
            var parent = meshFilter.transform.parent;
            MeshFilter[] meshFilters = new MeshFilter[mNumClassifications];
            meshFilters[(int)ARMeshClassification.None] = (mNoneMeshPrefab ==
null) ? null : Instantiate(mNoneMeshPrefab, parent);
            meshFilters[(int)ARMeshClassification.Wall] = (mWallMeshPrefab ==
null) ? null : Instantiate(mWallMeshPrefab, parent);
            meshFilters[(int)ARMeshClassification.Floor] = (mFloorMeshPrefab ==
null) ? null : Instantiate(mFloorMeshPrefab, parent);
            meshFilters[(int)ARMeshClassification.Ceiling] = (mCeilingMeshPrefab ==
null) ? null : Instantiate(mCeilingMeshPrefab, parent);
            meshFilters[(int)ARMeshClassification.Table] = (mTableMeshPrefab ==
null) ? null : Instantiate(mTableMeshPrefab, parent);
            meshFilters[(int)ARMeshClassification.Seat] = (mSeatMeshPrefab ==
null) ? null : Instantiate(mSeatMeshPrefab, parent);
            meshFilters[(int)ARMeshClassification.Window] = (mWindowMeshPrefab ==
null) ? null : Instantiate(mWindowMeshPrefab, parent);
            meshFilters[(int)ARMeshClassification.Door] = (mDoorMeshPrefab ==
null) ? null : Instantiate(mDoorMeshPrefab, parent);

            mMeshFrackingMap[meshId] = meshFilters;
            var baseMesh = meshFilter.sharedMesh;
            for (int i = 0; i < mNumClassifications; ++i)
            {
                var classifiedMeshFilter = meshFilters[i];
                if (classifiedMeshFilter != null)
                {
                    var classifiedMesh = classifiedMeshFilter.mesh;
                    ExtractClassifiedMesh(baseMesh, faceClassifications,
```

```
(ARMeshClassification)i, classifiedMesh);
                        meshFilters[i].mesh = classifiedMesh;
                    }
                }
            }
        }
        // 更新实例化的网格对象
        private void UpdateMesh(MeshFilter meshFilter)
        {
            XRMeshSubsystem meshSubsystem = mMeshManager.subsystem as XRMeshSubsystem;
            if (meshSubsystem == null)
            {
                return;
            }
            var meshId = ExtractTrackableId(meshFilter.name);
            var faceClassifications = meshSubsystem.GetFaceClassifications(meshId,
Allocator.Persistent);
            if (!faceClassifications.IsCreated)
            {
                return;
            }
            using (faceClassifications)
            {
                if (faceClassifications.Length <= 0)
                {
                    return;
                }

                var meshFilters = mMeshFrackingMap[meshId];
                var baseMesh = meshFilter.sharedMesh;
                for (int i = 0; i < mNumClassifications; ++i)
                {
                    var classifiedMeshFilter = meshFilters[i];
                    if (classifiedMeshFilter != null)
                    {
                        var classifiedMesh = classifiedMeshFilter.mesh;
                        ExtractClassifiedMesh(baseMesh, faceClassifications,
(ARMeshClassification)i, classifiedMesh);
                        meshFilters[i].mesh = classifiedMesh;
                    }
                }
            }
        }
        // 销毁实例化的网格对象
        private void RemoveMesh(MeshFilter meshFilter)
        {
```

```
        var meshId = ExtractTrackableId(meshFilter.name);
        var meshFilters = mMeshFrackingMap[meshId];
        for (int i = 0; i < mNumClassifications; ++i)
        {
            var classifiedMeshFilter = meshFilters[i];
            if (classifiedMeshFilter != null)
            {
                UnityEngine.Object.Destroy(classifiedMeshFilter);
            }
        }
        mMeshFrackingMap.Remove(meshId);
    }
}
```

上述代码比较长，但大部分代码在处理语义网格渲染相关任务，核心逻辑是通过 AR Mesh Manager 组件的 meshesChanged 事件获取场景网格变化事件通知，然后区分添加、更新、移除事件并分别进行处理，对网格添加事件进行网格拆分，实例化新的网格对象，而对更新事件，则直接更新对应的网格对象。

我们希望以半透明的方式渲染不同的语义网格，达到既能看到语义网格又能看到真实场景的目的，为此，需要编写一个半透明的 Shader 着色器。在工程窗口中新建一个 Shader 着色器，命名为 MeshingOverlay，代码如下：

```
// 第 4 章 /4-15
Shader "DavidWang/MeshingOverlay"
{
    Properties
    {
        _Color ("Color", Color) = (1, 1, 1, 1)
    }
    SubShader
    {

        Tags { "Queue" = "AlphaTest"  "RenderType" = "Transparent"
"ForceNoShadowCasting" = "True"  "RenderPipeline" = "UniversalPipeline" }
        LOD 100
        Blend SrcAlpha OneMinusSrcAlpha

        Pass
        {
            ZTest LEqual
            ZWrite On
            Lighting Off

            HLSLPROGRAM
            #pragma vertex vert
```

```
            #pragma fragment frag
            #include "Packages/com.unity.render-pipelines.universal/ShaderLibrary/
Core.hlsl"

            CBUFFER_START(UnityPerMaterial)
                float4 _Color;
            CBUFFER_END

            struct appdata
            {
                float4 position : POSITION;
            };

            struct v2f
            {
                float4 position : SV_POSITION;
            };

            v2f vert(appdata v)
            {
                v2f o;
                o.position = TransformObjectToHClip(v.position.xyz);
                return o;
            }
            float4 frag(v2f i) : SV_Target
            {
                return _Color;
            }
            ENDHLSL
        }
    }
    Fallback Off
}
```

使用该着色器创建对应不同语义网格的材质（ARKit 场景几何网格目前能区分 8 种不同类型的语义，因此需要建立与之对应的 8 种材质），然后利用这些材质创建 8 个带 Mesh Filter 和 Mesh Renderer 组件的网格渲染预制体。

将 MeshClassification 脚本挂载到与 AR Mesh Manager 组件相同的场景对象上，并为其不同的场景语义属性赋上制作好的网格渲染预制体[①]。编译运行，部署到配备 LiDAR 传感器的设备上，扫描现实场景，效果如图 4-25 所示。从图 4-25 中可以看出，ARKit 场景几何网格语义对边界的分割还算准确，适合于对精度要求不太高的一般性应用。

---

① 通过测试发现，AR Mesh Manager 组件的 Mesh Prefab 属性也需要赋一个带 Mesh Filter 和 Mesh Renderer 组件的网格渲染预制体，否则场景网格不能正确渲染。

图 4-25　场景网格语义效果图

利用场景几何网格语义，可以编写"聪明"的 AR 应用，实现更加智慧的功能，如只能在桌子上放置茶壶，只能在墙上挂置画框等，或者通过网格语义实现特殊的效果，营造更加智能化的虚实氛围。

相对于使用视觉 SLAM 技术恢复三维场景，LiDAR 传感器检测物理环境非常快速和准确，包括平面检测，对弱纹理表面也同样高效，并且不需要使用者移动设备进行环境扫描，因此，AR 虚拟物体放置会非常迅速，这对自动放置虚拟物体类应用非常友好，如使用 AR Quick Look 进行 webAR 物体展示时，无须等待平面检测，可以大大提高用户的使用体验。

在进行物理场景重建后，可以使用射线检测功能将虚拟物体放置到场景中物体表面的任何位置。射线可以与场景几何网格进行交互，因此，利用场景几何网格可以精确地将虚拟物体放置到物体表面，而不再局限于水平平面、垂直平面，也不再局限于富纹理表面。

利用场景几何网格可以实现真实物体遮挡虚拟物体的功能（如真实的沙发遮挡虚拟的机器人），进一步增强 AR 的真实感；虚拟光源也可以照明真实物体表面，如放置在桌面的虚拟台灯可以照亮真实的桌面，虚实融合更无痕，沉浸感更强。

利用场景几何网格也可以实现物理模拟，在为场景几何网格添加碰撞器和物理材质后，可以模拟真实物体的物理反应，如一个皮球从空中跌落到桌子上后，有弹性反应，然后又可以滚落到地面，也可以被真实的物体遮挡，从而提高 AR 应用的真实感和沉浸性。

利用场景几何网格和场景网格语义可以做出很多独特和创新的应用，由于篇幅限制，如读者感兴趣可以进行深入探索。

第 5 章　2D 图像与 3D 物体检测跟踪

对 2D 图像进行检测与跟踪是 AR 技术应用最早的领域之一，利用设备摄像头获取的图像数据，通过计算机图像算法对图像中的特定 2D 图像部分进行检测识别与姿态跟踪，并利用 2D 图像的姿态叠加虚拟物体对象，这种方法也称为基于标识的 AR（Marker Based AR），是 AR 早期最主要的形式，经过多年的发展，2D 图像检测跟踪标识物已经从特定的 Marker 发展到普通图像。对 3D 物体检测跟踪则是对真实环境中的三维物体而不是 2D 图像进行检测识别跟踪，其利用人工智能技术实时对环境中的 3D 物体进行检测并评估姿态，相比 2D 图像，3D 物体检测识别跟踪对设备软硬件要求高得多。本章主要学习利用 AR Foundation 检测识别跟踪 2D 图像与 3D 物体的方法。

5.1　2D 图像检测跟踪

2D 图像检测跟踪首先需要准备一张被检测目标物图像（下文称目标图像），实施时通过设备摄像头采集的图像对目标图像进行检测和姿态评估（Pose Estimation），并确定其在图像中的位置，然后以目标图像中心为原点建立坐标系，称为模板坐标系（Marker Coordinate）。在建立这个坐标系之后就可以利用其渲染虚拟物体，从而实现 AR 效果，因此，在 AR 中，2D 图像检测跟踪技术是指通过计算机图像处理技术对设备摄像头中拍摄到的 2D 图像进行检测识别定位，并对其姿态进行跟踪的技术。

5.1.1　图像检测跟踪基本操作

图像检测跟踪技术的基础是图像识别，图像识别是指识别和检测出数字图像或视频中对象或特征的技术，图像识别技术是信息时代的一门重要技术，也是其他众多计算机图像视觉处理技术的基础。

在 AR Foundation 中，图像检测跟踪系统依据参考图像库中的图像信息尝试在设备摄像头捕获的图像中检测匹配 2D 图像并跟踪，在 AR Foundation 的图像跟踪处理中，一些特定的术语如表 5-1 所示。

表 5-1 2D 图像检测识别跟踪术语

术　　语	描 述 说 明
参考图像 （Reference Image）	识别 2D 图像的过程实际上是一个特征值对比的过程，AR Foundation 将从设备摄像头中获取的图像信息与参考图像库中的图像特征值信息进行对比，存储在参考图像库中的用于对比的图像就叫作参考图像。一旦对比成功，真实环境中的图像将与参考图像库的参考图像建立对应关系，每个真实 2D 图像的姿态信息也一并被检测
参考图像库 （Reference Image Library）	参考图像库用来存储一系列的参考图像，用于对比，每个图像跟踪程序都必须有一个参考图像库，但需要注意的是，参考图像库中存储的实际是参考图像的特征值信息而不是原始图像，这有助于提高对比速度和稳健性。参考图像库越大，图像对比就会越慢，建议参考图像库的图像数量不要超过 1000 张，通常应该控制在 100 张以内
跟踪组件提供方 （Provider）	AR Foundation 架构在底层 SDK 图像跟踪 API 之上，也就是说 AR Foundation 并不具体负责图像识别算法，它只提供一个接口，具体图像检测识别由算法提供方提供

ARKit 图像检测识别主要技术指标如表 5-2 所示。

表 5-2 ARKit 图像检测识别主要技术指标

序号	描　　述
1	每个参考图像库可以存储最多几百张参考图像的特征点信息
2	ARKit 可以在环境中同时跟踪多张图像，但无法跟踪同一图像的多个实例
3	环境中的物理图像必须至少为 15cm×15cm 且必须平坦（如不能起皱或卷绕在瓶子上）
4	在物理图像被跟踪后，ARKit 会提供对位置、方向和物理大小的估计值，随着 ARKit 收集的数据增多，这些估计值会被持续优化
5	ARKit 可以跟踪移动中的图像
6	所有跟踪都在设备上完成，无须网络连接，支持在设备端或通过网络更新参考图像及参考图像库，无须重新安装应用

在 AR Foundation 中，使用 2D 图像检测跟踪基本操作分成两步：第 1 步是建立一个参考图像库；第 2 步是在场景中挂载 AR Tracked Image Manager 组件，并将一个需要实例化的预制体赋给其 Tracked Image Prefab 属性。

按照上述步骤，下面演示使用 2D 图像检测跟踪功能的基本流程。在 Unity 工程中，首先建立一个参考图像库，在工程窗口（Project 窗口）中的 ImageLib 文件夹下右击并依次选择 Create→XR→Reference Image Library 创建一个参考图像库，命名为 RefImageLib，如图 5-1 所示。

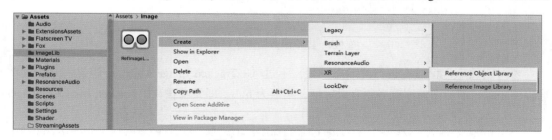

图 5-1 新建参考图像库

选择新建的 RefImageLib 参考图像库，在属性窗口（Inspector 窗口）中，单击 Add Image 按钮添加参考图像，将参考图像拖动到左侧图像框中[①]，如图 5-2 所示。

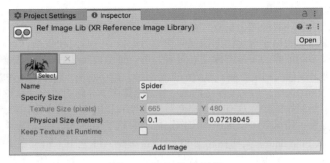

图 5-2　添加参考图像

在图 5-2 中，每个参考图像除了图像信息外还有若干其他属性，其具体含义如表 5-3 所示。

表 5-3　参考图像属性术语

术　　语	描　述　说　明
Name	一个标识参考图像的名字，这个名字在进行图像对比时没有作用，但在比对匹配成功后可以通过参考图像名字获知是哪个参考图像，参考图像名字可以重复，因为在跟踪时，跟踪系统还会给每个参考图像一个 referenceImage.guid 值，利用这个 GUID 值唯一标识每个参考图像
Specify Size	为加速图像检测识别过程，ARKit 要求提供一个 2D 待检测图像的真实物理尺寸，所以如果要设置，这个值一定会是一个大于 0 的长和宽值对，当一个值发生变化时，Unity 会根据参考图像的长宽比例自动调整另一个值
Keep Texture at Runtime	一个默认的纹理，这个纹理可以用于修改预制体模型的外观

完成上述工作之后，在层级窗口中选择 XR Origin 游戏对象，并为其挂载 AR Tracked Image Manager 组件，将第 1 步制作的 RefImageLib 参考图像库拖动到其 Serialized Library 属性中，并设置相应的需要在检测到 2D 图像后实例化的预制体，如图 5-3 所示。

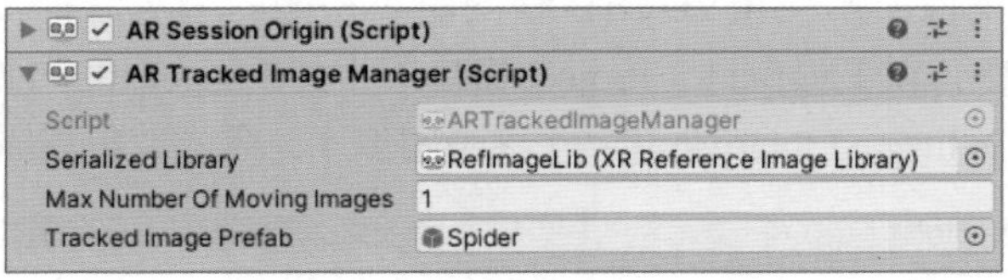

图 5-3　挂载图像检测跟踪组件

参考图像库也可以在运行时动态设置，不过 AR Tracked Image Manager 组件一旦启动图像检测跟踪，参考图像库就必须有设定值，不能为 null，即要求在 AR Tracked Image Manager

---

　　① 参考图像被添加到图像框中后，后台会进行参考图像的特征信息提取，实质上参考图像库中存储的是参考图像的特征信息。

组件 Enable 之前设置参考图像库，后文会详细阐述。Max Number of Moving Images 属性指定了最大可跟踪的动态图像的数量，这里的动态图像是指被跟踪图像可以旋转、平移等，即被跟踪图像姿态可以发生变化。动态图像跟踪是一个非常消耗 CPU 性能的任务，过多的动态图像跟踪会导致应用性能下降。

编译运行，将设备摄像头对准需要检测的 2D 图像，检测识别效果如图 5-4 所示。

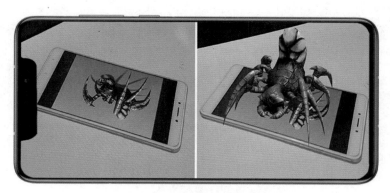

图 5-4　图像检测跟踪效果图

> **提示**
>
> 如果将 Tracked Image Prefab 属性设置为一个播放视频的预制体，则在检测到 2D 图像时，AR 应用就可以播放相应视频，并且 AR Foundation 会自动调整视频尺寸和姿态以适应 2D 图像大小尺寸与姿态，在检测到的 2D 图像上播放视频这一功能在一些场景中很有用，例如数字名片。视频播放功能可参见第 12 章。

AR Foundation 使用了 3 种状态表示当前图像检测跟踪状态，各状态如表 5-4 所示，可以在应用运行时获取图像跟踪状态信息。

表 5-4　2D 图像跟踪状态

状　　态	描 述 说 明
None	图像还未被跟踪，这也可能是第 1 次检测到图像时的状态
Limited	图像已经被跟踪，但当前属于跟踪受限状态。在以下两种情况时图像跟踪会进入受限状态：①图像在当前帧中不可见；②当前图像被检测到，但并未被跟踪，如跟踪图像数量超过了 maxNumberOfMovingImages 属性设定的值
Tracking	图像正在被跟踪中

除获取图像跟踪状态信息，我们也能获取当前图像检测跟踪的其他信息，典型代码如下：

```
// 第 5 章 /5-1
using UnityEngine;
```

```csharp
using UnityEngine.XR.AR Foundation;

[RequireComponent(typeof(ARTrackedImageManager))]
public class TrackedImageInfoManager : MonoBehaviour
{
    ARTrackedImageManager mTrackedImageManager;

    void Awake()
    {
        mTrackedImageManager = GetComponent<ARTrackedImageManager>();
    }
    // 注册图像检测事件
    void OnEnable()
    {
        mTrackedImageManager.trackedImagesChanged += OnTrackedImagesChanged;
    }
    // 取消图像检测事件注册
    void OnDisable()
    {
        mTrackedImageManager.trackedImagesChanged -= OnTrackedImagesChanged;
    }
    // 输出图像跟踪信息
    void UpdateInfo(ARTrackedImage trackedImage)
    {
        Debug.Log(string.Format(
            "参考图像名：{0}，图像跟踪状态：{1}，GUID 值：{2}，参考图像尺寸：{3} cm,
实际图像尺寸：{4} cm，空间位置：{5}",
            trackedImage.referenceImage.name,
            trackedImage.trackingState,
            trackedImage.referenceImage.guid,
            trackedImage.referenceImage.size * 100f,
            trackedImage.size * 100f,
            trackedImage.transform.position.ToString()));
    }
    // 图像检测跟踪状态处理方法
    void OnTrackedImagesChanged(ARTrackedImagesChangedEventArgs eventArgs)
    {
        foreach (var trackedImage in eventArgs.added)
        {
            // 设置默认图像尺寸比例，检测到的图像的单位是厘米，需要缩放
            trackedImage.transform.localScale = new Vector3(0.01f, 1f, 0.01f);
            UpdateInfo(trackedImage);
        }
        foreach (var trackedImage in eventArgs.updated)
            UpdateInfo(trackedImage);
    }
}
```

通过分析上述代码输出，可以了解到图像检测跟踪状态的变化情况，当被检测图像移出视野后，图像跟踪状态并不是 None 状态，而是 Limited 状态，当该图像再次被检测到时，其跟踪状态会再次变为 Tracking，但 GUID 值保持不变。

5.1.2　图像检测跟踪功能的启用与禁用

在 AR Foundation 中，实例化生成的虚拟对象并不会随着被跟踪 2D 图像的消失而消失（在实例化虚拟对象后移走 2D 图像，虚拟对象并不会被销毁，而是保持在最后一次 2D 图像被检测到的空间位置），虚拟对象停留在原来的位置上，在某些应用场景下是合理的，但在另一些场景下也会变得很不合适；另外，图像检测跟踪是一个非常消耗性能的操作，在不使用图像检测跟踪时一般应当把图像检测跟踪功能关闭。与平面检测功能的启用与禁用一样，也可以通过脚本代码来控制图像检测跟踪功能的启用与禁用及所跟踪对象的显示与隐藏，典型代码如下：

```
// 第 5 章 /5-2
public Text mToggleImageDetectionText;                  // 显示当前显隐状态
private ARTrackedImageManager mARTrackedImageManager;
void Awake()
{
    mARTrackedImageManager = GetComponent<ARTrackedImageManager>();
}
// 启用与禁用图像跟踪
public void ToggleImageTracking()
{
    mARTrackedImageManager.enabled = !mARTrackedImageManager.enabled;

    string ImageDetectionMessage = "";
    if (mARTrackedImageManager.enabled)
    {
        ImageDetectionMessage = " 禁用图像跟踪 ";
        SetAllImagesActive(true);
    }
    else
    {
        ImageDetectionMessage = " 启用图像跟踪 ";
        SetAllImagesActive(false);
    }

    if (mToggleImageDetectionText != null)
        mToggleImageDetectionText.text = ImageDetectionMessage;
}

// 显示或者隐藏所有已实例化的虚拟对象
void SetAllImagesActive(bool value)
```

```
{
    foreach (var img in mARTrackedImageManager.trackables)
        img.gameObject.SetActive(value);
}
```

与平面检测功能的启用与禁用类似，可以使用一个按钮进行状态切换，从而在运行时控制图像检测跟踪功能的启用与禁用。

5.1.3 多图像检测跟踪

在 AR Tracked Image Manager 组件中，Tracked Image Prefab 属性指定了需要实例化的虚拟对象。在默认情况下，AR Foundation 支持多图像跟踪，通过在 RefImageLib 参考图像库中添加多张参考图像，在这些参考图像被检测到时，每个被检测到的参考图像都会生成一个虚拟对象，如图 5-5 所示。

图 5-5　AR Foundation 默认支持多图像跟踪

但在 AR 应用运行时，只能有一个 AR Tracked Image Manager 组件运行（多个 AR Tracked Image Manager 组件同时运行会导致跟踪冲突），因此只能设置一个 Tracked Image Prefab 属性，即不能实例化多种虚拟对象，这将极大地限制图像跟踪的实际应用，所以为了实例化多种虚拟对象，我们只能动态地修改 Tracked Image Prefab 属性。经过测试，我们发现在 AR Foundation 中，AR Tracked Image Manager 组件在 trackedImagesChanged 事件触发之前就已经实例化了虚拟对象，因此无法通过在 trackedImagesChanged 事件中修改 Tracked Image Prefab 属性达到实时改变需要实例化的虚拟对象的目的。

鉴于此，我们的解决思路是：在 AR Tracked Image Manager 组件 Tracked Image Prefab 中设置第 1 个需要实例化的虚拟对象预制体，然后在 trackedImagesChanged 事件中捕捉到图像 added 操作时，将 Tracked Image Prefab 属性更改为下一个需要实例化的虚拟对象预制体，达到动态调整虚拟对象的目的。如正常将 Tracked Image Prefab 设置为 Spider 预制体，在检测到 Spider 图像后，将 Tracked Image Prefab 修改为 Cat 预制体，在检测到 Cat 图像后就会实例化 Cat 预制体了。新建一个 C# 脚本，命名为 MultiImageTracking，代码如下：

```
// 第 5 章 /5-3
using System.Collections;
using System.Collections.Generic;
using UnityEngine;
using UnityEngine.XR.AR Foundation;

public class MultiImageTracking : MonoBehaviour
{
    ARTrackedImageManager mImgTrackedmanager;
    public GameObject[] ObjectPrefabs;              // 虚拟对象预制体数组

    private void Awake()
    {
        mImgTrackedmanager = GetComponent<ARTrackedImageManager>();
    }

    // 注册图像跟踪事件
    private void OnEnable()
    {
        mImgTrackedmanager.trackedImagesChanged += OnTrackedImagesChanged;
    }
    // 取消图像跟踪事件注册
    void OnDisable()
    {
        mImgTrackedmanager.trackedImagesChanged -= OnTrackedImagesChanged;
    }
    // 图像跟踪状态改变处理方法
    void OnTrackedImagesChanged(ARTrackedImagesChangedEventArgs eventArgs)
    {
        foreach (var trackedImage in eventArgs.added)
        {
            OnImagesChanged(trackedImage.referenceImage.name);
        }
        //foreach (var trackedImage in eventArgs.updated)
        //{
        //OnImagesChanged(trackedImage.referenceImage.name);
        //}
    }
    // 动态设置 trackedImagePrefab 属性
    private void OnImagesChanged(string referenceImageName)
    {
        if (referenceImageName == "Spider")
        {
            mImgTrackedmanager.trackedImagePrefab = ObjectPrefabs[1];
            Debug.Log("Tracked Name is .." + referenceImageName);
            Debug.Log("Prefab Name is .." + mImgTrackedmanager.trackedImagePrefab.
name);
```

```
        }
        if (referenceImageName == "Cat")
        {
            mImgTrackedmanager.trackedImagePrefab = ObjectPrefabs[0];
        }
    }
}
```

编译运行，先扫描检测识别 Spider 图像，待实例化 Spider 虚拟对象后再扫描检测 Cat 图像，这时就会实例化 Cat 虚拟对象了，效果如图 5-6 所示。

图 5-6　实例化多种虚拟对象

但这种方式其实有个很大的弊端，即必须按顺序检测图像，因为我们无法在用户检测图像之前预测用户可能会扫描检测的 2D 图像。为解决这个问题，就不能使用 AR Tracked Image Manager 组件实例化对象了，而需由我们自己负责虚拟对象的实例化。将 AR Tracked Image Manager 组件下的 Tracked Image Prefab 属性置空，为 MultiImageTracking 脚本的 ObjectPrefabs 数组赋上相应的预制体对象，对代码进行修改，修改后的代码如下：

```
// 第 5 章 /5-4
using System.Collections;
using System.Collections.Generic;
using UnityEngine;
using UnityEngine.XR.AR Foundation;

public class MultiImageTracking : MonoBehaviour
{
    ARTrackedImageManager mImgTrackedmanager;
    public GameObject[] ObjectPrefabs;                // 虚拟对象预制体数组

    private void Awake()
    {
        mImgTrackedmanager = GetComponent<ARTrackedImageManager>();
    }
    // 注册图像跟踪事件
    private void OnEnable()
```

```
    {
        mImgTrackedmanager.trackedImagesChanged += OnTrackedImagesChanged;
    }
    // 取消图像跟踪事件注册
    void OnDisable()
    {
        mImgTrackedmanager.trackedImagesChanged -= OnTrackedImagesChanged;
    }
    void OnTrackedImagesChanged(ARTrackedImagesChangedEventArgs eventArgs)
    {
        foreach (var trackedImage in eventArgs.added)
        {
            OnImagesChanged(trackedImage);
        }
        //foreach (var trackedImage in eventArgs.updated)
        //{
        //OnImagesChanged(trackedImage.referenceImage.name);
        //}
    }
    // 根据检测到的参考图像名确定需要实例化的虚拟对象
    private void OnImagesChanged(ARTrackedImage referenceImage)
    {
        if (referenceImage.referenceImage.name == "Spider")
        {
            Instantiate(ObjectPrefabs[0], referenceImage.transform);
        }
        if (referenceImage.referenceImage.name == "Cat")
        {
            Instantiate(ObjectPrefabs[1], referenceImage.transform);
        }
    }
}
```

因为 Tracked Image Prefab 属性为空，AR Tracked Image Manager 组件不会实例化任何虚拟对象，需要我们自己负责虚拟对象的实例化。在上述代码中，我们在 trackedImagesChanged 事件中捕捉到图像 added 操作，根据参考图像的名字在被检测图像的位置实例化虚拟对象，达到了预期目的，不再要求用户按顺序扫描图像。但现在还面临一个问题，我们不可能使用 if-else 或者 switch-case 语句遍历所有可用的模型，因此可修改为动态加载模型的方式，代码如下：

```
// 第 5 章 /5-5
using System.Collections;
using System.Collections.Generic;
using UnityEngine;
using UnityEngine.XR.AR Foundation;

public class MultiImageTracking : MonoBehaviour
```

```
    {
        ARTrackedImageManager mImgTrackedManager;
        private Dictionary<string, GameObject> mPrefabs =  new Dictionary<string,
    GameObject>();                   // 虚拟对象预制体字典

        private void Awake()
        {
            mImgTrackedManager = GetComponent<ARTrackedImageManager>();
        }

        void Start()
        {
            mPrefabs.Add("Cat", Resources.Load("Cat") as GameObject);
            mPrefabs.Add("Spider", Resources.Load("Spider") as GameObject);
        }
    // 注册图像跟踪事件
        private void OnEnable()
        {
            mImgTrackedManager.trackedImagesChanged += OnTrackedImagesChanged;
        }
    // 取消图像跟踪事件注册
        void OnDisable()
        {
            mImgTrackedManager.trackedImagesChanged -= OnTrackedImagesChanged;
        }
        void OnTrackedImagesChanged(ARTrackedImagesChangedEventArgs eventArgs)
        {
            foreach (var trackedImage in eventArgs.added)
            {
                OnImagesChanged(trackedImage);
            }
            //foreach (var trackedImage in eventArgs.updated)
            //{
            //OnImagesChanged(trackedImage.referenceImage.name);
            //}
        }
    // 根据检测到的参考图像名实例化虚拟对象
        private void OnImagesChanged(ARTrackedImage referenceImage)
        {
            Debug.Log(" 参考图像名 :"+ referenceImage.referenceImage.name);
            Instantiate(mPrefabs[referenceImage.referenceImage.name], referenceImage
    .transform);
        }
    }
```

为了实现代码所描述的功能，还要完成两项工作：第 1 项工作是将虚拟对象预制体放置到 Resources 文件夹中方便动态加载；第 2 项工作是保证 mPrefabs 字典中的 key 值与 RefImageLib

参考图像库中的参考图像名一致。至此，我们已实现自由的多图像多模型功能。

但仔细思考，其实还有问题没有解决：①前文提到过，参考图像名在同一个参考图像库中是允许重名的，利用参考图像名为字典 key 值就只能有一个虚拟对象可以被使用，开发人员需要确保参考图像名的唯一性；②现在每个参考图像对应一个虚拟对象，这是在开发时就已经确定的，无法在运行时动态切换虚拟对象。

解决第 1 个问题可以利用每个参考图像的 GUID 值，这个值是在添加参考图像时由算法生成的，可以确保唯一性，并且每个参考图像对应一个 GUID 值，在图像跟踪丢失后再次被跟踪时，这个 GUID 值也不会发生变化，可以利用这个值作为字典的 key 值。

解决第 2 个问题也可以利用被检测图像的 GUID 值，在检测到图像实例化后保存该虚拟对象，然后在需要时另外实例化其他虚拟对象并替换原虚拟对象。

以上两个问题解决方案的实现并不复杂，读者可自行实现。

5.1.4　运行时创建参考图像库

参考图像库可以在开发时创建并设置好，这种方式简单方便，但使用时不太灵活，有时无法满足应用需求，实际上，AR Foundation 支持在运行时动态地创建参考图像库。从前面的学习我们知道，AR Tracked Image Manager 组件在启动时其参考图像库必须不为 null，否则该组件不会启动，因此，在使用图像检测识别跟踪功能时，必须确保在 AR Tracked Image Manager 组件启用之前设置好参考图像库，所以在使用动态图像库时，一般会在需要时动态地添加 AR Tracked Image Manager 组件，而不是在开发时预先添加该组件。动态添加 AR Tracked Image Manager 组件及参考图像库的典型代码如下（后文将实际演示）：

```
// 第 5 章 /5-6
mTrackImageManager = gameObject.AddComponent<ARTrackedImageManager>();
XRReferenceImageLibrary runtimeImageLibrary;
// 创建参考图像库
mTrackImageManager.referenceLibrary = mTrackImageManager.CreateRuntimeLibrary
(runtimeImageLibrary);
mTrackImageManager.requestedMaxNumberOfMovingImages = 2;
mTrackImageManager.trackedImagePrefab = mPrefabOnTrack;
mTrackImageManager.enabled = true;
```

在添加完 AR Tracked Image Manager 组件并设置好相应参考图像库及其他属性后，需要显式地设置 mTrackImageManager.enabled = true，以便启用该组件。

参考图像库可以是 XRReferenceImageLibrary 或者 RuntimeReferenceImageLibrary 类型，XRReferenceImageLibrary 类型可以在 Unity 编辑器中创建，但不能在运行时修改，不过在运行时 XRReferenceImageLibrary 类型会自动转换成 RuntimeReferenceImageLibrary 类型。在使用时，也可以直接从 XRReferenceImageLibrary 创建 RuntimeReferenceImageLibrary，典型代码如下：

```
// 第 5 章 /5-7
XRReferenceImageLibrary serializedLibrary = new XRReferenceImageLibrary();
RuntimeReferenceImageLibrary runtimeLibrary = mTrackImageManager.CreateRuntimeLibrary
(serializedLibrary);
```

在从 XRReferenceImageLibrary 类型向 RuntimeReferenceImageLibrary 类型转换时，参考图像的顺序并不确定，即无法预先确定参考图像的次序，但参考图像名称及其 GUID 值不会发生变化。

5.1.5 运行时切换参考图像库

在 AR 应用运行时，也可以动态地切换参考图像库，下面演示运行时如何动态地切换参考图像库。首先制作好两个参考图像库 ReferenceImageLibrary_1 和 ReferenceImageLibrary_2，然后使用两个按钮事件在运行时动态地切换所使用的参考图像库。新建一个 C# 脚本，命名为 ChangeImageLib，代码如下：

```
// 第 5 章 /5-8
using System;
using UnityEngine;
using UnityEngine.XR.AR Foundation;
using UnityEngine.XR.ARSubsystems;
using UnityEngine.UI;

public class ChangeImageLib : MonoBehaviour
{
    [SerializeField]
    private Button BtnFirst, BtnSecond;        //UI 按钮
    [SerializeField]
    private GameObject mPrefabOnTrack;          // 虚拟对象预制体

    [SerializeField]
    XRReferenceImageLibrary[] mReferenceImageLibrary;
    private int currentSelectedLibrary = 0;
    private ARTrackedImageManager mTrackImageManager;
    void Start()
    {
        mTrackImageManager= gameObject.AddComponent<ARTrackedImageManager>();
        mTrackImageManager.referenceLibrary = mTrackImageManager.CreateRuntimeLibrary
(mReferenceImageLibrary[0]);
        mTrackImageManager.requestedMaxNumberOfMovingImages = 3;
        mTrackImageManager.trackedImagePrefab = mPrefabOnTrack;
        mTrackImageManager.enabled = true;
        BtnFirst.onClick.AddListener(() => SetReferenceImageLibrary(0));
        BtnSecond.onClick.AddListener(() => SetReferenceImageLibrary(1));
        Debug.Log(" 初始化完成 !");
```

```
    }
    // 动态切换参考图像库
    public void SetReferenceImageLibrary(int selectedLibrary = 0)
    {
        mTrackImageManager.referenceLibrary = mTrackImageManager.CreateRuntimeLibrary
(mReferenceImageLibrary[selectedLibrary]);
        Debug.Log(String.Format(" 切换参考图像库 {0} 成功!", selectedLibrary));
    }
}
```

在层级窗口中选择 XR Origin 对象，将该脚本挂载到此对象上，并设置好相关属性，将创建并设置好的 ReferenceImageLibrary_1 和 ReferenceImageLibrary_2 参考图像库赋给 mReferenceImageLibrary 对象，如图 5-7 所示。

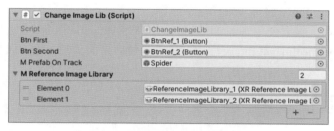

图 5-7　设置参考图像库及其他属性

在本演示中，ReferenceImageLibrary_1 和 ReferenceImageLibrary_2 参考图像库中分别添加了不同的参考图像，通过切换参考图像库，AR 应用会及时地做出反应，对新切换参考图像库中的参考图像进行检测识别跟踪，效果如图 5-8 所示。

图 5-8　AR 应用能及时对新切换参考图像库中的图像进行检测识别

5.1.6　运行时添加参考图像

ARKit 支持在运行时动态地将新的参考图像添加到参考图像库中，这时 RuntimeReference-ImageLibrary 类型实际上就是一个 MutableRuntimeReferenceImageLibrary 类型，在具体使用时，也需要将 RuntimeReferenceImageLibrary 转换为 MutableRuntimeReferenceImageLibrary 类型再使用。如果需要在运行时创建新的参考图像库，则可以使用无参数的 CreateRuntimeLibrary() 方法，然后将其转换为 MutableRuntimeReferenceImageLibrary 类型以供使用，典型代码如下：

```
// 第 5 章 /5-9
var library = trackedImageManager.CreateRuntimeLibrary();
if (library is MutableRuntimeReferenceImageLibrary mutableLibrary)
{
     // 将图像添加到参考图像库
}
```

因为需要提取参考图像的特征值信息，运行时动态地添加参考图像是一个计算密集型任务，这需要花费几十毫秒时间，需要很多帧才能完成添加，所以为了防止同步操作造成应用卡顿，可以利用 Unity Job 系统异步处理这种操作。

添加参考图像时，需要使用 ScheduleAddImageWithValidationJob() 方法将参考图像添加到 MutableRuntimeReferenceImageLibrary 库中，该方法可以是同步的，也可以是异步的，取决于开发者的使用方式，该方法的原型如下：

```
// 第 5 章 /5-10
public static AddReferenceImageJobState ScheduleAddImageWithValidationJob
(
this MutableRuntimeReferenceImageLibrary library,        // 参考图像库
Texture2D texture,                                       // 需要添加的参考图像
string name,                                             // 参考图像名称
float? widthInMeters,                                    // 待检测的图像物理尺寸宽（单位：米）
JobHandle inputDeps = default                            // 输入描述信息
);
```

可以通过该方法一次性地将单张或者多张参考图像添加到参考图像库，即使当前的参考图像库正在跟踪图像、处于使用中也没关系。

动态添加参考图像对图像有一些特定要求，第 1 个要求是参考图像可读写，因为添加图像时需要提取图像特征值信息；第 2 个要求是图像格式必须为应用平台上支持的格式，通常选择 RGB24 或者 RGBA32 格式。这需要在图像的导入设置（Import Setting）中设置[①]，如图 5-9 所示[②]。

经过测试，动态添加参考图像对图像编码格式也有要求，通常只支持 JPG、PNG 格式，但一些 JPG、PNG 类型图像的编码格式也不支持，如 ETC_RGB4、Alpha8 等，需要仔细挑选作为参考图像的图像文件。

---

① 在 Unity 工程窗口中选择作为参考图像的图像，然后在属性窗口中会打开导入设置面板，展开 Advanced 卷展栏，进行高级设置。

② 如果作为动态添加的参考图像没有启用 Read/Write Enabled 功能，则编译时将提示 The texture must be readable to be used as the source for a reference image；如果所选定的格式平台不支持，则编译时将提示 The texture format ETC_RGB4 is not supported by the current image tracking subsystem。

图 5-9　设置图片相应属性

　　下面演示如何在运行时动态地添加参考图像，新建一个 C# 脚本，命名为 DynamicImage-Tracking，代码如下：

```
//第 5 章 /5-11
using Unity.Collections;
using UnityEngine;
using UnityEngine.XR.AR Foundation;
using UnityEngine.XR.ARSubsystems;
using UnityEngine.UI;
using Unity.Jobs;

public class DynamicImageTrackingAsync : MonoBehaviour
{
    // 用于异步图像操作的结构体
    struct DeallocateJob : IJob
    {
        [DeallocateOnJobCompletion]
        public NativeArray<Byte> data;
        public void Execute() { }
    }

    [SerializeField]
    private Button BtnAddImage;                            //UI 按钮

    [SerializeField]
    private GameObject mPrefabOnTrack;                     // 虚拟对象预制体
    private Vector2 scaleFactor = new Vector3(0.3f, 0.3f); // 参考图像尺寸
    private XRReferenceImageLibrary runtimeImageLibrary;   // 运行时参考图像库
    private ARTrackedImageManager mTrackImageManager;

    [SerializeField]
    private Texture2D mAddedImage;

    void Start()
    {
        mTrackImageManager = gameObject.AddComponent<ARTrackedImageManager>();
```

```
        // 创建参考图像库
        mTrackImageManager.referenceLibrary = mTrackImageManager.CreateRuntimeLibrary
(runtimeImageLibrary);
        mTrackImageManager.requestedMaxNumberOfMovingImages = 2;
        mTrackImageManager.trackedImagePrefab = mPrefabOnTrack;
        mTrackImageManager.enabled = true;
        mTrackImageManager.trackedImagesChanged += OnTrackedImagesChanged;
        BtnAddImage.onClick.AddListener(() => AddImageJobAsync(mAddedImage));
    }
    // 取消图像检测事件注册
    void OnDisable()
    {
        mTrackImageManager.trackedImagesChanged -= OnTrackedImagesChanged;
    }
    // 添加参考图像同步
    public void AddImageJob(Texture2D texture2D)
    {

        try
        {
            MutableRuntimeReferenceImageLibrary mutableRuntimeReferenceImageLibrary =
mTrackImageManager.referenceLibrary as MutableRuntimeReferenceImageLibrary;
            mutableRuntimeReferenceImageLibrary.ScheduleAddImageWithValidationJob(
                texture2D,                      // 参考图像
                "Spider",                       // 参考图像名
                scaleFactor.x);                 // 参考图像的宽
        }
        catch (System.Exception e)
        {
            Debug.Log(" 出现错误 :"+e.Message);
        }
    }


    // 异步添加参考图像
    void AddImageJobAsync(Texture2D refImage)
    {
        Byte[] colorBuffer = refImage.GetRawTextureData();
        NativeArray<Byte> image = new NativeArray<Byte>(colorBuffer,  Allocator.
TempJob);
        if (mTrackImageManager.referenceLibrary is MutableRuntimeReferenceImageLibrary
mutableLibrary)
        {
            var referenceImage = new XRReferenceImage(
                SerializableGuid.empty,          //GUID 值
                SerializableGuid.empty,          // 默认纹理
                scaleFactor,                     // 物理尺寸设置
```

```
                "Spider",                          // 参考图像名称
                null);                             // 参考图像，这里先不设置

            var jobState = mutableLibrary.ScheduleAddImageWithValidationJob(
                image,
                new Vector2Int(refImage.width, refImage.height),
                TextureFormat.ARGB32,              // 设置图像格式
                referenceImage);

            // 启动一个任务，在任务结束后销毁相关资源
            new DeallocateJob { data = image }.Schedule(jobState.jobHandle);
        }
        else
        {
            // 销毁图像资源
            image.Dispose();
        }
    }


    // 图像检测事件
    void OnTrackedImagesChanged(ARTrackedImagesChangedEventArgs eventArgs)
    {
        foreach (ARTrackedImage trackedImage in eventArgs.added)
        {
            Debug.Log(" 检测到图像 :"+trackedImage.name);
            trackedImage.transform.Rotate(Vector3.up, 180);
        }
        foreach (ARTrackedImage trackedImage in eventArgs.updated)
        {
            trackedImage.transform.Rotate(Vector3.up, 180);
        }
    }
}
```

　　上述代码演示了同步和异步两种添加参考图像的方式，在层级窗口中选择 XR Origin 对象，将该脚本挂载在此对象上，并设置好相关属性，即可在运行时动态地添加参考图像了。动态切换参考图像库与动态添加参考图像是非常实用的功能，可以根据不同的应用场景切换到不同的参考图像库，或者添加新的参考图像而无须重新编译或者中断应用。

5.1.7　脱卡

　　从前文我们知道，在使用 ARKit 进行 2D 图像检测跟踪时，当检测识别到参考图像时，会实例化虚拟对象并叠加到物理图像之上，这样便能实时跟踪物理图像的移动、旋转。当物理图像移出视野范围（屏幕）后，实例化的虚拟对象也会跟随之移出视野（或者随 2D 图像移

动到屏幕边缘外），这在很多应用场景下是合适的。

但有时，我们也希望当物理图像移出视野后，虚拟对象能停留在屏幕中心，并能正常与用户进行交互，例如在博物馆门口通过检测识别特定图像后实例化虚拟导游，希望该虚拟导游能伴随整个游览过程，进行不间断的语音讲解。当物理图像消失后，实例化后的虚拟模型不随之消失，这个功能称为图像检测识别脱卡。

脱卡可以有很多种实现，例如当物理图像消失后，启用另一个渲染相机渲染实例化后的模型，例如通过当前渲染相机的前向向量在设备屏幕前的一定距离放置实例化模型等。

但在进行这个操作之前，需要定义物理图像消失事件，即什么情况下可认为物理图像消失。AR Tracked Image Manager 组件的 trackedImagesChanged 事件会提供这个检测识别结果的状态变化，结合前文知识，我们只需检查跟踪图像的状态值，当跟踪状态从 Tracking 变更到 Limited 时，就可以认为物理图像消失这个事件已经发生，但 AR Foundation 官方文档指出，可能有多种未知情况会导致图像检测跟踪状态从 Tracking 变更到 Limited，所以以此作为判断依据并不严谨。

但考虑到 2D 图像检测识别后，通常会实例化虚拟对象，虚拟对象会追踪 2D 图像的位置，当物理图像移出视野后，虚拟对象也会移出视野，利用这个特性，可以通过虚拟对象的可见性判断物理图像是否移出视野。典型代码如下：

```
// 第 5 章 /5-12
using UnityEngine;

public class ObjectTrackLost : MonoBehaviour
{
    private bool isTrackLost = false;      // 可见与不可见标识
    private Camera mCamera;                 // 主相机
    private float distance = 0.5f;          // 放置在主相机前方的距离
    void Start()
    {
        mCamera = Camera.main;
    }
    // 当虚拟对象可见时触发
    public void OnBecameVisible()
    {
        Debug.Log(" 跟踪正常 ");
        //isTrackLost = false;
    }

    // 当虚拟对象不可见时触发
    public void OnBecameInvisible()
    {
        Debug.Log(" 跟踪丢失 ");
        isTrackLost = true;
    }
```

```
    void Update()
    {
        if(isTrackLost)
        {
            // 将虚拟对象放置于主相机前一定距离
            gameObject.transform.position = mCamera.transform.position +
mCamera.transform.forward.normalized * distance;
            gameObject.transform.rotation = mCamera.transform.rotation;
        }
    }
    // 当 2D 图像被跟踪时由外部调用，终止脱卡
    public void SetVisible()
    {
        isTrackLost = false;
    }
}
```

在上述代码中，我们利用 OnBecameInvisible() 方法判断虚拟对象的可见性，然后在虚拟对象不可见（物理图像被移出）时，将虚拟对象放置在主相机前方指定位置。该代码需要挂载于虚拟对象上，并且虚拟对象必须有 Renderer 组件（对象一定要可被渲染）。需要注意的是，不能再使用 OnBecameVisible() 方法恢复图像跟踪，而必须由外部代码在图像被再次跟踪时调用 SetVisible() 方法恢复跟踪。

5.1.8　图像检测跟踪优化

在 2D 图像被检测到之后，ARKit 会跟踪该图像的姿态（位置与方向），因此，可以实现虚拟对象与 2D 图像绑定的效果（虚拟元素的姿态会随 2D 图像的姿态发生变化），如在一张别墅的图片上加载一个虚拟的别墅模型，旋转、移动该别墅图片，虚拟别墅模型也会跟着旋转或者移动，就像虚拟模型粘贴在图片上一样。

图像检测跟踪效果与很多因素相关，为了更好地在应用中使用 2D 图像检测跟踪，提高用户体验，应当注意以下事项。

1. 有关参考图像

参考图像应当具有丰富纹理、高对比度、纹理不重复等特征，特征丰富的参考图像有利于 ARKit 进行图像检测，具体注意事项如表 5-5 所示。

表 5-5　参考图像一般注意事项

序号	描　　述
1	参考图像支持 PNG 和 JPG 文件格式，对于 JPG 文件，为了获得最佳性能，需避免过度压缩
2	参考图像特征提取仅基于高对比度的点，所以彩色和黑白图像都会被检测到，对物理图像颜色不敏感

续表

序号	描　述
3	参考图像的分辨率至少应为 300×300 像素
4	使用高分辨率的参考图像不会提升性能
5	避免使用特征稀疏、无纹理的参考图像
6	避免使用具有重复特征、重复纹理的参考图像

在参考图像的选择上，肉眼很难分辨是否是高质量的参考图像，参考图像的选择有一定的技巧，包含高度重复特征的图像很容易导致特征点误匹配，因此建议采用细节丰富、纹理不重复的图像作为参考图像[①]。

2. 有关参考图像库创建

ARKit 参考图像库会存储参考图像的特征值信息，每张参考图像会占据大约 6KB 空间。在运行时将一张参考图像添加到参考图像库大约需要 30ms，因此在运行时添加参考图像需要使用异步操作。另外，不要在参考图像库中存储不使用的参考图像，因为这会对应用性能产生一定的影响。

3. 有关跟踪优化

在 ARKit 初次识别图像时，物理图像大约需要占据设备摄像头图像面积的 40% 或以上，需要及时提示用户将物理图像放置在摄像头取景范围内并保持合适大小。

一般而言，为了更好地优化 2D 图像检测跟踪，需要从参考图像的选择、参考图像库的设计、整体设计方面进行考虑。

（1）尽量指定待检测图像的预期物理尺寸。此元数据可以提升检测识别性能，特别是对于较大的物理图像（长和宽超过 75cm），ARKit 会使用这些物理尺寸评估 2D 图像到用户设备的距离，不正确的物理尺寸会影响检测跟踪精度，从而影响加载的虚拟模型与 2D 图像的贴合度。

（2）物理图像尽量展平。卷曲的图像，如包裹酒瓶的海报非常不利于 ARKit 检测或者导致检测出的位姿不正确。

（3）确保需要检测的物理图像照明条件良好。光线昏暗或者反光（如玻璃橱窗里的海报）会影响图像检测。

（4）通常情况下，每个参考图像库的参考图像数量不应该超过 25 个。如果数量过多，则会影响检测准确性和检测速度。一般情况下，可以将大型的参考图像库拆分为小的参考图像库，然后根据 AR 应用运行时的条件动态地切换参考图像库。

---

① 建议在创建参考图像库时通过 Xcode 对参考图像进行验证，只有通过 Xcode 验证的图像才可作为参考图像添加到参考图像库中，具体验证方式可查阅 ARKit 官方文档。

5.2　3D 物体检测跟踪

　　3D 物体检测跟踪技术，是指通过计算机图像处理和人工智能技术对设备摄像头拍摄到的 3D 物体检测识别定位并对其姿态进行跟踪的技术。3D 物体检测跟踪技术的基础也是图像检测识别，但比前述 2D 图像检测识别跟踪要复杂得多，原因在于现实世界中的物体是三维的，从不同角度看到的物体形状、纹理都不一样，在进行图像特征值对比时需要的数据和计算比 2D 图像要大得多。

　　在 ARKit 中，3D 物体检测识别跟踪通过预先记录 3D 物体的空间特征信息，在真实环境中寻找对应的 3D 真实物体对象，并对其姿态进行跟踪。与 2D 图像检测跟踪类似，在 AR Foundation 中实现 3D 物体检测跟踪也需要一个参考物体库，这个参考物体库中的每个对象都是一个 3D 物体的空间特征信息。获取参考物体空间特征信息可以通过扫描真实 3D 物体采集其特征信息，生成 .arobject 参考物体空间特征信息文件。.arobject 文件只包括参考物体的空间特征信息，而不是参考物体的数字模型，也不能用该文件复原参考物体三维结构。参考物体空间特征信息对快速、准确检测识别 3D 物体起着关键作用。

5.2.1　获取参考物体空间特征信息

　　苹果公司提供了一个获取物体空间特征信息的扫描工具，但扫描工具是一个 Xcode 工程源码，需要自己编译，源码名为 Apple's Object Scanner App，读者可自行下载并使用 Xcode 编译[①]。该工具的主要功能是扫描真实世界中的物体并导出 .arobject 文件，该文件可作为 3D 物体检测识别的参考物体。

　　使用扫描工具进行扫描的过程其实是对物体表面 3D 特征值信息与空间位置信息的采集过程，这是一个计算密集型的工作，为确保扫描过程流畅、高效，建议使用高性能的 iOS 设备。当然扫描工作可以在任何支持 ARKit 的设备上进行，但高性能 iOS 设备可以更好地完成这一任务。

　　参考物体空间特征信息对后续 3D 物体检测识别速度、准确性有直接影响，因此，正确地扫描生成 .arobject 文件非常重要，遵循下述步骤操作可以提高扫描成功率。下面，将引导大家一步一步完成这个扫描过程。

　　（1）将需要扫描的物体放置在一个背景干净不反光的平整面上（如桌面、地面），运行扫描工具，将被扫描物体放置在摄像头正中间位置，在扫描工具检测到物体时会出现一个空心长方体（包围盒），移动手机，将长方体大致放置在物体的正中间位置，如图 5-10（a）所示，屏幕上也会提示包围盒的相关信息，但这时包围盒可能与实际物体尺寸不匹配，单击 Next 按钮可调整包围盒大小。

　　（2）扫描工具只采集包围盒内的物体空间特征信息，因此，包围盒大小对采集信息的完

---

　　① 下载地址为 https://developer.apple.com/documentation/arkit/scanning_and_detecting_3d_objects。

整性非常关键。围绕着被扫描物体移动手机，扫描工具会尝试自动调整包围盒的大小。如果自动调整结果不是很理想，则可以手动进行调整，方法是长按长方体的一个面，当这个面出现延长线时拖动该面即可移动，长方体的 6 个面都可以采用类似方法进行调整。包围盒不要过大或过小，如果过小，则采集不到完整的物体空间特征信息；如果过大，则可能会采集到周围环境中的物体信息，不利于快速检测识别 3D 物体。调整好后单击 Scan 按钮开始对物体空间特征信息进行采集，如图 5-10（b）所示。

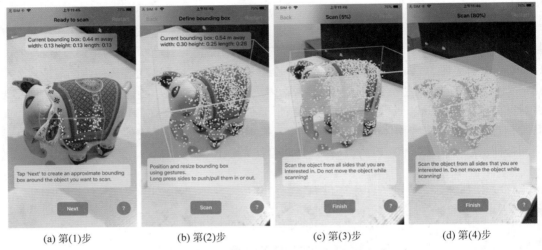

(a) 第(1)步　　　　　(b) 第(2)步　　　　　(c) 第(3)步　　　　　(d) 第(4)步

图 5-10　扫描采集 3D 参考物体空间特征信息（一）

（3）在开始扫描物体后，扫描工具会给出可视化的信息采集提示，将采集成功的区域用淡黄色标识出来，引导用户完成全部信息采集工作，如图 5-10（c）所示。

（4）缓慢移动手机（保持被扫描物体不动），从不同角度扫描物体，确保包围盒的所有面都被成功扫描（通常底面不需要扫描，只需扫描前、后、左、右、上 5 个面）。如图 5-10（d）所示，扫描工具会在所有面的信息采集完后自动进入下一步，或者可以在采集完所有信息后手动单击 Finish 按钮进入下一步。如果在未完整采集到所需信息时单击 Finish 按钮，则会提示采集信息不足，如图 5-11 所示。

（5）在采集完物体空间特征信息后，扫描工具会在物体上显示一个 XYZ 的三维彩色坐标轴，如图 5-12（a）所示。这个坐标轴的原点表示这个物体的原点（这个原点代表的就是模型局部坐标系原点），可以通过拖动三个坐标轴边上的小圆球调整坐标轴的原点位置。在图 5-12（a）中可以看到 Load Model 按钮，单击该按钮可以加载一个 USDZ 格式模型文件，加载完后会在三维坐标轴原点显示该模型，就像是在真实环境中检测到 3D 物体并加载数字模型一样。通过加载模型可以直观地看到数字模型与真实三维物体之间的位置关系，如果位置不合适，则可以重复步骤（5）调整三维坐标轴原点位置，直到加载后的数字模型与真实三维物体位置关系达到预期要求。

（6）在调整好坐标系原点后可以对采集的空间特征信息进行测试验证，单击 Test 按钮进行

测试，如图 5-12（b）所示。将被扫描物体放置到不同的
环境、不同的光照条件下，使用设备摄像头从不同的角度
查看该物体，看能否正确地检测出物体的位置及姿态。如
果验证时出现无法检测识别的问题，则说明信息采集不太
完整或有问题，需要重新扫描一次；如果验证无问题，则
可导出使用。单击 Share 按钮导出该单个物体采集的空间
特征信息 .arobject 格式文件，也可以单击左上角的 Merge
Scans 合并多个物体空间特征信息文件，如图 5-12（c）所
示。合并可以是合并之前采集后导出的 .arobject 文件，也
可以开始新的物体扫描，合并两次扫描结果。

（7）单击 Share 按钮后该扫描工具会将采集的物体空
间特征信息导出为 .arobject 文件，在打开的导出对话框
中，可以选择不同的导出方式，可以保存到云盘，也可
以通过邮件、微信等媒介发送给他人，如图 5-12（d）所
示，还可以通过 AirDrop（隔空投送）的方式直接投送到
Mac 计算机或其他 iOS 设备上。在使用 AirDrop 投送到
Mac 计算机上时，只需在计算机上打开 Finder，选择"隔
空投送"，接收来自移动设备发送的文件便可（需要打开
Mac 计算机的蓝牙 / 网络并完成设备配对），如图 5-13 所
示，接收的文件存储在下载文件夹中，后缀为 .arobject。

图 5-11　未能采集到足够信息的提示

(a) 第(5)步　　　(b) 第(6)步：测试验证　　　(c) 第(7)步：导出文件　　　(d) 第(8)步

图 5-12　扫描采集 3D 参考物体空间特征信息（二）

在得到参考物体空间特征信息文件（.arobject 文件）后，就可以将其用于后续的 3D 物体
检测识别中了。

图 5-13　采用"隔空投送"方式将采集的 .arobject 文件发送到 Mac 计算机上

5.2.2　扫描获取物体空间特征信息的注意事项

如前所述，参考物体空间特征信息对 3D 物体检测识别的速度、准确性有非常大的影响，因此，在扫描获取参考物体空间特征信息时，遵循以下原则可大大地提高参考物体空间特征信息的可用性及保真度。

1. 扫描环境

（1）确保扫描时的照明条件良好、被扫描物体有足够的光照，通常要在 250 ～ 400lm，良好照明有利于采集物体特征值信息。

（2）使用白光照明，避免暖色或冷色灯光照明。

（3）背景干净，最好是无反光、非粗糙的中灰色背景，干净的背景有利于分离被扫描物体与周边环境。

2. 被扫描物体

（1）将被扫描物体放置在摄像机镜头正中间，最好与周边物体分开一段距离。

（2）被扫描物体最好有丰富的纹理细节，无纹理、弱纹理、反光物体不利于特征值信息提取。

（3）被扫描物体大小适中，不过大或过小。ARKit 扫描或检测识别 3D 物体时对可放在桌面的中等尺寸物体进行过特殊优化。

（4）被扫描物体最好是刚体，不会在扫描或检测识别时发生变形、折叠、扭曲等影响特征值和空间信息的形变。

（5）扫描时的环境光照与检测识别时的环境光照信息一致时效果最佳，应防止扫描与检测识别时光照差异过大。

（6）在扫描物体时应逐面缓慢扫描，不要大幅度快速移动手机。

在获取参考物体的空间特征信息 .arobject 文件后就可以将其作为参考物体进行真实环境 3D 物体的检测识别跟踪了。虽然 3D 物体检测识别跟踪在技术上与 2D 图像检测识别跟踪有非常大的差异，但在 AR Foundation 中，3D 物体检测识别跟踪与 2D 图像检测识别跟踪在使用界面、操作步骤上几乎完全一致，极大地方便了开发者使用。

5.2.3　AR Tracked Object Manager 组件

在 AR Foundation 中，3D 物体检测识别跟踪系统依据参考物体库中的参考物体空间特征信息尝试在设备摄像头拍摄的图像中检测匹配 3D 物体并跟踪，与 2D 图像检测识别跟踪类似，3D 物体检测识别跟踪也有一些特定的术语，如表 5-6 所示。

表 5-6　3D 物体检测识别跟踪术语

术　　语	描 述 说 明
参考物体 （Reference Object）	检测识别 3D 物体的过程也是一个特征值对比的过程，AR Foundation 将从摄像头中获取的图像信息与参考物体库中的参考物体空间特征值信息进行对比，存储在参考物体库中的用于对比的物体空间特征信息叫作参考物体（物体空间特征信息并不是数字模型，也不能据此恢复出 3D 物体）。一旦对比成功，真实环境中的 3D 物体将与参考物体库中的参考物体建立对应关系，每个真实 3D 物体的姿态信息也一并被检测
参考物体库 （Reference Object Library）	参考物体库用于存储一系列的参考物体空间特征信息，此信息用于对比，每个 3D 物体跟踪程序都必须有一个参考物体库，但需要注意的是，参考物体库中存储的实际是参考物体的空间特征值信息而不是原始 3D 物体网格信息，这有助于提高对比速度与稳健性。参考物体库越大，3D 物体检测对比就会越慢，相比与 2D 图像检测识别，3D 物体检测识别需要比对的数据量更大、计算也更密集，因此，在同等条件下，参考物体库中可容纳的参考物体数量要比 2D 图像库中的参考图像数量少得多
跟踪组件提供方 （Provider）	AR Foundation 架构在底层 SDK 3D 物体检测识别跟踪 API 之上，也就是说 AR Foundation 并不具体负责 3D 物体检测识别过程的算法，它只提供一个接口，具体 3D 物体检测识别由算法提供方提供
AR 物体锚点 （ARObjectAnchor）	记录真实世界中被检测识别的 3D 物体位置与姿态的锚点，该锚点由 AR 会话在检测识别到 3D 物体后自动添加到每个被检测到的对象上。通过该锚点，可以将虚拟物体对象渲染到指定的空间位置上

在 AR Foundation 中，3D 物体属于可跟踪对象，由 AR Tracked Object Manager 组件进行统一管理，该组件通常挂载在 XR Origin 对象上，其有 Reference Library 和 Tracked Object Prefab 两个属性，如图 5-14 所示。

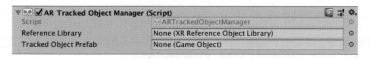

图 5-14　AR Tracked Object Manager 组件

AR Tracked Object Manager 组件负责对 3D 物体的检测识别和跟踪进行管理，并可以在已检测到的 3D 物体位置渲染虚拟对象，该组件依据参考物体库中的参考物体空间特征信息不断尝试在环境中检测 3D 物体，因此，只有预置在参考物体库中的 3D 物体才可能被检测到。

1. Reference Library

参考物体库，AR Foundation 检测 3D 物体的依据，可以在开发时静态地设置也可以在运行时动态地添加，但只要 AR Tracked Object Manager 组件开始启动 3D 物体检测跟踪，参考物体库就不能为 null。

2. Tracked Object Prefab

在检测到 3D 物体后需要被实例化的预制体，在实例化时，AR Foundation 会确保每个实例化后的对象都挂载一个 AR Tracked Object 组件，如果预制体没有挂载该组件，则 AR Tracked Object Manager 组件会负责自动为其挂载一个，也可以在运行时通过代码获取该实例化对象。

5.2.4　3D 物体检测识别跟踪基本操作

在 AR Foundation 中，3D 物体检测跟踪与 2D 图像检测跟踪操作步骤基本一致，分为两步：第 1 步是建立一个参考物体库；第 2 步是在场景中挂载 AR Tracked Object Manager 组件，并将一个需要实例化的预制体赋给其 Tracked Object Prefab 属性。下面我们来具体操作。

按上述步骤，首先建立一个参考物体库，右击工程窗口中的 ObjectLib 文件夹，依次选择 Create → XR → Reference Object Library 新建一个参考物体库，并命名为 RefObjectLib，如图 5-15 所示。

图 5-15　新建一个参考物体库

选择新建的 RefObjectLib 参考物体库，在属性窗口中，单击 Add Reference Object 按钮添加参考物体，将 5.2.1 节中导出的 .arobject 文件拖到工程中，并将其拖动到 Reference Object Assets 属性框中，如图 5-16 所示。

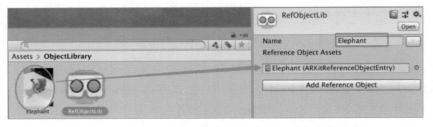

图 5-16　将参考物体空间特征信息文件添加到参考物体库中

　　每个参考物体都有一个 Name 属性，该属性用于标识参考物体，这个名字在做 3D 物体检测对比时没有作用，但在比对匹配成功后可以通过参考物体名字获知是哪个参考物体。参考物体名字可以重复，因为在添加参考物体时，跟踪系统还会为每个参考物体生成一个 GUID 值，这个 GUID 值可用于唯一标识一个参考物体。

　　完成上述工作之后，在层级窗口中选择 XR Origin 对象，并为其挂载 AR Tracked Object Manager 组件，将第 1 步制作的 RefObjectLib 参考物体库拖动到其 Reference Library 属性中，并设置好需要实例化的预制体，如图 5-17 所示。

图 5-17　设置 AR Tracked Object Manager 组件属性

编译运行，效果如图 5-18 所示。

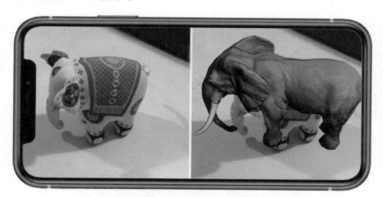

图 5-18　3D 物体检测识别跟踪效果图

　　3D 物体检测识别跟踪技术比 2D 图像检测识别跟踪技术要复杂得多，但 AR Foundation 对这两种技术在使用方式上进行了统一，提供给开发人员完全一致的使用界面，方便了应用开发。

5.2.5　3D 物体检测跟踪启用与禁用

　　在 AR Foundation 中，与 2D 图像检测跟踪一样，实例化出来的虚拟对象并不会随着被跟踪物体的消失而消失，而是会继续停留在原来的位置上，并且 3D 物体检测跟踪比 2D 图像检测跟踪消耗资源更多，在不需要时或者使用后应当关闭 3D 物体检测跟踪功能，参考 2D 图像检测识别跟踪功能的启用与禁用，类似地，可以控制 3D 物体检测跟踪功能的启用与禁用及加载的虚拟对象的显示和隐藏，代码如下：

```
// 第 5 章 /5-13
using System.Collections;
```

```
using System.Collections.Generic;
using UnityEngine;
using UnityEngine.XR.AR Foundation;
using UnityEngine.UI;

[RequireComponent(typeof(ARTrackedObjectManager))]
public class AppController : MonoBehaviour
{

    public Text m_ToggleObjectdDetectionText;
    private ARTrackedObjectManager mARTrackedObjectManager;
    void Awake()
    {
        mARTrackedObjectManager = GetComponent<ARTrackedObjectManager>();
    }

    #region 启用与禁用物体跟踪
    public void ToggleObjectTracking()
    {
        mARTrackedObjectManager.enabled = !mARTrackedObjectManager.enabled;

        string ObjectDetectionMessage = "";
        if (mARTrackedObjectManager.enabled)
        {
            ObjectDetectionMessage = "禁用物体跟踪";
            SetAllObjectsActive(true);
        }
        else
        {
            ObjectDetectionMessage = "启用物体跟踪";
            SetAllObjectsActive(false);
        }

        if (m_ToggleObjectdDetectionText != null)
            m_ToggleObjectdDetectionText.text = ObjectDetectionMessage;
    }

    void SetAllObjectsActive(bool value)
    {
        foreach (var obj in mARTrackedObjectManager.trackables)
            obj.gameObject.SetActive(value);
    }
    #endregion
}
```

在使用时，将该脚本挂载在 XR Origin 对象上，并使用一个按钮事件控制检测跟踪功能的启用与禁用，运行效果如图 5-19 所示。

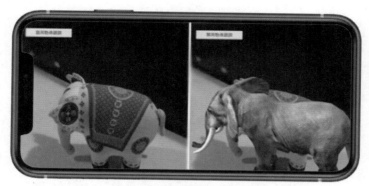

图 5-19　3D 物体检测跟踪功能启用与禁用示意图

5.2.6　多物体检测识别跟踪

与 2D 图像检测跟踪相似，在 AR Tracked Object Manager 组件中，有一个 Tracked Object Prefab 属性，这个属性即为需要实例化的虚拟对象。默认 ARKit 支持多 3D 物体检测跟踪，即 ARKit 会在每个检测识别到的 3D 物体上实例化一个虚拟对象，如图 5-20 所示。

图 5-20　AR Foundation 默认支持多 3D 物体识别跟踪

为解决多参考物体多虚拟对象的问题，需要自己负责虚拟对象的实例化。首先将 AR Tracked Object Manager 组件下的 Tracked Object Prefab 属性置空，然后新建一个 C# 脚本文件，命名为 MultiObjectTracking，并编写代码如下：

```
// 第 5 章 /5-14
using System.Collections;
using System.Collections.Generic;
using UnityEngine;
using UnityEngine.XR.AR Foundation;

[RequireComponent(typeof(ARTrackedObjectManager))]
public class MultiObjectTracking : MonoBehaviour
```

```
    {
        ARTrackedObjectManager ObjTrackedManager;
        private Dictionary<string, GameObject> mPrefabs = new Dictionary<string,
GameObject>();

        private void Awake()
        {
            ObjTrackedManager = GetComponent<ARTrackedObjectManager>();
        }
        void Start()
        {
            mPrefabs.Add("Book", Resources.Load("Book") as GameObject);
            mPrefabs.Add("Elephant", Resources.Load("Elephant") as GameObject);
        }
        private void OnEnable()
        {
            ObjTrackedManager.trackedObjectsChanged += OnTrackedObjectsChanged;
        }
        void OnDisable()
        {
            ObjTrackedManager.trackedObjectsChanged -= OnTrackedObjectsChanged;
        }
        void OnTrackedObjectsChanged(ARTrackedObjectsChangedEventArgs eventArgs)
        {
            foreach (var trackedObject in eventArgs.added)
            {
                OnImagesChanged(trackedObject);
            }
            //foreach (var trackedImage in eventArgs.updated)
            //{
            //OnImagesChanged(trackedImage.referenceImage.name);
            //}
        }

        private void OnImagesChanged(ARTrackedObject refObject)
        {
            Debug.Log(" 参考物体名 :"+ refObject.referenceObject.name);
            Instantiate(mPrefabs[refObject.referenceObject.name], refObject.transform);
        }
    }
```

该脚本从 Resources 文件夹下动态地加载虚拟模型，并根据检测识别到的参考物体名称实例化不同的虚拟对象。将该脚本挂载在 XR Origin 对象上，为确保代码正确运行，我们还要完成两项工作：第 1 项工作是将需要实例化的预制体放置到 Resources 文件夹中方便动态加载；第 2 项工作是确保脚本中 mPrefabs 字典的 key 值与 RefObjectLib 参考物体库中的参考物体名称一致，如图 5-21 所示。

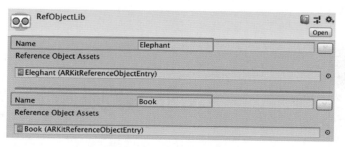

图 5-21　参考物体名称应与 mPrefabs 字典中的 key 值对应

至此，我们已实现自由的多参考物体多虚拟对象功能，编译运行，扫描检测 3D 物体，AR 应用会根据 3D 物体的不同加载不同的虚拟对象，效果如图 5-22 所示。

图 5-22　实例化多个虚拟对象

可以看到，3D 物体检测识别跟踪与 2D 图像检测识别跟踪使用方式极为相似，AR Foundation 屏蔽了这两者在底层实现上的巨大差异，提供了相同的使用界面，除了 3D 物体空间特征信息获取之外，其他使用方法遵循一样的流程和步骤，降低了开发者的使用难度。

现实世界原本就是三维的，3D 物体检测识别跟踪更符合人类认识事物的规律，因此在很多领域都有着广阔的应用前景，如博物馆文物展示，利用 3D 物体检测识别功能，就可以实现对静态展品的信息动态化，实现关联的模型动画、视频播放等，扩展对展品的背景知识、使用功能、内部结构、工作原理等演示。

第6章

人脸检测跟踪

在计算机人工智能（Artificial Intelligence，AI）物体检测识别领域，研究得最多的是人脸检测识别，技术发展最成熟的也是人脸检测识别。目前人脸检测识别已经广泛应用于安防、机场和车站闸机、人流控制、安全支付等众多社会领域，也广泛应用于直播特效、美颜、Animoji 等娱乐领域，配备 A12 及以上芯片的 iPhone、iPad 设备（包括 iPhone SE），均已支持前置摄像头人脸检测跟踪功能，本章主要讲解 ARKit 人脸检测跟踪及有关人脸 BlendShapes 的相关知识。

6.1 人脸检测基础

ARKit 支持人脸检测跟踪、人脸网格、实时多人脸检测（最多 3 人），还支持人脸 BlendShapes（利用人脸表情实时驱动虚拟人脸网格变形融合，为避免混淆，后文中该英文不翻译），ARKit 人脸检测跟踪综合利用了设备前 RGB 摄像头图像信息、原深感摄像头（True Depth）传感器数据、超广角摄像头传感器数据，因此能够提供准确度非常高的人脸检测跟踪，并能捕捉人脸表情的细微变化。由于需要原深感摄像头传感器或者运行深度学习算法模型，对设备硬件要求较高，所以只有 iPhone X 及以上机型才支持。

利用 ARKit 提供的人脸检测跟踪能力，可以非常方便地实现诸如贴纸、挂载模型等特效，在很多领域有应用价值。

6.1.1 人脸检测概念

人脸检测（Face Detection）是指利用计算机图像处理技术在数字图像或视频中自动定位人脸的过程，人脸检测不仅检测人脸在图像或视频中的位置，还应该检测出其大小与方向（姿态）。人脸检测是有关人脸图像分析应用的基础，包括人脸识别和验证、监控场合的人脸跟踪、面部表情分析、面部属性识别（性别、年龄、微笑、痛苦）、面部光照调整和变形、面部形状重建、图像视频检索等。近年来，随着深度学习技术的发展，人脸检测成功率和准确性大幅度提高，已经开始大规模使用，如机场和火车站人脸验票、人脸识别身份认证等。

　　人脸识别（Face Recognition）是指利用人脸检测技术确定两张人脸是否对应同一个人，人脸识别技术是人脸检测技术的拓展和应用，也是很多其他应用的基础。目前，ARKit 仅支持人脸检测，而不提供人脸识别功能。

　　人脸跟踪（Face Tracking）是指将人脸检测扩展到视频序列，跟踪同一张人脸在视频序列中的位置。理论上讲，任何出现在视频中的人脸都可以被跟踪，也就是说，在连续视频帧中检测到的人脸可以被识别为同一个人。人脸跟踪不是人脸识别的一种形式，它是根据视频序列中人脸的位置和运动推断不同视频帧中的人脸是否为同一人的技术。

　　人脸检测属于模式识别的一类，但人脸检测成功率受到很多因素的影响，影响人脸检测成功率的主要因素如表 6-1 所示。

表 6-1　影响人脸检测成功率的主要因素

术　语	描 述 说 明
图像大小	人脸图像过小会影响检测效果，人脸图像过大会影响检测速度，图像大小反映在实际应用场景中就是人脸离摄像头的距离
图像分辨率	图像分辨率越低越难检测，图像大小与图像分辨率直接影响摄像头识别距离。目前 4K 摄像机看清人脸的最远距离是 10m 左右，移动手机的检测距离更小一些
光照环境	过亮或过暗的光照环境都会影响人脸检测效果
模糊程度	实际场景中主要是运动模糊，人脸相对于摄像机的移动经常会产生运动模糊
遮挡程度	五官无遮挡、脸部边缘清晰的图像有利于人脸检测。有遮挡的人脸会对人脸检测成功率造成影响
采集角度	人脸相对于摄像机角度不同也会影响人脸检测效果。正脸最有利于检测，偏离角度越大越不利于检测

　　随着人工智能技术的持续发展，在全球信息化、云计算、大数据的支持下，人脸检测识别技术也会越来越成熟，同时应用面也会越来越广，可以预见，以人脸检测为基础的人脸识别将会呈现网络化、多识别模式融合、云互联的发展趋势。

6.1.2　人脸检测技术基础

　　人体头部是一个三维结构体，通常采用欧拉角来精确描述头部的姿态，本节描述的欧拉角源自笛卡儿左手坐标系，并规定绕 Y 轴逆时针旋转角度为正，绕 Z 轴顺时针旋转角度为正，如图 6-1 所示。在人脸检测中，通常把绕 Y 轴旋转叫作 y 欧拉角，绕 Z 轴旋转叫 r 欧拉角，我们平时做的摇头动作就是 y 欧拉角，而偏头的动作则是 r 欧拉角，如图 6-2 所示，绕 X 轴旋转在人脸检测中通常很少用到。

　　人脸检测技术的复杂性之一源于人体头部结构的三维性，而且摄像机捕捉到的人脸很多时候不是正面的，而是有一定角度且时时处于变化中的。当然，人脸检测的有利条件是人脸有很多特征，如图 6-3 所示，可以利用这些特征做模式匹配，但在很多人脸检测算法中，人脸

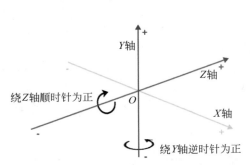

图 6-1　基于笛卡儿坐标系的欧拉角

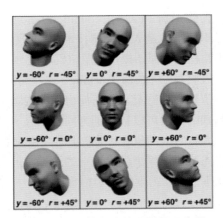

图 6-2　人脸检测中的欧拉角示意图

特征并不是人脸轮廓检测的前提，换句话说，人脸检测是独立于人脸特征的，并且通常是先检测出人脸轮廓再进行特征检测，因为特征检测需要花费额外的时间，会对人脸检测效率产生影响。

图 6-3　人脸特征点示意图

人脸结构具有对称性，人脸特征会分布在 Y 轴两侧一定角度内，通常来讲，人脸特征分布情况符合表 6-2 所示的规律。

表 6-2　人脸特征分布情况

y 欧 拉 角	人 脸 特 征
小于 –36°	左眼、左嘴角、左耳、鼻底、左脸颊
–36° ～ –12°	左眼、左嘴角、鼻底、下嘴唇、左脸颊
–12° ～ 12°	左嘴角、右嘴角、上下嘴唇、鼻底
12° ～ 36°	右眼、右嘴角、鼻底、下嘴唇、右脸颊
大于 36°	右眼、右嘴角、右耳、鼻底、右脸颊

人脸检测不仅需要找出人脸轮廓，还需要检测出人脸姿态（包括人脸位置和面向方向）。为了解决人脸姿态问题，一般的做法是制作一个三维人脸正面"标准模型"，这个标准模型需要非常精细，因为它将影响人脸姿态估计的精度。在有了这个三维标准模型之后，对人脸姿态检测的思路是在检测到人脸轮廓后对标准模型进行旋转，以期标准模型上的特征点与检测

到的人脸特征点重合①。从这个思路可以看到，对人脸姿态检测其实是个不断尝试的过程，选取特征点吻合得最好的标准模型姿态作为人脸姿态。

为快速检测人脸姿态，还有一种常见做法是预先定义一个 6 关键点的 3D 脸部模型（左眼角、右眼角、鼻尖、左嘴角、右嘴角、下颌），如图 6-4 所示，然后使用计算机图像算法检测出视频帧中人脸对应的 6 个脸部关键点，并将这 6 个关键点与标准模型中对应的关键点进行拟合，解算出旋转向量，最后将旋转向量转换为欧拉角。

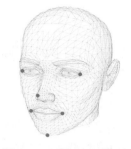

图 6-4　6 特征点解算人脸
姿态示意图

算法流程理论上如此，但在实际应用中，可能并不能同时检测到人脸的 6 个关键点（由于遮挡、视觉方向、光照等原因），因此人脸姿态估计通常还需要进行信息推测以提高稳健性。

如前所述，虽然人脸结构是确定的，还有很多特征点可供校准，但由于姿态和表情的变化、不同人的外观差异、光照、遮挡等因素影响，准确地检测处于各种条件下的人脸仍然是较为困难的事情。幸运的是，随着深度神经网络技术的发展，在一般环境条件下，目前人脸检测准确率有了非常大的提高，甚至在某些条件下超过了人类。

6.2　人脸姿态与网格

在计算机视觉算法中，头部姿势估计是指推断头部朝向，结合头部位置信息构建人脸矩阵参数的过程，有利因素是人体头部运动范围有限，可以借此消除一些误差。除 6.1 节所述"标准模型"、6 特征点法以外，人脸姿态估计方法还有很多，如柔性模型法、非线性回归法、嵌入法等。

在 ARKit 中使用人脸检测，首先需要开启人脸检测功能，在 Unity 菜单栏中，依次选择 Edit → Project Settings 打开 Project Settings 窗口，选择 XR Plug-in Management → Apple ARKit 项，在右侧面板中勾选 Face Tracking 属性后的复选框，如图 6-5 所示。

图 6-5　开启人脸检测功能

6.2.1　人脸姿态

人脸姿态估计主要是为了获得人脸朝向的角度信息，虽然算法本身很复杂，但在 AR

---

① 不同的人脸检测算法会有不同的实现方式。

Foundation 中，我们完全可以不用了解这些底层细节，AR Face Manager 组件已经进行了良好的封装，提供了非常简洁的界面，AR Face Manager 组件如图 6-6 所示。

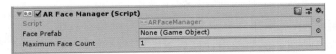

图 6-6　AR Face Manager 组件

AR Face Manager 组件通过底层 Provider（算法提供者）提供的算法检测人脸，ARKit 使用前置摄像头进行人脸检测跟踪，在进行人脸检测跟踪时所有平面检测、运动跟踪、环境理解、图像跟踪等功能都会失效。

与其他可跟踪对象管理器一样，AR Face Manager 组件在检测到人脸时也会使用人脸的姿态实例化一个预制体，即图 6-6 中的 Face Prefab 属性指定的预制体，Face Prefab 属性可以置空，但如果设置，则在实例化预制体时，AR Face Manager 组件会负责为该预制体挂载一个 ARFace 组件，ARFace 组件包含了检测到的人脸相关信息。Maximum Face Count 属性用于设置在场景中同时检测的人脸数量，ARKit 最多同时支持 3 张人脸检测，但设置较小的值有助于优化性能。

由于并不是所有支持 ARKit 的设备都支持人脸检测功能，因此 AR Face Manager 组件提供了一个 supported 属性，用于检查用户设备是否支持人脸检测，可以通过这个属性查看设备支持情况。AR Face Manager 组件还提供了 facesChanged 事件，可以通过注册该事件获取新检测、更新、移除人脸时的消息，进行个性化处理。AR Face Manager 组件为每个检测到的人脸生成一个唯一的 TrackableId，利用这个 TrackableId 值可以跟踪每张独立的人脸[①]。

另外，在人脸检测及后续过程中，AR Foundation 会自动进行环境光检测和估计，不需要开发人员手动编写相关代码。

在 AR Foundation 中，AR Face Manager 组件会自动完成人脸姿态检测，可以通过以下方法验证人脸姿态检测效果。首先制作一个交点在原点的三轴正交坐标系预制体，如图 6-7 所示。

图 6-7　建立三轴正交坐标系预制体

在层级窗口（Hierarchy 窗口）中选择 XR Origin 对象，为其挂载 AR Face Manager 组件，将 Maximum Face Count 属性设置为 1，并将制作好的三轴坐标系预制体赋给 Face Prefab 属性。由于人脸检测需要使用前置摄像头，在使用人脸检测功能时，场景中 XR Origin → Camera

---

① 在同一个会话中，同一张人脸的 TrackableId 保持不变，即使该人脸检测后丢失，被再次检测到时也一样。

Offset → Main Camera 对象挂载的 AR Camera Manager 组件上的 Facing Direction 属性需要选择为 User 值。

编译运行，将前置摄像头对准人脸，效果如图 6-8（a）所示。

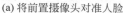
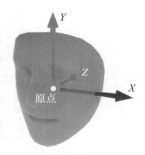

(a) 将前置摄像头对准人脸　　　　　(b) 人脸坐标系原点

图 6-8　人脸姿态检测示意图

从图 6-8 可以看出，ARKit 检测到的人脸坐标系原点位于鼻尖靠后的位置，约在头颅中心，如图 6-8（b）所示，其 Y 轴向上，Z 轴向里，X 轴向左。对比图 6-7 和图 6-8（a）两张图，或者对比图 6-8（a）和图 6-8（b）两张图，可以看到，X 轴朝向相反，这是因为我们使用的是前置摄像头，这种反转 X 轴朝向的处理在后续人脸上挂载虚拟物体时可以保持虚拟物体正确的三轴朝向。

6.2.2　人脸网格

除了检测人脸姿态，ARKit 还为每张检测到的人脸提供了一个人脸网格，该网格可以覆盖检测到的人脸形状，网格数据包括顶点、索引、法线、纹理坐标等相关信息，如图 6-9 所示。ARKit 人脸网格包含 1220 个顶点，对普通消费级应用来讲已经足够了。利用人脸网格数据，开发者只需通过网格点的坐标就可以轻松地在人脸上附加一些特效，如面具、眼镜、虚拟帽子，或者对人脸网格进行扭曲以实现特定效果等。

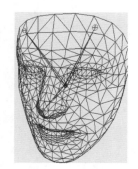

在 AR Foundation 中，人脸网格相关数据信息由 AR Face 组件提供，而人脸网格的可视化则由 AR Face Mesh Visualizer 组件实现，该组件会根据 AR Face 组件提供的网格数据更新显示网格信息。在检测到人脸

图 6-9　ARKit 人脸网格示意图

时可视化人脸网格与可视化检测到的平面非常类似，需要预先制作一个人脸预制体，区别是这个预制体中不需要三维网格模型，AR Face 组件会提供相应的网格数据。

下面演示可视化人脸网格的基本使用方法，虽然 AR Face 组件提供了与人脸相关的所有数据，但其本身并不负责人脸网格渲染，所以需要使用纹理（或者直接渲染人脸网格数据）对其进行渲染。在层级窗口中新建一个空对象，命名为 FaceMesh，并在其上挂载 AR Face 和

AR Face Mesh Visualizer组件，同时一并挂载 Mesh Renderer 和 Mesh Filter 渲染组件，如图 6-10 所示[①]。

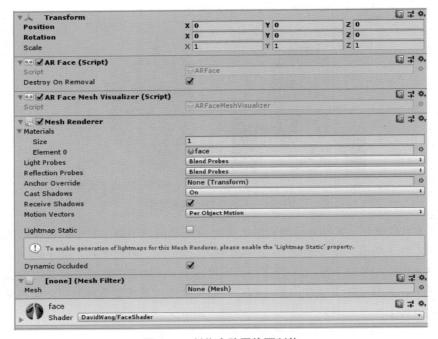

图 6-10 制作人脸网格预制体

我们的目标是使用京剧脸谱纹理可视化人脸网格，为将眼睛与嘴部露出来，需要提前将眼睛与嘴部位置镂空，并将图像保存为带 Alpha 通道的 PNG 格式[②]，并且在渲染时需要将镂空部分剔除，因此，编写一个 Shader 脚本代码如下：

```
// 第 6 章 /6-1
Shader "DavidWang/FaceShader" {
    Properties{
        _MainTex("Texture", 2D) = "white" {}
    }
    SubShader
    {
        Tags { "RenderType" = "Opaque" "RenderPipeline" = "UniversalPipeline" }

        Pass
        {
            HLSLPROGRAM
```

---

① 事实上，我们也可以在层级窗口中通过鼠标在空白处右击，在弹出菜单中依次选择 XR → AR Default Face 创建这个人脸对象，但该对象渲染使用的是 Build-in 材质，由于我们使用的是 URP 管线，所以显示可能不正确，需要进行材质修正。

② 可以使用 Photoshop 等图像处理软件进行预先处理。

```
          #pragma vertex vert
          #pragma fragment frag

          #include "Packages/com.unity.render-pipelines.universal/ShaderLibrary/
Core.hlsl"
          struct Attributes
          {
              float4 positionOS    : POSITION;
              float2 uv            : TEXCOORD0;
          };

          struct Varyings
          {
              float4 positionHCS   : SV_POSITION;
              float2 uv            : TEXCOORD0;
          };

          TEXTURE2D(_MainTex);
          SAMPLER(sampler_MainTex);

          CBUFFER_START(UnityPerMaterial)
          float4 _MainTex_ST;
          CBUFFER_END

          Varyings vert(Attributes IN)
          {
              Varyings OUT;
              OUT.positionHCS = TransformObjectToHClip(IN.positionOS.xyz);
              OUT.uv = TRANSFORM_TEX(IN.uv, _MainTex);
              return OUT;
          }
          half4 frag(Varyings IN) : SV_Target
          {
              half4 color = SAMPLE_TEXTURE2D(_MainTex, sampler_MainTex, IN.uv);
              clip(color.w - 0.1);
              return color;
          }
          ENDHLSL
      }
    }
  }
```

在 Shader 脚本代码中，在剔除透明区域时使用了 clip(x) 函数，该函数用于丢弃参数 x 值小于 0 的像素，即镂空纹理中的透明区域。

在工程窗口（Project 窗口）中新建一个使用该 Shader 的材质，命名为 face，为该材质赋

京剧脸谱纹理，并将该材质应用到场景中 FaceMesh 对象的 Mesh Renderer 组件中，如图 6-10
所示，然后将场景中的 FaceMesh 对象制作成预制体，并删除层级窗口中的 FaceMesh 对象。

最后将 FaceMesh 预制体赋给层级窗口中 XR Origin 对象上
AR Face Manager 组件的 Face Prefab 属性。编译运行，将前置摄像
头对准人脸，效果如图 6-11 所示 ①。

AR Face Manager 组件只有一个 Face Prefab 属性，因此只能实
例化一类人脸网格渲染预制体，如果要实现川剧中的变脸效果该
如何处理？

前文提到，AR Face Manager 组件有一个 facesChanged 事件，
因此可以通过注册这个事件实现期望的功能，思路如下：

实现变脸效果实际上就是要更换渲染的纹理，因此只需在 AR

图 6-11　人脸面具效果图

Face Manager 组件检测到人脸的 added 事件中，在实例化人脸网格
之前替换掉相应的纹理。为此，预先制作多张类似的纹理，并放置到 Resources 文件夹中以便
运行时加载。新建一个 C# 脚本，命名为 ChangeFace，代码如下：

```csharp
// 第 6 章 /6-2
using UnityEngine;
using UnityEngine.XR.AR Foundation;

[RequireComponent(typeof(ARFaceManager))]
public class ChangeFace : MonoBehaviour
{
    private GameObject mFacePrefab;
    private ARFaceManager mARFaceManager;
    private Material _material;                              // 材质对象
    private int mTextureIndex = 0;                          // 纹理索引号
    private int mTextureNumber = 3;                         // 纹理总数
    private Texture2D[] mTextures = new Texture2D[3];       // 纹理数组

    private void Awake()
    {
        mARFaceManager = GetComponent<ARFaceManager>();
    }
    // 加载纹理资源
    void Start()
    {
        mFacePrefab = mARFaceManager.facePrefab;
```

————————

① 人脸检测功能与平面检测、射线检测等功能不兼容，而且平面检测功能的优先级比人脸检测高，如果 XR Origin 对
象上同时挂载有 AR Plane Manager 和 AR Face Manager 组件，则默认会执行平面检测功能，人脸检测功能将不可用。另外，
由于人脸检测需要使用前置摄像头，所以在使用人脸检测功能时，场景中 Main Camera 对象 AR Camera Manager 组件上的
Facing Direction 属性需要选择为 User。

```
        _material = mFacePrefab.transform.GetComponent<MeshRenderer>().material;
        mTextures[0] = (Texture2D)Resources.Load("face0");
        mTextures[1] = (Texture2D)Resources.Load("face1");
        mTextures[2] = (Texture2D)Resources.Load("face2");
    }
    // 注册事件
    private void OnEnable()
    {
        mARFaceManager.facesChanged += OnFacesChanged;
    }
    // 取消事件注册
    void OnDisable()
    {
        mARFaceManager.facesChanged -= OnFacesChanged;
    }
    void OnFacesChanged(ARFacesChangedEventArgs eventArgs)
    {
        foreach (var trackedFace in eventArgs.added)
        {
            OnFaceAdded(trackedFace);
        }
        /*
        foreach (var trackedFace in eventArgs.updated)
        {
            OnFaceUpdated(trackedFace);
        }
        foreach (var trackedFace in eventArgs.removed)
        {
            OnFaceRemoved(trackedFace);
        }
        */
    }
    // 处理纹理替换
    private void OnFaceAdded(ARFace refFace)
    {
        mTextureIndex = (++mTextureIndex) % mTextureNumber;
        _material.mainTexture = mTextures[mTextureIndex];
        //Debug.Log("TextureIndex:" + TextureIndex);
    }
}
```

上述代码的主要逻辑是通过注册 facesChanged 事件,在 AR Face Manager 组件实例化人脸网格预制体之前替换纹理。完成编码后,将 ChangeFace 脚本也挂载在层级窗口中的 XR Origin 对象上。编译运行,将前置摄像头对准人脸,在检测到人脸后,当手在脸前拂过时,虚拟人脸网格纹理就会随之替换,类似于川剧中的变脸表演,效果如图 6-12 所示。

图 6-12　变脸效果示意图

变脸效果案例演示了 facesChanged 事件中 added 事件的一般用法，facesChanged 事件还提供了 updated、removed 事件，利用这些事件，我们就能在检测到人脸时、检测到的人脸更新时、人脸丢失跟踪时进行相应处理，实现特定功能。在同一个 AR 会话中，ARKit 会对每个检测到的人脸使用一个唯一的 TrackableId 进行标识，利用这个 TrackableId 可以判断当前人脸的跟踪情况，实现对特定人脸的跟踪功能。

6.3　多人脸检测

除检测人脸姿态和提供检测到的人脸网格信息，ARKit 也支持多人脸检测[①]，在多人脸检测中，除了注册 facesChanged 事件，也可以直接在 Update() 方法中进行处理，代码如下：

```
// 第 6 章 /6-3
using System.Collections.Generic;
using UnityEngine;
using UnityEngine.XR.AR Foundation;
using UnityEngine.XR.ARSubsystems;
using Unity.XR.CoreUtils;

[RequireComponent(typeof(ARFaceManager))]
[RequireComponent(typeof(XROrigin))]
public class MultiFace : MonoBehaviour
{

    [SerializeField]
    private GameObject mRegionPrefab;                    // 模型预制体
    private ARFaceManager mFaceManager;
    private XROrigin mXROrigin;
```

---

① 由于人脸检测属于性能消耗较大的功能，检测跟踪太多人脸会导致应用性能下降。

```
        private Dictionary<TrackableId, GameObject> mInstantiatedPrefabs;
                                              // 存储已实例化的模型对象

    void Start()
    {
        mFaceManager = GetComponent<ARFaceManager>();
        mXROrigin = GetComponent<XROrigin>();
        mInstantiatedPrefabs = new Dictionary<TrackableId, GameObject>();
    }
    void Update()
    {
        var subsystem = mFaceManager.subsystem;
        if (subsystem == null)
            return;
        GameObject Go;
        // 通过 ARFaceManager 组件中的跟踪对象进行多人脸检测
        foreach (var face in mFaceManager.trackables)
        {
            if (mInstantiatedPrefabs.TryGetValue(face.trackableId, out Go))
            {
                Go.transform.localPosition = face.transform.position;
                Go.transform.localRotation = face.transform.rotation;
                continue;
            }
            GameObject go = Instantiate(mRegionPrefab, mXROrigin.TrackablesParent);
            go.transform.localPosition = face.transform.position;
            go.transform.localRotation = face.transform.rotation;
            mInstantiatedPrefabs.Add(face.trackableId, go);
        }
    }
}
```

代码中演示了通过查询 AR Face Manager 组件中跟踪对象的方式实现了人脸检测相关功能，这与注册 facesChanged 事件相比更加直观，但是这种方式不如使用 facesChanged 事件方式优雅。

在上述代码中，我们在所有检测到的人脸上挂载相同的虚拟物体模型，如果需要挂载不同的虚拟物体，则可以设置一个预制体数组用于保存所有待实例化的预制体，然后通过一个随机数发生器随机实例化虚拟物体。当前，我们无法做到只在特定的人脸上挂载特定的虚拟物体，因为 ARKit 只提供人脸检测跟踪而不提供人脸识别功能。

需要注意的是，使用多人脸检测时，需要将 AR Face Manager 组件中的 Maximum Face Count 属性设置为需要检测的最大人脸数，这样才能启动多人脸检测功能，默认只检测单个人脸。

除本例使用的方法之外，也可以直接通过 AR Face Manager 组件的 Face Prefab 属性挂载虚拟模型，ARKit 检测到人脸时会提供人体头部中心点姿态信息，加之人脸结构的固定性，可以通过操控模型偏移一定的距离而将模型挂载在人脸的指定位置。

目前基于人脸检测的 AR 应用已经在很多场合被使用，如美妆、首饰佩戴、眼镜佩戴等，并在社交类应用中广泛使用，ARKit 提供的人脸检测跟踪功能可以极大地方便开发人员进行基于人脸的应用开发。

6.4 BlendShapes

iPhone X 及后续机型上新增加了一个原深感摄像头传感器，利用这个原深感摄像头可以更加精准地捕捉用户的面部表情，提供更详细的面部特征点信息，此外，在 A12 及以上芯片中，ARKit 通过深度学习网络只利用 RGB 摄像头图像信息便可推算出用户面部表情特征，提供了另一种获取用户面部表情的方法。

6.4.1 BlendShapes 基础

利用原深感摄像头采集或者通过深度学习计算获取用户面部表情特征后，ARKit 提供了一种利用用户面部表情驱动虚拟人脸模型的技术，称为 BlendShapes，BlendShapes 可以翻译成形状融合，在 3ds Max 中叫变形器，这个概念原本用于描述通过参数控制模型网格的位移，苹果公司借用了这个概念，在 ARKit 中专门用于表示通过人脸表情因子驱动人脸模型的技术。BlendShapes 在技术上是一组存储了用户面部表情特征运动因子的字典，共包含 52 组特征运动数据，ARKit 会根据原深感摄像头采集 / 深度学习解算的用户表情特征值实时地设置相对应的运动因子。利用这些运动因子可以驱动 2D 或者 3D 人脸模型，这些模型会实时地呈现与用户一致的表情。

ARKit 实时提供全部 52 组运动因子，在这 52 组运动因子中包括 7 组左眼运动因子数据、7 组右眼运动因子数据、27 组嘴部与下巴运动因子数据、10 组眉毛脸颊鼻子运动因子数据、1 组舌头运动因子数据，但在使用时可以选择利用全部或者只利用一部分数据，如只关注眼球运动，则可以只使用眼球相关运动因子数据。

每一组运动因子表示一个 ARKit 识别的人脸表情特征，每一组运动因子都包括一个表示人脸特定表情的定位符与一个表示表情程度的浮点类型值，表情程度值的范围为 [0，1]，0 表示没有表情，1 表示完全表情，如图 6-13 所示，在图 6-13 中，这个表情定位符为 mouthSmileRight，代表右嘴角的表情定位，左图中表情程度值为 0，即没有任何右嘴角表情，右图中表情值为 1，即为最大的右嘴角表情运动，而 0 ～ 1 的中间值则会对网格进行融合，形成一种过渡表情，这也是 BlendShapes 名字的由来。ARKit 会实时捕捉到这些运动因子，利用这些运动因子即可驱动 2D、3D 人脸模型，这些模型会同步用户的面部表情，当然，可以只取其中的一部分所关注的运动因子，但如果想精确地模拟用户的表情，则建议使用这 52 组运动因子数据。

图 6-13　运动因子对人脸表情的影响示意图

6.4.2　BlendShapes 技术原理

在 ARKit 中，对人脸表情特征位置定义了 52 组运动因子数据，使用 BlendShapeLocation 作为表情定位符，表情定位符定义了特定表情，如 mouthSmileLeft、mouthSmileRight 等，与其对应的运动因子则表示表情运动范围。这 52 组运动因子数据如表 6-3 所示。

表 6-3　BlendShapeLocation 表情定位符及其描述

区　域	表情定位符	描　述
Left Eye（7）	eyeBlinkLeft	左眼眨眼
	eyeLookDownLeft	左眼目视下方
	eyeLookInLeft	左眼注视鼻尖
	eyeLookOutLeft	左眼向左看
	eyeLookUpLeft	左眼目视上方
	eyeSquintLeft	左眼眯眼
	eyeWideLeft	左眼睁大
Right Eye（7）	eyeBlinkRight	右眼眨眼
	eyeLookDownRight	右眼目视下方
	eyeLookInRight	右眼注视鼻尖
	eyeLookOutRight	右眼向左看
	eyeLookUpRight	右眼目视上方
	eyeSquintRight	右眼眯眼
	eyeWideRight	右眼睁大
Mouth and Jaw（27）	jawForward	努嘴时下巴向前
	jawLeft	撇嘴时下巴向左
	jawRight	撇嘴时下巴向右
	jawOpen	张嘴时下巴向下

续表

区　　域	表情定位符	描　　述
Mouth and Jaw（27）	mouthClose	闭嘴
	mouthFunnel	稍张嘴并双唇张开
	mouthPucker	抿嘴
	mouthLeft	向左撇嘴
	mouthRight	向右撇嘴
	mouthSmileLeft	左撇嘴笑
	mouthSmileRight	右撇嘴笑
	mouthFrownLeft	左嘴唇下压
	mouthFrownRight	右嘴唇下压
	mouthDimpleLeft	左嘴唇向后
	mouthDimpleRight	右嘴唇向后
	mouthStretchLeft	左嘴角向左
	mouthStretchRight	右嘴角向右
	mouthRollLower	下嘴唇卷向里
	mouthRollUpper	下嘴唇卷向上
	mouthShrugLower	下嘴唇向下
	mouthShrugUpper	上嘴唇向上
	mouthPressLeft	下嘴唇压向左
	mouthPressRight	下嘴唇压向右
	mouthLowerDownLeft	下嘴唇压向左下
	mouthLowerDownRight	下嘴唇压向右下
	mouthUpperUpLeft	上嘴唇压向左上
	mouthUpperUpRight	上嘴唇压向右上
Eyebrows（5）	browDownLeft	左眉向外
	browDownRight	右眉向外
	browInnerUp	蹙眉
	browOuterUpLeft	左眉向左上
	browOuterUpRight	右眉向右上
Cheeks（3）	cheekPuff	脸颊向外
	cheekSquintLeft	左脸颊向上并回旋
	cheekSquintRight	右脸颊向上并回旋
Nose（2）	noseSneerLeft	左蹙鼻子
	noseSneerRight	右蹙鼻子
Tongue（1）	tongueOut	吐舌头

需要注意的是，在表 6-3 中表情定位符的命名是基于人脸方向的，如 eyeBlinkRight 定义的是人脸右眼，但在呈现 3D 模型时我们镜像了模型，看到的人脸模型右脸其实在左边。

有了表情特征运动因子后，就需要用到 Unity 的 SkinnedMeshRenderer.SetBlendShapeWeight() 方法进行网格融合，该方法的原型如下：

```
public void SetBlendShapeWeight(int index, float value);
```

该方法有两个参数，index 参数表示需要融合的网格索引，其值必须小于 Mesh .blendShapeCount 值；value 参数为需要设置的 BlendShape 权重值，这个值与人脸模型设定值相关，可以是 [0，1]，也可以是 [0，100] 等。

该方法主要用于设置网格索引的 BlendShape 权重值，这个值表示从源网格到目标网格的插值（源网格与目标网格拥有同样的拓扑结构，但顶点位置两者有差异），最终值符合以下公式：

$$v_{fin} = (1-value) * v_{src} + value * v_{des} \qquad (6-1)$$

因此，通过设置网格的 BlendShape 权重值可以将网格从源网格过渡到目标网格，如图 6-14 所示。

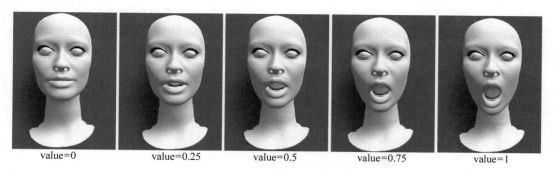

value=0　　　　value=0.25　　　　value=0.5　　　　value=0.75　　　　value=1

图 6-14　BlendShape 权重值对网格影响示意图

6.4.3　BlendShapes 的使用

从上文中已经知道，使用 ARKit 的 BlendShapes 功能需要满足两个条件：第 1 个条件是有一个带有原深感摄像头 /A12 以上芯片的移动设备；第 2 个条件是有一个变形器（BlendShape）已定义好的模型，这个模型的变形器定义最好与表 6-3 完全对应。

为模型添加变形器可以在 3ds Max 等建模软件中预先处理，并做好对应的网格变形，如图 6-15 所示。

在满足以上两个条件后，使用 BlendShapes 就变得相对简单了，实现的思路如下：

（1）获取 ARKit 表情特征运动因子。这可以使用 ARKitFaceSubsystem.GetBlendShape-Coefficients() 方法获取，该方法会返回一个 NativeArray 类型数组，包括 52 组表情特征运动因子数据。

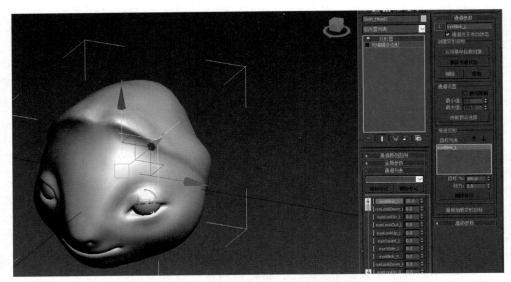

图 6-15　在模型制作时设置网格变形标记

（2）为人脸模型挂载 Skinned Mesh Renderer 组件，确保其 BlendShapes 与模型中定义的 BlendShape 标记符一致，如图 6-16 所示，然后绑定 ARKit 的表情特征定位符与 Skinned Mesh Renderer 组件中的 BlendShapes 对应值，并且使其保持一致。

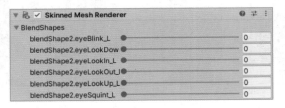

图 6-16　设置 Skinned Mesh Renderer 组件 BlendShapes 属性

（3）在人脸表情数据发生改变时更新所有表情特征运动因子，核心代码如下：

```
//第 6 章 /6-4
void UpdateFaceFeatures()
{
    if (skinnedMeshRenderer == null || !skinnedMeshRenderer.enabled ||
skinnedMeshRenderer.sharedMesh == null)
    {
        return;
    }
    using (var blendShapes = m_ARKitFaceSubsystem.GetBlendShapeCoefficients(m_Face.
trackableId, Allocator.Temp))
    {
        foreach (var featureCoefficient in blendShapes)
        {
```

```
            int mappedBlendShapeIndex;
            if (m_FaceArkitBlendShapeIndexMap.TryGetValue(featureCoefficient.
blendShapeLocation, out mappedBlendShapeIndex))
            {
                if (mappedBlendShapeIndex >= 0)
                {
                    skinnedMeshRenderer.SetBlendShapeWeight(mappedBlendShapeIndex,
featureCoefficient.coefficient * coefficientScale);
                }
            }
        }
    }
}
```

实现 BlendShapes 核心思想其实很简单，也就是使用人脸的表情驱动模型对应的表情，因此人脸表情与模型表情必须建立一一对应关系，通过实时更新达到同步驱动的目的。BlendShapes 实现效果如图 6-17 所示。

图 6-17　BlendShapes 效果图

6.5　同时开启前后摄像头

拥有原深感摄像头传感器或者 A12 以上芯片硬件的移动设备，在运行 iOS 13 以上系统时，可以同时开启设备前后摄像头，即同时进行人脸检测和世界跟踪。这是一项非常有意义且实用的功能，意味着用户可以使用面部表情控制场景中的虚拟物体，实现除手势与语音之外的另一种交互方式。

在 AR Foundation 中使用该功能的基本步骤如下：

（1）在场景中的 XR Origin 对象上挂载 AR Face Manager 组件，使用 AR Face Manager 组件同时管理前置与后置摄像头。

（2）将场景中 XR Origin → Camera offset → Main Camera 对象上 AR Camera Manager 组件的 Facing Direction 属性设置为 User 或者 World，以确定屏幕显示哪个摄像头的图像，User

为显示前置摄像头采集的图像，World 为显示后置摄像头采集的图像。

（3）将场景中 AR Session 对象上 AR Session 组件的 TrackingMode 属性设置为 Position And Rotation 或者 Don't Care。

为了简单起见，我们只在场景中添加一个立方体，并使用一个按钮控制屏幕显示图像的切换（在显示前置摄像头图像与后置摄像头图像间切换）。新建一个 C# 脚本，命名为 ToggleCameraFacingDirection，代码如下：

```csharp
// 第 6 章 /6-5
[SerializeField]
ARCameraManager mCameraManager;
[SerializeField]
ARSession mSession;
[SerializeField]
Transform mFaceControlledObject;

private bool mFaceTrackingWithWorldCameraSupported = false;
private bool mFaceTrackingSupported = false;
private Camera mCamera;
private ARFaceManager mFaceManager;
private void Awake()
{
    mFaceManager = GetComponent<ARFaceManager>();
    mCamera = mCameraManager.GetComponent<Camera>();
}

void  OnEnable()
{
    var subsystem = mSession?.subsystem;
    if (subsystem != null)
    {
        var configs = subsystem.GetConfigurationDescriptors(Allocator.Temp);
        if (configs.IsCreated)
        {
            using (configs)
            {
                foreach (var config in configs)
                {
                    if (config.capabilities.All(Feature.FaceTracking))
                    {
                        mFaceTrackingSupported = true;
                    }
                    // 检查设备对人脸检测与同时开启前后摄像头的支持情况
                    if (config.capabilities.All(Feature.WorldFacingCamera | Feature.FaceTracking))
                    {
```

```
                                mFaceTrackingWithWorldCameraSupported = true;
                            }
                        }
                    }
                }
            }
        }
        // 切换屏幕显示摄像头的图像
        public void OnToggleClicked()
        {
            if (mCameraManager == null || mSession == null)
                return;
            if (mFaceTrackingWithWorldCameraSupported && mCameraManager.
requestedFacingDirection == CameraFacingDirection.User)
            {
                mCameraManager.requestedFacingDirection = CameraFacingDirection.World;
                if (mFaceControlledObject != null)
                {
                    mFaceControlledObject.gameObject.SetActive(true);
                    foreach (var face in mFaceManager.trackables)
                    {
                        if (face.trackingState == TrackingState.Tracking)
                        {
                            mFaceControlledObject.transform.rotation = face.transform
.rotation;
                            mFaceControlledObject.transform.position = mCamera.transform
.position + mCamera.transform.forward * 0.5f;
                        }
                    }
                }
            }
            else if(mFaceTrackingSupported && mCameraManager.requestedFacingDirection ==
CameraFacingDirection.World)
            {
                mCameraManager.requestedFacingDirection = CameraFacingDirection.User;
                if (mFaceControlledObject != null)
                {
                    mFaceControlledObject.gameObject.SetActive(false);
                }

            }
        }
        // 实时检测人脸姿态，并利用人脸姿态控制立方体对象的旋转
        private void Update()
        {
            if(mFaceControlledObject.gameObject.activeSelf == true && mCameraManager
.requestedFacingDirection == CameraFacingDirection.World)
```

```
        {
            foreach (var face in mFaceManager.trackables)
            {
                if (face.trackingState == TrackingState.Tracking)
                {
                    mFaceControlledObject.transform.rotation = face.transform.rotation;
                }
            }
        }
    }
```

在上述代码中，首先在 OnEnable() 方法中对设备支持情况进行检查，查看设备对人脸检测的支持情况和对同时开启前后摄像头的支持情况并保存相应结果；OnToggleClicked() 方法根据条件对屏幕显示图像进行切换，在切换到后置摄像头时，将立方体放置在离摄像头正前方 0.5m 远的地方；Update() 方法实时进行人脸检测，并利用检测到的人脸姿态控制立方体的旋转。

将 ToggleCameraFacingDirection 脚本挂载在场景中的 XR Origin 对象上并设置好相应属性，编译运行，单击切换前后摄像头按钮便可以在显示前置摄像头图像与后置摄像头图像间来回切换，当显示后置摄像头图像时，可以通过头部运动控制立方体的旋转，实现效果如图 6-18 所示。

图 6-18　使用前置摄像头检测到的人脸姿态控制后置摄像头中的立方体效果图

本节通过一个非常简单的案例演示了利用设备前置摄像头检测的人脸姿态信息控制后置摄像头中立方体旋转的功能，并且也可以看到，在同时开启前后摄像头时，ARKit 也能利用后置摄像头进行正常的世界跟踪。

通过这种方式，可以采集设备前置摄像头检测到的人脸表情信息，并利用这些表情信息控制后置摄像头中的虚拟模型，实现人脸表情操控的功能。

6.6　眼动跟踪

眼动跟踪即跟踪眼球的运动，在 ARKit 中，是指通过计算机图像处理技术，定位眼球位置、获取瞳孔中心坐标并通过数学模型计算出眼球注视点的技术。

　　眼动跟踪技术在 VR 及 MR 中使用得非常多，通过捕捉用户注视点，对注视点区域进行专门处理，提供高质量的渲染结果，并弱化非注视点区域的图像，即注视点渲染技术，一方面可以降低渲染计算量，提高数据处理速度，提高性能；另一方面这种方式更符合人眼的特点，通过虚化非注视点区域图像带来更好的使用体验。同时，眼动也是除手势、语音外最重要的一种人机交互手段，可以提供快速的虚实交互能力。眼动跟踪还在安全、残障人员辅助方面有广泛应用。

　　ARKit 通过原深感摄像头传感器获取人脸部及眼球数据，原深感摄像头红外传感器能够一次发射 30 000 个红外点，通过数据处理可以生成用户面部的 3D 模型（包括眼球位置），然后通过数学模型计算出眼球注视方向和凝视点信息。

　　在 AR Foundation 中使用眼动跟踪也依赖 AR Face Manager 组件，ARKit 会为每个检测到的人脸生成相应的数据，具体使用过程如下。

　　创建一个使用眼动跟踪的 C# 脚本，命名为 EyePos，代码如下：

```
// 第 6 章 /6-6
using UnityEngine;
using UnityEngine.XR.AR Foundation;
using UnityEngine.XR.ARSubsystems;

[RequireComponent(typeof(ARFace))]
public class EyePos : MonoBehaviour
{
    [SerializeField]
    private GameObject mLeftEyePrefab;           // 左眼预制体
    [SerializeField]
    private GameObject mRightEyePrefab;          // 右眼预制体

    private GameObject mLeftEye;                 // 左眼实例化对象
    private GameObject mRightEye;                // 右眼实例化对象
    private ARFace mARFace;                      //ARFace 组件

    void Awake()
    {
        mARFace = GetComponent<ARFace>();
    }

    void OnEnable()
    {
        ARFaceManager faceManager = FindObjectOfType<ARFaceManager>();
        if (faceManager != null && faceManager.subsystem != null && faceManager
.descriptor.supportsEyeTracking)
        {
            mARFace.updated += OnUpdated;        // 注册事件
        }
```

```
        else
        {
            Debug.LogError(" 当前设备不支持眼动跟踪 ");
        }
    }
    // 取消事件注册
    void OnDisable()
    {
        mARFace.updated -= OnUpdated;
        if (mLeftEye != null && mRightEye != null)
        {
            mLeftEye.SetActive(false);
            mRightEye.SetActive(false);
        }
    }
    // 眼动跟踪事件
    void OnUpdated(ARFaceUpdatedEventArgs eventArgs)
    {
        if (mARFace.leftEye != null && mLeftEye == null)
        {
            mLeftEye = Instantiate(mLeftEyePrefab, mARFace.leftEye);
            mLeftEye.SetActive(false);
        }
        if (mARFace.rightEye != null && mRightEye == null)
        {
            mRightEye = Instantiate(mRightEyePrefab, mARFace.rightEye);
            mRightEye.SetActive(false);
        }
        // 是否处在跟踪状态
        bool isVisible = (mARFace.trackingState == TrackingState.Tracking) &&
(ARSession.state > ARSessionState.Ready);
        if (mLeftEye != null && mRightEye != null)
        {
            mLeftEye.SetActive(isVisible);
            mRightEye.SetActive(isVisible);
        }
    }
}
```

在上述脚本代码中，最重要的是通过 mARFace.leftEye、mARFace.rightEye 获取检测到的眼球空间位置信息，这个位置是在三维空间中的，因此可以直接利用该位置实例化虚拟物体（本例中我们使用两个小球模拟眼球）。

在层级窗口中新建一个空对象，命名为 EyePos，为该对象挂载 AR Face 组件，将 EyePos 脚本也挂载到该对象上，并为眼球预制体属性赋值。将 EyePos 对象制作成预制体，然后删除层级窗口中的该对象。

在使用时，在层级窗口中选择 XR Origin 对象，为其挂载 AR Face Manager 组件，并将制作好的 EyePos 预制体赋给 Face Prefab 属性即可，运行效果如图 6-19（a）所示。

通过 AR Face 组件获取的眼球信息不仅包括三维位置信息，也包括旋转信息，因此，可以使用一个长条形的虚拟物体表达其位置与旋转，从而实现眼球注视方向的可视化，如图 6-19（b）所示。

(a) 挂载组件　　　　　　　(b) 注视方向可视化　　　　　　　(c) 标识凝视点

图 6-19　眼动跟踪效果图

事实上，ARKit 不仅能通过原深感摄像头采集的红外信息获取眼球位置及其旋转信息，还能通过追踪瞳孔，利用数学模型计算出两眼方向的交点（凝视点）。在使用时，可以通过 ARFace.fixationPoint 获取凝视点数据，该数据也是在三维空间中，但通常我们不关注三维空间中的凝视点，而是关注凝视点在屏幕空间中的位置，如通过凝视滑动屏幕、通过凝视触发屏幕事件（单击按钮、播放音视频）等，这些操作都需要将三维空间中的凝视点信息转换到屏幕空间。下面演示实现方法，新建一个 C# 脚本文件，命名为 EyeFixation，代码如下：

```
// 第 6 章 /6-7
using UnityEngine;
using UnityEngine.XR.AR Foundation;
using UnityEngine.XR.ARSubsystems;

[RequireComponent(typeof(ARFace))]
public class EyeFixation : MonoBehaviour
{
    [SerializeField]
```

```
            private GameObject mGUIFixationReticlePrefab;        //2D 凝视点指示图标
            private GameObject mFixationReticleGameObject;        // 实例化后的指示图标

            private Canvas mCanvas;                               //Canvas 对象
            private ARFace mARFace;                               //ARFace 组件
            private Camera mainCamera;                            // 渲染相机
            void OnEnable()
            {
                mARFace = GetComponent<ARFace>();
                var faceManager = FindObjectOfType<ARFaceManager>();
                mainCamera = Camera.main;
                if (faceManager != null && faceManager.subsystem != null && faceManager
.descriptor.supportsEyeTracking)
                {
                    var isVisible = (mARFace.trackingState == TrackingState.Tracking) &&
(ARSession.state > ARSessionState.Ready);
                    if (mFixationReticleGameObject != null)
                        mFixationReticleGameObject.SetActive(isVisible);
                    mARFace.updated += OnUpdated;
                }
                else
                {
                    enabled = false;
                }
            }
        void OnDisable()
        {
            mARFace.updated -= OnUpdated;
            if (mFixationReticleGameObject != null)
                mFixationReticleGameObject.SetActive(false);
        }


        void OnUpdated(ARFaceUpdatedEventArgs eventArgs)
        {
            // 检查凝视点、Canvas、凝视点对象，当条件符合时实例化 2D 指示图标
            if (mARFace.fixationPoint != null && mCanvas != null && mFixationReticle-
GameObject == null)
            {
                mFixationReticleGameObject = Instantiate(mGUIFixationReticlePrefab,
mCanvas.transform);
            }
            // 检测图标可见性
            var isVisible = (mARFace.trackingState == TrackingState.Tracking) &&
(ARSession.state > ARSessionState.Ready);
            if (mFixationReticleGameObject != null)
                mFixationReticleGameObject.SetActive(isVisible);
            // 将凝视点从 3D 空间转换到 2D 屏幕空间
```

```
            var fixationInViewSpace = mainCamera.WorldToViewportPoint(mARFace.
fixationPoint.position);
            // 在使用前置摄像头时，屏幕图像左右是反的，需要进行校正
            var mirrorFixationInView = new Vector3(1 - fixationInViewSpace.x, 1 -
fixationInViewSpace.y, fixationInViewSpace.z);
            if (mFixationReticleGameObject != null)
            {
                mFixationReticleGameObject.GetComponent<RectTransform>().
anchoredPosition3D = mainCamera.ViewportToScreenPoint(mirrorFixationInView);
            }
        }
    }
```

在上述代码中最关键的是通过 mainCamera.WorldToViewportPoint() 方法将凝视点位置（旋转不重要）从三维空间转换到 2D 屏幕空间。因为在使用前置摄像头时，屏幕图像左右镜像，需要进行校正，然后就可以通过一个标志图形在屏幕空间标识凝视点位置，如图 6-19（c）所示。

EyeFixation 脚本的使用方法与 EyePos 脚本基本一致，但因为需要在屏幕空间中渲染 UI 元素，因此需要用到 Canvas 对象。在运行时，ARKit 会实时计算出凝视点位置，因此我们就能够利用凝视点信息控制屏幕操作，实现凝视交互。

在本章中，我们对 ARKit 人脸检测相关知识进行了学习，对人脸网格、人脸贴纸、挂载虚拟物体、BlendShapes、眼动跟踪进行了演示，但人脸检测跟踪的应用远比演示的要多，例如可以利用人脸特定表情解锁、利用人脸检测功能实现酷绚的魔法效果等。

第7章

光 影 效 果

光影是影响物体感观非常重要的部分，在真实世界中，人脑通过对光影的分析，可以迅速定位物体空间位置、光源位置、光源强弱、物体三维结构、物体之间的关系、周边环境等，光影还影响人们对物体表面材质属性的直观感受。在 AR 中，光影效果直接影响 AR 虚拟物体的真实感。本章主要讲解在 AR 中实现光照估计、环境光反射、阴影生成等相关知识，提高 AR 场景中虚拟物体渲染的真实感。

7.1　光照基础

在现实世界中，光扮演了极其重要的角色，没有光万物将失去色彩，没有光世界将一片漆黑。在 3D 数字世界中亦是如此，3D 数字世界本质上是一个使用数学精确描述的真实世界副本，光照计算是影响这个数字世界可信度的极其重要的因素。

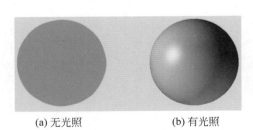

(a) 无光照　　　　　　　　(b) 有光照

图 7-1　光照影响人脑对物体形状的判断

在图 7-1 中，（a）图是无光照条件下的球体（并非全黑是因为设置了环境光），这个球体看起来与一个 2D 圆形并无区别，（b）图是有光照条件下的球体，立体形象已经呈现，有高光、有阴影。这只是一个简单的示例，事实上我们视觉感知环境就是通过光与物体材质的交互而产生的。

3D 数字世界渲染的真实度与 3D 数字世界使用的光照模型有直接关系，越高级的光照模型对现实世界模拟得越好，场景看起来就越真实，当然计算开销也越大，特别是对实时渲染的应用来讲，一个合适的折中方案很关键。

7.1.1　光源

顾名思义，光源即是光的来源，常见的光源有阳光、月光、星光、灯光等。光的本质其实很复杂，它是一种电磁辐射但却有波粒二相性（我们不会深入研究光学，那将是一件非常复杂且枯燥的工作，在计算机图形学中，只需了解一些简单的光学属性及其应用）。在实时渲染时，通常把光源当成一个没有体积的点，用 L 来表示由其发射光线的方向，使用辐照度（Irradiance）来量化光照强度。对平行光而言，它的辐照度可以通过计算在垂直于 L 的单位面积上单位时间内穿过的能量来衡量。在图形学中考虑光照，我们只要想象光源会向空间中发射带有能量的光子，然后这些光子会与物体表面发生作用（反射、折射、透射和吸收），最后的结果是我们看到物体的颜色和各种纹理。

7.1.2　光与材质的交互

当光照射到物体表面时，一部分能量被物体表面吸收，另一部分被反射，如图 7-2 所示，对于透明物体，还有一部分光穿过透明体，产生透射光。被物体吸收的光能转换为热量，只有反射光和透射光能够进入人的眼睛，产生视觉效果。反射和透射产生的光波决定了物体呈现的亮度和颜色，即反射和透射光的强度决定了物体表面的亮度，而它们含有的不同波长光的比例决定了物体表面的色彩，所以物体表面光照颜色由入射光、物体材质，以及光与材质的交互规律共同决定。

物体材质可以认为是决定光如何与物体表面相互作用的属性。这些属性包括表面反射和吸收的光的颜色、材料的折射系数、表面光滑度、透明度等。通过指定材质属性，可以模拟各种真实世界的表面视觉表现，如木材、石头、玻璃、金属和水。

在计算机图形学光照模型中，光源可以发出不同强度的红光、绿光和蓝光，因此可以模拟各种光色。当光从光源向外传播并与物体发生碰撞时，其中一部分光可能被吸收，另一部分则可能被反射（对于透明物体，如玻璃，有些光线透过介质，但这里不考虑透明物体）。反射的光沿着新的反射路径传播，并且可能会击中其他物体，其中一些光又被吸收和反射。光线在完全被吸收之前可能会击中许多物体，最终，一些光线会进入我们的眼睛，如图 7-3 所示。

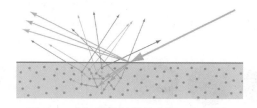
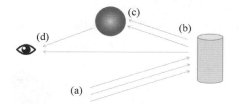

图 7-2　光与物体材质的交互，如反射、　　　　图 7-3　入射到眼睛中的光是光源与世界
　　　　折射、散射、次表面散射　　　　　　　　　　　环境进行多次交互后综合的结果

根据三原色理论，眼睛的视网膜包含 3 种光感受器，每种光感受器对特定的红光、绿光和蓝光敏感（有些重叠），进入人眼的 RGB 光会根据光的强度将其相应的光感受器刺激到不同的强度。当光感受器受到刺激（或不刺激）时，神经脉冲从视神经向大脑发射脉冲信号，大脑综合所有光感受器的脉冲刺激产生图像（如果闭上眼睛，光感受器细胞就不会受到任何刺激，默认大脑会将其标记为黑色）。

在图 7-3 中，假设圆柱体表面材料反射 75% 的红光，75% 的绿光，而球体反射 25% 的红光，吸收其余的红光，并且假设光源发出的是纯净的白光。当光线照射到圆柱体时，所有的蓝光都被吸收，只有 75% 的红光和绿光被反射出来（中等强度的黄光）。这束光随后被散射，其中一部分进入眼睛，另一部分射向球体。进入眼睛的部分主要刺激红色和绿色的椎细胞到中等的程度，观察者会认为圆柱体表面是一种半明亮的黄色。其他光线向球体散射并击中球体，球体反射 25% 的红光并吸收其余部分，因此，稀释后的红光（中高强度红色）被进一步稀释和反射，所有射向球体的绿光都被吸收，剩余的红光随后进入眼睛，刺激红椎细胞到一个较低的程度，因此观察者会认为球体是一种暗红色的球。这就是光与材质的交互过程。

在 AR 中，ARKit 会根据摄像头采集的环境图像自动评估环境中的光照信息并修正虚拟元素的光照，通常情况下都能达到比较理想的光照效果，但也可以在场景中手动添加灯光，调整灯光颜色和强度，从而更精准地控制虚拟物体的光照表现。

光与物体材质交互的过程是持续性的，即光线在环境中会持续地被反射、透射、吸收、衍射、折射、干涉，直到光线全部被吸收后转换为热量，完整模拟这个过程目前还不现实（需要庞大的算力），因此，为了简化光与材质交互的计算，人们建立了一些数学模型来替代复杂的物理模型，这些模型就称为光照模型（Illumination Model）。

7.1.3　光照模型

光照模型，也称为明暗模型，用于计算物体某点的光强和颜色值，从数学角度而言，光照模型本质上是一个或者一组数学公式，使用这些公式来计算物体某点的光照效果。

根据光照模型所关注的重点和对光线交互的抽象层次不同，光照模型又分为局部光照模型和全局光照模型：局部光照模型只关注光源所发射光线到物体的一次交互，常用于实时渲染；全局光照模型关注的光照交互层级更多，因此计算量更大，通常用于离线渲染。AR Foundation 支持的局部光照模型包括 Ambient（环境光）、Lambert、Phong、Blinn、PBR，详见表 7-1，它们的渲染效果如图 7-4 所示。

Ambient　　Lambert　　Phong　　Blinn　　PBR

图 7-4　不同光照模型对物体光照计算的效果

表 7-1　AR Foundation 支持的光照模型

光照模型	描　　述
Ambient	所有物体表面使用相同的常量光照，常用于模拟环境光照效果
Lambert	该模型包含了环境光与漫反射两种光照效果
Phong	该模型包含了环境光、漫反射和高光反射 3 种光照效果

续表

光照模型	描　　述
Blinn	该模型包含了环境光、漫反射和高光反射 3 种光照效果，改进自 Phong 模型，可以实现更柔和的高光效果，并且计算速度更快
PBR	该光照模型基于真实的光线与材质的交互物理规律，通常采用微面元理论，因此，表现出来的效果更真实，但需要注意的是，PBR 虽然是基于物理的光照模型，但并不是完全使用物理公式进行计算，也采用了部分经验公式，所以，并不是说 PBR 光照模型就完全可信，当前主流的渲染引擎基本支持 PBR

7.1.4　3D 渲染

　　计算机图形学中，3D 渲染又称为着色（Shading），是指对 3D 模型进行纹理与光照处理并光栅化成像素的过程。图 7-5 直观地展示了 3D 渲染过程。在 3D 渲染中，顶点着色器（Shader）负责对顶点进行空间变换和光照计算（Transformation&Lighting，T&L），然后输入片元着色器中进行逐像素照明计算和阴影处理，3D 渲染的最后一步称为光栅化，即生成每像素的颜色信息，随后这些像素被输到帧缓冲中由显示器进行显示[①]。

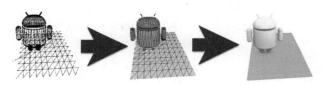

图 7-5　AR 渲染物体的过程

7.2　光照估计

　　AR 与 VR 在光照计算上最大的不同在于 VR 场景世界是纯数字世界，有一套完整的数学模型，而 AR 则是将计算机生成的虚拟物体或关于真实物体的非几何信息叠加到真实世界的场景之上实现对真实世界的增强，融合了真实世界与数字世界。就光照计算而言，VR 中的光照类型、属性完全由开发人员决定，光照效果是一致的，而 AR 中则不得不考虑真实世界的光照信息与虚拟的 3D 光照信息的一致性，举个例子，如果在 AR 应用中设置了一个模拟太阳的高亮度方向光，而用户是在光照比较昏暗的时间或者地点使用这个 AR 应用，如果不考虑光照一致性，则渲染出来的虚拟物体的光照与真实世界其他物体的光照反差将会非常明显，由于人眼对光照信息的高度敏感，这种渲染沉浸感全无，可以说是失败的。在 AR 中，由于

---

　　① 严谨地讲，这里讨论的渲染过程是指利用 DirectX 或 OpenGL 在设备的 GPU 上进行标准的实时渲染过程，目前已有一些渲染方式采用另外的渲染架构，但那不在我们的讨论范围之内。

用户与真实世界的联系并未被切断，光照的交互方式也要求更自然，如果真实世界的物体阴影向左而渲染出来的虚拟物体阴影向右，则会让人难以接受，所以在 AR 中，需要尽力将虚拟光照与真实光照保持一致，这样才能提高虚拟物体渲染的可信度和真实感。

在真实世界中，当用户移动时，光照方向和强度有可能会剧烈地发生变化（如用户从室外走到室内），这种变化也会导致 AR 应用虚拟物体渲染光照不一致的问题。

7.2.1　光照一致性

光照一致性的目标是使虚拟物体的光照情况与真实场景中的光照情况保持一致，虚实物体有着一致的明暗、阴影、高光效果，以增强虚拟物体的真实感。解决光照一致性问题的关键是获取真实场景中的准确光照信息，准确的光照信息能够实现更加逼真的虚拟物体渲染效果。光照一致性包含的技术性问题很多，完全的解决方案需要场景精确的几何模型和光照模型，以及场景中物体的光学属性描述，这样才可能绘制出真实场景与虚拟物体的光照交互，包括真实场景中的光源对虚拟物体产生的明暗、阴影和反射及虚拟物体对真实物体的明暗、阴影和反射的影响。实现光照一致性是增强现实技术中的一个涉及众多因素的技术挑战，光照模型的研究是解决光照一致性问题的重要手段，其中一个关键的环节是要获取现实环境中真实光照的分布信息。目前对真实环境光照的估计方法主要包括借助辅助标志物的方法、借助辅助拍摄设备的方法、基于图像分析的方法等，ARKit 使用基于图像分析的方法。

7.2.2　光照估计实例

AR Foundation 支持 ARCore 和 ARKit 光照估计功能，在 AR 应用中使用光照估计，首先要打开 AR Foundation 光照估计功能，在层级（Hierarchy）窗口中，依次选择 XR Origin → Camera Offset → Main Camera，然后在属性（Inspector）窗口的 AR Camera Manager 组件中为 Light Estimation 选择相应值（非 None 值）即可打开光照估计功能，如图 7-6 所示。

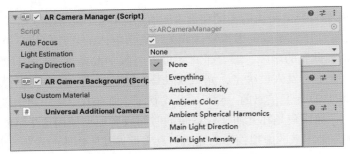

图 7-6　开启 AR Foundation 光照估计功能

从图 7-6 可以看到，AR Foundation 支持很多种类的光照估计类型，但实际上这些值与特定平台相关，具体如表 7-2 所示。

表 7-2　AR Foundation 支持的光照估计值与平台详情

光照估计选项	平　　台	前后摄像头	描　　述
Ambient Intensity	ARKit	后	环境光强度估计
Ambient Color	ARCore/ARKit	后	环境光颜色估计
Ambient Spherical Harmonics	ARCore/ARKit	前	环境光球谐分布估计
Main Light Direction	ARCore	后	场景主光源方向
Main Light Intensity	ARCore	后	场景主光源强度

在使用光照估计时，这些值可以多选，但它们只在特定的平台被支持，如果平台不支持，则选择的光照估计值无效，不会产生输出。在 Android 平台上，光照估计会对环境中的主光源强度（Intensity）、颜色（Color）、方向（Direction）进行评估计算，而在 iOS 平台上，只对环境中的光照强度（Ambient Intensity）、颜色（Ambient Color）进行估计。

在代码层面，AR Foundation 使用 ARLightEstimationData 结构体描述光照估计值，但其值与 AR Camera Manager 组件中的选项值略有出入，容易产生混淆，大致对应关系如表7-3所示。

表 7-3　ARLightEstimationData 结构体与平台光照估计选项对应关系

光照估计选项	结 构 体 项	描　　述
Ambient Intensity	averageBrightness / averageIntensityInLumens	环境光强度估计，结构体值使用两种表示法
Ambient Color	averageColorTemperature / colorCorrection / mainLightColor	环境光颜色估计，ARKit 支持 averageColorTemperature，ARCore 支持后两种
Ambient Spherical Harmonics	ambientSphericalHarmonics	环境光球谐分布估计
Main Light Direction	mainLightDirection	场景主光源方向
Main Light Intensity	averageMainLightBrightness / mainLightIntensityLumens	场景主光源强度，结构体值使用两种表示法

下面进行演示，在 Unity 工程中新建一个 C# 脚本，命名为 LightEstimation，代码如下：

```
// 第 7 章 /7-1
using UnityEngine;
using UnityEngine.XR.AR Foundation;

public class LightEstimation : MonoBehaviour
{
    [SerializeField]
    private ARCameraManager mCameraManager;
    private Light mLight;

    void Awake()
```

```
    {
        mLight = GetComponent<Light>();
    }
    // 注册事件
    void OnEnable()
    {
        if (mCameraManager != null)
            mCameraManager.frameReceived += FrameChanged;
    }
    // 取消事件注册
    void OnDisable()
    {
        if (mCameraManager != null)
            mCameraManager.frameReceived -= FrameChanged;
    }
    // 光照估计每帧都会进行，因此是一个资源消耗大的功能
    void FrameChanged(ARCameraFrameEventArgs args)
    {
        if (args.lightEstimation.averageBrightness.HasValue)
        {
            mLight.intensity = args.lightEstimation.averageBrightness.Value;
            Debug.Log("averageBrightness:" + args.lightEstimation
.averageBrightness.Value);
        }

        if (args.lightEstimation.mainLightColor.HasValue)
        {
            mLight.color = args.lightEstimation.mainLightColor.Value;
            Debug.Log("mainLightColor:" + args.lightEstimation.mainLightColor
.Value.ToString());
        }

        if (args.lightEstimation.mainLightDirection.HasValue)
        {
  mLight.transform.rotation = Quaternion.LookRotation(args.lightEstimation
.mainLightDirection.Value);
            Debug.Log("mainLightDirection:" + args.lightEstimation
.mainLightDirection.Value.ToString());
        }
    }
}
```

　　使用时，将该脚本挂载在场景中的 Directional Light 对象上，并将 XR Origin → Camera Offset → Main Camera 的 AR Camera Manager 组件赋给脚本的 mCameraManager 属性，编译运行，即可看到相应输出。通过观察输出，可以看到，在 iOS 平台，使用 ARKit 时，mainLightColor 和 mainLightDirection 项没有值。

在实际应用中，颜色校正值（colorCorrection）其实是比较微弱的；主光源光照强度值（averageMainLightBrightness）大概率在 0.4 ～ 0.5 浮动，因此有时为了让效果更明显，我们会通过倍乘一个系数来对光照强度、颜色值进行增强，例如乘以 2 扩大影响范围 ①。

ARCore 和 ARKit 的光照估计技术都是建立在图像分析方法基础之上，使虚拟物体能够根据环境光照信息改变自身光照情况，增强虚拟物体在现实世界中的真实感。基于图像的光照估计算法需要对摄像头获取的每帧图像的每像素进行数学运算，计算量非常大，因此，在不需要光照估计功能时应当及时关闭该功能。关闭光照估计的方法是选择场景 XR Origin → Camera Offset → Main Camera 对象，将 AR Camera Manager 组件中的 Light Estimation 属性设置为 None。

需要说明的是，光照估计功能默认为关闭的，因此虚拟场景中的光照不会自动进行调整，但通过启用光照估计功能，可以使用代码的方式根据真实光照估计情况控制虚拟场景中的主光源方向、强度、颜色等，从而达到光照一致性效果。如在检测到的水平平面上加载木箱虚拟物体后，改变真实环境中的光照，通过代码控制场景主光源强度，可以看到虚拟的木箱光照信息也发生了明显的变化，如图 7-7、图 7-8 所示（为强化效果，我们将 ColorCorrection 参数乘以系数 2），从而可以营造更好的虚实融合效果。

图 7-7　真实环境照明条件良好时的虚拟木箱渲染情况

图 7-8　真实环境照明条件变得很暗时的虚拟木箱渲染情况

---

① 光照估计中球谐光的使用比较特殊，需要了解球谐光照原理才能正确使用，但球谐光估计能提供 HDR 高动态光照系数，如感兴趣，可查阅相关资料。

7.3　环境反射

在 AR 应用中实现环境光反射是一项非常高级的功能，也是增强 AR 虚拟物体可信度的一个重要组成部分，虚拟物体反射周边环境光，能极大地增强真实感，但因为 AR 应用环境信息的采集往往都不完整，需要利用人工智能技术推算及补充不完整的环境信息，因此，AR 中的环境反射不能做到非常精准。在进行环境反射操作学习之前，先讲述一些基础知识。

7.3.1　立方体贴图

立方体贴图（Cubemap）通常用于环境映射，Unity 中的 Skybox（天空盒）就是立方体贴图。立方体贴图通常被用来作为具有反射属性物体的反射源，它是一个由 6 个独立的正方形纹理组成的纹理集合，包含 6 个 2D 纹理，每个 2D 纹理为立方体的一个面，6 个纹理共同组成一个有贴图的立方体，如图 7-9 所示。

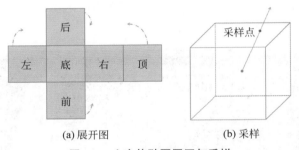

(a) 展开图　　　　　　　　(b) 采样

图 7-9　立方体贴图展开与采样

在图 7-9（a）中，沿着虚线箭头方向可以将这 6 个面封闭成一个立方体，形成一个纹理面向内的贴图集合，这也是立方体贴图名字的由来。立方体贴图最大的特点是构成了一个 720° 全封闭的空间，因此如果组成立方体贴图的 6 张纹理选择连续无缝贴图就可以实现 720° 无死角的纹理采样，形成完美的天空盒效果。

与 2D 纹理采样使用 UV 坐标不同，立方体贴图需要一个 3D 查找向量进行采样，我们将这个查找向量定义为原点位于立方体中心点的 3D 向量，如图 7-9（b）所示，3D 找查向量与立方体相交处的纹理就是需要采样的纹理。在 GLSL、HLSL、Cg、Metal 中都定义了立方体贴图采样函数，可以非常方便地进行立方体贴图采样操作。

立方体贴图因其 720° 封闭的特性常常用来模拟某点的周边环境，实现反射、折射效果，如根据赛车位置实时地更新立方体贴图可以模拟赛车车身对周边环境的反射效果。在 AR 中，我们利用同样的原理实现虚拟物体对真实环境的反射。

立方体贴图需要 6 个无缝的纹理，使用静态的纹理可以非常好地模拟全向场景，但静态纹理不能反映动态的物体变化，如赛车车身对周围环境的反射，如果使用静态纹理将不能反射路上行走的人群和闪烁的霓虹灯，这时就需要使用实时动态生成的立方体贴图，这种方式能非常真实地模拟赛车对环境的反射，但性能开销比较大，通常需要进行优化。

7.3.2　PBR 渲染

就算法理论基础而言，光照模型分为两类：一类是基于物理理论的，另一类是基于经验模型的。基于物理理论的光照模型，偏重于使用物理的度量和统计方法，比较典型的有 ward BRDF 模型，其中的不少参数需要由仪器测量，使用这种光照模型的好处是效果非常真实，但是计算复杂，实现起来也较为困难；基于物理渲染（Physically Based Rendering，PBR）渲染也基于物理模型，PBR 对物体表面采用微面元（Microfacet）进行建模，利用辐射度，加上光线追踪技术进行光照计算。经验模型更加偏重于使用特定的概率公式，使之与一组表面材质类型相匹配，所以经验模型大多比较简单，但效果偏向理想化。物理模型与经验模型两者之间的界限并不是清晰到"非黑即白"的地步，无论何种光照模型本质上还是基于物理的，只不过在求证方法上各有偏重而已。通常来讲，经验模型更简单且对计算更友好，而物理模型更复杂但渲染效果更真实。

PBR 渲染是在不同程度上都基于与现实世界的物理原理相符的基本理论所构成的渲染技术的集合。正因为使用一种更符合物理学规律的方式来模拟光线交互，因此这种渲染方式与通常使用的 Phong 或者 Blinn-Phong 光照模型算法相比总体上要更真实一些。除了看起来更真实以外，由于使用物理参数来调整模拟效果，因此可以编写出通用的算法，通过修改物理参数来模拟不同的材质表面属性，而不必依靠经验来修改或调整。使用基于物理参数的方法来编写材质还有一个好处是不管光照条件如何，这些材质看上去都会是正确的。URP 管线内置的 Lit 着色器就是一个万能通用的 PBR 着色器，可以通过不同的参数设置来模拟各种材质表面属性，从木质到金属都可以仅由一个着色器来模拟。

虽然如此，基于物理的渲染仍然只是对基于物理原理的现实世界的一种近似，这也就是为什么它被称为基于物理的着色（Physically Based Shading）而非物理着色（Physical Shading）的原因。判断一种光照模型是否基于物理，必须满足以下 3 个条件：基于微面元的表面模型；能量守恒；应用基于物理的 BRDF 光分布函数。

AR Foundation 中，在使用 PBR 渲染虚拟物体时，如果要想虚拟物体具有反射效果，则必须在着色器中开启 Environment Reflections 功能，同时为表现高光效果，也应该开启 Specular Highlights 功能，如图 7-10 所示 [1]，通过调整着色器的 Metallic 和 Smoothness 属性参数值实现反射程度控制。

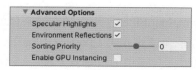

图 7-10　在 PBR 中开启 Environment Reflections 及 Specular Highlights 功能

---

① 这里以 URP 内置 Lit 着色器为例。

7.3.3　反射探头

在 Unity 中，带反射材质的物体默认会对天空盒产生反射，但不能对其周边的环境产生反射，为解决这个问题，Unity 提出了反射探头（Refection Probe，又译为反射探针）的概念，反射探头通过给定的一个空间位置点，在这个点上向 6 个方向以 90° 视场角拍摄 6 张照片（这 6 个方向分别是 +X、−X、+Y、−Y、+Z、−Z），因为视场角是 90°，这 6 张照片可捕捉到该点周围各个方向完整的环境图，然后将捕获的图像存储为一个立方体贴图，供具有反射材质的对象反射其周边环境时使用。通过在给定的场景中使用多个反射探头，并设置反射对象使用距离最近的反射探头生成的立方体贴图，就可以近似模拟虚拟物体在不同位置时的环境反射。

反射探头的主要属性有 Probe Origin 和 Size[①]，其中 Probe Origin 属性用于定义反射探头的原点位置，Size 属性用于定义从其本身原点出发可以捕获的环境图像范围（拍摄环境照片时采集的图像距离），它们共同定义了反射探头的所在位置和反射盒尺寸，只有在反射盒里的环境物体才能被拍摄捕获，才能被利用该反射探头的物体所反射。

在 Unity 中使用反射探头，需要将反射物体的 Mesh Renderer 组件中的 Probes → Light Probes 属性设置为 Blend Probes 值，如图 7-11 所示。

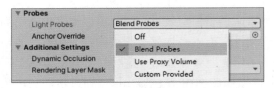

图 7-11　将 Light Probes 属性设置为 Blend Probes 值

反射探头在运行时会不间断地拍摄其所在位置 6 个方向的环境照片生成立方体贴图供反射物体使用，这是一个性能消耗很大的操作，实时的反射探头每帧都会生成一个立方体贴图，在提供对动态物体良好反射支持的同时也会对性能产生较大的影响。为了降低性能消耗，常见的优化做法是对反射探头进行烘焙（Bake）或者手动更新，如对一个大厅环境的反射，可以预先烘焙到纹理中，但这种方式不能反映运行过程中的环境变化。手动更新可以根据需要在合适的时机通过代码进行人工更新，达到比较好的性能与表现均衡。

7.3.4　纹理采样过滤

纹理采样过滤（Texture Sampling Filter）是指对纹理采样的过滤算法，这里我们只针对 AR Foundation 中对反射的 3 种采样过滤方式（Point、Bilinear、Trilinear）进行阐述。在虚拟物体渲染时，很多时候物体的尺寸与提供的纹理并不能一一对应，如在放大、缩小模型时，

[①]　在使用时，Probe Origin 属性由反射探头的 Transform 组件定义，而 Size 属性由 Reflection Probe 组件的 Box Size 和 Box Offset 共同定义。

纹理就会发生变形，为了达到更好的视觉效果，需要对采样的纹理进行处理。

　　为了方便阐述，我们从一维的角度进行说明，假设现有一张 256×256 像素的纹理，其在 X 轴上就有 256 像素，若在使用中模型的某一顶点的 UV 坐标中的 U 值为 0.138 526 76，则其对应的像素为 256×0.138 526 76 ≈ 35.46，如图 7-12 所示。在纹理中，小数是没有定义的，因此，35.46 并不能直接对应某像素的值。

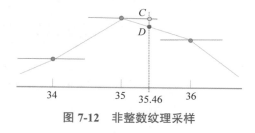

图 7-12　非整数纹理采样

　　采样过滤就是为了解决这类纹理不能直接映射的问题。Point 过滤处理的方式采用四舍五入求近似值，因此其值为 C，与 35 对应的像素值一致。Bilinear 过滤的处理方式是在最近的两个值之间插值，即在 35 与 36 所对应的像素值间根据小数值进行插值，其值为 D。可以看到，Point 过滤比 Bilinear 过滤简单得多，但是 Bilinear 过滤比 Point 过滤结果更平滑，其效果如图 7-13 所示，图（a）为原图，图（b）为使用 Point 过滤且放大后的图像，可以看到明显的块状像素，图（c）为使用 Bilinear 过滤且放大后的图像，效果要平滑得多。

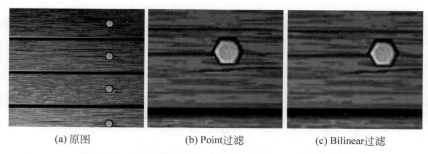

(a) 原图　　　　　　　　(b) Point过滤　　　　　　　　(c) Bilinear过滤

图 7-13　纹理采样 Point 过滤与 Bilinear 过滤效果图

　　Trilinear 过滤解决的是在不同 LoD（Levels of Detail）间过滤纹理的问题，原理如图 7-14 所示，其实际上进行了两次插值计算，先进行一次 Bilinear 过滤计算出 Cb 与 Ca 的值，然后在不同的 LoD 间进行一次 Bilinear 过滤，因此结果更加平滑。

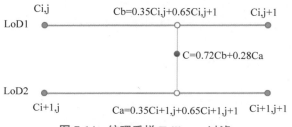

图 7-14　纹理采样 Trilinear 过滤

　　在 AR Foundation 中使用环境光反射时，为了达到更好的效果，通常我们会选择 Bilinear 或者 Trilinear 纹理过滤方式，如图 7-15 所示。

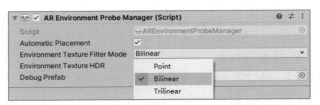

图 7-15　AR 中环境反射纹理采样过滤模式选择面板

7.3.5　AR Environment Probe Manager 组件

在 AR Foundation 中，由 AR Environment Probe Manager 组件负责管理环境反射相关任务，AR Environment Probe Manager 组件有 4 个属性：分别是 Automatic Placement（自动放置）、Environment Texture Filter Mode（环境纹理过滤模式）、Environment Texture HDR（HDR 环境纹理）、Debug Prefab（调试预制体），如图 7-15 所示。

1. Automatic Placement

AR Foundation 既允许自动放置反射探头也允许手动放置反射探头，或者两者同时使用。在自动放置模式下，由应用程序自动选择合适的位置放置反射探头。在手动放置模式下，由开发人员在指定位置放置反射探头。自动放置由底层 SDK 提供的算法自主选择在何处及如何放置反射探头，以获得比较高质量的环境信息，自动放置位置的确定依赖于在实际环境中检测到的关键特征点信息。手动放置主要是为了获得对特定虚拟对象的最精确环境信息，绑定反射探头与虚拟对象位置可以提高反射渲染的质量，因此，手动将反射探头放置在重要的虚拟对象中或其附近会为该对象生成最准确的环境反射信息。通常而言，自动放置可以提供对真实环境比较好的宏观环境信息，而手动放置能提供在某个点上对周围环境更准确的环境映射从而提升反射的质量。ARKit 支持自动放置，也支持手动放置反射探头。

反射探头负责捕获环境图像信息，每个反射探头都有比例、位置、方向和大小属性，比例、位置和方向属性定义了反射探头相对于 AR 会话空间的空间信息，大小则定义了反射探头反射的范围，无限大表示可采集全局环境图像，而有限大小表示反射探头只能捕获其周围特定区域范围的环境信息。

在手动放置时，为了使放置的反射探头能更好地发挥作用，通常反射探头的放置位置与大小设置应遵循以下原则：

（1）反射探头的位置应当放在需要反射的虚拟物体顶部中央，高度应该为虚拟物体高度的 2 倍，如图 7-16 所示。这可以确保反射探头下部与虚拟物体下部对齐，并捕获到虚拟物体放置平面的环境信息。

（2）反射探头的长与宽应该为虚拟物体长与宽的 3 倍，确保反射探头能捕获到虚拟物体周边的环境信息。

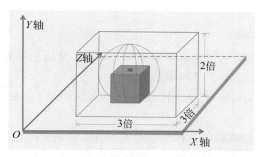

图 7-16　手动放置反射探头位置与尺寸

（3）反射探头可以朝向任何方向，但 Unity 的反射探头只支持轴对齐模式，因此，最好在放置时就设置成轴对齐。

2. Environment Texture Filter Mode

环境纹理过滤模式主要可选为 Point、Bilinear、Trilinear，为达到比较好的视觉效果，一般我们选择 Bilinear 或者 Trilinear。

3. Environment Texture HDR

设置反射探头采集的环境图像数据是否开启 HDR 模式，HDR（High Dynamic Range，高动态范围）使用超过普通光照颜色和强度范围的值域编码图像，主要用于实现虚拟场景照明和模拟反射折射，使物体表现更加真实，开启该功能会消耗更多性能和内存。

4. Debug Prefab

该属性用于在调试时可视化反射探头，在发布时应置为空。

AR Environment Probe Manager 组件还提供如表 7-4 所示方法和事件用于管理环境反射相关任务。

表 7-4　AR Environment Probe Manager 组件常用方法与事件

方　　法	描　　述
AddEnvironmentProbe（Pose pose，Vector3 scale，Vector3 size）	添加一个反射探头，参数 Pose 用于指定放置环境探头的位置和方向，参数 Scale 用于指定相对于 AR 会话空间的比例，参数 Size 用于指定反射探头可探测的环境范围
GetEnvironmentProbe（TrackableId trackableId）	根据 TrackableId 获取一个 AREnvironmentProbe 反射探头
RemoveEnvironmentProbe（AREnvironmentProbe probe）	移除一个 AREnvironmentProbe，如果移除成功，则返回值为 true，否则返回值为 false
environmentProbesChanged	在反射探头发生变化时触发，如一个新的环境探头创建、对一个现存的环境探头进行更新、移除一个环境探头

7.3.6 环境反射使用

AR 环境反射是一个高级功能，需要掌握相关知识才能运用自如，但明白原理后，在 AR Foundation 中使用时却非常简单，基本步骤如下 [①]：

（1）在场景中的 XR Origin 对象上挂载 AR Environment Probe Manager 组件并进行相应设置。

（2）确保需要反射的虚拟对象带有反射材质并能反射 Probe 探头生成的立方体贴图。

（3）使用自动方式或者手动方式设置反射探头捕获环境信息。

按照上述步骤，首先在 XR Origin 对象上挂载 AR Environment Probe Manager 组件，勾选自动放置反射探头复选框，并将纹理过滤模式选为 Bilinear，如图 7-15 所示。

然后选择需要进行环境反射的虚拟物体（或者预制体），将其 Mesh Renderer 组件中的 Probes → Light Probes 属性设置为 Blend Probes 项，如图 7-17（a）所示；材质使用 URP 中的 Lit 着色器，并勾选 Advanced Options 节的 Specular Highlights 和 Environment Reflections 复选框，如图 7-17（b）所示。

 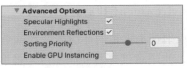

(a) 虚拟物体探针　　　　　　　　(b) 反射材质属性

图 7-17　设置虚拟物体探针和反射材质属性

无须编写任何代码，编译运行，在放置虚拟物体后，可以旋转一下手机，扩大 AR 应用对真实环境信息的感知，效果如图 7-18 所示，虚拟物体反射了周边真实场景环境。

图 7-18　使用 AR 环境反射效果

---

① 需要打开全局环境反射探头开关，在工程窗口中选择 ARKitPipeline URP 渲染配置文件，在属性窗口中勾选 Lighting → Reflection Probes → Probe Blending 复选框。

上述步骤演示了通过自动放置反射探头的方式实现 AR 场景反射，在使用手动放置时，步骤基本一致，只是需要在 AR 应用运行时，通过代码的方式手动控制反射探头的放置，为此新建一个 C# 脚本，命名为 ManuallyReflection，代码如下：

```csharp
// 第 7 章 /7-2
using System.Collections;
using System.Collections.Generic;
using UnityEngine;
using UnityEngine.XR.AR Foundation;
using UnityEngine.XR.ARSubsystems;

[RequireComponent(typeof(ARRaycastManager))]
public class ManuallyReflection : MonoBehaviour
{
    public GameObject spawnPrefab;                          // 虚拟物体预制体
    private static List<ARRaycastHit> Hits;                 // 射线检测碰撞结果
    private ARRaycastManager mRaycastManager;               // 射线检测组件
    private AREnvironmentProbeManager mProbeManager;        // 反射组件
    private AREnvironmentProbe mProbe;                      // 反射探头
    private GameObject spawnedObject = null;                // 实例化后的虚拟物体
    private void Awake()
    {
        Hits = new List<ARRaycastHit>();
        mRaycastManager = GetComponent<ARRaycastManager>();
        mProbeManager = GetComponent<AREnvironmentProbeManager>();
    }

    void Update()
    {
        if (Input.touchCount == 0)
            return;
        var touch = Input.GetTouch(0);
        if (mRaycastManager.Raycast(touch.position, Hits, TrackableType
.PlaneWithinPolygon | TrackableType.PlaneWithinBounds))
        {
            var hitPose = Hits[0].pose;
            var probePose = hitPose;
            probePose.position.y += 0.2f;
            if (spawnedObject == null)
            {
                spawnedObject = Instantiate(spawnPrefab, hitPose.position+ new
Vector3(0f,0.05f,0f), hitPose.rotation);
                // 放置反射探头
                mProbe = mProbeManager.AddEnvironmentProbe(probePose, new Vector3
(0.6f, 0.6f, 0.6f), new Vector3(1.0f, 1.0f, 1.0f));
            }
```

```
            else
            {
                spawnedObject.transform.position = hitPose.position;
                mProbe.transform.position = hitPose.position;
            }
        }
    }
}
```

在上述代码中，我们手动放置了虚拟物体并添加了一个反射探头。使用时 ManuallyReflection 脚本可以挂载在场景中的 XR Origin 对象上，编译运行，在放置虚拟物体后，可以旋转一下手机，扩大 AR 应用对真实环境信息的感知，虚拟物体将会反射其周边真实场景环境。

7.3.7 性能优化

在 AR 应用中使用反射探头反射真实环境可以大大增强虚拟物体的可信度，但由于设备摄像头采集捕获的真实环境信息不充分，需要利用人工智能的方式对缺失信息进行补充，计算量大，资源要求高，这对移动平台的性能与电池续航提出了非常高的要求，因此为了降低性能消耗，在 AR 应用中使用反射探头反射真实环境时需要注意以下事项。

1. 避免精确反射

如上所述，AR 应用从设备摄像头获取的信息不足以对周围环境进行精准再现，即不能生成完整的立方体贴图，因此反射体对环境的反射也不能做到非常精准，希望利用反射探头实现对真实环境的镜面反射是不现实的。通常的做法是通过合理的设计，既能发挥反射增强虚拟物体可信度的优势，同时也要避免对真实环境的精确反射。因为在 AR 应用中不能获取完整的立方体贴图并且反射探头更新、生成立方体贴图也不实时（为降低硬件消耗），通常应当在小面积虚拟物体上使用高反射率而在大面积上使用低反射率，达到既营造反射效果又避免反射不准确而带来的负面影响。

2. 对移动对象的处理

烘焙的环境贴图不能反映环境的变化，实时的反射探头又会带来过大的性能消耗，对虚拟移动对象的反射处理需要特别进行优化。在设置反射探头时可以考虑以下方法：

（1）如果移动物体移动路径可知或可以预测，则可以提前在其经过的路径上放置多个反射探头并进行烘焙，这样移动物体可以根据距离的远近对不同的反射探头生成的立方体贴图采样。

（2）创建一个全局的环境反射纹理，如天空盒，这样当移动物体移动出某个反射探头的范围时仍然可以反射而不是突然出现反射中断。

（3）当移动物体移动到一个新的位置后重新创建一个反射探头并销毁原来位置的反射探头。

3. 防止滥用

在 AR 应用中，生成立方体贴图时不能在某个点拍摄到完整的 6 个方向照片做贴图，因为真实环境信息的不充分，ARKit 需要更多时间收集来自设备摄像头的图像信息，并且还要使用人工智能算法对缺失的信息进行计算补充，这是个耗时耗性能的过程。过多地使用反射探头不仅不会带来反射效果的实际性提升，相反会导致应用卡顿和电量的快速消耗。在 AR 应用中，当用户移动位置或者调整虚拟对象大小时，应用程序都会重新创建反射探头，因此需要限制此类更新，如更新频率不应大于每秒 1 次。

4. 避免突然切换

突然添加新的或者移除已有的反射探头会导致虚拟物体的反射发生突变，这会让用户感到不适。在 AR Foundation 中使用自动放置反射探头的模式时，只要 AR 会话启动，就会创建一个全局的类似天空盒的环境背景以防止虚拟物体反射突然进行切换。在手动放置时，开发者应该确保反射的自然过渡，确保虚拟物体始终能反映合适的环境，或者使用一个全局的在各种环境下都能适应的静态立方体贴图作为过渡手段。

7.4　内置实时阴影

阴影在现实生活中扮演着非常重要的角色，通过阴影我们能直观地感受到光源位置、光源强弱、物体离地面高度、物体轮廓等，阴影还影响大脑对空间环境的判断，是构建立体空间信息的重要参考因素，如图 7-19 所示。

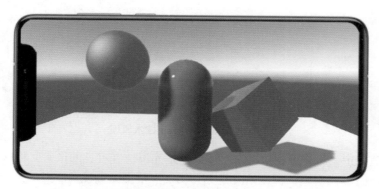

图 7-19　光照与阴影影响人脑对空间环境的认知理解

阴影的产生与光源密切相关，阴影的产生也与环境光密切相关。与真实世界一样，在数字世界中阴影的生成也需要光源，但在 AR 中生成阴影与 VR 相比有很大不同，VR 是纯数字世界，在其虚拟环境中一定能找到接受阴影的对象，但在 AR 中却不一定有这样的对象，如将一个 AR 虚拟物体放置在真实桌面上，这时虚拟物体投射的阴影没有接受物体（桌面并不是数字世界中的对象，无法直接接受来自虚拟物体的阴影），因此就不能生成阴影。为使虚拟物体产生阴影，我们的思路是在虚拟物体下方放置一个接受阴影的对象，这个对象需要接受阴影但又不能有任何材质表现，即除了阴影部分，其他地方需要透明，这样才不会遮挡现实世界中的物体。

7.4.1 ShadowMap 技术原理

在 Unity 内置阴影实现中，实时阴影混合了多种阴影生成算法，根据要求可以是 Shadowmap、Screen Space Shadowmap、Cascaded Shadow 等，Shadowmap 按技术又可以分为 Standard Shadow Mapping、PCF、PSM、LISPSM、VSM、CSM / PSSM 等。之所以分这么多阴影生成算法，最主要的目的是平衡需求与复杂度。阴影生成的理论本身并不复杂，有光线照射的地方就是阳面（没有阴影），没有被光照射的地方就是阴面（有阴影），但现实环境光照非常复杂，阴影千差万别，有在太阳光直射下棱角特别分明的硬阴影，有在只有环境光照下界线特别不分明的超软阴影，也有介于这两者之间的阴影，目前没有一种统一的算法可以满足各种阴影生成要求，因此发展了各类阴影算法，以便处理在特定情况下阴影的生成问题。

利用 ShadowMap 技术生成阴影需要进行两次渲染：第 1 次从光源的视角渲染一张 RenderTexture 纹理，将深度值写入纹理中，这张深度纹理称为深度图；第 2 次从正常的相机视角渲染场景，在渲染场景时需要将当前像素到光源的距离与第 1 次渲染后的深度图中对应的深度信息作比较，如果距离比深度图中取出的值大就说明该点处于阴影中，如图 7-20 所示。

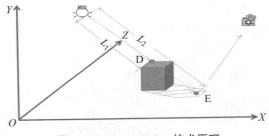

图 7-20 ShadowMap 技术原理

在第 1 次渲染中，从光源视角出发，渲染的是光源位置可见的像素，将这些深度信息记录到深度图中，如 D 点对应的深度信息是 L_1；第 2 次从摄像机视角渲染场景，这次渲染的是相机位置可见的像素，如 E 点，计算 E 点到灯光的距离 L_2，将 L_2 与深度图中对应的深度值作比较，从图 7-20 中可以看到，在第 1 次渲染时，与 E 点对应的深度信息是 L_1，并且 $L_1 < L_2$，这说明从光源的视角看，E 点被其他点挡住了，因此 E 点不能被灯光照射到，即 E 点处于阴影中[①]。

---

① 特别需要注意：距离比较一定要在同一坐标空间中才有意义，即示例中的 L_1 与 L_2 的大小对比一定要在同一坐标空间中对比。

7.4.2　使用实时阴影

在使用阴影之前，需要阐述一下 Unity 中阴影质量的控制逻辑：首先在 URP 管线渲染设置中有全局阴影生成控制属性，这些设置具有全局效果，优先于光源对象中的阴影设置；其次光源对象也具有阴影生成的控制属性，负责该光源阴影生成的相关逻辑；再次投射阴影的对象上有是否投射阴影属性控制开关，控制该对象是否投射阴影。下面分别讲解一下各控制项的具体内容。

1. 阴影全局控制

在工程窗口（Project 窗口）中选择 URP 渲染管线配置文件 ARKitPipeline 对象 ①，在属性窗口（Inspector 窗口）中将会展示出该配置文件的相关属性，如图 7-21 所示。

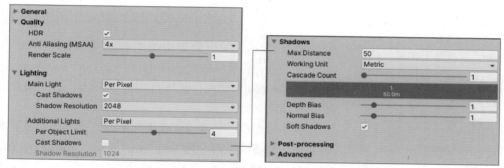

图 7-21　URP 阴影生成全局控制属性面板

在该属性面板中，与阴影生成和阴影质量相关的各属性含义如表 7-5 所示。

表 7-5　URP 阴影生成的质量控制属性

属　　性		描　　述
Anti Aliasing（MSAA）		抗锯齿，对阴影边缘质量有影响，可选择 Disable、2x、4x、8x，数据越高，抗锯齿效果越好，但性能消耗越大
Lighting	Main Light	设置主光源渲染模式，可选择 Disable、Per Pixel，即关闭光源作用或者使用逐像素光照
	Cast Shadows	是否投射阴影
	Shadow Resolution	生成 Shadowmap 的纹理尺寸，越大阴影质量越好，但性能消耗也越大
	Additional Lights	附属光源渲染模式，可选择 Disable、Per Vertex、Per Pixel，即关闭光源作用、逐顶点光照、逐像素光照
	Cast Shadows	是否投射阴影
	Shadow Resolution	生成 Shadowmap 的纹理尺寸，越大阴影质量越好，但性能消耗也越大

① ARKitPipeline 为自定义的 URP 渲染配置文件，详见第 1 章。

续表

属 性		描 述
Shadows	Max Distance	阴影最大有效范围，即在此距离外，不生成阴影，用于节约资源
	Working Unit	工作单位，可选为 Metric、Percent，选择为 Metric 时，单位为米
	Cascade Count	层叠阴影，取值范围为 [1，4]，更高的层叠阴影带来更好的阴影边缘柔和效果，层叠阴影对性能消耗非常大
	Depth Bias	偏移量，范围为 [0，10]，默认值为 1，用于描述阴影与模型的位置关系，值越大阴影与模型偏移越大，与 Normal Bias 结合使用可防止自阴影（Shadow Acne）和阴影偏离（Peter-panning）
	Normal Bias	法线偏移量，范围为 [0，10]，默认值为 1，该属性实际是用于调整表面坡度偏移量的，坡度越大偏移量应该越大，但过大的偏移量又会导致阴影偏离（Peter-panning），因此固定的偏移量需要法向偏移量来修正
	Soft Shadow	**是否使用软阴影**

图 7-22　Unity 工程质量控制面板

除此以外，工程设置中也有控制全局阴影质量的属性，在 Unity 菜单栏依次选择 Edit → Project Settings，打开 Project Settings 对话框，选择 Quality 选项卡，打开质量设置面板，如图 7-22 所示。

在该面板中，可通过 iOS 图标下的选框选择工程整体质量控制，整体质量可分为 Very Low、Low、Medium、High、Very High、Ultra，共 6 级，级别越高，阴影生成质量越好，但性能消耗也越大，在实际项目中，需要通过多次测试寻找一个平衡点。

在 Quality 面板中，阴影遮罩模式（Shadow Mask Mode）只在光源被设置为 Mixed（混合）模式时才有用，可选值有 Shadowmask、Distance Shadowmask。Shadowmask 表示所有静态物体都使用烘焙阴影；Distance Shadowmask 与表 7-5 中的 Max Distance 配合使用，在 Max Distance 范围内使用实时阴影，在范围外使用烘焙阴影，因此，Distance Shadowmask 性能消耗比 Shadowmask 高。

2. 光源阴影控制

每个光源都可以独立设置其阴影生成模式和效果，但如果与全局设置冲突，则以全局设置为准。在层级窗口选择 Directional Light 对象，然后在属性窗口可以看到光源的阴影生成相关属性，如图 7-23 所示。

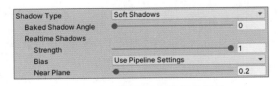

图 7-23　光源阴影生成相关属性

在 Directional Light 组件属性中，与阴影相关的属性详细信息如表 7-6 所示。

表 7-6　光源光照常用阴影参数

属　性	描　述
Shadow Type	阴影类型，可选值为 No Shadow、Hard Shadow、Soft Shadow
Baked Shadow Angle	渲染阴影的角度，只在光源设置为 Mixed、Baked 才有效
Strength	阴影强度，值越大阴影越浓，值越小阴影越淡，范围为 [0，1]，默认值为 1
Bias	偏移量，可独立设置偏移量，也可以使用全局设置
Near Plane	近平面，产生阴影的最小距离，范围为 [0.1，10]，调整该值可以调整阴影裁剪近平面

3. 对象阴影控制

在 URP 管线中，每个虚拟对象都可以独立设置是否投射阴影，但默认接受阴影，因此可以独立控制每个对象对阴影的影响。

> **注意**
>
> 阴影生成及阴影质量受上述所有因素的共同影响，而且需要强调的是，阴影生成，特别是高质量软阴影的生成是一项重度资源消耗型功能，在实际项目中，阴影生成及其质量控制要遵循适度原则，在移动端 AR 应用资源受限的条件下寻找一个合适的折中点、实现效果和性能的平衡非常关键。

如前所述，在 AR 应用中生成阴影一方面需要有光源，另一方面还需要有一个接受并显示阴影的载体。本节中将采用 Unity 提供的阴影解决方案生成 AR 实时阴影，光源采用 Directional Light 类型，使用一个 Quad 做阴影接受和显示载体。

首先，制作一个接受阴影且透明的阴影接受对象。在层级窗口中新建一个空对象（Create Empty），命名为 ARPlane，然后在其下新建一个 Quad 子对象，在属性窗口中将 Quad 对象 Transform 组件 Rotation X 属性值修改为 90，以使其水平放置，将其 Scale 值修改为（0.2，0.2，0.2）。

然后在工程窗口中新建一个材质，命名为 ARShadow，将使用的 Shader 选为 AR → Shader Graphs → TransparentShadowReceiver[①]，并将 ARShadow 材质赋给 Quad 对象。

最后将 ARPlane 对象制作成预制体，删除层级窗口中的 ARPlane 对象，接受阴影的平面制作完成。

在工程窗口中新建一个 C# 脚本，命名为 AppController，代码如下：

---

① 这里直接使用了 Unity 提供的 Shader Graph 阴影生成 Shader，该 Shader Graph 文件及使用说明参见本书配套代码文件。

```
// 第 7 章 /7-3
using System.Collections.Generic;
using UnityEngine;
using UnityEngine.XR.AR Foundation;
using UnityEngine.XR.ARSubsystems;

[RequireComponent(typeof(ARRaycastManager))]
public class AppController : MonoBehaviour
{
    public GameObject spawnPrefab;                  // 虚拟物体预制体
    public GameObject ARPlane;                      // 接受阴影的平面
    static List<ARRaycastHit> Hits;                 // 碰撞结果
    private ARRaycastManager mRaycastManager;       // 组件对象
    private GameObject spawnedObject = null;        // 实例化的虚拟物体对象
    private void Start()
    {
        Hits = new List<ARRaycastHit>();
        mRaycastManager = GetComponent<ARRaycastManager>();
    }


    void Update()
    {
        if (Input.touchCount == 0)
            return;
        var touch = Input.GetTouch(0);
        if (mRaycastManager.Raycast(touch.position, Hits, TrackableType
.PlaneWithinPolygon | TrackableType.PlaneWithinBounds))
        {
            var hitPose = Hits[0].pose;
            if (spawnedObject == null)
            {
                spawnedObject = Instantiate(spawnPrefab, hitPose.position, hitPose
.rotation);

                var p = Instantiate(ARPlane, hitPose.position, hitPose.rotation);
                // 将接受阴影的平面作为虚拟物体子对象
                p.transform.parent = spawnedObject.transform;
            }
            else
            {
                spawnedObject.transform.position = hitPose.position;
            }
        }
    }
}
```

　　该脚本的主要功能是在检测到的平面上放置虚拟对象，在放置虚拟对象时，同时实例化了一个接受阴影的平面，并将该平面设置为虚拟对象的子对象，以便将其与虚拟对象绑定。

将该脚本挂载在场景中的 XR Origin 对象上，并将虚拟物体与前文制作好的 ARPlane 预制体赋给相应属性。编译运行，寻找一个平面，在放置虚拟对象后，效果如图 7-24 所示。

图 7-24　硬阴影生成效果图

除硬阴影，Unity 还提供了一个柔和的 AR 软阴影 Shader，使用软阴影与使用硬阴影操作完全一样，只需将 ARShadow 材质的 Shader 选择为 Shader Graphs → BlurredShadowPlane，使用软阴影生成的阴影效果如图 7-25 所示。

图 7-25　软阴影生成效果图

再次强调，使用阴影，特别是高质量的软阴影，可能会对性能造成非常大的影响，阴影使用应遵循适度原则。

7.5　Planar 阴影

Unity 内置的 Shadowmap 阴影生成方式具有普适性的特点，适用范围广，并且是通过物理和数学的方式生成阴影的，因此阴影能够投射到自身及不规则非平滑的物体表面，与场景复杂度没有关系，但通过前面的学习我们了解到，这种生成阴影的方法在带来较好效果的同时，性能开销也比较大，特别是在使用高分辨率高质量实时软阴影时，非常有可能成为性能瓶颈。

在某些情况下，可能并不需要那么高质量、高通用性的阴影，或者由于性能制约不能使用那么高质量的阴影，因此可能会寻求一个"适用于某些特定场合"的"看起来正确"的实时阴影以降低性能消耗。本节将学习一种平面投影阴影（Planar Projected Shadow），以适应一些对性能要求非常高，以降低阴影质量换取性能的应用场景。

7.5.1　数学原理

在光源产生阴影时，阴影区域其实就是物体在投影平面上的投影区域，因此为了简化阴影渲染，可以直接将物体的顶点投射到投影平面上，并在这些投影区域中使用特定的颜色着色，如图 7-26 所示。

因此，阴影计算转换为求物体在平面上投影的问题，求投影可以使用解析几何方法，也可以使用平面几何方法。在图 7-26 中，阴影投影计算可以转换为数学模型：已知空间内一个方向向量 $L(L_X, L_Y, L_Z)$ 和一个点 $P(P_X, P_Y, P_Z)$，求点 P 沿着 L 方向在指定平面上的投影位置 $Q(Q_X, Q_Y, Q_Z)$。

下面使用平面几何的计算方式进行推导，为了简化问题，只在二维空间内进行推导，三维空间可以类推。在二维空间中，图 7-26 所描述问题可以抽象成图 7-27 所示数学问题，即求点 P 沿 L 方向在直线 $y=h$ 上的投影 Q。

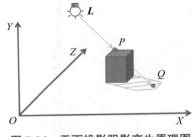

图 7-26　平面投影阴影产生原理图

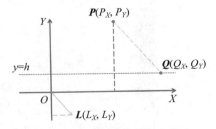

图 7-27　阴影数学计算原理图

观察图 7-27，根据相似三角形定理，可以得到下面的公式：

$$-\frac{L_Y}{P_Y-h}=\frac{L_X}{Q_X-P_X} \tag{7-1}$$

因此

$$Q_X=P_X-\frac{L_X(P_Y-h)}{L_Y} \tag{7-2}$$

$$Q_Y=h \tag{7-3}$$

坐标 $Q(Q_X, Q_Y)$ 即为要求的投影点坐标，推广到三维，坐标 $Q(Q_X, Q_Y, Q_Z)$ 计算公式如下：

$$Q_X=P_X-\frac{L_X(P_Y-h)}{L_Y} \tag{7-4}$$

$$Q_Y = h \tag{7-5}$$

$$Q_Z = P_Z - \frac{L_Z(P_Y - h)}{L_Z} \tag{7-6}$$

式（7-4）～式（7-6）即为 3D 空间中的阴影投影 X、Y、Z 坐标公式。

7.5.2　代码实现

在有了计算公式以后，就可以通过 Shader 对阴影进行渲染 [①]，代码如下：

```
// 第 7 章 /7-4
Shader "Davidwang/PlanarShadow"
{
    Properties{
    _ShadowColor("Shadow Color", Color) = (0.35,0.4,0.45,1.0)
    }
    SubShader{
     Tags
     {
        "RenderPipeline" = "UniversalPipeline" "RenderType" = "Transparent"
"Queue" = "Transparent-1"
     }
        // 阴影 Pass
        Pass
        {
            Name "PanarShadow"
            Tags { "LightMode" = "UniversalForward" }
            // 使用模板测试以保证 alpha 显示正确
            Stencil
            {
                Ref 0
                Comp equal
                Pass incrWrap
                Fail keep
                ZFail keep
            }
            // 透明混合模式
            Blend SrcAlpha OneMinusSrcAlpha
            // 关闭深度写入
            ZWrite off
            // 深度稍微偏移防止阴影与地面穿插
            Offset -1 , 0
```

---

① 为与原有渲染流程统一，使用平面投影阴影时，我们只需要在原来着色器 Shader 中多写一个 Pass 进行阴影渲染即可，其余部分不用修改。

```
                HLSLPROGRAM
                #pragma vertex vert
                #pragma fragment frag
                #pragma exclude_renderers d3d11_9x

                #include "Packages/com.unity.render-pipelines.universal/ShaderLibrary/
Lighting.hlsl"
                struct appdata
                {
                    float4 vertex : POSITION;
                };

                struct v2f
                {
                    float4 vertex : SV_POSITION;
                    float4 color  : COLOR;
                };

                CBUFFER_START(UnityPerMaterial)
                    float4 _LightDir = float4(0.2,-0.8,0.3,1);
                    float4 _ShadowColor;
                    float _ShadowFalloff = 1.34f;
                CBUFFER_END

                float3 ShadowProjectPos(float4 vertPos)
                {
                    float3 shadowPos;
                    // 得到顶点的世界空间坐标
                    float3 worldPos = mul(unity_ObjectToWorld, vertPos).xyz;
                    // 灯光方向
                    float3 lightDir = normalize(_LightDir.xyz);
                    // 阴影的世界空间坐标（低于地面的部分不做改变）
                    shadowPos.y = min(worldPos.y, _LightDir.w);
                    shadowPos.xz = worldPos.xz - lightDir.xz * max(0, worldPos.y -
_LightDir.w) / lightDir.y;
                    return shadowPos;
                }

                v2f vert(appdata v)
                {
                    v2f o = (v2f)0;
                    // 得到阴影的世界空间坐标
                    float3 shadowPos = ShadowProjectPos(v.vertex);
                    // 转换到裁切空间
                    o.vertex = TransformObjectToHClip(shadowPos);
                    // 得到中心点世界坐标
                    float3 center = float3(unity_ObjectToWorld[0].w, _LightDir.w,
```

```
unity_ObjectToWorld[2].w);
                        // 计算阴影衰减
                        float falloff = 1 - saturate(distance(shadowPos, center) *
_ShadowFalloff);
                        // 阴影颜色
                        o.color = _ShadowColor;
                        o.color.a *= falloff;
                        return o;
                }

                float4 frag(v2f i) : SV_Target
                {
                        return i.color;
                }
            ENDHLSL
        }
    }
    FallBack "Hidden/Universal Render Pipeline/FallbackError"
}
```

在上述 Shader 脚本中，_LightDir.xyz 是光源方向，_LightDir.w 是接受阴影的平面高度，_ShadowColor 为阴影颜色。_LightDir 可以在运行中通过 C# 脚本将值传进来，在运行中动态传值是因为不能提前知道灯光方向和检测到的平面（接受阴影）高度信息[①]。使用模板和混合是为了营造阴影衰减的效果，如图 7-28 所示。

图 7-28　阴影衰减

计算中心点世界坐标代码：

```
float3 center = float3(unity_ObjectToWorld[0].w, _LightPos.w, unity_
ObjectToWorld[2].w);
```

该公式中 unity_ObjectToWorld 是 Unity 内置矩阵，这个矩阵各行的第 4 个分量分别对应物体 Transform 属性中的 X、Y、Z 值。

```
float falloff = 1-saturate(distance(shadowPos, center) * _ShadowFalloff);
```

该语句所做工作是计算衰减因子，以便于后续进行阴影混合。AR 中平面投影阴影使用时需要动态地传递灯光与平面相关信息，新建一个 C# 脚本，命名为 PlanarShadowManager，编写代码如下：

```
// 第 7 章 /7-5
using System.Collections.Generic;
using UnityEngine;
```

---

① AR 会话空间坐标系在运行时才能建立。

```
using UnityEngine.XR.AR Foundation;
using UnityEngine.XR.ARSubsystems;

[RequireComponent(typeof(ARRaycastManager))]
public class PlanarShadowManager : MonoBehaviour
{
    public GameObject spawnPrefab;                              // 虚拟对象预制体
    public GameObject   ARPlane;                                // 接受阴影的平面
    public Light       mLight;                                  // 主光源

    static List<ARRaycastHit> Hits;                            // 射线检测碰撞结果
    private ARRaycastManager mRaycastManager;                  // 射线检测组件
    private GameObject spawnedObject = null;                   // 实例化后的虚拟对象
    private List<Material> mMatList = new List<Material>();    // 虚拟对象材质对象
    private float mPlaneHeight = 0.0f;                         // 阴影平面高度

    private void Start()
    {
        Hits = new List<ARRaycastHit>();
        mRaycastManager = GetComponent<ARRaycastManager>();
    }

    void Update()
    {
        if (Input.touchCount == 0)
            return;
        var touch = Input.GetTouch(0);
        // 射线与检测到的平面碰撞检测
        if (mRaycastManager.Raycast(touch.position, Hits, TrackableType
.PlaneWithinPolygon | TrackableType.PlaneWithinBounds))
        {
            var hitPose = Hits[0].pose;
            if (spawnedObject == null)
            {
                spawnedObject = Instantiate(spawnPrefab, hitPose.position, hitPose
.rotation);
                spawnedObject.transform.Translate(0, 0.02f, 0);
                var p = Instantiate(ARPlane, hitPose.position, hitPose.rotation);
                mPlaneHeight = hitPose.position.y;
                p.transform.parent = spawnedObject.transform;

                GameObject spider = GameObject.FindGameObjectWithTag("spider");
                SkinnedMeshRenderer[] renderlist = spider.GetComponentsInChildren
<SkinnedMeshRenderer>();
                // 获取虚拟对象所有使用的材质
                foreach (var render in renderlist)
                {
                    if (render == null)
```

```
                            continue;
                    mMatList.Add(render.material);
                }
                if (spawnedObject != null)
                    UpdateShader();
            }
            else
            {
                spawnedObject.transform.position = hitPose.position;
                spawnedObject.transform.Translate(0, 0.02f, 0);
                // 加个偏移，防止阴影闪烁
                mPlaneHeight = hitPose.position.y + 0.02f;
                // 更新主光源
                if (spawnedObject != null)
                    UpdateShader();
            }
        }
    }
    // 更新主光源和 Shader 中的光源
    private void UpdateShader()
    {
        Vector4 projdir = new Vector4(mLight.transform.forward.x, mLight.transform
.forward.y, mLight.transform.forward.z, mPlaneHeight);
        foreach (var mat in mMatList)
        {
            if (mat == null)
                continue;
            // 设置主光源
            mat.SetVector("_LightDir", projdir);
        }
    }
}
```

　　该脚本代码比较简单，在实例化虚拟物体和修改虚拟物体位姿时会将光源和阴影平面相关信息传递到 Shader 着色器中，使用平面投影渲染的阴影如图 7-29 所示。

图 7-29　平面投影阴影效果图

从图 7-29 可以看到，平面投影阴影的渲染效果整体还是不错的，更关键的是性能比使用内置实时软阴影提升巨大，这也是当前很多移动端游戏使用平面投影阴影代替 Shadowmap 阴影的主要原因。

从平面投影阴影数学原理可以看到，该阴影只会投影到指定的平整平面上，不能投影到凸凹不平的平面。平面投影阴影不会将阴影投射到其他虚拟对象上，同时该阴影也不会自行截断，即会穿插到其他虚拟物体或墙体中去。但在 AR 中，这些问题都不是很严重的问题，为了提高移动端 AR 应用性能使用此阴影生成方式是一个不错的选择。

7.6 伪阴影

在前述章节中，我们实现的阴影都是实时阴影，阴影会根据虚拟物体的形状、位置、光源变化而变化，实时阴影在带来更好适应性的同时也会消耗大量计算资源，特别是在移动设备上，这会挤占其他功能的可用资源，严重时会造成应用卡顿。在 VR 中，可以将光照效果烘焙进场景中以达到提高性能的目的，然而由于 AR 场景源于真实环境，无法预先烘焙场景 [①]，但如果 AR 应用中的虚拟物体是刚体，不发生形变，并且不脱离 AR 平面，则可以采用预先制作阴影的方法实现阴影效果，利用这种方式制作的阴影不会消耗计算资源，非常高效。

所谓预先制作阴影，就是在虚拟物体下预先放置一个平面，平面所使用的渲染纹理是与虚拟物体匹配的阴影纹理，以此来模拟阴影。因为这个阴影使用图像的方法实现，所以最大的优势是不浪费计算资源，其次是阴影可以根据需要自由处理成硬阴影、软阴影、超软阴影、斑点阴影等类型，自主性强。缺点是阴影一旦设定后在运行时不能依据环境的变化而产生变化，不能对环境进行适配，由于是预先制作阴影，为了更好的效果，虚拟物体不能脱离 AR平面，如果允许虚拟物体悬空，则不适用该方法。

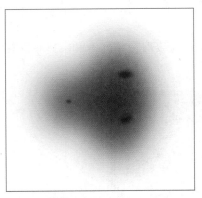

图 7-30 制作一张带 Alpha 通道 PNG 格式阴影纹理图

下面演示伪阴影的使用方法，为了防止 Unity 内置阴影产生干扰，首先关闭场景中 Directional Light 光源阴影，即在层级窗口中选择 Directional Light 对象，在属性窗口中将 Light 组件下的 Shadow Type 属性选为 No Shadows。

然后制作一张与虚拟物体相匹配的阴影效果图，通常这张图是带 Alpha 通道的 PNG 格式阴影纹理图，如图 7-30所示。

新建一个材质，命名为 FakeShadow，材质使用 Universal Render Pipeline→Simple Lit 着色器，并将 Surface Type 属性设置为 Transparent 值以实现透明效果，Base Map 纹理使用制作好的阴影纹理。

在层级窗口中新建一个空对象，命名为 ARPlane，并

---

① 在复杂 AR 静态场景中，包括物体自身阴影，也可以采用光照烘焙方法提高性能。

将虚拟物体模型作为子对象放置在其下。在 ARPlane 下创建一个 Quad 子对象，将其 X 轴旋转 90° 以使其平铺，将上文制作的 FakeShadow 材质赋给它，并调整 Quad 对象与模型对象的相对关系，使阴影与虚拟物体匹配，如图 7-31 所示。

图 7-31　制作带阴影的预制体

制作完成后将 ARPlane 对象制作成预制体，并删除层级窗口中的 ARPlane 对象。编译运行，寻找一个平面，在放置虚拟对象后，效果如图 7-32 所示。

图 7-32　伪阴影实测效果图

通过预先制作阴影的方法，避免了在运行时实时计算阴影，没有阴影计算性能开销，并且可以预先制作阴影贴图，实现所需的阴影类型，通过图 7-32 可以看到，这个阴影效果在模拟普通环境下的阴影时非常有效。

第 8 章　持久化存储与多人共享

到现在为止，前面章节中的所有 AR 应用案例都无法持久化存储运行数据，在应用启动后扫描检测到的平面、加载的虚拟物体、环境特征、设备姿态等都会在应用关闭后丢失。在很多应用背景下，这种模式是可以被接受的，每次打开应用都会是一个崭新的应用，不受前一次操作的影响。但对一些需要连续间断性进行的应用或者多人共享的应用来讲这种模式就有很大的问题，这时我们更希望应用能保存当前状态，当再次进入时能直接从当前状态进行下一步操作而不是从头再来。除此之外，我们希望能与其他人共享 AR 体验，实现互动。本章主要学习 AR 应用数据持久化存储和跨设备多人共享 AR 体验相关知识。

8.1　云锚点

锚点是 AR、MR 技术中最重要的概念之一，任何需要锚定到现实空间、2D 图像、3D 物体、人体、人脸的虚拟对象都需要通过特定的锚点连接[①]。此外，持久化存储、共享 AR/MR 体验也必须通过锚点实现。

从第 4 章中我们知道，锚点是指将虚拟物体固定在 AR 空间上的一种技术，通过锚点可以确保物体在空间中保持相同的位置和方向。云锚点（Cloud Anchor），顾名思义，是指存储在云端服务器上的锚点，借助云锚点，可以让同一环境中的多台 ARKit 设备 / ARCore 设备同步共享 AR 体验。每台设备都可以将云锚点添加到其应用中，通过读取、渲染连接到云锚点上的 3D 对象，就可以在同样的空间位置看到相同的虚拟内容，同时，每台设备也都可以创建云锚点并托管到云端，其他设备也可以同步这些锚点从而实现 AR 体验共享。

1. 锚点托管

锚点信息与周围真实环境密切关联，在生成云锚点时，设备会将锚点信息及其周边的真实环境特征信息（包括特征点和描述符）从设备本地端发送到云端服务器上，这些数据上传后会被处理成稀疏的点云图，并存储在云端，这个过程称为锚点托管。ARCore 支持云锚点，

---

① 在 AR Foundation 中，很多锚点不需要开发人员手工创建，而是由系统统一管理。

并且支持 ARCore 和 ARKit 使用其云锚点跨平台共享 AR 体验。具体而言，在托管锚点时，ARCore/ARKit 会将环境视觉特征数据从用户设备发送到谷歌云平台（Google Cloud Platform，GCP），上传到服务器后，这些数据会被处理成稀疏的点云图。由于点云的稀疏性，其他人员无法根据稀疏点云确定用户的地理位置或者重建与用户物理环境相关的图像，有利于安全和保护隐私[1]。

2. 锚点解析

当有设备向服务器请求云锚点时，该设备会将摄像头图像中的真实环境特征信息发送到云端服务器，服务器则会尝试将这些图像特征信息与存储在云端的稀疏点云图进行匹配，如果匹配成功，则返回该位置的云锚点信息。利用锚点信息，请求设备即可恢复出连接到该锚点上的 3D 对象。由于锚点信息与周围的真实环境信息相关联，因此恢复的锚点也会位于真实环境中相同的位置，并保持一样的方向，这个过程称为锚点解析。

当一个用户向云服务器发起解析请求时，如果解析成功，AR 应用即可利用服务器返回的相关信息恢复云锚点及其连接的虚拟物体在场景中的姿态，因此每个用户在他们的设备上都能看到场景中的虚拟对象，达到锚点信息及连接在其上虚拟对象共享的目的。

云锚点托管及解析原理示意图如图 8-1 所示。

图 8-1　云锚点工作原理示意图

8.2　ARWorldMap

ARWorldMap 是 ARKit 提供的功能特性。用户可以将检测扫描到的环境空间信息数据（Landmark、ARAnchor、Planes 等）存储到 ARWorldMap 中以便在应用中断后可恢复、可继续。一个用户也可以将 ARWorldMap 发送给其他用户，其他用户在加载收到的 ARWorldMap 后，就可以在相同的环境里看到同样的虚拟场景，达到共享 AR 体验的目的。在 ARKit 中，ARWorldMap 可以存储很多可跟踪对象，如 AR 锚点（ARAnchor）[2]、平面、2D 图像等。

8.2.1　ARWorldMap 概述

为持久化地保存应用进程数据，ARKit 提供了 ARWorldMap 功能。ARWorldMap 本质上是将用户场景对象的状态信息转换为可存储可传输的形式（序列化）后保存到文件系统或者

---

① 本书主要讲述 ARKit 开发，利用 ARCore 云锚点开发跨平台 AR 体验相关操作和实现可参阅 ARCore 相关资料。

② 本章所述锚点指 ARAnchor，其作用更像云锚点，用于在不同设备、不同 AR 会话间共享信息。为与普通锚点区分开，本章中 ARAnchor 译为 AR 锚点。

数据库中，当用户再次加载这些对象状态信息后即可恢复应用进程。ARWorldMap 不仅保存了场景中对象的状态信息，还保存了场景图像特征点、路标等信息，当用户再次加载这些状态数据后，ARKit 可通过保存的特征点、路标等信息与当前用户摄像头图像提取的特征点信息进行对比从而恢复相关场景对象数据，并确保虚实匹配的一致性。

如图 8-2 所示，设备①的 AR 应用在启动完环境扫描、平面检测、虚拟物体放置等相关操作后，可以将当前应用场景中的对象状态信息、环境特征点信息、设备姿态信息以序列化方式保存到文件系统或数据库系统中。稍后，设备②或者设备③可以加载这些信息以恢复设备①之前的应用进程，还原虚拟物体。设备①也可以将对象状态信息、环境特征点信息、设备姿态信息序列化后通过网络传输给设备②，设备②接收并加载这些信息后也可以恢复设备①之前的应用进程，从而达到共享体验的目的。

不管是将场景对象状态、环境特征、设备姿态信息存储到文件系统还是通过网络传输给其他设备，都需要对数据进行序列化，在读取数据后也需要进行反序列化还原对象信息，如图 8-3 所示。

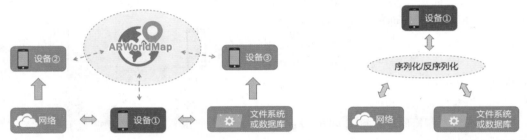

图 8-2　ARWorldMap 共享场景信息　　　　图 8-3　ARWorldMap 保存场景信息

> **提示**
>
> 　　序列化是一个将结构对象转换成字节流的过程，序列化使对象信息更加紧凑，更具可读性，同时降低错误发生概率，有利于通过网络传输或者在文件及数据库中持久化保存。

8.2.2　ARWorldMap 实例

本节将演示 ARWorldMap 的保存与加载。在 AR 共享中，AR 锚点非常重要，没有 AR 锚点就无法实现体验的共享，因此需要在场景中挂载 AR Anchor Manager 组件。为了方便在场景中创建 AR 锚点，新建一个 C# 脚本，命名为 CreateAnchor，代码如下：

```
//第 8 章 /8-1
using System.Collections;
using System.Collections.Generic;
using UnityEngine;
using UnityEngine.XR.AR Foundation;
```

```
using UnityEngine.XR.ARSubsystems;

[RequireComponent(typeof(ARRaycastManager))]
[RequireComponent(typeof(ARAnchorManager))]
public class CreateAnchor : MonoBehaviour
{
    static List<ARRaycastHit> Hits;                // 碰撞点列表
    private ARRaycastManager mRaycastManager;
    private ARAnchorManager mARAnchorManager;
    private void Start()
    {
        Hits = new List<ARRaycastHit>();
        mRaycastManager = GetComponent<ARRaycastManager>();
        mARAnchorManager = GetComponent<ARAnchorManager>();
    }


    void Update()
    {
    // 判断单击点是否在 UI 图标上
        if (Input.touchCount == 0 || !UnityEngine.EventSystems.EventSystem
.current.IsPointerOverGameObject(Input.GetTouch(0).fingerId))
            return;
        var touch = Input.GetTouch(0);
        // 添加 ARAnchor
        if (mRaycastManager.Raycast(touch.position, Hits, TrackableType
.PlaneWithinPolygon | TrackableType.PlaneWithinBounds))
        {
            var hitPose = Hits[0].pose;
            var arAnchor = mARAnchorManager.AddAnchor(hitPose);
            if (arAnchor == null)
                Debug.Log(" 添加 ARAnchor 失败 !");
        }
    }
}
```

上述代码的主要功能是创建 AR 锚点，在创建 AR 锚点时会自动使用 AR Anchor Manager
组件中 Anchor Prefab 属性指定的预制体实例化虚拟物体。使用时，应将 CreateAnchor 脚本挂
载在层级窗口中的 XR Origin 对象上。

现在已经完成了场景及 AR 锚点的创建，接下来处理 ARWorldMap 保存与加载。使用
ARKit 时，可以通过 ARKitSessionSubsystem.GetARWorldMapAsync() 方法异步获取当前场景的
ARWorldMap 信息，通过 worldMap.Serialize() 方法就可以进行序列化，尔后就可以存储到文件
系统或者数据库中。当从文件系统或者数据库中加载 ARWorldMap 信息后，通过 ARWorldMap
.TryDeserialize() 方法进行反序列化，然后通过 ARKitSessionSubsystem.ApplyWorldMap() 方法
将 ARWorldMap 应用到当前 AR 会话中，这样就能够实现 AR 体验的共享。

新建一个 C# 脚本，命名为 ARWorldMapController，代码如下：

```
// 第 8 章 /8-2
using System.Collections;
using System.Collections.Generic;
using System.IO;
using Unity.Collections;
using UnityEngine;
using UnityEngine.UI;
using UnityEngine.XR.AR Foundation;
using UnityEngine.XR.ARSubsystems;
using UnityEngine.XR.ARKit;

public class ARWorldMapController : MonoBehaviour
{
    public Text mMsg;                          // 用于显示过程信息
    private ARSession mARSession;              //AR 会话对象

    private void Start()
    {
        mARSession = GetComponent<ARSession>();
    }
    // 按钮事件，保存 ARWorldMap
    public void OnSaveButton()
    {
        Showmessage(" 开始保存 ");
        StartCoroutine(Save());
    }
    // 按钮事件，加载 ARWorldMap
    public void OnLoadButton()
    {
        Showmessage(" 开始加载 ");
        StartCoroutine(Load());
    }

#region Helper
    // 保存 ARWorldMap
    private IEnumerator Save()
    {
        var sessionSubsystem = (ARKitSessionSubsystem)mARSession.subsystem;
        if (sessionSubsystem == null)
        {
            Showmessage(string.Format(" 设备不支持 "));
            yield break;
        }

        var request = sessionSubsystem.GetARWorldMapAsync();
```

```
        while (!request.status.IsDone())
            yield return null;

        if (request.status.IsError())
        {
            Showmessage(string.Format("Session 序列化出错，出错码：{0}", request
.status));
            yield break;
        }

        var worldMap = request.GetWorldMap();
        request.Dispose();

        SaveAndDisposeWorldMap(worldMap);
        Showmessage(" 保存成功 ");
    }
    // 从文件中加载 ARWorldMap
    private IEnumerator Load()
    {
        var sessionSubsystem = (ARKitSessionSubsystem)mARSession.subsystem;
        if (sessionSubsystem == null)
        {
            Showmessage(string.Format(" 设备不支持 "));
            yield break;
        }

        var file = File.Open(path, FileMode.Open);
        if (file == null)
        {
            Showmessage(string.Format("Worldmap {0} 文件不存在 .", path));
            yield break;
        }

        int BytesPerFrame = 1024 * 10;
        var BytesRemaining = file.Length;
        var binaryReader = new BinaryReader(file);
        var allBytes = new List<Byte>();
        while (BytesRemaining > 0)
        {
            var Bytes = binaryReader.ReadBytes(BytesPerFrame);
            allBytes.AddRange(Bytes);
            BytesRemaining -= BytesPerFrame;
            yield return null;
        }

        var data = new NativeArray<Byte>(allBytes.Count, Allocator.Temp);
```

```
            data.CopyFrom(allBytes.ToArray());

            ARWorldMap worldMap;
            if (ARWorldMap.TryDeserialize(data, out worldMap))      // 反序列化
                data.Dispose();

            if (!worldMap.valid)
            {
                Showmessage("ARWorldMap 无效。");
                yield break;
            }

            sessionSubsystem.ApplyWorldMap(worldMap);
            Showmessage(" 加载完成 ");
        }
        // 将 ARWorldMap 写入文件中
        private void SaveAndDisposeWorldMap(ARWorldMap worldMap)
        {
            var data = worldMap.Serialize(Allocator.Temp);          // 序列化
            var file = File.Open(path, FileMode.Create);
            var writer = new BinaryWriter(file);
            writer.Write(data.ToArray());
            writer.Close();
            data.Dispose();
            worldMap.Dispose();
        }
        //ARWorldMap 存储路径
        string path
        {
            get
            {
                return Path.Combine(Application.persistentDataPath, "mySession.
worldmap");
            }
        }
        // 检查设备是否支持 ARWorldMap
        bool supported
        {
            get
            {
                return ARKitSessionSubsystem.worldMapSupported;
            }
        }
        // 显示过程信息
        private void Showmessage(string msg)
        {
            mMsg.text = msg;
```

```
    }
  #endregion
}
```

上述代码的主要功能是处理 ARWorldMap 的保存和加载，还涉及功能支持性检查、文件操作、序列化与反序列化等，但整体功能非常直观，代码逻辑也很简单。

在使用时，将 ARWorldMapController 脚本挂载在层级窗口中的 AR Session 对象上，并设置好用于显示运行状态的 mMsg 属性，因为希望通过按钮事件触发 ARWorldMap 相关操作，因此还需要通过按钮事件关联相关方法。编译运行，在检测到的平面上放置虚拟物体后（创建 AR 锚点时会自动创建虚拟物体），单击"保存地图"按钮保存 ARWorldMap，尔后可以关闭 AR 应用。在重新打开应用程序后，单击"加载地图"按钮，等待加载完成，扫描之前放置虚拟物体时的环境，在环境匹配成功后可以看到上一次操作放置的虚拟物体被自动加载，如图 8-4 所示，通过这种方式便可恢复之前的用户体验。

图 8-4　ARWorldMap 保存与加载效果图

8.3　协作会话

使用 ARWorldMap 可以解决用户再次进入同一物理空间时的场景恢复问题，也能在多人之间共享用户体验。但这种共享并不是实时的，在载入 ARWorldMap 后，用户设备新检测到的环境和所进行的操作不会实时共享，即在载入 ARWorldMap 后，用户甲所做的操作或者添加的虚拟物体不会在用户乙的设备上体现，如图 8-5 所示。

为解决这个问题，ARKit 提出了协作会话（Collaborative Session）的概念，协作会话利用 Multipeer-Connectivity 近距离通信框架或者其他网络通信方式，通过实时共享 AR 锚点、环境特征点的方式达到 AR 体验实时共享的目的。

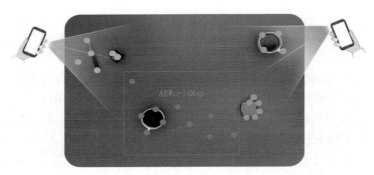

图 8-5　载入 ARWorldMap 后新的变化不会实时共享

8.3.1　协作会话概述

ARWorldMap 通过路标（Landmark，场景特征信息）来跟踪与更新用户姿态，ARWorldMap 也通过一系列的 AR 锚点来连接虚实，并在 AR 锚点下挂载虚拟物体，但在 ARWorldMap 中，这些数据并不是实时更新的，即在 ARWorldMap 生成之后用户新检测到的路标及所做的修改并不会共享，其他人也无法看到变更后的数据。在图 8-5 中，在 ARWorldMap 之外用户新检测到的路标或者新建的 AR 锚点并不会被共享，因此，ARWorldMap 只适用于一次性的数据共享，并不能做到实时交互共享。

协作会话的出现就是为了解决这些问题，协作会话可以实时地共享 AR 体验，持续性地共享 AR 锚点及环境理解相关信息，由于 Multipeer-Connectivity 近距离通信框架的特性，所有参与用户都是平等的，没有主从的概念，因此，新用户可以随时加入，老用户也可以随时退出，这并不会影响其他人的体验，也不会中断共享进程。实时共享意味着在整个协作会话过程中，任何一个用户所做的变更都可以即时地反馈到所有参与方场景中，如一个用户新添加了一个 AR 锚点，其他人可以即时地看到这个 AR 锚点。通过协作会话可以营造持续性的、递进的 AR 体验，可以构建无中心、多人 AR 应用，并且所有的物理仿真、场景变更、音效都会进行自动同步。

在协作会话设计时，为了达到去中心、实时共享目标，ARKit 将环境检测分成两部分进行处理，一部分用于存储用户自身检测到的环境路标及创建的 AR 锚点等信息，叫作本地地图（Local Map），另一部分用于存储其他用户检测到的环境路标及创建的 AR 锚点等信息，叫作外部地图（External Map）。

下面以两个用户使用协作会话共享为例进行说明，在刚开始时，用户 1 与用户 2 各自进行环境检测和 AR 锚点操作，这时他们相互之间没有联系，有各自独立的坐标系，如图 8-6 所示。通过网络通信，用户 1 检测到的环境路标及创建的 AR 锚点等协作信息（这些信息称为 CollaborationData）共享给了用户 2，用户 2 会在其外部地图中存储这些信息（虽然这些信息现在对用户 2 无用），反之亦然，用户 1 也会在其外部地图中存储用户 2 检测到的环境路标及创建的 AR 锚点等信息。随着探索的进一步推进，当用户 1 与用户 2 检测到的路标及 AR 锚点有共同之处时，如图 8-7 所示，ARKit 会根据这些三维路标及 AR 锚点信息解算用户 1 与用户 2 之间的坐标转换关系，并且定位他们相互之间的位置关系。如果 ARKit 解算成功，这时，用户 1 的本地地图会与其外部地图融合成新的本地地图，即用户 2 探索过的环境会成为用户 1 环境理解的一部分，用户 2 也会进行同样的操作。这个过程大大地扩展了用户 1 与用户 2 的环境理解范围，即用户 2 环境探索的部分也已成为用户 1 环境探索的一部分，用户 1 无须再去探索用户 2 已探索过的环境，对用户 2 亦是如此。因为此时环境已经进行了融合，用户 1 自然就可以看到用户 2 创建的 AR 锚点对象了。

图 8-6　用户各自进行环境探索与 AR 锚点操作

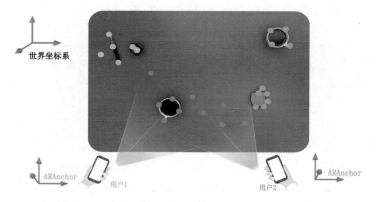

图 8-7　用户通过公共的路标及 AR 锚点建立联系

需要注意的是，虽然环境探索部分进行了融合，但是用户 1 与用户 2 的世界坐标系仍然是独立的，然而由于 AR 锚点信息是相对于特定的本地地图的，在进行环境融合时 ARKit 已经解算出了他们之间的坐标转换关系，所以就能够在真实世界中唯一定位这些 AR 锚点。协作会话的工作流程可以通过图 8-8 进行说明。

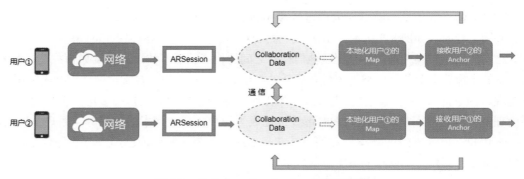

图 8-8　Collaborative Session 工作流程图

从图 8-8 中可以看到，使用协作会话的第 1 步是设置并建立网络连接，网络连接可以使用 Multipeer-Connectivity 近距离通信框架，也可以使用 Unity 的 Networking 框架，或者任何其他可信的网络通信框架。在建立网络连接之后，需要启用协作会话功能，在 AR Foundation 中，在 ARKitSessionSubsystem 类中有一个属性 CollaborationEnable，将其设置为 true 即可启动协作会话功能。在启动之后，ARKitSessionSubsystem 会将所有的协作数据（CollaborationData）放到一个 CollaborationData 队列中，可以通过 DequeueCollaborationData() 方法读取这个队列中的数据。这些协作数据会周期性地产生并积累，但不会自动发送，AR 应用应当及时将这些协作数据发送给所有其他参与方进行共享。其他用户接收到协作数据后，需要实时地将这些信息更新到其 AR 会话中，ARKitSessionSubsystem 类中 UpdateWithCollaborationData（ARCollaborationData）方法负责执行更新操作。数据产生、发送、接收这个过程会在整个协作会话中持续进行，通过实时的数据分发、更新，就能够实现多用户的实时 AR 共享。

> **提示**
>
> 　　需要注意的是，ARKit 对协作会话的支持不包括任何网络连接、数据传输，需要由开发人员管理连接并向协作会话中的其他参与方发送数据或者接收来自其他参与方发送的数据。

在整个协作会话过程中，AR 锚点起着非常重要的作用，通过实时网络传输，AR 锚点在整个网络中生命周期是同步的，即用户 1 创建一个 AR 锚点后用户 2 可以实时地看到，当用户 1 销毁一个 AR 锚点时，用户 2 也会同步移除这个 AR 锚点。除此之外，每个 AR 锚点都有一个会话 ID（Session Identifier），这个会话 ID 与特定的 AR 会话关联（一个 AR 会话即代表一个用户设备），通过这个会话 ID 就可以知道这个 AR 锚点的创建者，在应用中，可以利用这个属性区别处理自己创建的 AR 锚点和别人创建的 AR 锚点，只有自己创建的 AR 锚点才需要共享。另外，在协作会话中，只有用户创建的 AR 锚点才会被共享，其他的（如 ARImageAnchor、ARObjectAnchor、ARPlaneAnchor 等系统自动创建的）AR 锚点则不会被共享，包括用户自己创建的子级 ARAnchor。

在协作会话中，参与用户的位置非常关键，因为这涉及坐标系的转换及虚拟物体的稳定性，因此，ARKit 专门引入了一个 AR 参与者锚点（ARParticipantAnchor），用于定位和描述用户姿态信息。当用户接收并融合了其他用户的数据后，ARKit 会推算出各用户之间的相互关系，最重要的就是坐标系转换关系。为直观地描述相互关系并减少运算，ARKit 会创建 AR 参与者锚点描述其他用户在自己世界坐标系中的位置与姿态。同时，为了实时精确捕捉其他用户的姿态，AR 参与者锚点每帧都会更新。

与所有其他可跟踪对象一样，每个 AR 参与者锚点都有一个独立且唯一的 TrackableID，AR 参与者锚点可以随时被添加、更新和移除，用来及时反映协作会话中参与者的加入、更新和退出。AR 参与者锚点会在协作会话中本地地图与外部地图融合时创建，因此，AR 参与者锚点可以被看作 AR 共享正常运行的标志。正是通过 AR 参与者锚点与 AR 锚点，参与者都能在正确的现实环境中看到一致的虚拟物体。

通过前面的讲述可以看到，共享体验在参与者都探索到公共的路标及 AR 锚点后开始（通俗讲就是手机设备扫描到公共的环境），但在不同的设备上匹配公共路标受很多因素影响，如角度、光照、遮挡等，正确且快速地匹配并不是一件容易的事情，因此，为更快地开始共享体验，参与者最好以相同的相机视角扫描同一片真实场景开始，如图 8-9 所示。另外，在 ARKitSessionSubsystem 中有一个 WorldMappingStatus 属性，可以检查这个属性以获取当前协作会话状态，最好确保当前 WorldMappingStatus 处于 mapped 状态再进行后续操作，这样可以确保参与者看到的三维路标能及时地被保存进 ARWorldMap 中，其他参与者可以本地化（Localize）这些三维坐标并更好地进行匹配，从而开始 AR 共享进程。

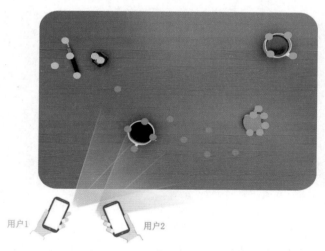

用户1　　用户2

图 8-9　以相同的视角扫描环境可以加速 AR 共享的开始

8.3.2　协作会话实例

协作会话的原理机制及数据同步比较复杂，但由于良好的封装，在 AR Foundation 中使用协作会话却相对简单，除网络通信、收发协作数据需要开发人员自行处理外，其他功能均已提供。如前文所述，AR 锚点在 AR 共享里非常重要，在 AR Foundation 中也需要依赖 AR 锚点锚定虚拟物体和共享体验，因此，需要使用 AR Anchor Manager 组件。

提示

> 在本节中，网络通信部分我们使用 Multipeer-Connectivity 近距离通信框架，这部分代码保存在本节工程文件 Assets/Scripts/Multipeer 文件夹下，网络通信不是我们关注的重点，相关知识可参考官方文档。

为了方便在场景中创建 AR 锚点，我们重用代码清单 8-1 所示脚本，使用该脚本时，在创建 AR 锚点时会自动使用 AR Anchor Manager 组件中 Anchor Prefab 属性指定的预制体实例化虚拟物体。将 CreateAnchor 脚本挂载在层级窗口中的 XR Origin 对象上。因为在协作会话中还需要用到 AR 参与者锚点，所以也需要挂载 AR Participant Manager 组件。

现在已经完成了场景及 AR 锚点的创建，接下来处理通过网络进行协作数据收发及 AR 会话更新操作。新建一个 C# 脚本，命名为 CollaborativeSession，代码如下：

```
// 第 8 章 /8-3
using UnityEngine;
using UnityEngine.XR.AR Foundation;
#if UNITY_IOS && !UNITY_EDITOR
using Unity.iOS.Multipeer;
#endif
using UnityEngine.XR.ARKit;
[RequireComponent(typeof(ARSession))]
public class CollaborativeSession : MonoBehaviour
{
    [SerializeField]
    string m_ServiceType;
    #if UNITY_IOS && !UNITY_EDITOR
    private MCSession m_MCSession;
    private ARSession m_ARSession;
    public string serviceType
    {
        get { return m_ServiceType; }
        set { m_ServiceType = value; }
    }

    void DisableNotSupported(string reason)
    {
        enabled = false;
        Debug.Log(reason);
    }
    void OnEnable()
```

```
    {
        var subsystem = GetSubsystem();
        if (!ARKitSessionSubsystem.supportsCollaboration || subsystem == null)
        {
            DisableNotSupported("Collaborative sessions require iOS 13.");
            return;
        }
        subsystem.collaborationEnabled = true;
        m_MCSession.Enabled = true;
    }


    ARKitSessionSubsystem GetSubsystem()
    {
        if (m_ARSession == null)
            return null;
        return m_ARSession.subsystem as ARKitSessionSubsystem;
    }


    void Awake()
    {
        m_ARSession = GetComponent<ARSession>();
        m_MCSession = new MCSession(SystemInfo.deviceName, m_ServiceType);
    }


    void OnDisable()
    {
        m_MCSession.Enabled = false;
        var subsystem = GetSubsystem();
        if (subsystem != null)
            subsystem.collaborationEnabled = false;
    }


    void Update()
    {
        var subsystem = GetSubsystem();
        if (subsystem == null)
            return;
        // 检查 CollaborationData，发送 CollaborationData
        while (subsystem.collaborationDataCount > 0)
        {
            using (var collaborationData = subsystem.DequeueCollaborationData())
            {
                if (m_MCSession.ConnectedPeerCount == 0)
                    continue;
                using (var serializedData = collaborationData.ToSerialized())
```

```
                    using (var data = NSData.CreateWithBytesNoCopy(serializedData.Bytes))
                    {
                        m_MCSession.SendToAllPeers(data, collaborationData.priority ==
ARCollaborationDataPriority.Critical
                            ? MCSessionSendDataMode.Reliable
                            : MCSessionSendDataMode.Unreliable);
                        if (collaborationData.priority == ARCollaborationDataPriority
.Critical)
                        {
                            Debug.Log($" 已发送 {data.Length} Bytes collaboration
data.");
                        }
                    }
                }
            }
            // 接收 CollaborationData，更新 AR 会话
            while (m_MCSession.ReceivedDataQueueSize > 0)
            {
                using (var data = m_MCSession.DequeueReceivedData())
                using (var collaborationData = new ARCollaborationData(data.Bytes))
                {
                    if (collaborationData.valid)
                    {
                        subsystem.UpdateWithCollaborationData(collaborationData);
                        if (collaborationData.priority == ARCollaborationDataPriority
.Critical)
                        {
                            Debug.Log($" 接收到 {data.Bytes.Length} Bytes collaboration
data.");
                        }
                    }
                    else
                    {
                        Debug.Log($" 接收到 {data.Bytes.Length} Bytes 无效数据。");
                    }
                }
            }
        }

    void OnDestroy()
    {
        m_MCSession.Dispose();
    }
#endif
}
```

上述代码的主要功能是收发协作数据并在接收到协作数据时更新 AR 会话。设置 Service Type 参数的目的是区分网络连接，防止在同一区域有多个网络连接时相互干扰。将该脚本挂

载在层级窗口中的 AR Session 对象上，如图 8-10 所示。

图 8-10　在 AR Session 对象上挂载 CollaborativeSession 脚本

编译并分别发布到两台手机或者平板上，在两台设备上同时运行应用程序，完成匹配后可以看到在一台设备上添加的虚拟物体会实时地出现在另一台设备的屏幕上，如图 8-11 所示，这也说明使用协作会话时 AR 共享是实时的。

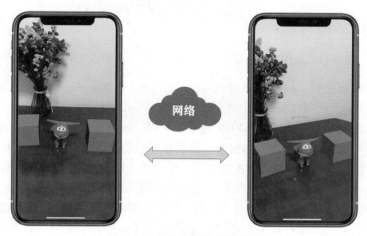

图 8-11　协作会话运行效果图

8.3.3　协作会话使用注意事项

协作会话是在 ARWorldMap 基础上发展起来的技术，ARWorldMap 包含了一系列的路标、AR 锚点及在观察这些路标和 AR 锚点时摄像机的视场（View），如图 8-12 所示。在图 8-12 中，从左到右，摄像机在扫描识别路标时也同时记录了此时的摄像机视场，然后这些扫描到的路标连同此时的摄像机视场会被分组存储到 ARWorldMap 中。如果用户在某个位置新创建了一个 AR 锚点，这时这个 AR 锚点的位置并不是相对于公共世界坐标系的（实际上此时用户根本就不知道是否还有其他参与者），而是被存储成离这个 AR 锚点最近的摄像机视场的相对坐标，这些信息也会一并存入用户的 ARWorldMap 中并被发送给其他用户。

由于 AR 锚点是相对于摄像机视场的坐标，而这些摄像机视场会分组存储到 ARWorldMap 中，也就是说，AR 锚点与任何设备的世界坐标系都没有关系，不管这些 AR 锚点是被本机设备解析到本机场景中，还是通过网络发送到其他设备被解析到其他用户的场景中，都不会改变 AR 锚点与摄像机视场之间的相互关系，因此，即使其他用户使用了不同的世界坐标系，他们也能在相同的真实环境位置中看到这个 AR 锚点。

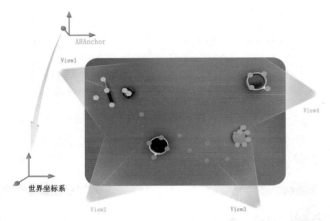

图 8-12　ARWorldMap 会同时存储路标、AR 锚点及摄像机视场

从以上原理可以看到，AR 锚点对共享 AR 体验起到了非常关键的作用，所以为了更好的 AR 共享体验，开发人员应当在开发时注意以下几点：

（1）跟踪 AR 锚点的更新。在 ARKit 探索环境时，随着采集的特征点信息越来越多，对环境的理解会越来越精准，ARKit 会通过对之前的摄像机视场进行微调来优化和调整路标信息，因此，与某一摄像机视场相关联的 AR 锚点姿态也会随之发生调整，所以应当保持对 AR 锚点的跟踪以确保在 AR 锚点发生更新时能及时反映到当前用户场景中。

（2）虚拟物体应靠近 AR 锚点。在 AR 锚点发生更新时，连接到其上的虚拟物体也会发生更新，离 AR 锚点远的虚拟物体在更新时可能会出现误差从而导致偏离真实位置，如图 8-13 所示，所以连接到 AR 锚点的虚拟对象应当靠近对应的 AR 锚点以减少误差带来的影响。

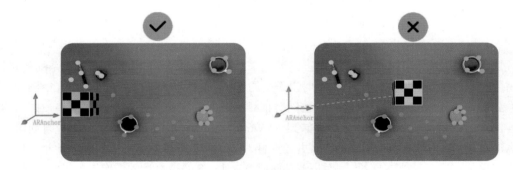

图 8-13　虚拟物体应靠近 ARAnchor

（3）处理好 AR 锚点与虚拟物体的关系。独立的虚拟物体应当使用独立的 AR 锚点，这样每个独立虚拟物体都可以尽量靠近 AR 锚点，并且在存储时可以存储到 ARWorldMap 相同分组中。对若干个距离较近并且希望保持相互之间位置关系的虚拟物体应当使用同一个 AR 锚点，因为在 AR 锚点更新时，这些虚拟物体会得到相同的更新矩阵，从而保持相互间的位置关系不发生任何变化。

另外，需要注意的是，在 AR Foundation 中有两种类型的协作数据：关键（Critical）和可选（Optional）。关键数据定期更新，对同步 AR 体验非常关键，应当被可靠地发送到所有参与设备；可选数据产生频率更高，几乎每帧会产生，但重要性不及关键数据，因此有所丢失也不会有太大影响。

8.4　Azure 空间定位点

计算机与互联网已成为当今社会最重要的基础设施之一，信息服务设备也已经成为商业运营最重要的必要设施，拥有强大处理能力、高可靠性的云服务应运而生，云服务提供全天候的硬件资源与软件应用，降低了信息服务运作成本，并且随着 5G 通信、小型设备、可穿戴设备的发展，云服务的功能特性也得到极大的加强，使用者可以在任何地方随时调用资源，用完释放之后又可供再分配，避免了资源浪费，降低了对小型和可穿戴设备的硬件要求。

8.4.1　Azure 空间定位点概述

AR 应用持久化存储除了使用 ARWorldMap、协作会话等服务，还可以使用微软公司的 Azure 云服务，Azure 云服务是微软公司基于云计算操作系统的云服务技术，它使用微软全球数据中心的储存、计算能力和网络基础服务，主要目标是为开发者提供一个平台，帮助简化开发可运行在云服务器、数据中心、边端设备、Web 和 PC 计算机上的应用程序。Azure 以云技术为核心，提供了软件 + 服务 + 计算的服务能力，能够将处于边端的开发者个人能力，同微软全球数据中心网络托管的服务，例如存储、计算和网络基础设施服务，紧密结合起来。Azure 云服务功能强大，本节只对 ARKit 使用其空间定位点功能进行阐述。

8.4.2　Azure 空间定位点使用实例

在 Azure 云中，云锚点被称为空间锚点（Spatial Anchor），Azure 云服务空间定位点[1]（Azure Spatial Anchor）也能稳健地支持 ARKit 设备之间的 AR 体验共享和持久化存储，当使用多个云锚点时，利用 Azure 云服务，还可以实现路径导航，这对很多室内应用有非常重要的价值。Azure 云服务对云锚点提供了非常好的支持，本节将阐述使用 Azure 云服务实现云锚点的详细步骤。

使用 Azure 云服务中的云锚点，首先需要在个人 Azure 云服务中创建空间定位点资源（假定读者已注册个人 Azure 账号）：登录 Azure 门户[2]，在界面左栏中选择"创建资源"，并在随后打开的右侧页面中检索"空间定位点"，如图 8-14 所示。

---

[1]　在 Azure 中称为空间定位点，本书根据其作用亦将其称为云锚点。

[2]　网址为 https://portal.azure.com/。

图 8-14　创建资源、检索"空间定位点"

在检索结果中选择"空间定位点"服务，然后选择"创建"，填写资源名称、资源组、位置等信息，中国区建议选择东南亚区（Southeast Asia），如图 8-15 所示，最后单击"创建"按钮开始创建云锚点资源。

图 8-15　设置云锚点资源信息

当资源创建完成后，在部署完成界面中选择"转到资源"即可查看云锚点资源信息，将"账号域"和"账号 ID"信息保存下来以备使用，如图 8-16 所示。

图 8-16　查看记录账号域和账号 ID 信息

在左侧栏中选择"设置→访问密钥",将主密钥也保存下来备用,如图 8-17 所示。

图 8-17　查看记录云锚点密钥信息

至此,Azure 云锚点空间创建完成,云端的设置工作也完成了。使用 Azure 云锚点服务时,需要在工程中添加 Azure 空间锚点 SDK(Azure Spatial Anchors SDK),由于 Azure 空间锚点 SDK 工具包目前并非 Unity 官方提供的包,因此首先需要在清单文件(manifest.json)中加入包源地址并且在 Unity 中进行注册。在 Windows 文件管理器中打开 Unity 工程文件路径,使用文本阅读器打开项目清单 Packages/manifest.json 文件,将 Azure 空间锚点工具包(Azure Spatial Anchors 工具包)所使用的包名和版本号添加到依赖项(dependencies)中,代码如下[①]:

```
// 第 8 章 /8-4
"dependencies": {  //manifest.json 文件原依赖项声明行
      "com.microsoft.azure.spatial-anchors-sdk.ios": "file:MixedReality/com.
microsoft.azure.spatial-anchors-sdk.ios-2.11.0.tgz",
   "com.microsoft.azure.spatial-anchors-sdk.core": "file:MixedReality/com.microsoft.
azure.spatial-anchors-sdk.core-2.11.0.tgz",
   ...
```

完成所有配置后,保存文件,返回 Unity 软件,Unity 将会自动加载 Azure 空间锚点工具包[②],在菜单中依次选择 Window → Package Manager,打开包管理器窗口,可以在该管理器面板中进行工具包的升级、卸载管理。

在 ARKit 中使用 Azure 云锚点的基本流程如图 8-18 所示。

用户 A 开启云会话(Cloud Session),创建云锚点,关闭云会话;用户 B 开启云会话,根据云锚点 ID 进行检索、重定位、解析云锚点,根据需要决定是否删除云锚点,关闭云会话。

用户 A 和用户 B 可以是同一台设备,也可以是不同设备,同时设备本身、设备之间也可以通过文件系统或者网络通信传递云锚点信息。

①　由于软件的更新升级,这里的包名与版本号可能会发生变化,读者在使用时可查阅官方文档。
②　除直接编辑 manifest.json 清单文件,我们也可以使用混合现实特性工具(Mixed Reality Feature Tool,MRFT)添加云锚点 SDK,使用 MRFT 添加工具包更直观,具体使用方法读者可查阅相关资料。

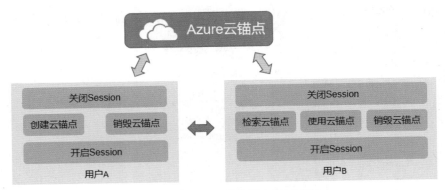

图 8-18　Azure 云锚点基本使用流程

使用 Azure 云锚点时需要用到 Spatial Anchor Manager 组件，该组件由 Azure 空间锚点 SDK 提供，使用时需要将该组件挂载到场景对象上，然后在工程窗口中新建一个 C# 脚本文件，命名为 AzureSpatialAnchorController，代码如下：

```
//第 8 章 /8-5
using System;
using System.Collections.Generic;
using System.IO;
using System.Threading.Tasks;
using UnityEngine;
using Microsoft.Azure.SpatialAnchors;
using Microsoft.Azure.SpatialAnchors.Unity;
#if Windows_UWP
using Windows.Storage;
#endif
public class AzureSpatialAnchorController : MonoBehaviour
{
    [HideInInspector]
    public string currentAzureAnchorID = "";              // 云锚点 ID
    private SpatialAnchorManager cloudManager;
    private CloudSpatialAnchor currentCloudAnchor;
    private AnchorLocateCriteria anchorLocateCriteria;
    private CloudSpatialAnchorWatcher currentWatcher;

    private readonly Queue<Action> dispatchQueue = new Queue<Action>();
    void Start()
    {
        cloudManager = GetComponent<SpatialAnchorManager>();
        cloudManager.AnchorLocated += CloudManager_AnchorLocated;
        anchorLocateCriteria = new AnchorLocateCriteria();
    }

    void Update()
```

```
{
    lock (dispatchQueue)
    {
        if (dispatchQueue.Count > 0)
        {
            dispatchQueue.Dequeue()();
        }
    }
}
void OnDestroy()
{
    if (cloudManager != null && cloudManager.Session != null)
    {
        cloudManager.DestroySession();
    }

    if (currentWatcher != null)
    {
        currentWatcher.Stop();
        currentWatcher = null;
    }
}
#region Azure 云锚点处理方法
public async void StartAzureSession()
{
    if (cloudManager.Session == null)
    {
        await cloudManager.CreateSessionAsync();
    }
    await cloudManager.StartSessionAsync();
    Debug.Log("开启云锚 Session 成功!");
}

public async void StopAzureSession()
{
    cloudManager.StopSession();
    await cloudManager.ResetSessionAsync();
    Debug.Log("关闭云锚 Session 成功!");
}

public async void CreateAzureAnchor(GameObject theObject)
{
    theObject.CreateNativeAnchor();
    CloudSpatialAnchor localCloudAnchor = new CloudSpatialAnchor();
    localCloudAnchor.LocalAnchor = theObject.FindNativeAnchor().GetPointer();
    if (localCloudAnchor.LocalAnchor == IntPtr.Zero)
    {
```

```
                Debug.Log(" 无法创建本地锚点 ");
                return;
            }
            localCloudAnchor.Expiration = DateTimeOffset.Now.AddDays(7);
            while (!cloudManager.IsReadyForCreate)
            {
                await Task.Delay(330);
                float createProgress = cloudManager.SessionStatus
.RecommendedForCreateProgress;
                QueueOnUpdate(new Action(() => Debug.Log($" 请缓慢移动以采集更多环境信息,
当前进度: {createProgress:0%}")));
            }

            bool success;
            try
            {
                await cloudManager.CreateAnchorAsync(localCloudAnchor);
                currentCloudAnchor = localCloudAnchor;
                localCloudAnchor = null;
                success = currentCloudAnchor != null;

                if (success)
                {
                    Debug.Log($" 云锚点 ID: '{currentCloudAnchor.Identifier}' 创建成功 ");
                    currentAzureAnchorID = currentCloudAnchor.Identifier;
                }
                else
                {
                    Debug.Log($" 创建云锚点 ID: '{currentAzureAnchorID}' 失败 ");
                }
            }
            catch (Exception ex)
            {
                Debug.Log(ex.ToString());
            }
        }

        public void RemoveLocalAnchor(GameObject theObject)
        {
            theObject.DeleteNativeAnchor();
            if (theObject.FindNativeAnchor() == null)
            {
                Debug.Log(" 本地锚点移除成功 ");
            }
            else
            {
                Debug.Log(" 本地锚点移除失败 ");
```

```
        }
    }

    public void FindAzureAnchor(string id = "")
    {
        if (id != "")
        {
            currentAzureAnchorID = id;
        }
        List<string> anchorsToFind = new List<string>();
        if (currentAzureAnchorID != "")
        {
            anchorsToFind.Add(currentAzureAnchorID);
        }
        else
        {
            Debug.Log(" 无须查找的云锚点 ID");
            return;
        }

        anchorLocateCriteria.Identifiers = anchorsToFind.ToArray();
        if ((cloudManager != null) && (cloudManager.Session != null))
        {
            currentWatcher = cloudManager.Session.CreateWatcher(anchorLocate-
Criteria);
            Debug.Log(" 开始查找云锚点 ");
        }
        else
        {
            currentWatcher = null;
        }
    }

    public async void DeleteAzureAnchor()
    {
        await cloudManager.DeleteAnchorAsync(currentCloudAnchor);
        currentCloudAnchor = null;
        Debug.Log(" 云锚点移除成功 ");
    }

    public void SaveAzureAnchorIdToDisk()
    {
        string filename = "SavedAzureAnchorID.txt";
        string path = Application.persistentDataPath;
#if Windows_UWP
        StorageFolder storageFolder = ApplicationData.Current.LocalFolder;
        path = storageFolder.Path.Replace('\\', '/') + "/";
```

```
#endif
        string filePath = Path.Combine(path, filename);
        File.WriteAllText(filePath, currentAzureAnchorID);
        Debug.Log($"保存文件成功！");
    }

    public void GetAzureAnchorIdFromDisk()
    {
        string filename = "SavedAzureAnchorID.txt";
        string path = Application.persistentDataPath;
#if Windows_UWP
        StorageFolder storageFolder = ApplicationData.Current.LocalFolder;
        path = storageFolder.Path.Replace('\\', '/') + "/";
#endif
        string filePath = Path.Combine(path, filename);
        currentAzureAnchorID = File.ReadAllText(filePath);
    }

    public void ShareAzureAnchorIdToNetwork()
    {
        // 通过网络传输云锚点
    }

    public void GetAzureAnchorIdFromNetwork()
    {
        // 通过网络接收云锚点
    }
    #endregion

    private void CloudManager_AnchorLocated(object sender, AnchorLocatedEventArgs
args)
    {
        if (args.Status == LocateAnchorStatus.Located || args.Status ==
LocateAnchorStatus.AlreadyTracked)
        {
            currentCloudAnchor = args.Anchor;

            QueueOnUpdate(() =>
            {
                Debug.Log($"云锚点定位成功");
                gameObject.CreateNativeAnchor();
                if (currentCloudAnchor != null)
                {
                    // 利用锚点信息变换游戏对象位姿
                    gameObject.GetComponent<UnityEngine.XR.WSA.WorldAnchor>()
.SetNativeSpatialAnchorPtr(currentCloudAnchor.LocalAnchor);
```

```
                }
            });
        }
        else
        {
            QueueOnUpdate(new Action(() => Debug.Log($"锚点ID '{args.Identifier}'
定位失败，定位状态为 '{args.Status}'")));
        }
    }
    private void QueueOnUpdate(Action updateAction)
    {
        lock (dispatchQueue)
        {
            dispatchQueue.Enqueue(updateAction);
        }
    }
}
```

在上述代码中，首先在 Start() 方法中获取 Spatial Anchor Manager 组件，然后将其 AnchorLocated 事件设置到云锚点定位查找结果处理方法。

在代码中，使用 StartAzureSession() 方法开启 Azure 云会话、使用 StopAzureSession() 方法关闭 Azure 云会话、通过 CreateAzureAnchor() 方法创建云锚点、通过 FindAzureAnchor() 方法在 Azure 中根据指定的云锚点 ID 检索锚点（检索结果通过定位查找事件处理方法 CloudManager_AnchorLocated() 处理），在不需要云锚点时，使用 DeleteAzureAnchor() 方法销毁云锚点。

在具体操作时，通过 AzureSpatialAnchorController 脚本就可以使用 Azure 云锚点服务了，基本流程如下：

在 Unity 层级（Hierarchy）窗口中新建一个 Cube 对象，命名为 AnchorParent，将 Spatial Anchor Manager 组件挂载到该对象上，将在 Azure 云服务器上创建的空间定位点资源所在域、账号 ID、主密钥对应地设置到该组件对象的 Account Domain、Account Id、Account Key 属性中。将 AzureSpatialAnchorController 脚本也挂载到该对象上，然后在场景中通过按钮事件驱动云会话开启、锚点创建等方法就可以使用 Azure 云锚点了。

Azure 空间锚点 SDK 使用时也需要正确地配置工程，并需要在场景中挂载 AR Anchor Manager 组件，Azure 空间锚点 SDK 完成了绝大部分云锚点的处理工作（如坐标变换、空间特征点提取、锚点信息格式生成与解析等），提供给开发人员的使用界面非常简洁，大大降低了使用难度。

利用 Azure 云锚点可以支持 HoloLens 设备、支持使用 ARKit 的 iOS 设备、支持使用 ARCore 的安卓设备，并且支持异构平台云锚点信息共享，因此可以实现不同硬件设备之间的 AR 体验共享，轻松实现第三方视角、投屏展示等实际开发需求。

8.4.3 Azure 空间定位点使用注意事项

　　Azure 云锚点托管 / 解析会增加内存、CPU、电量消耗，其间会将数据上传到 Azure 云服务器，涉及网络通信、锚点的托管与解析，过程相对比较复杂，在使用云锚点过程中的注意事项如表 8-1 所示。

表 8-1　云锚点使用注意事项

类　　型	描　　述
数据存储和访问限制	因为云锚点使用 Azure 云服务器，对用户数据存储和访问有以下要求： （1）托管锚点时上传至云端的原始视觉特征信息在过期后会舍弃。 （2）锚点会根据存储的稀疏点云图在服务器端解析，生成稀疏的点云图可用于云锚点解析请求，托管的视觉特征信息不会发送至用户设备。 （3）无法根据稀疏点图确定用户的地理位置或者重建任何图像或用户的物理环境。 （4）任何时候都不会存储请求中用于解析锚点的视觉特征描述信息
一般原则	（1）避免在发光面上托管或解析云锚点。为了获得最佳结果，避免使用反光面或不具有视觉特征的平面，例如空白的光滑白墙，因为 ARKit 很难提取这些环境的特征点信息，特征点信息不足将导致锚点无法托管和解析。 （2）确保云锚点采集与解析时光线充足。 （3）云锚点托管和解析请求时光照条件应当一致。同一环境下不同光照条件会影响 ARKit 对特征点的提取，进而影响锚点的托管与解析
托管锚点	在托管云锚点之前，为了便于 ARKit 更好地理解周边环境，需要注意以下事项： （1）从不同的角度观察锚点，采集不同角度的视觉特征信息。 （2）围绕锚点至少移动几秒，确保采集到足够多的视觉信息。 （3）确保采集设备（手机）离锚点不要太远
解析锚点	（1）确保设备靠近托管锚点的位置，如果请求锚点的设备离云锚点的位置过远，云锚点则可能无法正确解析。 （2）避免在相似度高的环境中采集和解析锚点，如果用户用手机摄像头对着与托管云锚点的位置不同但看上去视觉特征相同的某个位置，云锚点则可能无法正确解析，因为这些相似度很高的周边环境会让 ARKit 得到相同的特征点，这可能会得到错误的解析结果
性能提示	（1）启用云锚点后，内存使用将增加。 （2）由于使用网络且内存需求增加，电量消耗也会增加

第 9 章

肢体动作捕捉与人形遮挡

人体肢体动作捕捉在动漫影视制作、游戏 CG 动画、数字人模型驱动中有着广泛的应用，ARKit 最先将人体肢体动作捕捉及人形遮挡技术带入移动 AR 领域，利用 ARKit，无须额外的硬件设备即可实现 2D 和 3D 人体关节和骨骼的动态捕捉。由于移动 AR 的便携性及低成本，极大地促进了相关产业的发展。人形遮挡可以解决当前 AR 虚拟物体一直悬浮在人体前面的问题，实现正确的深度遮挡关系，从而增强 AR 场景的真实感和可信度，不仅如此，利用人形提取功能，曾经科幻的远程虚拟会议或将成为现实。本章将深入学习这两种技术在 AR Foundation 中的使用。

9.1 2D 人体姿态估计

在 AR Foundation 中，2D 人体姿态估计是指对设备摄像头采集的视频图像中的人像在屏幕空间中的姿态进行估计，通常使用人体骨骼关节点来描述人体姿态。2D 人体姿态检测估计在视频安防、动作分类、行为检测、人机交互、体育科学中有着广阔的应用前景。近年来，随着深度学习技术的发展，人体骨骼关节点检测效率与效果不断提升，已经开始广泛应用于计算机视觉的相关领域。

9.1.1 人体骨骼关节点检测

人体骨骼关节点检测（Pose Estimation）主要检测人体的一些关键节点，如关节、头部、手掌等，通过关键节点描述人体骨骼及姿态信息。人体骨骼关节点检测在计算机视觉人体姿态检测相关领域的研究中起着基础性的作用，理想的人体骨骼关节点检测结果如图 9-1 所示。

但在实际应用中，由于人体具有相当的柔性，会出现各种姿态和形状，人体任何一个部位的微小变化都会产生一种新的姿态，同时其关键点的可见性受穿着、姿态、视角等影响非常大，而且还面临着光照、遮挡等环境影响。除此之外，2D 人体关键点和 3D 人体关键点在视觉上会有明显的差异，相比之下，2D 人体关键点在身体不同部位都会有视觉上的缩短效应

图 9-1　理想人体骨骼关节点检测效果图

（Fore Shortening）。考虑到所有因素，这使人体骨骼关节点检测成为计算机视觉领域中一个极具挑战性的课题，不仅如此，这些挑战还来自于以下方面：

（1）视频流图像中包含人的数量不确定，图像中人越多，计算复杂度越大（计算量与人数正相关），这会让处理时间变长，从而使实时处理变得困难。

（2）人与人或人与其他物体之间会存在接触、遮挡等关系，这导致将人体关键节点区分出来的难度增加。

（3）人体与周边环境融合度高时会导致关键点检测时出现检测位置不准或者置信度不高等问题，甚至出现将背景环境当成关键点的错误。

（4）人体不同部位关键点检测的难易程度不一样，对于腰部、腿部这类没有明显特征关键点的检测相比头部附近关键点检测难度更大。

目前，人体骨骼关节点检测定位仍然是计算机视觉领域较为活跃的一个研究方向，人体骨骼关节点检测算法还没有达到非常成熟的程度，在较为复杂的场景下仍然会出现不正确的检测结果，实时准确检测人体关节点还存在一定挑战。

9.1.2　使用 2D 人体姿态估计

在 AR Foundation 中，不必关心底层的人体骨骼关节点检测算法，ARKit 会处理具体技术细节。在使用时，通过 AR Human Body Manager 组件启用 2D 人体姿态估计功能后，该组件会提供一个人体骨骼关节点检测结果数据集，可以直接获取已检测到的 2D 人体骨骼关节点信息，获取该结果集的方法原型如下：

```
public NativeArray<XRHumanBodyPose2DJoint> GetHumanBodyPose2DJoints(Allocator
allocator)
```

在检测到人体关键点时，该方法会返回一个包含所有 2D 人体骨骼关节点的本地数组（Native Array）对象，如果没有检测到人体关键点，则会返回一个空值。2D 人体姿态估计每帧都会进行，是一个连续的过程。

在获取检测结果集后，就可以利用它进行动作分类、行为检测之类的工作。在本节中，演示直接在屏幕上绘制出检测到的人体骨骼姿态。

在层级窗口（Hierarchy窗口）中选择XR
Origin对象，为其挂载AR Human Body Manager
组件，并且勾选Pose 2D复选框，如图9-2所示，
这将开启2D人体姿态检测功能。

图9-2　启用2D人体姿态检测估计

在本演示中，希望把检测到的人体骨骼关节
点及其连接关系正确地在屏幕上绘制出来，因此在启用2D人体姿态检测估计并获取检测结
果集后，通过一个LineRender预制体来负责画线绘制工作。在层级窗口中新建一个空对象，
命名为LineRender，然后在这个对象上挂载LineRenderer组件，设定好渲染线条材质，并
禁用其阴影投射及接受选项，完成之后将LineRender保存为预制体并删除层级窗口中的同
名对象。

在有了线条绘制模块之后，需要将从AR Human Body Manager组件中获取的2D人体骨
骼关节点数据与LineRenderer组件关联起来绘制出人体2D关节点及其连接关系。为此，新建
一个C#脚本，命名为ScreenSpaceJointVisualizer，其关键代码如下：

```
// 第 9 章 /9-1
  void Update()
  {
      Debug.Assert(m_HumanBodyManager != null, "Human body manager 组件不能为 null!");
      var joints = m_HumanBodyManager.GetHumanBodyPose2DJoints(Allocator.Temp);
      if (!joints.IsCreated)
      {
          HideJointLines();
          return;
      }

      using (joints)
      {
          s_JointSet.Clear();
          for (int i = joints.Length - 1; i >= 0; --i)
          {
              if (joints[i].parentIndex != -1)
                  UpdateRenderer(joints, i);
          }
      }
  }
  // 绘制骨骼关节点及其连接关系
  void UpdateRenderer(NativeArray<XRHumanBodyPose2DJoint> joints, int index)
  {
      GameObject lineRendererGO;
      if (!m_LineRenderers.TryGetValue(index, out lineRendererGO))
      {
          lineRendererGO = Instantiate(m_LineRendererPrefab, transform);
```

```
                m_LineRenderers.Add(index, lineRendererGO);
        }

        var lineRenderer = lineRendererGO.GetComponent<LineRenderer>();
        var positions = new NativeArray<Vector2>(joints.Length, Allocator.Temp);
        try
        {
            var boneIndex = index;
            int jointCount = 0;
            while (boneIndex >= 0)
            {
                var joint = joints[boneIndex];
                if (joint.tracked)
                {
                    positions[jointCount++] = joint.position;
                    if (!s_JointSet.Add(boneIndex))
                        break;
                }
                else
                    break;

                boneIndex = joint.parentIndex;
            }

            // 在相机近平面上绘制连接线条
            lineRenderer.positionCount = jointCount;
            lineRenderer.startWidth = 0.001f;
            lineRenderer.endWidth = 0.001f;
            for (int i = 0; i < jointCount; ++i)
            {
                var position = positions[i];
                var worldPosition = m_ARCamera.ViewportToWorldPoint(
                    new Vector3(position.x, position.y, m_ARCamera.nearClipPlane));
                lineRenderer.SetPosition(i, worldPosition);
            }
            lineRendererGO.SetActive(true);
        }
        finally
        {
            positions.Dispose();
        }
    }
    // 隐藏线条
    void HideJointLines()
    {
        foreach (var lineRenderer in m_LineRenderers)
        {
```

```
            lineRenderer.Value.SetActive(false);
        }
    }
```

2D 人体骨骼关节点检测每帧都需要执行，因此我们将其放到 Update() 方法中。在获取 2D 人体骨骼关节点数据集后，判断这个数据集是否有效，如果无效，则隐藏所有画线；如果有效，则通过 UpdateRenderer() 方法更新画线操作。关节点连线遵循相应的规则，不应连接的骨骼关节点间不会画线，UpdateRenderer() 方法接收一个骨骼关节点索引数组，对每个关节点，通过回溯到 Root 根节点，按照骨骼关节点预定义连接关系画出它们之间的所有连线。由于检测到的 2D 人体骨骼关节点数据位于屏幕空间中，因此需要将坐标从屏幕空间转换到世界空间才能正确地在相机近平面上绘制连线。2D 人体骨骼关节点之间的连接关系由 JointIndices 枚举定义，代码如下：

```
// 第 9 章 /9-2
  enum JointIndices
    {
        Invalid = -1,
        Head = 0,                      //parent: Neck1 [1]
        Neck1 = 1,                     //parent: Root [16]
        RightShoulder1 = 2,            //parent: Neck1 [1]
        RightForearm = 3,              //parent: RightShoulder1 [2]
        RightHand = 4,                 //parent: RightForearm [3]
        LeftShoulder1 = 5,             //parent: Neck1 [1]
        LeftForearm = 6,               //parent: LeftShoulder1 [5]
        LeftHand = 7,                  //parent: LeftForearm [6]
        RightUpLeg = 8,                //parent: Root [16]
        RightLeg = 9,                  //parent: RightUpLeg [8]
        RightFoot = 10,                //parent: RightLeg [9]
        LeftUpLeg = 11,                //parent: Root [16]
        LeftLeg = 12,                  //parent: LeftUpLeg [11]
        LeftFoot = 13,                 //parent: LeftLeg [12]
        RightEye = 14,                 //parent: Head [0]
        LeftEye = 15,                  //parent: Head [0]
        Root = 16,                     //parent: <none> [-1]
    }
```

该枚举描述的 2D 人体骨骼关节点定义及它们之间的连接关系如表 9-1 所示，通过定义骨骼之间的相互关系，确保在绘制骨骼关节点连线时不会出现错误。

表 9-1　2D 骨骼关节点及其关联关系

骨骼关节点名称	序　号	父节点名称	序　号
Invalid	−1	无	
Head	0	Neck1	1

骨骼关节点名称	序　号	父节点名称	序　号
Neck1	1	Root	16
RightShoulder1	2	Neck1	1
RightForearm	3	RightShoulder1	2
RightHand	4	RightForearm	3
LeftShoulder1	5	Neck1	1
LeftForearm	6	LeftShoulder1	5
LeftHand	7	LeftForearm	6
RightUpLeg	8	Root	16
RightLeg	9	RightUpLeg	8
RightFoot	10	RightLeg	9
LeftUpLeg	11	Root	16
LeftLeg	12	LeftUpLeg	11
LeftFoot	13	LeftLeg	12
RightEye	14	Head	0
LeftEye	15	Head	0
Root	16	Invalid	−1

2D 人体姿态检测是在屏幕空间中对摄像头采集的图像进行逐帧分析，解算出的关节点位置也是在屏幕空间中的归一化坐标，以屏幕左上角为（0，0），以右下角为（1，1），如图 9-3 所示。

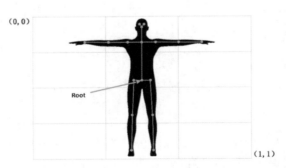

图 9-3　2D 人体关节点坐标归一化

使用时，在层级窗口中新建一个空对象，命名为 2Dhumanbody，将 ScreenSpaceJointVisualizer 脚本挂载到该对象上并设置好相关属性，编译运行，将设备摄像头对准 3D 真人或者 2D 屏幕中的人形，将会检测到人体的骨骼关节点信息并可视化展示其连接关系。实际 2D 人体骨骼关节点检测效果如图 9-4 所示。

图 9-4 ARKit 实际人体骨骼关节点检测效果图

9.2 3D 人体姿态估计

与基于屏幕空间的 2D 人体姿态估计不同，3D 人体姿态估计会尝试还原人体在三维世界空间中的形状与姿态，包括深度信息。当前，绝大多数 3D 人体姿态估计方法依赖于 2D 人体姿态估计提供的精确 2D 人体姿态信息，然后通过构建神经网络，实现从 2D 到 3D 人体姿态的映射。

在 ARKit 中，与 2D 人体姿态估计一样，3D 人体姿态估计也受到遮挡、光照、姿态、视角的影响，并且相比于 2D 人体姿态估计，3D 人体姿态估计计算量要大得多，也要复杂得多，但在 AR Foundation 中，我们并不需要去关注底层的算法实现，ARKit 会在检测到 3D 人体时提供一个 ARHumanBody 类型对象，该对象包含一个 NativeArray <XRHumanBodyJoint> 类型的 Joints 数组，该数组包含所有检测到的 3D 人体骨骼关节点信息。

9.2.1 3D 人体姿态估计基础

3D 人体姿态估计在游戏、影视、体育科学、人机交互、教育培训、工业制造等领域有着广泛的应用。在 AR Foundation 中，开发人员可以很容易地从底层获取检测到的 3D 人体姿态估计数据信息，但应用这些数据却需要详细了解这些数据的结构信息。本节先从技术原理上阐述应用 3D 人体姿态数据的机制，然后通过以 3D 人体姿态估计数据驱动三维模型为例进行实际操作演示。

在 2D 人体姿态估计中，ARKit 使用了 17 个人体骨骼关节点对姿态信息进行描述，在 3D 人体姿态估计中，则使用了 91 个人体骨骼关节点进行描述，并且这 91 个关节点并不处在同一个平面内，而是以三维的形式分布在 3D 空间中，如图 9-5 所示。

在图 9-5 中，每个小圆球代表一个骨骼关节点，可以看到，ARKit 对人体手部、面部的骨骼进行了非常精细的区分。这 91 个骨骼关节点的名称及分布情况如图 9-6 所示。

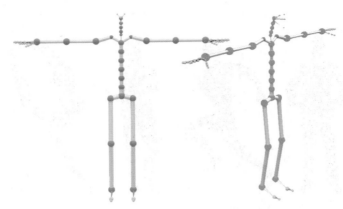

图 9-5　3D 人体姿态骨骼关节点分布情况

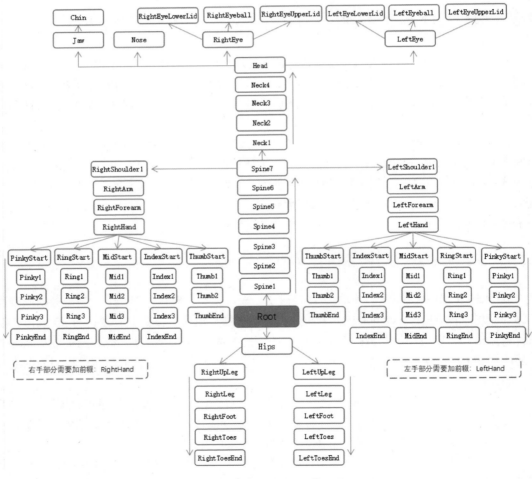

图 9-6　3D 人体姿态骨骼定义及相互关系

通过图 9-6 也可以看到，定义人体骨骼根节点的 Root 不在脚底位置，而是在尾椎骨位置，所有其他骨骼节点都以 Root 为根，详细的骨骼关联关系如表 9-2 所示。

表 9-2　3D 骨骼关节点及其关联关系

肢 体 部 位	骨骼关节点名称	序　号	父节点名称	序　号
尾椎骨	Root	0	无	−1
臀部	Hips	1	Root	0
左腿	LeftUpLeg	2	Hips	1
	LeftLeg	3	LeftUpLeg	2
	LeftFoot	4	LeftLeg	3
	LeftToes	5	LeftFoot	4
	LeftToesEnd	6	LeftToes	5
右腿	RightUpLeg	7	Hips	7
	RightLeg	8	RightUpLeg	7
	RightFoot	9	RightLeg	8
	RightToes	10	RightFoot	9
	RightToesEnd	11	RightToes	10
脊柱	Spine1	12	Hips	1
	Spine2	13	Spine1	12
	Spine3	14	Spine2	13
	Spine4	15	Spine3	14
	Spine5	16	Spine4	15
	Spine6	17	Spine5	16
	Spine7	18	Spine6	17
左臂	LeftShoulder1	19	Spine7	18
	LeftArm	20	LeftShoulder1	19
	LeftForearm	21	LeftArm	20
左手	LeftHand	22	LeftForearm	21
左手食指	LeftHandIndexStart	23	LeftHand	22
	LeftHandIndex1	24	LeftHandIndexStart	23
	LeftHandIndex2	25	LeftHandIndex1	24
	LeftHandIndex3	26	LeftHandIndex2	25
	LeftHandIndexEnd	27	LeftHandIndex3	26
左手中指	LeftHandMidStart	28	LeftHand	22
	LeftHandMid1	29	LeftHandMidStart	28
	LeftHandMid2	30	LeftHandMid1	29
	LeftHandMid3	31	LeftHandMid2	30
	LeftHandMidEnd	32	LeftHandMid3	31

肢 体 部 位	骨骼关节点名称	序　号	父节点名称	序　号
左手无名指	LeftHandPinkyStart	33	LeftHand	22
	LeftHandPinky1	34	LeftHandPinkyStart	33
	LeftHandPinky2	35	LeftHandPinky1	34
	LeftHandPinky3	36	LeftHandPinky2	35
	LeftHandPinkyEnd	37	LeftHandPinky3	36
左手小指	LeftHandRingStart	38	LeftHand	22
	LeftHandRing1	39	LeftHandRingStart	38
	LeftHandRing2	40	LeftHandRing1	39
	LeftHandRing3	41	LeftHandRing2	40
	LeftHandRingEnd	42	LeftHandRing3	41
左手拇指	LeftHandThumbStart	43	LeftHand	22
	LeftHandThumb1	44	LeftHandThumbStart	43
	LeftHandThumb2	45	LeftHandThumb1	44
	LeftHandThumbEnd	46	LeftHandThumb2	45
颈椎	Neck1	47	Spine7	18
	Neck2	48	Neck1	47
	Neck3	49	Neck2	48
	Neck4	50	Neck3	49
头部	Head	51	Neck4	50
下巴	Jaw	52	Head	51
	Chin	53	Jaw	52
左眼	LeftEye	54	Head	51
	LeftEyeLowerLid	55	LeftEye	54
	LeftEyeUpperLid	56	LeftEye	54
	LeftEyeball	57	LeftEye	54
鼻子	Nose	58	Head	51
右眼	RightEye	59	Head	51
	RightEyeLowerLid	60	RightEye	59
	RightEyeUpperLid	61	RightEye	59
	RightEyeball	62	RightEye	59
右臂	RightShoulder1	63	Spine7	18
	RightArm	64	RightShoulder1	63
	RightForearm	65	RightArm	64

续表

肢体部位	骨骼关节点名称	序　号	父节点名称	序　号
右手	RightHand	66	RightForearm	65
	RightHandIndexStart	67	RightHand	66
右手食指	RightHandIndex1	68	RightHandIndexStart	67
	RightHandIndex2	69	RightHandIndex1	68
	RightHandIndex3	70	RightHandIndex2	69
	RightHandIndexEnd	71	RightHandIndex3	70
右手中指	RightHandMidStart	72	RightHand	66
	RightHandMid1	73	RightHandMidStart	72
	RightHandMid2	74	RightHandMid1	73
	RightHandMid3	75	RightHandMid2	74
	RightHandMidEnd	76	RightHandMid3	75
右手无名指	RightHandPinkyStart	77	RightHand	66
	RightHandPinky1	78	RightHandPinkyStart	77
	RightHandPinky2	79	RightHandPinky1	78
	RightHandPinky3	80	RightHandPinky2	79
	RightHandPinkyEnd	81	RightHandPinky3	80
右手小指	RightHandRingStart	82	RightHand	66
	RightHandRing1	83	RightHandRingStart	82
	RightHandRing2	84	RightHandRing1	83
	RightHandRing3	85	RightHandRing2	84
	RightHandRingEnd	86	RightHandRing3	85
右手拇指	RightHandThumbStart	87	RightHand	66
	RightHandThumb1	88	RightHandThumbStart	87
	RightHandThumb2	89	RightHandThumb1	88
	RightHandThumbEnd	90	RightHandThumb2	89

　　这 91 个人体骨骼关节点位置、序号、关联关系已经预先定义好，ARKit 提供给我们的 Joints 数组包含所有 91 个关节点的位置、姿态信息，并且序号与表 9-2 所示序号一致。

提示

　　开发者可以自行定义人体骨骼关节点名称，但关节点数量、序号、关联关系必须与表 9-2 一致。如果用于驱动三维模型，则人体骨骼关节点命名建议与虚拟模型骨骼命名完全一致以减少错误匹配和降低程序绑定压力。

在理解了 ARKit 提供的 3D 人体姿态估计数据结构信息及关联关系之后，就可以利用这些数据实时驱动三维模型了，思路如下：

（1）建立一个拥有相同人体骨骼关节点的三维人体模型。

（2）开启 3D 人体姿态估计功能。

（3）建立 3D 人体骨骼关节点与三维人体模型骨骼关节点的对应关系。

（4）利用 3D 人体骨骼关节点数据驱动三维人体模型骨骼关节点。

具体实施过程如下：

（1）建立带骨骼的人体模型。

模型制作与骨骼绑定工作一般由美术人员使用 3ds Max 等建模工具完成，在绑定骨骼时一定要按照图 9-6 与表 9-2 所示骨骼节点关联关系进行绑定，绑定好骨骼的模型如图 9-7 所示。

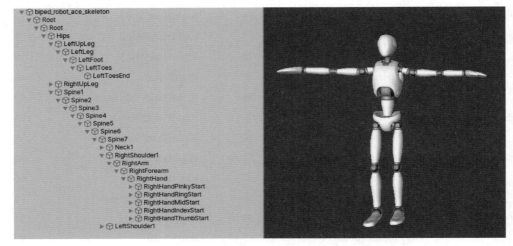

图 9-7　已绑定骨骼的人体模型

（2）开启 3D 人体姿态估计功能。

在层级窗口中，选择 XR Origin 对象，为其挂载 AR Human Body Manager 组件，勾选 Pose 3D、Pose 3D Scale Estimation 属性复选框，如图 9-8 所示。启用 Pose 3D Scale Estimation（3D 姿态缩放估计）属性用于评估 3D 人体尺寸，因为是在三维世界空间中估计人体姿态，所以需要评估 3D 人体的尺寸大小，并利用该尺寸信息约束虚拟人体模型的大小，使其与真实人体大小比例保持一致。

图 9-8　开启 3D 人体姿态估计功能

（3）建立检测到的人体骨骼关节点与模型骨骼关节点的对应关系。

在步骤（1）中，已经制作了绑定骨骼的人体模型，但现在虚拟人体模型的骨骼与 ARKit 检测到的 3D 人体骨骼没有任何关系，需要建立关联关系，使它们能一一对应起来，这样才能通过检测到的 3D 人体骨骼关节点数据驱动人体模型。在 Scripts 文件夹下新建一个 C# 脚本文件，命名为 Bone Controller，核心代码如下：

```
// 第 9 章 /9-3
enum JointIndices
{
    Invalid = -1,
    Root = 0,                               //parent: <none> [-1]
    Hips = 1,                               //parent: Root [0]
    ... 此处省略了若干骨骼定义
    ...
    RightHandThumbEnd = 90,                 //parent: RightHandThumb2 [89]
}
const int k_NumSkeletonJoints = 91;        // 所有骨骼节点数


[SerializeField]
private Transform m_SkeletonRoot;           // 根节点
private Transform[] m_BoneMapping = new Transform[k_NumSkeletonJoints];
// 初始化骨骼节点队列
public void InitializeSkeletonJoints()
{
    Queue<Transform> nodes = new Queue<Transform>();
    nodes.Enqueue(m_SkeletonRoot);
    while (nodes.Count > 0)
    {
        Transform next = nodes.Dequeue();
        for (int i = 0; i < next.childCount; ++i)
        {
            nodes.Enqueue(next.GetChild(i));
        }
        ProcessJoint(next);
    }
}
// 通过检测到的 3D 人体骨骼关节点数据驱动虚拟人体模型
public void ApplyBodyPose(ARHumanBody body)
{
    var joints = body.joints;
    if (!joints.IsCreated)
        return;

    for (int i = 0; i < k_NumSkeletonJoints; ++i)
    {
        XRHumanBodyJoint joint = joints[i];
        var bone = m_BoneMapping[i];
        if (bone != null)
        {
            bone.transform.localPosition = joint.localPose.position;
            bone.transform.localRotation = joint.localPose.rotation;
```

```
            }
        }
    }
    // 处理节点数据
    void ProcessJoint(Transform joint)
    {
        int index = GetJointIndex(joint.name);
        if (index >= 0 && index < k_NumSkeletonJoints)
        {
            m_BoneMapping[index] = joint;
        }
        else
        {
            Debug.LogWarning($" 关节点 {joint.name} 无法找到 ");
        }
    }

    int GetJointIndex(string jointName)
    {
        JointIndices val;
        if (Enum.TryParse(jointName, out val))
        {
            return (int)val;
        }
        return -1;
    }
```

在上述代码中，首先定义了一个 JointIndices 枚举，该枚举定义了所有 91 个骨骼关节点的名称及索引（与表 9-2 所示一致）；定义了一个 Transform 类型 m_SkeletonRoot 变量，用于存储模型骨骼根节点，使用时需要将虚拟人体模型的 Root 根节点赋给这个变量，通过这个 Root 根节点可以遍历所有骨骼节点，然后定义了 Transform 类型的 m_BoneMapping 数组，这个数组长度为 91，用于存储虚拟人体模型所有骨骼节点的 Transform 信息。

InitializeSkeletonJoints() 方法用于初始化虚拟人体模型骨骼节点信息，从模型的 Root 根节点开始，遍历所有骨骼节点，并将节点的 Transform 信息存储到 m_BoneMapping 数组中。需要注意这里要求模型的骨骼节点命名和关联关系要与 JointIndices 枚举定义完全一致。

ApplyBodyPose() 方法用于通过将检测到的 3D 人体骨骼关节点数据驱动虚拟人体模型。虚拟人体模型的所有骨骼关节点已存储在 m_BoneMapping 数组中，body 参数提供了 ARKit 检测到的人体骨骼关节点数据，在制作人体模型骨骼时已经保证了这两个骨骼关节点关联关系完全一致，因此，此时只需将 body 参数中的 joints 姿态数据（位置与方向）赋给对应的人体模型关节。在将 ARKit 检测到的人体骨骼关节点数据赋给人体模型对应关节点之后，人体模型必能呈现与检测到的 3D 人体相同的姿态，因此如果每帧都调用 ApplyBodyPose() 方法，人体模型骨骼关节点也会每帧得到更新，从而达到利用 3D 人体检测数据驱动模型运

动的目的 ①。

　　使用时，将该脚本挂载在虚拟人体模型对象上，并将模型的 Root 根节点赋给脚本的 m_
SkeletonRoot 属性，然后将人体模型保存为预制体，命名为 Robot。

　　（4）利用检测到的 3D 人体姿态数据驱动模型。

　　在步骤（3）中，已经绑定了虚拟人体模型关节点与检测到的 3D 人体骨骼关节点，但现
在 Bone Controller 类中的 InitializeSkeletonJoints() 和 ApplyBodyPose() 方法并没有被调用，我
们也没有从 ARKit 中提取 3D 人体姿态数据。为完成 3D 人体姿态数据提取和处理，在 Scripts
文件夹中新建一个 C# 脚本，命名为 HumanBodyTracker，代码如下：

```
// 第 9 章 /9-4
public class HumanBodyTracker : MonoBehaviour
{
    [SerializeField]
    private GameObject m_SkeletonPrefab;              // 虚拟人体模型预制体

    [SerializeField]
    private ARHumanBodyManager m_HumanBodyManager;    //ARHumanBodyManager 组件

    public ARHumanBodyManager humanBodyManager
    {
        get { return m_HumanBodyManager; }
        set { m_HumanBodyManager = value; }
    }

    public GameObject skeletonPrefab
    {
        get { return m_SkeletonPrefab; }
        set { m_SkeletonPrefab = value; }
    }

    Dictionary<TrackableId, BoneController> m_SkeletonTracker = new Dictionary
<TrackableId, BoneController>();
    // 注册事件
    void OnEnable()
    {
        Debug.Assert(m_HumanBodyManager != null, "需要 Human body manager 组件");
        m_HumanBodyManager.humanBodiesChanged += OnHumanBodiesChanged;
    }
    // 取消事件注册
    void OnDisable()
```

---

　　① ARKit 检测到的 3D 人体姿态数据在世界空间中，而实例化后的虚拟人体模型也在世界空间中，因此能够通过直接
数据赋值的方式达到目的。

```
        {
            if (m_HumanBodyManager != null)
                m_HumanBodyManager.humanBodiesChanged -= OnHumanBodiesChanged;
        }
        // 提取 3D 人体姿态数据并处理
        void OnHumanBodiesChanged(ARHumanBodiesChangedEventArgs eventArgs)
        {
            BoneController boneController;
            foreach (var humanBody in eventArgs.added)
            {
                if (!m_SkeletonTracker.TryGetValue(humanBody.trackableId, out
boneController))
                {
                    Debug.Log($" 添加骨骼节点 [{humanBody.trackableId}].");
                    var newSkeletonGO = Instantiate(m_SkeletonPrefab, humanBody
.transform);
                    boneController = newSkeletonGO.GetComponent<BoneController>();
                    m_SkeletonTracker.Add(humanBody.trackableId, boneController);
                }

                boneController.InitializeSkeletonJoints();
                boneController.ApplyBodyPose(humanBody);
            }

            foreach (var humanBody in eventArgs.updated)
            {
                if (m_SkeletonTracker.TryGetValue(humanBody.trackableId, out
boneController))
                {
                    boneController.ApplyBodyPose(humanBody);
                }
            }

            foreach (var humanBody in eventArgs.removed)
            {
                Debug.Log($" 移除骨骼节点 [{humanBody.trackableId}].");
                if (m_SkeletonTracker.TryGetValue(humanBody.trackableId, out
boneController))
                {
                    Destroy(boneController.gameObject);
                    m_SkeletonTracker.Remove(humanBody.trackableId);
                }
            }
        }
    }
```

　　在上述代码中，最核心的是 OnHumanBodiesChanged() 事件方法，该方法会在 ARKit 检测到 3D 人体姿态时实例化步骤（3）制作的 Robot 预制体，并通过调用 boneController .InitializeSkeletonJoints()、boneController.ApplyBodyPose() 这两种方法完成虚拟人体模型初始化与动作驱动；在更新 3D 人体姿态时调用 boneController.ApplyBodyPose() 方法更新人体模型姿态，完成动作驱动；在人体跟踪丢失时销毁虚拟人体模型，清空数据列表。

　　完成代码编写之后，在层级窗口中新建一个空对象，命名为 3Dhumanbody，将编写的 Human Body Tracker 脚本挂载到该对象上，并将步骤（3）制作的 Robot 预制体及 AR Human Body Manager 组件赋给对应属性，如图 9-9 所示。

图 9-9　挂载 Human Body Tracker 脚本并设置相应属性

　　编译运行，将设备摄像头对准 3D 真人，在检测到人体骨骼关节点时，会加载一个机器人模型，并且人体姿态会驱动机器人同步运动，效果如图 9-10 所示。

图 9-10　3D 人体姿态估计及模型驱动测试效果图

　　观察图 9-10，机器人模型与真实人体动作一致，位置重合，因为 3D 人体姿态检测结果处在世界空间中，而实例化后的人体模型也处在世界空间中，因此直接利用检测结果数据驱动模型会导致两者完全一致，如果想要分离机器人模型与真人，只需通过偏移机器人模型坐标即可，如偏移 Y 坐标可以让机器人模型上下移动，偏移 Z 坐标可以让机器人模型前后移动，偏移 X 坐标可以让机器人模型左右移动。

　　经过 ARKit 多次迭代改进，目前可以正确追踪人体正面或背面站立姿态，对坐姿也有比较好的跟踪效果，检测跟踪精度比较高，但如前文所述，3D 人体姿态检测跟踪结果受各类因素影响，在较为复杂的场景下仍然会出现不正确的检测结果，在测试中我们也发现，在检测跟踪过程中模型有时会出现跳跃现象，模型尺寸大小也有可能突然改变。

9.2.2　使用 3D 人体姿态估计实例

在 ARKit 中，3D 人体姿态估计会提供所有 91 个人体骨骼关节点的实时数据信息，但可以只使用其中的一部分，例如上肢或者下肢。在只使用一部分数据时，虚拟模型骨骼结构也必须完备，这里的完备不是指提供全部 91 个骨骼节点，而是指骨骼节点必须能以 Root 根节点为起点访问，而且骨骼节点关系也要符合完整骨骼关联关系要求。

本节将演示在人体手掌位置渲染一个魔法球，本节所有的步骤与 9.2.1 节完全一致，包括脚本代码，唯一不同的是需要制作一个新的模型，并替换 9.2.1 节的 Robot 预制体。

首先建立人体模型骨骼结构，如图 9-11 所示，因为不需要渲染人体模型，所以可以使用只带 Transform 组件的 Unity 空对象，由于没有网格信息且不带渲染组件，所以这些表示骨骼结构的空对象都不会被渲染。

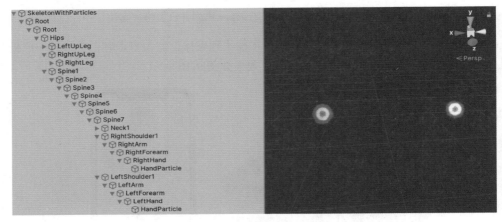

图 9-11　建立人体模型骨骼结构

在建立人体模型骨骼结构时，不必建全 91 个人体骨骼节点，可以只建立所需要的骨骼节点，但是骨骼连接层级、关联关系必须符合图 9-6 与表 9-2 所示要求，骨骼节点位置关系可参考 ARKit 官方的人体骨骼模型。

> **提示**
>
> 不需要修改 9.2.1 节所用的脚本代码，在 BoneController 脚本中 InitializeSkeletonJoints() 方法会将人体模型所有存在的骨骼存储到 m_BoneMapping 数组中，因此没有骨骼节点的 m_BoneMapping 数组的对应值为 null。在 ApplyBodyPose() 方法中，var bone = m_BoneMapping[i]; if（bone != null）{} 这两条语句可以过滤掉模型中没有对应值的骨骼节点，因此代码可以适应人体模型骨骼节点不完整的情况。

建立好人体模型骨骼结构后，在 RightHand 和 LeftHand 骨骼节点下分别建两个空对象，命名为 HandParticle，并在 HandParticle 对象上挂载 Particle System 粒子系统组件，调整粒子系统，使其呈现两个魔法球状，如图 9-11 右侧所示效果。

　　将创建好的人体模型保存为预制体，命名为 SkeletonWithParticles，使用步骤与 9.2.1 节完全一致，只需将 3Dhumanbody 对象上 Human Body Tracker 组件的 Skeleton Prefab 属性替换为 SkeletonWithParticles。编译运行，将设备摄像头对准 3D 真人，在检测到人体骨骼关节点时，可以看到在被检测人左右手的位置有两个魔法球，舞动手臂，魔法球会实时跟随，效果很酷炫，如图 9-12 所示。

图 9-12　魔法球实例效果图

9.3　人形遮挡

　　在移动 AR 应用中，设备采集摄像头图像，并以此为 AR 场景背景进行渲染。通过 SLAM 系统进行环境感知与运动跟踪，将虚拟对象依据几何一致性原则嵌入实景空间中，形成虚实融合的增强现实环境，再输出到显示系统中呈现给使用者。目前，AR 虚拟物体与真实场景背景在光照、几何一致性方面已取得非常大的进步，融入真实场景背景的几何、光照属性使虚拟物体看起来更真实。

　　当将虚拟物体叠加到真实场景中时，虚拟物体与真实场景间存在一定的空间位置关系，即遮挡与被遮挡关系，由于移动 AR 应用无法获取真实环境的深度信息，所以虚拟物体无法与真实场景进行深度测试，即无法实现遮挡与被遮挡，以致虚拟物体一直呈现在真实场景上方，有时会让虚拟物体看起来像飘在空中，如图 9-13 所示。

　　正确实现虚拟物体与真实环境的遮挡关系，需要基于对真实环境 3D 结构的了解，感知真实世界的 3D 结构、重建真实世界的数字 3D 模型，然后基于深度信息实现正确的遮挡，但真实世界是一个非常复杂的 3D 环境，精确快速地感知周围环境，建立一个足够好的真实世界 3D 模型非常困难，特别是在不使用其他传感器的情况下（如结构光、TOF、双目等）。

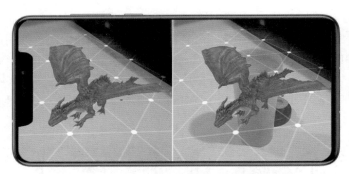

图 9-13　虚拟物体无法与真实环境实现正确遮挡

随着移动设备处理性能的提高、新型传感设备的发明、新型处理算法的出现，虚实遮挡融合的问题也在逐步得到改善。ARKit 通过神经网络引入了人形遮挡功能，通过对真实场景中人体的检测识别和语义分割，实现虚拟物体与人体的正确遮挡，能更好地融合虚实，提高虚拟物体的真实感和置信度。

9.3.1　人形遮挡原理

在技术层面，遮挡问题在计算机图形学中其实就是场景对象深度排序问题。在 AR 应用初始化成功后，场景中所有的虚拟物体都有相对于 AR 世界坐标系原点的坐标，包括渲染相机与虚拟物体，因此，图形渲染管线通过深度缓冲区（Depth Buffer）可以正确地处理虚拟物体之间的遮挡关系，但是，从设备摄像头采集输入的真实世界图像数据并不包含深度信息，因此无法与虚拟物体进行深度对比，从而无法实现正确的遮挡关系。

为解决人形遮挡问题，ARKit 借助于计算机视觉和神经网络技术将人体从场景背景中分离出来，并将分离出来的人体图像保存到新增加的人形分割缓冲区（Segmentation Buffer）中，该缓冲区尺寸与帧缓冲区（Frame Buffer）一致，因此可以实现像素级的区分精度，但仅仅将人体从环境中分离出来还不够，因为分离出来的人体没有深度信息，无法进行深度测试，为此，ARKit 又新增了一个深度估计缓冲区（Estimated Depth Data Buffer），用于存储人体深度信息，但这些深度信息从何而来？

借助于 A12 及以上仿生处理器的强大计算性能和神经网络技术，ARKit 实现了一个只从设备摄像头采集的 RGB 图像估算人体深度信息的算法。至此，通过 ARKit 我们既可以从人形分割缓冲区得到人体区域信息，也可以通过深度估计缓冲区得到人体深度信息，图形渲染管线就可以实现正确的虚拟物体与人体的遮挡，如图 9-14 所示。

由于神经网络巨大的计算开销，特别是在 AR 应用中需要每秒刷新 30 帧或者 60 帧的情况下，实时的人体深度估算相当困难。为解决这个问题，只能降低输入图像数据的分辨率，即在进行神经网络计算时，人形数据采样分辨率并不是与人形分割缓冲区分辨率一致，而是降低到实时计算可以处理的程度，如 128 × 128 像素。在神经网络处理完成后，再将分辨率调整到与人形分割缓冲区一样的尺寸大小，因为人形遮挡是像素级的操作，如果分辨率不一致，

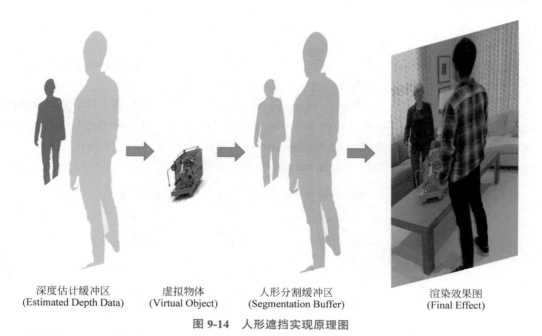

深度估计缓冲区　　　虚拟物体　　　人形分割缓冲区　　　　　渲染效果图
(Estimated Depth Data)　(Virtual Object)　(Segmentation Buffer)　　(Final Effect)

图 9-14　人形遮挡实现原理图

就会导致在深度排序时出问题。

在将神经网络处理结果放大到人形分割缓冲区分辨率相同尺寸时，由于细节的缺失，会导致边缘不匹配，表现出来的就是边缘闪烁和穿透。为解决这个问题，需要进行额外的操作，称为磨砂或者适配（Matting），其原理是利用人形分割缓冲区匹配分辨率小的深度估算结果，使最终的深度估计缓冲区与人形分割缓冲区达到像素级的一致，从而避免边缘穿透的问题，如图 9-15 所示。

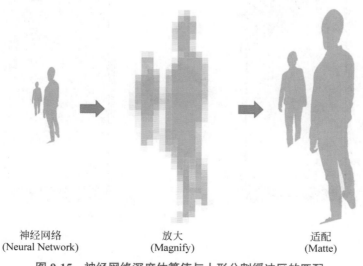

神经网络　　　　　　放大　　　　　　　适配
(Neural Network)　　(Magnify)　　　　(Matte)

图 9-15　神经网络深度估算值与人形分割缓冲区的匹配

9.3.2 人形遮挡实现

由于 AR Foundation 的封装，人形遮挡功能已被集成到 AR Occlusion Manager 组件中，通过该组件，我们不需要编写任何代码就可以实现人形遮挡，非常方便[①]。

使用时，在场景对象 XR Origin → Camera Offset → Main Camera 对象上挂载 AR Occlusion Manager 组件，将 Environment Depth Mode 属性设置为 Disable、Human Segmentation Stencil Mode 属性设置为 Best、将 Human Segmentation Depth Mode 属性设置为 Best、将 Occlusion Preference Mode 属性设置为 Prefer Human Occlusion，如图 9-16 所示。

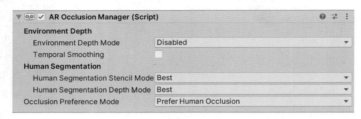

图 9-16　在 Main Camera 对象上挂载 AR Occlusion Manager 组件

Human Segmentation Stencil Mode（人形分割模板模式）与 Human Segmentation Depth Mode（人形分割深度模式）属性下拉项中均有 4 个可选值，依次为 Disabled、Fastest、Medium、Best，分别对应不开启、低分辨率、中等分辨率、高分辨率的人形分割缓冲和深度估计模式，分辨率越高，将人形从背景中分离出来的效果越好，但同时资源消耗也越大。

编译运行，在检测到的平面上放置虚拟物体，当有人从虚拟物体前面或后面经过时会出现正确的遮挡，而且对人体局部肢体也有比较好的检测效果，如图 9-17 所示。

图 9-17　人形与虚拟物体遮挡效果图

---

① 　人形遮挡、获取人形分割缓冲区及深度估计缓冲区数据需要配备 A12 及以上处理器的设备。

从图 9-17 可以看到，ARKit 对人形的区分还是比较准确的，当然，由于深度信息是由神经网络估计得出，而非真实的深度值，所以有时也会出现深度信息不准确、边缘区分不清晰等问题。

9.4　人形提取

为解决人形分离和深度估计问题，ARKit 新增加了人形分割和深度估计两个缓冲区，其中人形分割缓冲区的作用类似于图形渲染管线中的模板缓冲区（Stencil Buffer），用于区分人形区域与背景区域，它是一像素级的缓冲区。人形分割和深度估计缓冲区每帧都更新，因此可以动态地追踪设备摄像头采集图像中的人形变化。

人形分割缓冲区标识了人形区域，因此可以利用该缓冲区提取场景中的人形图像以便后续应用，如将人形图像通过网络传输到其他 AR 设备中，实现类似虚拟会议的效果；或者将人形图像放入虚拟世界中，营造更绚酷的体验；或者对提取的人形图像进行模糊和打马赛克等处理，实现以往只能使用绿幕才能实现的实时人形捕捉效果。

简单起见，本节演示如何直接获取人形分割缓冲区数据并将其作为纹理渲染到 RawImage 组件上。首先新建一个 C# 脚本，命名为 DisplayHumanStencilImage，代码如下：

```
// 第9章 /9-5
using UnityEngine.UI;
using UnityEngine.XR.AR Foundation;
using UnityEngine.XR.ARSubsystems;
using UnityEngine;
public class DisplayHumanStencilImage : MonoBehaviour
{
    [SerializeField]
    private AROcclusionManager mOcclusionManager;          //AROcclusionManager 组件
    [SerializeField]
    private ARCameraManager mCameraManager;                //ARCameraManager 组件
    [SerializeField]
    private RawImage mRawImage;                            //RawImage 组件
    [SerializeField]
    private Material mMaterial;                            // 渲染材质
    private const string kDisplayRotationPerFrameName = "_DisplayRotationPerFrame";
                                                          //Shader 参数
    private static readonly int kDisplayRotationPerFrameId = Shader.PropertyToID
(kDisplayRotationPerFrameName);
    private XROcclusionSubsystemDescriptor mDescriptor; // 描述符
    private Matrix4x4 mDisplayRotationMatrix = Matrix4x4.identity;

    // 注册事件
    void OnEnable()
    {
```

```
        mCameraManager.frameReceived += OnCameraFrameEventReceived;
        mDescriptor = mOcclusionManager.descriptor;
        mRawImage.material = mMaterial;
        mDisplayRotationMatrix = Matrix4x4.identity;
    }
    // 取消事件注册
    void OnDisable()
    {
        mCameraManager.frameReceived -= OnCameraFrameEventReceived;
        mDisplayRotationMatrix = Matrix4x4.identity;
    }
    // 获取人形分割模板纹理
    private void OnCameraFrameEventReceived(ARCameraFrameEventArgs
cameraFrameEventArgs)
    {
        if (mDescriptor.humanSegmentationStencilImageSupported == Supported
.Supported)
        {
            mRawImage.texture = mOcclusionManager.humanStencilTexture;
            // 处理设备旋转时的渲染矩阵
            Matrix4x4 cameraMatrix = cameraFrameEventArgs.displayMatrix ??
Matrix4x4.identity;
            Vector2 affineBasisX = new Vector2(cameraMatrix[0, 0], cameraMatrix[1, 0]);
            Vector2 affineBasisY = new Vector2(cameraMatrix[0, 1], cameraMatrix[1, 1]);
            Vector2 affineTranslation = new Vector2(cameraMatrix[2, 0], cameraMatrix
[2, 1]);

            affineBasisX = affineBasisX.normalized;
            affineBasisY = affineBasisY.normalized;
            mDisplayRotationMatrix = Matrix4x4.identity;
            mDisplayRotationMatrix[0, 0] = affineBasisX.x;
            mDisplayRotationMatrix[0, 1] = affineBasisY.x;
            mDisplayRotationMatrix[1, 0] = affineBasisX.y;
            mDisplayRotationMatrix[1, 1] = affineBasisY.y;
            mDisplayRotationMatrix[2, 0] = Mathf.Round(affineTranslation.x);
            mDisplayRotationMatrix[2, 1] = Mathf.Round(affineTranslation.y);
            mRawImage.material.SetMatrix(kDisplayRotationPerFrameId,
mDisplayRotationMatrix);
        }
    }
}
```

上述代码只是简单地从 AR Occlusion Manager 组件中获取人形分割纹理并将获取的纹理赋给 Raw Image 组件显示，代码中通过 mOcclusionManager.humanStencilTexture 语句即可获取人形分割纹理图，而获取渲染相机矩阵是为了通过着色器生成 UV 坐标。

因为希望将人形分割纹理渲染到 Raw Image 组件上，由于该纹理比较特殊，所以需要对纹理进行相应处理，新建一个着色器文件，命名为 HumanStencil，代码如下：

```
// 第 9 章 /9-6
Shader "DavidWang/HumanStencil"
{
    Properties
    {
        _MainTex ("Main Texture", 2D) = "black" {}
    }
    SubShader
    {
        Tags{ "Queue" = "Geometry" "RenderType" = "Opaque" "ForceNoShadowCasting" =
"True" "RenderPipeline"="UniversalPipeline" }
        Cull Off
        LOD 100
        Pass
        {
            ZTest Always
            ZWrite Off
            Lighting Off

            HLSLPROGRAM
            #pragma vertex vert
            #pragma fragment frag
            #include "Packages/com.unity.render-pipelines.universal/ShaderLibrary/
Core.hlsl"
            struct appdata
            {
                float3 position : POSITION;
                float2 texcoord : TEXCOORD0;
            };

            struct v2f
            {
                float4 position : SV_POSITION;
                float2 texcoord : TEXCOORD0;
            };

            TEXTURE2D(_MainTex);
            SAMPLER(sampler_MainTex);
            CBUFFER_START(DisplayRotationPerFrame)
                float4x4 _DisplayRotationPerFrame;
            CBUFFER_END

            v2f vert (appdata v)
            {
                v2f o;
                o.position = TransformObjectToHClip(v.position);
                o.texcoord = mul(float3(v.texcoord,1.0f),_DisplayRotationPerFrame).xy;
```

```
                    return o;
              }

              real4 frag (v2f i) :  SV_Target
              {
                    float stencil = SAMPLE_TEXTURE2D(_MainTex, sampler_MainTex,
 i.texcoord).r;

                    if (stencil < 0.5h)
                    {
                          return real4(1.0h,1.0h,1.0h,1.0h);
                    }
                    return real4(0.0h,0.0h,0.0h,1.0h);
              }
              ENDHLSL
        }
     }
  }
```

因为人形分割纹理为模板纹理，在处理时我们将有值区域渲染成黑色，而将无值区域渲染为白色。

在使用时，先创建一个使用 HumanStencil 着色器的材质，然后在场景中创建一个 Raw Image 组件，将该组件尺寸设置为 640×640 像素（实际上可以随意设置尺寸）。将 DisplayHumanStencilImage 脚本挂载到场景中的 XR Origin 对象上，并将所使用的 Raw Image 组件、材质、AR Occlusion Manager 和 AR Camera Manager 组件设置到对应的属性上即可。编译运行，效果如图 9-18 所示[1]。

图 9-18　人形分割纹理渲染效果图

与获取人形分割纹理一样，也可以采用同样的方法获取人形深度估计纹理，不再赘述[2]。

由于人形遮挡与人形分割特性并不是所有支持 ARKit 的设备都支持，因此，在使用该功能之前，应当进行支持性检查，检查代码如下：

---

① 场景中 AR Occlusion Manager 组件的配置与 9.3.2 节一致。
② 具体方法可以查阅 AROcclusionManager 类相关函数。

```
// 第 9 章 / 9-7
if (Descriptor.humanSegmentationStencilImageSupported == Supported.Supported)
{
     // 支持 Depth API
     //TODO
}
```

除此之外，也可以通过以下方法获取人形分割、深度估计缓冲区图，代码如下：

```
// 第 9 章 / 9-8

// 获取人形分割缓冲区图
if (occlusionManager.TryAcquireHumanStencilCpuImage(out XRCpuImage image))
{
    using (image)
    {
        // 获取人形分割缓冲区图
    }
}

// 获取人形深度估计缓冲区图
if (occlusionManager.TryAcquireHumanDepthCpuImage(out XRCpuImage image))
{
    using (image)
    {
        // 获取深度估计缓冲区图
    }
}
```

第 10 章

场景图像获取与场景深度

主流移动终端（手机、平板）实现 AR 的方式是采用 Pass-Through 方案（通过设备摄像头采集真实场景图像，然后渲染为 AR 场景背景）。在 AR Foundation 中，设备摄像头图像[①]的获取与背景渲染由底层的 SDK Provider 提供，AR Foundation 提供了一个公共接口界面（AR Camera Background 组件）负责管理背景渲染，开发者也可以自定义摄像头图像的获取与背景渲染。本章将讲述从 GPU、CPU 中获取场景原始图像及虚实融合图像的方法，并以一个边缘检测实例简要展示图像获取及处理流程。

在配备 LiDAR 传感器的设备上，ARKit 可以直接获取场景深度，利用这个功能可以实现虚实遮挡、物理仿真等效果，进一步提高虚实融合的真实感，也可以生成场景表面几何网格信息，实现更高级的功能特性。

10.1 获取 GPU 图像

截屏是移动手机用户经常使用的一项功能，也是一项特别方便用户保存、分享屏幕信息的方式。移动设备（包括 iOS 设备和 Android 设备）都具备方便高效的截屏快捷键。

但在 AR 应用中，使用者可能有不同于直接截屏的需求，如剔除屏幕上的 UI 元素，只保留摄像头图像和渲染的虚拟物体图像；开发人员有时也需要直接获取摄像头中的数据进行后续处理，即获取纯粹的不包含 UI 元素与虚拟物体的摄像头硬件采集的视频图像原始数据，如使用自定义计算机视觉算法。

在 AR Foundation 应用开发中，可以通过 GPU 获取摄像头、屏幕图像数据，也可以通过 CPU 获取摄像头原始图像数据，本节主要学习如何通过 GPU 获取摄像头原始图像及屏幕图像的方法。

10.1.1 获取摄像头原始图像

AR Foundation 本身其实并不负责摄像头图像信息获取及其在屏幕上进行渲染，而是根据

[①] 本章所述摄像机 / 摄像头指移动设备硬件摄像头，以与渲染场景所使用的渲染相机区别。

不同的平台选择不同的底层 Provider（提供者）来提供和渲染摄像头图像，这样做的原因是不同的平台在获取摄像头数据时的视频编码及显示编码格式并不相同，没有办法提供一个兼容解决方案。当然，这么做也提高了不同平台获取摄像头图像进行渲染的灵活性，可以兼容更多的算法及实现，甚至开发者也可以提供个性化的实现方案。

在 XR Origin→Camera Offset→Main Camera 对象上挂载的 AR Camera Background 组件中，有一个 Use Custom Material 属性选项，图 10-1 所示。

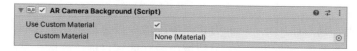

图 10-1　AR Camera Background 组件

在不勾选这个选项时，AR Foundation 会根据所编译目标平台自动选择底层摄像头图像获取及渲染 Provider，如在 Android 平台，ARCore 会提供这个功能实现；在 iOS 平台，则由 ARKit 提供。如果勾选这个选项，则需要开发者自定义一个获取摄像头图像的算法和渲染背景的材质，然后 AR Foundation 会使用这个材质将摄像头图像信息渲染到设备屏幕。

也就是说，AR Foundation 利用第三方提供的摄像头图像和材质进行 AR 场景背景渲染，因此，也可以通过 AR Camera Background 组件获取摄像头的原始图像信息，不管图像来自于 ARCore、ARKit 还是用户自定义，只要获取这个材质并将其渲染到 Render Texture 纹理，就可以获取摄像头的原始图像信息。基于以上思想，核心代码如下[①]：

```
// 第 10 章 /10-1
public void CaptureGPUImageWithoutObject()
{
    if (mRenderTexture == null)
    {
        RenderTextureDescriptor renderTextureDesc = new RenderTextureDescriptor
(Screen.width, Screen.height, RenderTextureFormat.BGRA32);
        mRenderTexture = new RenderTexture(renderTextureDesc);
    }

    var commandBuffer = new CommandBuffer();
    commandBuffer.name = "Capture GPU Image Without Object";
    var texture = !mArCameraBackground.material.HasProperty("_MainTex") ? null :
mArCameraBackground.material.GetTexture("_MainTex");
    Graphics.SetRenderTarget(mRenderTexture.colorBuffer, mRenderTexture.depthBuffer);
    commandBuffer.ClearRenderTarget(true, false, Color.clear);
    commandBuffer.Blit(texture, BuiltinRenderTextureType.CurrentActive,
mArCameraBackground.material);
    Graphics.ExecuteCommandBuffer(commandBuffer);

    if (mLastCameraTexture == null)
```

---

① 完整的代码稍后将详细阐述。

```
        mLastCameraTexture = new Texture2D(mRenderTexture.width, mRenderTexture
.height, TextureFormat.RGB24, true);
    mLastCameraTexture.ReadPixels(new Rect(0, 0, mRenderTexture.width,
mRenderTexture.height), 0, 0);

    var Bytes = mLastCameraTexture.EncodeToPNG();
    var path = Application.persistentDataPath + "/texture01.png";
    System.IO.File.WriteAllBytes(path, Bytes);
}
```

在上述代码中，我们使用 commandBuffer 渲染命令进行后渲染，commandBuffer.Blit() 方法是将摄像头原始图像数据使用特定的材质渲染后存储到目标纹理区，这种方法在屏幕后处理特效中使用得非常多，该方法有多个重载，典型原型如下：

```
public static void Blit(Texture source, Rendering.RenderTargetIdentifier dest,
Material mat, int pass);
```

在本示例中，源纹理即为摄像头原始图像，在得到这个原始图像纹理后，就可以通过 RGB24 的格式将其保存下来。通过这种方式可以直接获取底层 Provider 摄像头图像数据，所以获取的图像不包含任何虚拟物体、UI 等 AR 元素，是纯设备硬件摄像头图像数据。

CommandBuffer 为开发者定制渲染管线提供了强大支持，允许开发者自定义渲染命令，用于拓展渲染管线的渲染效果，更多详细信息可查阅 Unity 官方资料。

10.1.2　获取屏幕显示图像

在某些时候希望获取用户设备屏幕图像，即包括虚拟对象、UI 等信息的屏幕截图。获取屏幕显示图像的方法是直接获取屏幕输出图像信息，即获取场景中渲染相机画面信息（此处的渲染相机为 AR 场景中的虚拟相机，与 10.1.1 节所讲的摄像头不是同一概念），因此，我们的思路是将渲染相机图像信息输出到 Render Texture 纹理，这样就可以转换成图片格式进行存储了，核心代码如下 [①]：

```
// 第10章 /10-2
private void CaptureGPUImageWithObject()
{
    if (mRenderTexture == null)
    {
        RenderTextureDescriptor renderTextureDesc = new RenderTextureDescriptor
(Screen.width, Screen.height, RenderTextureFormat.BGRA32);
        mRenderTexture = RenderTexture.GetTemporary(renderTextureDesc);
    }

    mCamera.targetTexture = mRenderTexture;
```

---

① 完整的代码稍后将详细阐述。

```
    mCamera.Render();
    //RenderTexture currentActiveRT = RenderTexture.active;
    RenderTexture.active = mRenderTexture;
    if (mLastCameraTexture == null)
        mLastCameraTexture = new Texture2D(mRenderTexture.width, mRenderTexture
.height, TextureFormat.RGB24, true);
    mLastCameraTexture.ReadPixels(new Rect(0, 0, mRenderTexture.width, mRenderTexture
.height), 0, 0);

    mLastCameraTexture.Apply();
    mCamera.targetTexture = null;
    RenderTexture.active = null;

    Byte[] Bytes = mLastCameraTexture.EncodeToPNG();
    var path = Application.persistentDataPath + "/texture02.png";
    System.IO.File.WriteAllBytes(path, Bytes);
}
```

在上述代码中，在将相机图像渲染到 Render Texture 后，一定要设置 mCamera.targetTexture = null; 这样才能恢复将渲染相机的图像信息输出到屏幕缓冲区，否则，屏幕将无图像输出。从技术角度而言，我们是通过改变渲染相机图像输出流的方向达到将渲染相机图像输到特定纹理缓冲区的目的，因此在操作结束后需要将输出方向再改回默认的方向（默认为屏幕缓冲区）。

下面通过完整示例，演示这两种获取图像信息的方法。首先新建一个 C# 脚本，命名为 GPUImageManager，代码如下：

```
// 第 10 章 /10-3
using UnityEngine;
using UnityEngine.UI;
using UnityEngine.XR.AR Foundation;
using UnityEngine.Rendering;

public class GPUImageManager : MonoBehaviour
{
    public ARCameraBackground mArCameraBackground;     // 组件对象
    public Camera mCamera;                             // 组件对象
    public Button BtnCapture;                          //UI 按钮
    public Button BtnCapture2;                         //UI 按钮

    private RenderTexture mRenderTexture;              //Render 纹理
    private Texture2D mLastCameraTexture;              //2D 纹理
    void Start()
    {
        BtnCapture.transform.GetComponent<Button>().onClick.AddListener
(CaptureGPUImageWithoutObject);
        BtnCapture2.transform.GetComponent<Button>().onClick.AddListener
(CaptureGPUImageWithObject);
```

```
        }
        // 获取 GPU 摄像头原始图像
        public void CaptureGPUImageWithoutObject()
        {
            if (mRenderTexture == null)
            {
                RenderTextureDescriptor renderTextureDesc = new RenderTextureDescriptor
(Screen.width, Screen.height, RenderTextureFormat.BGRA32);
                mRenderTexture = new RenderTexture(renderTextureDesc);
            }

            var commandBuffer = new CommandBuffer();
            commandBuffer.name = "Capture GPU Image Without Object";
            var texture = !mArCameraBackground.material.HasProperty("_MainTex") ?
null : mArCameraBackground.material.GetTexture("_MainTex");
            Graphics.SetRenderTarget(mRenderTexture.colorBuffer, mRenderTexture
.depthBuffer);
            commandBuffer.ClearRenderTarget(true, false, Color.clear);
            commandBuffer.Blit(texture, BuiltinRenderTextureType.CurrentActive,
mArCameraBackground.material);
            Graphics.ExecuteCommandBuffer(commandBuffer);

            if (mLastCameraTexture == null)
                mLastCameraTexture = new Texture2D(mRenderTexture.width, mRenderTexture
.height, TextureFormat.RGB24, true);
            mLastCameraTexture.ReadPixels(new Rect(0, 0, mRenderTexture.width,
mRenderTexture.height), 0, 0);

            var Bytes = mLastCameraTexture.EncodeToPNG();
            var path = Application.persistentDataPath + "/texture01.png";
            System.IO.File.WriteAllBytes(path, Bytes);
        }
        // 获取 GPU 渲染相机虚实混合图像
        private void CaptureGPUImageWithObject()
        {
            if (mRenderTexture == null)
            {
                RenderTextureDescriptor renderTextureDesc = new RenderTextureDescriptor
(Screen.width, Screen.height, RenderTextureFormat.BGRA32);
                mRenderTexture = RenderTexture.GetTemporary(renderTextureDesc);
            }

            mCamera.targetTexture = mRenderTexture;
            mCamera.Render();
            //RenderTexture currentActiveRT = RenderTexture.active;
            RenderTexture.active = mRenderTexture;
            if (mLastCameraTexture == null)
```

```
        mLastCameraTexture = new Texture2D(mRenderTexture.width, mRenderTexture
.height, TextureFormat.RGB24, true);
        mLastCameraTexture.ReadPixels(new Rect(0, 0, mRenderTexture.width,
mRenderTexture.height), 0, 0);

        mLastCameraTexture.Apply();
        mCamera.targetTexture = null;
        RenderTexture.active = null;

        Byte[] Bytes = mLastCameraTexture.EncodeToPNG();
        var path = Application.persistentDataPath + "/texture02.png";
        System.IO.File.WriteAllBytes(path, Bytes);
    }
}
```

　　关键部分代码的功能及作用在前文中已经分析过，不再赘述。将 GPUImageManager 脚本挂载到场景中任意对象上，本节使用按钮触发，因此需要在层级（Hierarchy）窗口中新建两个 Button UI，然后正确地对 mArCameraBackground、mCamera、BtnCapture、BtnCapture2 属性进行赋值。

　　编译运行，在检测到的平面上放置一个立方体，然后通过不同的按钮分别获取摄像头原始图像信息与屏幕显示图像信息，效果如图 10-2 所示。

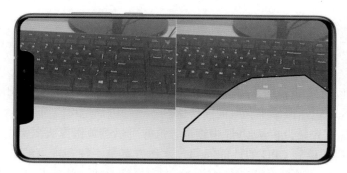

图 10-2　获取摄像头原始图像与屏幕图像效果图

提示

　　本示例获取并保存的图像并没有刷新到手机设备的相册中，只保存在应用安装目录的 Data 文件夹下，因此要得到保存的图像文件，需要再将其复制出来。

10.2　获取 CPU 图像

　　10.1 节中，已经实现从设备摄像头或屏幕显示中获取图像信息，在处理类似截屏这类任务时非常合适，但在获取实时连续图像视频流时，由于我们干预了渲染管线命令队列，所以会有较大的性能问题，主要原因在于获取的图像数据信息全部来自于 GPU 显存，而从 GPU 显存回读数据到 CPU 内存是一项复杂、昂贵的操作。就获取设备摄像头图像视频数据而言，这种方式也是从 CPU 到 GPU 再到 CPU 绕了一圈，增加了性能消耗。本节将学习从 CPU 中读取设备摄像头图像信息（这种需求在进行深度开发时还是比较普遍的，如对设备摄像头图像进行计算机视觉处理，包括手势检测、物体识别等），然后以边缘检测为例，对获取的图像流信息进行实时二次处理演示。

10.2.1　AR 摄像头图像数据流

在计算机系统中，CPU 与 GPU 有明确的任务分工[①]，在 AR 应用中，CPU 主要负责逻辑运算及流程控制，GPU 主要负责图像渲染处理，它们都有各自独立的存储器，分别称为内存与显存。从设备摄像头中获取图像数据的数据流图如图 10-3 所示。

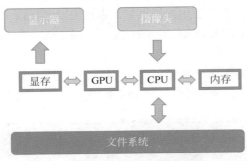

图 10-3　计算机系统数据流图

从图 10-3 可以清楚地看到，AR 场景中的所有对象数据最终都将交由 GPU 进行渲染并输出到显示缓冲区，包括摄像头获取的图像信息。另一方面也可以看出，实时获取设备摄像头图像信息的最佳方式是直接从 CPU 中读取，这样可以避免摄像头图像由 CPU 采集获取后传输到 GPU，然后回读到 CPU 的性能问题，这种方案是一种理论上的最佳方案，但在 AR Foundation 中，AR 场景背景由第三方底层 Provider 提供，即从设备摄像头采集图像数据到进行渲染显示并不由 AR Foundation 具体实现，而且第三方底层实现方式可能会各不相同，也没有强制对上开放，这样会导致无法直接从 AR Foundation 中采集 CPU 图像数据，所以 AR Foundation 只能退而求其次，也只能从 GPU 回读图像数据到 CPU，然后向开发者提供 CPU 图像数据。由于这个原因，在 AR Foundation 中，获取 CPU 图像数据流其实也并不是直接采集设备摄像头图像数据，这个性能开销依然很大[②]。

---

① 严格地讲，CPU 与 GPU 功能也在融合，CPU 利用 GPU 加速计算、GPGPU 也处在快速发展中，这里主要指传统的 CPU 和 GPU 分工。

② 虽然在 AR Foundation 中称之为直接从 CPU 中获取摄像头图像数据，但实质上图像数据是 AR Foundation 预先从 GPU 中回读的数据。所以在实际项目中，理想的方案应当是自定义摄像头图像采集和 AR 背景渲染，从自定义的摄像头图像中读取图像数据，而不应当使用 AR Foundation 提供的 CPU 图像数据，这样可以大幅提高性能。

10.2.2　从 CPU 中获取摄像头图像

AR Camera Manager 组件提供了 TryAcquireLatestCpuImage() 方法，使用这种方法可以直接从 CPU 获取设备摄像头的图像数据信息，该方法原型如下：

```
public bool TryAcquireLatestCpuImage(out XRCpuImage cpuImage);
```

类型 XRCpuImage 是一个本地化的结构体，通常需要在使用后及时释放（使用 Dispose() 方法释放），因为在很多平台上，XRCpuImage 数量是有限制的，如果长时间不释放，则会导致无法获取新的图像数据信息。在 AR Foundation 中，使用这个 XRCpuImage 结构体时，可以设置获取的摄像头图像模式，也直接获取摄像头视频图像通道信息，支持同步转换到灰度图或彩色图、异步转换到灰度图或彩色图，以下对这 4 个特性分别进行阐述。

1. 设置摄像头图像模式

在采集 CPU 图像数据时，摄像头的分辨率和帧率可由开发者设定，当然这些设定值必须被摄像头支持，所以一个比较合适的做法是列举出所有摄像头支持的模式，由用户根据其需求选择最合适的分辨率与帧率。ARCameraManager 组件提供了一个 GetConfigurations() 方法，利用该方法可以获取摄像头支持的所有模式，其原型如下：

```
public NativeArray<XRCameraConfiguration> GetConfigurations(Allocator allocator);
```

在默认情况下，AR Foundation 会选择分辨率最低的模式，因为在该模式下可以覆盖尽可能多的用户设备并降低硬件资源需求。

下面演示如何遍历摄像头所支持的模式和更改摄像头数据采集模式。新建一个 C# 脚本，命名为 CpuImageConfiguration，该脚本主要完成对当前摄像头所支持模式的遍历，并将所有的支持模式存储到一个下拉列表框中，当用户选择其他模式时，更改摄像头采集数据的模式。同时，为了更清晰更直观地看到变更效果，通过 UI 方式直接显示了当前使用的摄像头数据采集模式名称，编写代码如下：

```
// 第 10 章 /10-4
using System.Collections.Generic;
using UnityEngine;
using UnityEngine.UI;
using UnityEngine.XR.AR Foundation;

public class CpuImageConfiguration : MonoBehaviour
{
    public Dropdown mDropdown;                      // 下拉列表框
    public Text mText;                             // 当前摄像头显示信息
    private  ARCameraManager mCameraManager;
    private List<string> mConfigurationNames;      // 配置文件名
    void Awake()
```

```
        {
            mCameraManager = GetComponent<ARCameraManager>();
            mDropdown.ClearOptions();
            mDropdown.onValueChanged.AddListener(delegate { OnDropdownValueChanged
(mDropdown); });
            mConfigurationNames = new List<string>();
        }
        // 下拉列表项中当前选中值发生变更时触发
        void OnDropdownValueChanged(Dropdown dropdown)
        {
            if ((mCameraManager == null) || (mCameraManager.subsystem == null) ||
!mCameraManager.subsystem.running)
            {
                return;
            }
            var configurationIndex = dropdown.value;
            using (var configurations = mCameraManager.GetConfigurations(Unity.Collections
.Allocator.Temp))
            {
                if (configurationIndex >= configurations.Length)
                {
                    return;
                }
                var configuration = configurations[configurationIndex];
                mCameraManager.currentConfiguration = configuration;
                mText.text = configuration.resolution.ToString() + "@" + configuration
.framerate.ToString();
            }
        }
        // 遍历摄像头所支持的数据采集模式并将其存储到 Dropdown 列表框中，选中当前使用的模式
        void PopulateDropdown()
        {
            if ((mCameraManager == null) || (mCameraManager.subsystem == null) ||
!mCameraManager.subsystem.running)
                return;
            using (var configurations = mCameraManager.GetConfigurations(Unity
.Collections.Allocator.Temp))
            {
                if (!configurations.IsCreated || (configurations.Length <= 0))
                {
                    return;
                }
                foreach (var config in configurations)
                {
                    mConfigurationNames.Add(config.resolution.ToString()+"@"+config
.framerate.ToString());
                }
```

```
                mDropdown.AddOptions(mConfigurationNames);

                var currentConfig = mCameraManager.currentConfiguration;
                for (int i = 0; i < configurations.Length; ++i)
                {
                    if (currentConfig == configurations[i])
                    {
                        mDropdown.value = i;
                        mText.text = currentConfig.Value.resolution.ToString()+"@"+
currentConfig.Value.framerate.ToString();
                    }
                }
            }
        }
        void Update()
        {
            if (mConfigurationNames.Count == 0)
                PopulateDropdown();
        }
    }
```

将 CpuImageConfiguration 脚本挂载到层级窗口 XR Origin → Camera Offset → Main Camera 对象上，并设置好 UI，编译运行，通过选择下拉列表中的不同摄像头模式选项，可以看到摄像头采集数据的模式也在发生变化，如图 10-4 所示。

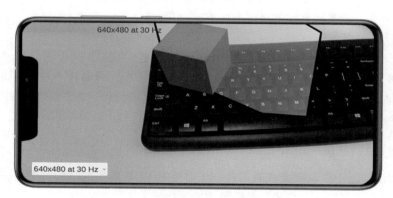

图 10-4　配置变更摄像头采集数据模式

2. 获取图像通道信息数据

从设备摄像头获取的是图像视频流，其视频编码格式绝大多数采用 YUV 格式，其中 Y 表示明亮度，用于描述像素明暗程度，UV 则表示色度，用于描述色彩及饱和度，在 AR Foundation 中使用 Plane 这个术语来描述视频通道（不要与平面检测中的 Plane 混淆，这两者没有任何关系）。获取特定平台的 YUV 通道信息数据可以直接使用 XRCpuImage.GetPlane()

方法，该方法会返回各通道的视频原始 YUV 编码信息，示例代码如下：

```
// 第10章 /10-5
XRCpuImage image;
if (!cameraManager.TryAcquireLatestCpuImage(out XRCpuImage image))
    return;

// 遍历视频各通道信息
for (int planeIndex = 0; planeIndex < image.planeCount; ++planeIndex)
{
    // 获取指定通道图像数据信息，包括尺寸、宽、每像素所占字节数
    var plane = image.GetPlane(planeIndex);
    Debug.LogFormat("Plane {0}:\n\tsize: {1}\n\trowStride: {2}\n\tpixelStride: {3}",
        planeIndex, plane.data.Length, plane.rowStride, plane.pixelStride);

    // 对图像进行进一步处理的自定义算法
    MyComputerVisionAlgorithm(plane.data);
}

// 为了防止内存泄漏，以及时释放资源
image.Dispose();
```

> **提示**
>
> 由于历史原因，黑白与彩色显示器曾长期共存，视频采用 YUV 编码格式主要是为了解决黑白与彩色显示器的兼容问题。

通过 XRCpuImage.Plane 可以使用 NativeArray<Byte> 类型直接访问系统本地的内存缓冲区，因此可以直接获取本地内存视图，而且在用完后不需要显示释放 NativeArray，在 XRCpuImage 对象被释放后，NativeArray 将一并被销毁。另外，视频图像缓冲区是只读区，应用程序不能直接向该区域写数据。

3. 同步转换到灰度图或彩色图

从摄像头视频流中获取灰度或者彩色图像需要对 YUV 编码的视频流图像格式进行转换，XRCpuImage 类提供了同步与异步两种转换方式。转换方法的原型如下：

```
public void Convert(XRCpuImage.ConversionParams conversionParams, IntPtr
destinationBuffer, int bufferLength);
```

其中 conversionParams 为控制转换的参数，destinationBuffer 为接受转换后图像数据的目标缓冲区。如果将转换格式设定为 TextureFormat.Alpha8 或者 TextureFormat.R8，则将视频图像转换成灰度图像，如果设定为其他格式，则转换为彩色图像，转换为彩色图像比转换为灰度图像需要转换的数据量更大，因此计算更密集，转换也会更慢。

> **提示**
>
> 通过 TextureFormat.Alpha8 或者 TextureFormat.R8 参数可以提取原始图像 Alpha 通道或 R 通道颜色分量值。Unity 本身并没有灰度纹理的概念（只能渲染成灰度的纹理）。以 Alpha8 或者 R8 格式存储的纹理可以渲染成灰度图，操作方式是在 Shader 中提取以 R8 格式存储的纹理，然后生成一个各颜色分量均相同的 RGB 值，渲染输出即是灰度图。如果只是提取了 Alpha 通道或 R 通道颜色分量直接显示则只会显示该分量的颜色值。
>
> 另外，通过 CPU 获取的是摄像头原始未经过处理的图像数据，因此图像方向可能会与手机显示屏方向不一致，如旋转了 90° 等。

XRCpuImage.ConversionParams 结构体的定义如下：

```
// 第 10 章 /10-6
public struct ConversionParams
{
    public RectInt inputRect;
    public Vector2Int outputDimensions;
    public TextureFormat outputFormat;
    public Transformation transformation;
}
```

该结构体共有 4 个参数，各参数定义及意义如表 10-1 所示。

表 10-1　XRCpuImage.ConversionParams 结构体参数表

属　　性	描　述　说　明
inputRect	需要转换的图像区域，可以是视频流图像原始尺寸，也可以是比原始图像小的一个区域。转换区域必须与原始图像完全匹配，即转换区域必须是原始图像有效区域的全部或一部分。在明确了解所使用图像区域时，对图像进行部分区域转换可加快转换速度
outputDimensions	输出图像的尺寸。XRCpuImage 支持降采样转换，允许指定比原始图像更小的图像尺寸，如可以将输出图像尺寸定义为 (inputRect.width / 2, inputRect.height / 2)，从而获取原始图像一半的分辨率，这样可以降低转换彩色图像的时间。输出图像尺寸只能小于或者等于原始图像尺寸，即不支持升级采样
outputFormat	输出图像格式，目前支持 TextureFormat.RGB24、TextureFormat.RGBA24、TextureFormat.ARGB32、TextureFormat.BGRA32、TextureFormat.Alpha8 和 TextureFormat.R8 共 6 种格式，可以在转换前通过 XRCpuImage.FormatSupported 检查受支持的图像格式
transformation	对原始图像进行变换，目前支持 X 轴、Y 轴镜像

在转换前需要分配转换后的图像存储空间，因此需要知道所需空间的大小，可以通过 GetConvertedDataSize() 方法获取所需空间大小，该方法的原型如下：

```
public int GetConvertedDataSize(Vector2Int dimensions, TextureFormat format);
```

另一个重载原型如下：

```
public int GetConvertedDataSize(XRCpuImage.ConversionParams conversionParams);
```

通过 Texture2D.LoadRawTextureData() 方法得到转换后的数据格式，使其与 Texture2D 格式兼容以便于操作，示例代码如下：

```
// 第 10 章 /10-7
using System;
using Unity.Collections;
using Unity.Collections.LowLevel.Unsafe;
using UnityEngine;
using UnityEngine.XR.AR Foundation;
using UnityEngine.XR.ARSubsystems;

public class CameraImageExample : MonoBehaviour
{
    Texture2D mTexture;
    // 注册事件
    void OnEnable()
    {
        cameraManager.cameraFrameReceived += OnCameraFrameReceived;
    }
    // 取消事件注册
    void OnDisable()
    {
        cameraManager.cameraFrameReceived -= OnCameraFrameReceived;
    }
    // 在获取图像帧时执行图像转换
    unsafe void OnCameraFrameReceived(ARCameraFrameEventArgs eventArgs)
    {
        if (!cameraManager.TryAcquireLatestCpuImage(out XRCpuImage image))
            return;

        var conversionParams = new XRCpuImage.ConversionParams
        {
            // 设置获取全幅图像
            inputRect = new RectInt(0, 0, image.width, image.height),
            // 降采集为原始图像的一半
            outputDimensions = new Vector2Int(image.width / 2, image.height / 2),
            // 设置使用 RGBA 格式
            outputFormat = TextureFormat.RGBA32,
            // 执行 Y 轴镜像操作
            transformation = XRCpuImage.Transformation.MirrorY
        };

        // 计算目标图像所需空间大小
```

```
        int size = image.GetConvertedDataSize(conversionParams);
        // 申请分配空间
        var buffer = new NativeArray<Byte>(size, Allocator.Temp);
        // 执行图像转换
        image.Convert(conversionParams, new IntPtr(buffer.GetUnsafePtr()),
buffer.Length);
        // 图像已转换并已存储到指定储存区域,因此需要释放 image 对象以防止内存泄漏
        image.Dispose();
        // 这里可以执行对图像的进一步处理,如进行计算机视觉处理等
        // 将其存入纹理以便显示
        mTexture = new Texture2D(
            conversionParams.outputDimensions.x,
            conversionParams.outputDimensions.y,
            conversionParams.outputFormat,
            false);
        // 转换成与 Texture2D 兼容的格式
        mTexture.LoadRawTextureData(buffer);
        mTexture.Apply();

        // 使用后释放缓冲区
        buffer.Dispose();
    }
}
```

4. 异步转换到灰度图或彩色图

同步转换会阻塞 CPU 后续流程,严重时会造成应用卡顿,因此在对实时视频流图像处理要求不高时可以采用异步转换的方式,异步转换方法为 XRCpuImage.ConvertAsync()。

因为是异步转换,所以对主流程不会造成很大影响,可以获取大量异步转换图像而不影响主流程。通常,异步转换会在当前帧的下一帧被处理,异步转换可以采用队列的方式对所有要求异步转换的请求进行依次处理。XRCpuImage.ConvertAsync() 方法会返回 XRCpuImage.AsyncConversion 对象,通过这个对象可以查询转换进程,了解转换状态,以便进行下一步操作,典型的代码如下:

```
// 第 10 章 /10-8
XRCpuImage.AsyncConversion conversion = image.ConvertAsync(...);
while (!conversion.status.IsDone())
    yield return null;
```

使用 status 标识可以查询转换是否完成,如果 status 为 XRCpuImage.AsyncConversionStatus.Ready 值,则表示转换任务已经结束,可以通过调用 GetData<T>() 方法获取 NativeArray<T> 类型图像数据。GetData<T>() 方法实际上返回的是本地内存布局的一个视图,在 XRCpuImage.AsyncConversion 对象调用 Dispose() 方法前,这个视图一直存在,但在 XRCpuImage.AsyncConversion 对象调用 Dispose() 方法后,该视图也一并被销毁。另外,无须显式调用

NativeArray<T> 的 Dispose() 方法，在 XRCpuImage.AsyncConversion 对象被释放后该内存块也将被释放，所以尝试在 XRCpuImage.AsyncConversion 对象被释放后读取该内存数据会出现运行时错误。

> **注意**
>
> XRCpuImage.AsyncConversion 对象必须及时显式调用 Dispose() 方法进行释放，如果使用后不及时调用 Dispose() 方法，则会导致内存泄漏。虽然在 XRCameraSubsystem 对象被销毁后，所有的异步转换资源也将被释放，但还是强烈建议及时调用 Dispose() 方法释放 XRCpuImage.AsyncConversion 对象。
>
> XRCpuImage.AsyncConversion 对象所属资源与 XRCpuImage 对象没有关系，XRCpuImage 有可能会在异步转换完成前被销毁，但这不会影响异步转换数据信息。

异步转换的典型操作代码如下：

```
// 第 10 章 /10-9
Texture2D mTexture;        // 存储转换后的 Texture2D 图像信息

public void GetImageAsync()
{
    // 获取摄像头 image 对象信息
    if (cameraManager.TryAcquireLatestCpuImage(out XRCpuImage image))
    {
        // 启动协程进行异步转换
        StartCoroutine(ProcessImage(image));

        // 在异步转换完成前销毁 image
        image.Dispose();
    }
}

IEnumerator ProcessImage(XRCpuImage image)
{
    // 创建异步转换请求
    var request = image.ConvertAsync(new XRCpuImage.ConversionParams
    {
        // 设置获取全幅图像
        inputRect = new RectInt(0, 0, image.width, image.height),
        // 降采集为原始图像的一半
        outputDimensions = new Vector2Int(image.width / 2, image.height / 2),
        // 设置使用 RGB 格式
        outputFormat = TextureFormat.RGB24,
        // 执行 Y 轴镜像操作
        transformation = XRCpuImage.Transformation.MirrorY
```

```
        });

        // 等待转换完成
        while (!request.status.IsDone())
            yield return null;

        // 检测转换状态
        if (request.status != XRCpuImage.AsyncConversionStatus.Ready)
        {
            // 转换过程出现错误
            Debug.LogErrorFormat("Request failed with status {0}", request.status);

            // 销毁转换请求
            request.Dispose();
            yield break;
        }

        // 获取转换后的图像数据
        var rawData = request.GetData<Byte>();

        // 这里可以执行对图像的进一步处理，如进行计算机视觉处理等
        // 将其存入纹理以便显示
        if (mTexture == null)
        {
            mTexture = new Texture2D(
                request.conversionParams.outputDimensions.x,
                request.conversionParams.outputDimensions.y,
                request.conversionParams.outputFormat,
                false);
        }

        // 转换成与 Texture2D 兼容的格式
        mTexture.LoadRawTextureData(rawData);
        mTexture.Apply();

        // 销毁转换请求以便释放与请求相关联的资源，包括原始数据
        request.Dispose();
    }
```

除了使用上面的方法，也可以通过代理（delegate）进行回调的方式实现异步转换，而不是直接返回 XRCpuImage.AsyncConversion 对象，操作示例代码如下：

```
// 第 10 章 /10-10
public void GetImageAsync()
{
    // 获取摄像头 image 信息
    if (cameraManager.TryAcquireLatestCpuImage(out XRCpuImage image))
```

```
    {
        // 如果成功，则启动协程等待图像信息处理，然后应用到 2D Texture
        image.ConvertAsync(new XRCpuImage.ConversionParams
        {
            // 设置获取全幅图像
            inputRect = new RectInt(0, 0, image.width, image.height),
            // 降采集为原始图像的一半
            outputDimensions = new Vector2Int(image.width / 2, image.height / 2),
            // 设置使用 RGB 格式
            outputFormat = TextureFormat.RGB24,
            // 执行 Y 轴镜像操作
            transformation = CameraImageTransformation.MirrorY
            // 转换完成后调用 ProcessImage 方法
        }, ProcessImage);

        // 在异步转换完成前销毁 image
        image.Dispose();
    }
}
// 转换完成后的回调方法
void ProcessImage(XRCpuImage.AsyncConversionStatus status, XRCpuImage
.ConversionParams conversionParams, NativeArray<Byte> data)
{
    if (status != XRCpuImage.AsyncConversionStatus.Ready)
    {
        Debug.LogErrorFormat("Async request failed with status {0}", status);
        return;
    }

    // 自定义图像处理方法
    DoSomethingWithImageData(data);

    // 在异步转换回调执行前，相关资源已被释放，这里无须再进行资源处理
}
```

在使用这种方法时 NativeArray<Byte> 是与 request 请求关联的本地内存布局视图，不需要显式调用 Dispose() 方法释放，该视图只在代理（delegate）执行期间有效，一旦代理方法返回，则会被销毁，如果需要在代理执行周期外使用这些数据，则需要使用 NativeArray<T>.CopyTo() 或 NativeArray<T>.CopyFrom() 将数据及时备份出来。

10.3 边缘检测原理

边缘检测是数字图像处理和计算机视觉中的基本问题，边缘检测的目的是标识数字图像中变化明显的点。数字图像中像素的显著变化通常反映了属性的重要事件和变化，包括深度

上的不连续、表面方向不连续、物质属性变化和场景照明变化。利用边缘检测可以大幅度减少需要处理的数据量，并且剔除了可以认为不相关的信息，保留了图像重要的结构属性，因而通常作为图像处理的预处理。在进行图像处理时，通常是先进行边缘检测，然后进行后续处理，边缘检测通常采用卷积对图像进行处理。

10.3.1 卷积

卷积（Convolution）本质上来讲只是一种数学运算，跟减加乘除没有区别，卷积是一种积分运算，可以看作加权求和。卷积把一个点的像素值用它周围点的像素值的加权平均值代替，通常用于消除噪声、增强特征。卷积的具体做法是在图像处理中准备一个模板（这个模板就是卷积核（Kernel）），对图像上的每像素，让模板的原点和该点重合，然后使模板上的点和图像上对应的点相乘，最后将乘积累加，得到该点的卷积值，用该卷积值代替原始图像的对应像素值，如图 10-5 所示。移动模板到下一像素，以此类推，对图像上的每像素都作类似处理，最后得到的是一张使用卷积处理后的图。

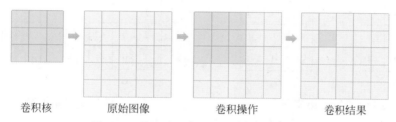

卷积核　　　　　原始图像　　　　　卷积操作　　　　　卷积结果

图 10-5　使用卷积核对图像进行卷积处理

卷积核通常是一个正方形网格结构（如 2×2、3×3），该网格区域内的每个方格都有一个权重值。当对图像中的某像素进行卷积操作时，我们会把卷积核的中心放置于该像素上，如图 10-6 所示，翻转核之后再依次计算核中每个元素和其覆盖的图像像素值的乘积，最后将各乘积累加，得到的结果就是该像素的新像素值，直到所有像素都处理完。

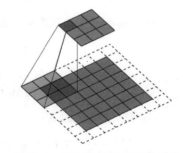

卷积听起来很难，但在图形处理中其实就这么简单，卷积可以实现很多常见的图像处理效果，例如图像模糊、边缘检测等。

图 10-6　使用卷积核对图像中的每像素依次进行处理就得到该图像的卷积结果

10.3.2 Sobel 算子

卷积的神奇之处在于选择的卷积核，用于边缘检测的卷积核也叫边缘检测算子，先后有好几种边缘检测算子被提出来。

1. Roberts 算子

Roberts 算子采用对角线方向相邻两像素之差近似梯度幅值检测边缘，该算子如图 10-7 所示。Roberts 算子检测水平和垂直边缘的效果好于斜向边缘，定位精度高，但对噪声敏感。

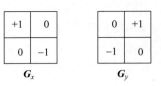

图 10-7　Roberts 算子

2. Prewitt 算子

Prewitt 算子利用像素上下左右相邻点灰度差在边缘处达到极值的特点检测边缘，该算子如图 10-8 所示，Prewitt 算子对噪声具有平滑作用，但是定位精度不够高。

3. Sobel 算子

Sobel 算子主要用作边缘检测，它是一个离散的一阶差分算子，用来计算图像亮度函数的一阶梯度近似值，该算子如图 10-9 所示。在图像的任何一点使用此算子，将会产生该点对应的梯度向量或法向量。与 Prewitt 算子相比，Sobel 算子对像素位置的影响做了加权，可以降低边缘模糊程度，因此效果更好。

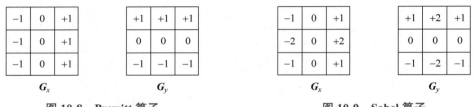

图 10-8　Prewitt 算子　　　　　　图 10-9　Sobel 算子

Sobel 算子包含两组 3×3 的矩阵，分别为横向及纵向，将其与图像作平面卷积，即可分别得出横向及纵向的亮度差分近似值。如果以 A 代表原始图像，G_x 及 G_y 分别代表经横向及纵向边缘检测的图像灰度值，则其公式如图 10-10 所示。

$$G_x = \begin{bmatrix} -1 & 0 & +1 \\ -2 & 0 & +2 \\ -1 & 0 & +1 \end{bmatrix} \times A, \quad G_y = \begin{bmatrix} +1 & +2 & +1 \\ 0 & 0 & 0 \\ -1 & -2 & -1 \end{bmatrix} \times A$$

图 10-10　Sobel 算子对图像进行处理的计算公式

具体计算公式如下：

$$
\begin{aligned}
G_x &= (-1) \times f(x-1, y-1) + 0 \times f(x, y-1) + 1 \times f(x+1, y-1) + \\
&\quad (-2) \times f(x-1, y) + 0 \times f(x, y) + 2 \times f(x+1, y) + \\
&\quad (-1) \times f(x-1, y+1) + 0 \times f(x, y+1) + 1 \times f(x+1, y+1) \\
&= [f(x+1, y-1) + 2 \times f(x+1, y) + f(x+1, y+1)] - [f(x-1, y-1) + \\
&\quad 2 \times f(x-1, y) + f(x-1, y+1)] \\
G_y &= 1 \times f(x-1, y-1) + 2 \times f(x, y-1) + 1 \times f(x+1, y-1) + \\
&\quad 0 \times f(x-1, y) \, 0 \times f(x, y) + 0 \times f(x+1, y) + \\
&\quad (-1) \times f(x-1, y+1) + (-2) \times f(x, y+1) + (-1) \times f(x+1, y+1) \\
&= [f(x-1, y-1) + 2f(x, y-1) + f(x+1, y-1)] - [f(x-1, y+1) + \\
&\quad 2 \times f(x, y+1) + f(x+1, y+1)]
\end{aligned}
$$

其中 $f(a, b)$ 表示原始图像（a, b）点的灰度值，得到每像素的横向及纵向灰度值后，可以通过以下公式计算该点灰度值大小：

$$G = \sqrt{G_x^2 + G_y^2}$$

通常，为了提高效率使用不开平方的近似值：

$$G = |G_x| + |G_y|$$

如果梯度值 G 大于某一阈值，则认为该点（x, y）为边缘点。Sobel 算子也是根据像素上下左右相邻点灰度加权差在边缘处达到极值这一原理来检测边缘，对噪声具有平滑作用，能提供较为精确的边缘方向信息，但边缘定位精度不够高，当对精度要求不是很高时，是一种较为常用的边缘检测方法。

Sobel 算子的计算速度比 Roberts 算子慢，但其较大的卷积核在很大程度上平滑了输入图像，使算子对噪声的敏感性降低。与 Roberts 算子相比，通常也会为相似的边缘产生更高的输出值，与 Roberts 算子一样，操作时输出值很容易溢出，仅支持小整数像素值（例如 8 位整数图像）的图像类型，当发生溢出时，标准做法是简单地将溢出的输出像素设置为最大允许值（为避免此问题，可以通过支持范围更大像素值的图像类型）。

在前文 CPU 图像获取的基础上，下面演示使用 Sobel 算子进行边缘检测的流程，这也是一个结合 ARKit 进行计算机图像处理的通用流程。

10.4　CPU 图像边缘检测实例

在前面的理论基础上，下面我们以同步方式从 CPU 中获取摄像头图像信息，对获取的图像信息进行边缘检测，并将检测结果直接输到 RawImage 组件上显示。

首先在层级窗口中新建一个 RawImage UI 对象，并将其尺寸设置为全屏幕覆盖。新建一个 C# 脚本，命名为 CPUcameraImage，代码如下：

```
// 第 10 章 /10-11
using System;
using Unity.Collections.LowLevel.Unsafe;
using UnityEngine;
using UnityEngine.XR.AR Foundation;
using UnityEngine.XR.ARSubsystems;
using UnityEngine.UI;

public class CPUcameraImage : MonoBehaviour
{
    [SerializeField]
    private RawImage mRawImage;                      //RawImage UI 对象
    private ARCameraManager mARCameraManager;
    private Texture2D mTexture;                      // 转换后的 Texture2D 对象
    private static int mTotalSize;                   // 需要转换的图像大小
```

```
        private static Byte[] mFinalImage;              // 图像字节数组

    void OnEnable()
    {
        mARCameraManager = GetComponent<ARCameraManager>();
        mARCameraManager.frameReceived += OnCameraFrameReceived;
    }
    // 取消事件注册
    void OnDisable()
    {
        mARCameraManager.frameReceived -= OnCameraFrameReceived;
    }
    unsafe void OnCameraFrameReceived(ARCameraFrameEventArgs eventArgs)
    {
        XRCpuImage image;
        if (!mARCameraManager.TryGetLatestImage(out image))
            return;

        var format = TextureFormat.R8;
        var conversionParams = new XRCpuImage.ConversionParams(image, format,
XRCpuImage.Transformation.None);
        mTotalSize = image.GetConvertedDataSize(conversionParams);
        if (mTexture == null || mTexture.width != image.width || mTexture
.height != image.height)
        {
            mTexture = new Texture2D(image.width, image.height, format, false);
            mFinalImage = new Byte[mTotalSize];
        }
        var rawTextureData = mTexture.GetRawTextureData<Byte>();
        try
        {
            image.Convert(conversionParams, new IntPtr(rawTextureData
.GetUnsafePtr()), rawTextureData.Length);
            Sobel(mFinalImage, mTexture.GetRawTextureData(), image.width, image
.height);
            mTexture.LoadRawTextureData(mFinalImage);
            mTexture.Apply();
        }
        finally
        {
            image.Dispose();
        }
        mRawImage.texture = mTexture;
    }

    unsafe private static void Sobel(Byte[] outputImage, Byte[] mImageBuffer,
int width, int height)
```

```
    {
        // 边缘检测的阈值
        int threshold = 128 * 128;
        for (int j = 1; j < height - 1; j++)
        {
            for (int i = 1; i < width - 1; i++)
            {
                // 将处理中心移动到指定位置
                int offset = (j * width) + i;

                // 获取 9 个采样点的像素值
                int a00 = mImageBuffer[offset - width - 1];
                int a01 = mImageBuffer[offset - width];
                int a02 = mImageBuffer[offset - width + 1];
                int a10 = mImageBuffer[offset - 1];
                int a12 = mImageBuffer[offset + 1];
                int a20 = mImageBuffer[offset + width - 1];
                int a21 = mImageBuffer[offset + width];
                int a22 = mImageBuffer[offset + width + 1];

                int xSum = -a00 - (2 * a10) - a20 + a02 + (2 * a12) + a22;
                int ySum = a00 + (2 * a01) + a02 - a20 - (2 * a21) - a22;
                if ((xSum * xSum) + (ySum * ySum) > threshold)
                {
                    outputImage[(j * width) + i] = 0xFF;        // 是边缘
                }
                else
                {
                    outputImage[(j * width) + i] = 0x1F;        // 不是边缘
                }
            }
        }
    }
}
```

　　在上述代码中，我们采用了同步获取图像的方式，将转换后的图像直接输入 Sobel() 方法中进行边缘检测操作。在使用 Sobel 算子对图像所有像素进行卷积处理时，设置一个阈值（threshold）对输出像素进行过滤，达到只渲染边缘的目的。

　　将 CPUcameraImage 脚本挂载到层级窗口中 XR Origin → Camera Offset → Main Camera 对象上，并设置好 mRawImage 属性。由于图像转换使用了非托管堆资源，是在非托管堆中进行，所以相应代码也标识了 unsafe，编译 unsafe 代码需要开启 Unity 中的 unsafe 选项，在 Unity 编辑器中，依次选择 Edit → Project Settings，打开工程设置面板，依次选择 Player → iOS 平台→ Other Settings，勾选 Allow 'unsafe' Code 后的复项框，如图 10-11 所示。

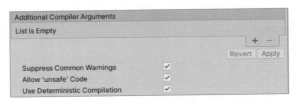

图 10-11　勾选 Allow 'unsafe' Code 后的复选框，允许编译 unsafe 代码

　　使用 Sobel 算子做边缘检测的效果如图 10-12 所示，从结果来看，边缘检测效果还是非常不错的，杂点也很少，但需要注意的是，由于是使用 TextureFormat.R8 格式编码获取的灰度图，Soble 运算后的结果存储成了 Texture2D 格式，从而导致最终的图像纹理 G、B 通道没有数值（默认为 0），所以实际看到的图像纹理呈红色[①]，并且由于是直接获取摄像头的原始图像数据，图像可能会出现 90° 的旋转，所以在进行实际开发时需要进行旋转校正。

图 10-12　Sobel 算子对 CPU 获取的摄像头图像进行边缘检测效果

10.5　Depth API

　　通过第 9 章的学习已经知道，当将虚拟物体叠加到真实场景中时，虚拟物体与真实场景间存在一定的空间位置关系，即遮挡与被遮挡关系，但目前移动 AR 应用无法获取真实环境的深度信息，所以虚拟物体无法与真实场景进行深度对比，以致虚拟物体一直呈现在真实场景上方。

　　通过 ARKit 人形遮挡功能可以实现虚拟物体与场景中人体的正确深度比较，从而实现正确的虚实遮挡关系，提升应用的沉浸感，但人形遮挡功能只能实现虚拟物体与人体的正确遮挡关系，无法实现虚拟物体与真实场景的虚实遮挡。

---

　　① 可以将最终的 Texture2D 纹理保存为文件，通过 Photoshop 等图像处理软件打开查看各通道数值。

在配备 LiDAR 传感器的设备上，ARKit 可以进行场景几何重建，利用这些深度信息，可以营造更加自然、无缝的虚实体验，包括虚实遮挡、物理仿真等，并且 ARKit 提供的深度信息是逐像素的，因此，可以实现非常精细的效果，如精确地控制特效的范围，营造与现实融合度非常高的虚实效果。

10.5.1　Depth API 概述

从 ARKit 中获取的深度信息是指从设备摄像头到现实场景表面各点的深度值，这些深度值每帧都会产生，生成速率大于或等于 60 帧 / 秒，即这些深度值是实时的，因此可以实现实时的动态深度效果，如遮挡、物理仿真、边界处理等。

得益于 LiDAR 传感器，ARKit 可以采集到场景表面的离散深度值，但这还不足以形成逐像素的深度图（Depth Map），为得到逐像素的深度图，ARKit 融合了 RGB 摄像头图像数据与 LiDAR 传感器数据，如图 10-13 所示。利用计算机视觉算法，ARKit 将 RGB 图像数据与 LiDAR 传感器数据进行融合计算，既保证了精度，又保留了物体边缘，最终提供给开发者一张与当前场景图像一致的深度图。

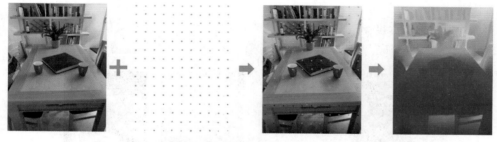

图 10-13　ARKit 融合 RGB 图像数据与 LiDAR 传感器数据生成深度图

由于 LiDAR 传感器的特性，对穿透性强或者吸收性强的物体（如玻璃、高吸光性材质等）深度测量存在先天不足，因此，LiDAR 传感器采集到的数据也有可能存在误差很大的异常数据，为描述这些异常数据，ARKit 另建了一张尺寸与深度图一致的置信值图（Confidence Map），这张图中每像素与深度图中的像素一一对应，但每像素值描述了深度图中对应像素的可信度，这个可信值由 ARConfidenceLevel 枚举描述[①]，该枚举各值如表 10-2 所示。

表 10-2　ARConfidenceLevel 枚举

枚 举 值	描 述
low	深度图中对应像素可信值为低
medium	深度图中对应像素可信值为中等
high	深度图中对应像素可信值为高

---

① 这是 ARKit 原生中的类，AR Foundation 目前没有提供置信度图分类，只通过数值表达可信程度。

从技术上说，ARKit 利用了设备 LiDAR 传感器，算法会自动融合来自所有可用数据源的信息（包括摄像头图像数据和 LiDAR 传感器数据）进行综合计算。通过这种方式可以增强深度数据的可靠性和精度，并能在设备不移动时进行深度估算，还可以在具有很少或没有特征的曲面（如白墙）上提供高精度的深度值，甚至可以剔除场景中动态的人或者物体。

AR Foundation 对 ARKit 提供的深度信息进行了整合，并做了平滑处理，提供的场景深度图支持两种格式：原始深度图（Depth Map）和全深度图（Full Depth Map）[①]，图中每像素值代表了场景表面点到设备摄像头的距离（单位为毫米）。

原始深度图数据直接由 ARKit 通过 LiDAR 采集环境场景深度数据并融合 RGB 图像经过深度神经网络估算得到，通常认为这些数值更准确，但 LiDAR 分辨率只有 256×192，来自设备摄像头图像的环境纹理也有可能不完整（如无纹理区域没有深度数据），因此并不能提供逐像素的场景深度值，即与设备摄像头采集的图像像素并不能一一对应，但原始深度图提供了一个额外的深度置信图（Confidence Image），深度置信图用于标识深度数据的可靠程度，其每个值的范围为 [0, 1]，0 表示最不可靠，1 表示深度值非常可靠，中间值代表深度值的置信程度，越靠近 1 深度值越可靠。深度置信图数据与原始深度图数据一一对应，即深度置信图也是不完整的。需要强调的是，只有原始深度图有对应的深度置信图，全深度图没有对应的深度置信图。

全深度图由原始深度图进行插值平滑得到，全深度图与摄像头采集的图像具有同样的格式和尺寸，像素一一对应，即每个图像像素都有一个对应的场景深度值，如图 10-14 所示。

(a) 摄像机图像　　　(b) 全深度图　　　(c) 原始深度图　　　(d) 深度置信图

图 10-14　AR Foundation 提供的全深度图、原始深度图、深度置信图

使用 Depth API 时，该算法可以提供 0～8m 内稳健、准确的深度值。通常，0.5～5m 范围内的数据精度更高、更可信。获取的深度图像具有与摄像头图像一致的时间戳和尺寸[②]，使用 Depth API，可以获取与摄像头每帧图像匹配的深度图像，因此可以实现实时的动态深度效果，如虚实遮挡等，场景深度信息可以帮助设备了解场景中真实对象的大小和形状，置信值图描述了深度图中每像素的可信度，在开发应时，就可以针对不同置信值的深度信息进行不同的处理，提高对场景把控的灵活性。

[①]　在 AR Foundation 相关 API 中，称为 Depth（深度图）和 Temporal Smoothing Depth（时序平滑深度图）。

[②]　ARKit 提供的原始深度图尺寸较小，但在 AR Foundation 中可以获取通过插值计算后的与摄像头图像尺寸一致的全深度图。

10.5.2　Depth API 实例

由于 AR Foundation 的封装，Depth API 功能已被集成到 AR Occlusion Manager 组件中，通过该组件，可以获取全深度图、原始深度图、深度置信图等数据信息，还可以直接获取 Texture2D 类型的全深度纹理和原始深度纹理等，非常方便。

由于 Depth API 特性并不是所有支持 ARKit 的设备都支持，因此，在使用 Depth API 之前，应当进行支持性检查，检查代码如下：

```
// 第 10 章 /10-12
if (occlusionManager.descriptor?.environmentDepthImageSupported == Supported
.Supported)
{
    // 支持 Depth API
    //TODO
}
```

在确保设备支持 Depth API 之后，获取深度图及深度置信图的代码如下：

```
// 第 10 章 /10-13
// 设置获取全深度图或者原始深度图，设置为 true 表示全深度图，设置为 false 表示原始深度图
occlusionManager.environmentDepthTemporalSmoothingRequested = true;

// 获取深度图，可以是全深度图，也可以是原始深度图
if (occlusionManager.TryAcquireEnvironmentDepthCpuImage(out XRCpuImage image))
{
    using (image)
    {
        // 获取深度图
    }
}


// 获取深度置信图
if (occlusionManager && occlusionManager.TryAcquireEnvironmentDepthConfidenceCpuImage
(out XRCpuImage image))
{
    using (image)
    {
        // 获取深度置信图
    }
}
```

在了解以上基础知识之后，下面通过一个实例，演示获取场景深度图的方法。首先，在场景对象 XR Origin → Camera Offset → Main Camera 游戏对象上挂载 AR Occlusion Manager 组件，将 Environment Depth Mode 属性设置为 Fastest、勾选 Temporal Smoothing 属性后的复选框，如图 10-15 所示。

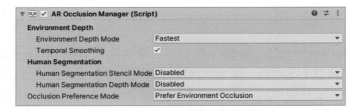

图 10-15　在 Main Camera 游戏对象上挂载 AR Occlusion Manager 组件

新建一个 C# 脚本，命名为 DisplayDepthImage，编写代码如下：

```
// 第 10 章 /10-14
using UnityEngine.UI;
using UnityEngine.XR.AR Foundation;
using UnityEngine.XR.ARSubsystems;
using UnityEngine;
public class DisplayDepthImage : MonoBehaviour
{
    [SerializeField]
    private AROcclusionManager mOcclusionManager;  //AROcclusionManager 组件
    [SerializeField]
    private ARCameraManager mCameraManager;        //ARCameraManager 组件
    [SerializeField]
    private RawImage mRawImage;                     //RawImage 对象
    [SerializeField]
    private Material mDepthMaterial;                // 用于显示场景深度的材质
    [SerializeField]
    private float mMaxEnvironmentDistance = 8.0f;   // 最大显示的环境深度值，单位为米

    private const string kMaxDistanceName = "_MaxDistance";
                                                    //Shader 中的变量名
    private const string kDisplayRotationPerFrameName = "_DisplayRotationPerFrame";
                                                    //Shader 中的变量名
    private static readonly int kMaxDistanceId = Shader.PropertyToID
(kMaxDistanceName);                                 // 将 Shader 变更名转换成 ID
    private static readonly int kDisplayRotationPerFrameId = Shader.PropertyToID
(kDisplayRotationPerFrameName);                     // 将 Shader 变更名转换成 ID
    private readonly DisplayMode mDisplayMode = DisplayMode.EnvironmentDepthRaw;
                                                    // 设置环境深度获取模式
    private Matrix4x4 mDisplayRotationMatrix = Matrix4x4.identity;
                                                    // 显示旋转矩阵
    private XROcclusionSubsystemDescriptor mDescriptor;         // 遮挡子系统描述符

    void OnEnable()
    {
        mCameraManager.frameReceived += OnCameraFrameEventReceived;
                                                    // 订阅每帧事件
        mDisplayRotationMatrix = Matrix4x4.identity;
```

```
            mDescriptor = mOcclusionManager.descriptor;
            mRawImage.material = mDepthMaterial;
            mRawImage.material.SetFloat(kMaxDistanceId, mMaxEnvironmentDistance);
        }
        void OnDisable()
        {
            mCameraManager.frameReceived -= OnCameraFrameEventReceived;
            mDisplayRotationMatrix = Matrix4x4.identity;
        }
        // 每帧都会触发的事件
        private void OnCameraFrameEventReceived(ARCameraFrameEventArgs
cameraFrameEventArgs)
        {
            if (mDescriptor.environmentDepthImageSupported == Supported.Supported)
            {
                // 设置场景深度获取模式
                mOcclusionManager.environmentDepthTemporalSmoothingRequested =
mDisplayMode == DisplayMode.EnvironmentDepthSmooth;
                // 将获取的纹理设置到 RawImage 对象上
                mRawImage.texture = mOcclusionManager.environmentDepthTexture;

                Matrix4x4 cameraMatrix = cameraFrameEventArgs.displayMatrix ??
Matrix4x4.identity;
                Vector2 affineBasisX = new Vector2(cameraMatrix[0, 0], cameraMatrix[1, 0]);
                Vector2 affineBasisY = new Vector2(cameraMatrix[0, 1], cameraMatrix[1, 1]);
                Vector2 affineTranslation = new Vector2(cameraMatrix[2, 0],
cameraMatrix[2, 1]);
                affineBasisX = affineBasisX.normalized;
                affineBasisY = affineBasisY.normalized;
                mDisplayRotationMatrix = Matrix4x4.identity;
                mDisplayRotationMatrix[0, 0] = affineBasisX.x;
                mDisplayRotationMatrix[0, 1] = affineBasisY.x;
                mDisplayRotationMatrix[1, 0] = affineBasisX.y;
                mDisplayRotationMatrix[1, 1] = affineBasisY.y;
                mDisplayRotationMatrix[2, 0] = Mathf.Round(affineTranslation.x);
                mDisplayRotationMatrix[2, 1] = Mathf.Round(affineTranslation.y);
                // 设置显示矩阵
                mRawImage.material.SetMatrix(kDisplayRotationPerFrameId,
mDisplayRotationMatrix);
            }
        }
        // 显示模式，对应两种场景深度模式
        enum DisplayMode
        {
            EnvironmentDepthRaw = 0,
            EnvironmentDepthSmooth = 1,
        }
    }
```

　　上述代码只是简单地获取了场景深度图并将获取的深度图纹理赋给 Raw Image 组件显示，代码中通过 mOcclusionManager.environmentDepthTexture 语句即可获取场景深度图纹理（也可以采用代码清单 10-13 所示的方法），获取渲染相机矩阵是为了通过着色器生成 UV 坐标。

　　因为希望将场景深度图渲染到 Raw Image 组件上，由于深度图纹理比较特殊，需要对纹理进行相应处理，新建一个着色器 Shader 脚本文件，命名为 EnvDepth，代码如下：

```
// 第 10 章 /10-15
Shader "DavidWang/EnvDepth"
{
    Properties
    {
        _MainTex("Main Texture", 2D) = "black" {}
        _MinDistance("Min Distance", Float) = 0.0
        _MaxDistance("Max Distance", Float) = 8.0
    }
    SubShader
    {
        Tags{ "Queue" = "Geometry" "RenderType" = "Opaque" "ForceNoShadowCasting" =
"True" "RenderPipeline"="UniversalPipeline" }
        Cull Off
        LOD 100
        Pass
        {
            ZTest Always
            ZWrite Off
            Lighting Off

            HLSLPROGRAM
            #pragma vertex vert
            #pragma fragment frag
            #include "Packages/com.unity.render-pipelines.universal/ShaderLibrary/
Core.hlsl"
            struct appdata
            {
                float3 position : POSITION;
                float2 texcoord : TEXCOORD0;
            };

            struct v2f
            {
                float4 position : SV_POSITION;
                float2 texcoord : TEXCOORD0;
            };

            TEXTURE2D(_MainTex);
            SAMPLER(sampler_MainTex);
```

```
                CBUFFER_START(DisplayRotationPerFrame)
                    float4x4 _DisplayRotationPerFrame;
                    real _MinDistance;
                    real _MaxDistance;
                CBUFFER_END

                v2f vert(appdata v)
                {
                    v2f o;
                    o.position = TransformObjectToHClip(v.position);
                    o.texcoord = mul(float3(v.texcoord, 1.0f),
_DisplayRotationPerFrame).xy;
                    return o;
                }

                real3 HSVtoRGB(real3 arg1)
                {
                    real4 K = real4(1.0h, 2.0h / 3.0h, 1.0h / 3.0h, 3.0h);
                    real3 P = abs(frac(arg1.xxx + K.xyz) * 6.0h - K.www);
                    return arg1.z * lerp(K.xxx, saturate(P - K.xxx), arg1.y);
                }

                real4 frag (v2f i) :  SV_Target
                {
                    float envDistance = SAMPLE_TEXTURE2D(_MainTex, sampler_MainTex,
i.texcoord).r;
                    real lerpFactor = (envDistance - _MinDistance) / (_MaxDistance -
_MinDistance);
                    real hue = lerp(0.70h, -0.15h, saturate(lerpFactor));
                    if (hue < 0.0h)
                    {
                        hue += 1.0h;
                    }
                    real3 color = real3(hue, 0.9h, 0.6h);
                    return real4(HSVtoRGB(color), 1.0h);
                }
            ENDHLSL
        }
    }
}
```

　　在使用时，先创建一个使用 EnvDepth 着色器的材质，然后在场景中创建一个 Raw Image 组件，将该组件尺寸设置为 640×640 像素（实际上可以随意设置尺寸）。将 DisplayDepthImage 脚本挂载到场景中的 XR Origin 对象上，并将所使用的 Raw Image 组件、材质、AR Occlusion Manager 和 AR Camera Manager 组件设置到对应的属性上即可。编译运行，效果如图 10-16 所示。

图 10-16　获取场景深度数据效果图

10.5.3　场景深度应用场景

通过 ARKit Depth API 获取当前摄像头场景深度信息，在此基础之上就可以实现环境遮挡、物理仿真、虚拟光照等各种应用，在提升 AR 沉浸体验的同时，也可以实现很多特效和创新的交互方式，典型的应用场景包括以下类型。

1. 环境遮挡

环境遮挡是提升虚实融合真实感的重要方面，当一个虚拟物体能正确地与真实环境产生遮挡与被遮挡关系时，这将极大地增强虚拟物体的置信度，该应用场景也是场景深度的一个重要应用领域。在支持 Depth API 的设备上，实现环境遮挡非常简单，只需将 AR Occlusion Manager 组件的 Occlusion Preference Mode 属性选为 Prefer Environment Occlusion 值，可以根据要实现遮挡的精度将 Environment Depth Mode 选为 Fastest、Medium、Best 这三者之一，当然精度越好性能消耗越大，需要根据需求进行权衡。

2. 物理仿真

使用物理仿真后，当一个虚拟的有弹性的小球从半空掉落到地板时，小球将从地板弹起并产生与真实小球一样的物理行为。物理仿真使用数学的方式模拟物体的行为，可以复现与真实世界同样的摩擦、黏滞、弹性、碰撞、力学反应等现象，在使用物理引擎后，不需要进行虚拟物体行为编码，物理引擎会依据牛顿运动定律、弹簧定律等物理定律模拟仿真虚拟物体受力，实现虚拟物体与真实环境的自然交互。

3. 景深

由于人眼的特性，聚焦处的物体会在人眼中清晰成像，而其他部分则会虚化，这有助于突出关注点。利用场景深度信息，就可以实现景深效果，模糊虚化非关注点的场景。景深效果的实现，符合人眼观察世界的方式，可以提升用户体验。

4. 虚实交互

在获取场景深度后,虚实交互变得更加自然。获取场景深度后,事实上是获取了当前场景的结构信息,有了这些结构信息,虽然我们不知道语义,但远比仅检测到平面要精准得多,碰撞检测、物理仿真更加真实可靠。技术上说,可以获取场景的法线信息,利用这些法线信息,物体放置、碰撞、渲染更符合真实场景,交互更自然。

5. 碰撞检测

场景深度信息有助于改善射线检测结果。通常,平面碰撞检测仅适用于具有纹理的地板、地面,利用场景深度信息,射线检测更为具体详细,可以适用于非平面和低纹理区域,也可以确定碰撞点的正常深度和方向。

6. 特效

如果没有场景结构信息,则所有的特效都无法与真实场景结合,也只能浮于场景之上,有明显的分层感觉。通过获取场景深度信息,特效可以与真实场景结合,如雪花落在地板、沙发、桌面、植物等的表面上;实现场景雾效,营造真实场景渐隐的效果;甚至可以利用虚拟灯光照亮真实物体表面。这些特效更真实,可以有效地提升 AR 沉浸体验。

第 11 章

相机与手势操作

虚实交互是 AR 应用生命力的重要基础，基于屏幕的手势操作是用户与 AR 场景交互的基本方式，也是目前最成熟、最符合大众使用习惯的方式。在实际项目应用中，有时也需要对整个 AR 场景进行调整，如调整大小、角度等，这时就需要对 AR 虚拟相机进行操作，以达到快速对整个数字场景进行调整的目的。本章主要学习屏幕手势操作和虚拟相机操作相关知识，熟悉屏幕操作及利用相机平移、缩放、旋转 AR 场景的一般方法。

11.1 AR 场景操作

为更弹性地渲染虚拟场景，XR Origin 对象允许整体缩放 AR 虚拟场景及其相对渲染摄像机（Camera，以下简称相机）的偏移。在使用缩放或偏移功能时，相机必须作为 XR Origin 对象的子对象（默认就是子对象），由于相机位姿由 SLAM 运动跟踪驱动并且是 XR Origin 对象的子对象，因此设置 XR Origin 对象的缩放与偏移值，相机和检测到的可跟踪对象将随之缩放与偏移，从而实现 AR 场景整体缩放与偏移的目的。为适应不同 AR、VR 硬件设备摄像机与渲染相机相对偏移[①]，可以通过 XR Origin 对象下的 Camera Offset 子对象设置偏移值。

通过移动、旋转和缩放 XR Origin 对象而不是操作具体的虚拟对象一方面可以对 AR 场景产生整体影响，另一方面可以避免场景生成后操作虚拟对象带来的问题（AR 场景特点是虚实融合，移动虚拟对象会破坏沉浸体验，复杂场景通常在创建后不应当移动，如地形），并且虚拟对象缩放会对其他系统（例如物理、粒子效果和导航网格）产生负面影响。在需要将 AR 场景整体进行平移，如将场景从地面移动到桌面，或者将整个 AR 场景缩放到某个运行时才能确定的尺寸（如检测到的桌面平面）时，XR Origin 对象的平移、旋转、缩放功能非常有用。

---

① VR/MR 设备的渲染相机位置要尽量与人眼所在位置重合，而硬件摄像头不可能安装在眼睛位置，底层 SLAM 算法只能解算出硬件摄像头的位姿，从而导致硬件摄像头与渲染相机位置不一致，存在一个相对偏移量，Camera Offset 子对象的存在就是为了方便在开发时设置这个偏移量，在使用 ARKit 开发移动设备 AR 应用时，不需要设置该偏移量。

11.1.1　场景操作方法

　　将偏移应用于 XR Origin 对象，可以直接设置其 Transform 组件的 Position 值，这里设置的偏移会影响所有虚拟物体的渲染。除此之外，AR Foundation 还提供了 MakeContentAppearAt() 方法，该方法有 3 个重载，利用它可以非常方便地将场景放置到指定位置。MakeContentAppearAt() 方法不会修改场景中具体虚拟对象的位置及大小，它直接更新 XR Origin 对象的 Transform 组件的相应值，使场景处于给定的位置和方向，这对于在运行时无法移动具体虚拟对象时将 AR 场景放置到指定平面上非常有用，例如，如果在数字场景中包括地形或导航网格，则无法 / 不应当手动移动或旋转具体虚拟对象。

　　将缩放应用于 XR Origin 对象，可以直接设置其 Transform 组件的 Scale 值，更大的 Scale 值会使 AR 场景显示得更小，例如，10 倍的 Scale 值将使虚拟场景显示缩小到原大小的 1/10，而 0.1 倍的 Scale 值则会将虚拟场景放大 10 倍。在需要整体缩放数字场景时可以考虑调整该值。

　　将旋转应用于 XR Origin 对象，可以直接设置其 Transform 组件的 Rotation 值，一般而言，AR 场景不应当对 X、Z 轴做旋转，而只对 Y 轴做旋转。

11.1.2　场景操作实例

　　新建一个 Scene 场景，为了便于将 AR 场景放置到指定位置，创建一个空对象，命名为 Contents，然后将所有需要整体操作的对象放置到该对象下，如灯光、运行时实例化的对象等。为了方便操作及观看演示效果，新建两个 UI Slider 控件，一个命名为 ScaleSlider，用于缩放场景，另一个命名为 OrientationSlider，用于旋转场景。新建一个 C# 脚本，命名为 AppController，代码如下：

```
// 第 11 章 /11-1
using System.Collections.Generic;
using UnityEngine;
using UnityEngine.XR.AR Foundation;
using UnityEngine.XR.ARSubsystems;
using UnityEngine.UI;

[RequireComponent(typeof(ARRaycastManager))]
public class AppController : MonoBehaviour
{
    public GameObject spawnPrefab;              // 需要放置的虚拟物体预制体
    public ARSessionOrigin mARSessionOrigin;    // Session Origin 组件
    public Transform mContent;                  // AR 场景父对象
    public Slider mRotationSlider;              // 旋转控制 Slider
    public Slider mScaleSlider;                 // 缩放控制 Slider

    private static List<ARRaycastHit> Hits;     // 射线检测结果
    private ARRaycastManager mRaycastManager;
```

```
        private GameObject spawnedObject = null;          // 实例化后的虚拟对象
        private readonly float MinAngle = 0f;              // 最小旋转角度
        private readonly float MaxAngle = 360f;            // 最大旋转角度
        private readonly float MinScale = 0.1f;            // 最小缩放倍率
        private readonly float MaxScale = 10f;             // 最大缩放倍率
        private void Start()
        {
            Hits = new List<ARRaycastHit>();
            mRaycastManager = GetComponent<ARRaycastManager>();
            mRotationSlider.onValueChanged.AddListener(OnRotate);
            mScaleSlider.onValueChanged.AddListener(OnScale);
        }
        // 单击放置虚拟物体
        void Update()
        {
            if (Input.touchCount == 0)
                return;
            var touch = Input.GetTouch(0);
            if (mRaycastManager.Raycast(touch.position, Hits, TrackableType
.PlaneWithinPolygon | TrackableType.PlaneWithinBounds))
            {
                var hitPose = Hits[0].pose;
                if (spawnedObject == null)
                {
                    spawnedObject = Instantiate(spawnPrefab, hitPose.position, hitPose
.rotation);
                    mARSessionOrigin.MakeContentAppearAt(mContent, hitPose.position,
hitPose.rotation);
                    spawnedObject.transform.parent = mContent;
                }
            }
        }
        // 缩放 AR 场景
        public void OnScale(float value)
        {
            if (mARSessionOrigin != null)
            {
                var scale = value * (MaxScale - MinScale) + MinScale;
                mARSessionOrigin.transform.localScale = Vector3.one * scale;
            }
        }
        // 旋转和平移 AR 场景
        public void OnRotate(float value)
        {
            if (mARSessionOrigin != null)
            {
                var angle = value * (MaxAngle - MinAngle) + MinAngle;
```

```
                mARSessionOrigin.MakeContentAppearAt(mContent, mContent.transform
        .position, Quaternion.AngleAxis(angle, Vector3.up));
            }
        }
    }
```

在上述代码中，在检测到平面后，当用户操作时，在指定位置实例化一个预制体，随后将实例化对象设置为 Contents 对象的子对象。在 OnScale() 方法中，通过调整 XR Origin 对象 Transform 组件的 LocalScale 属性值来达到缩放场景的目的，在 OnRotate() 方法中，则直接通过 MakeContentAppearAt() 方法调整场景的偏移和旋转。

将该脚本挂载在场景中的 XR Origin 对象上，并设置好相应属性，编译运行，在检测到的平面上放置立方体，通过拖动滑动条滑块，可以看到整个场景都将随之缩放或者旋转，如图 11-1 所示。

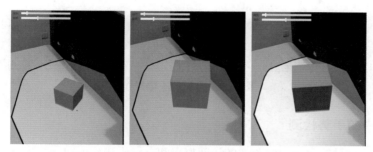

图 11-1　操作 AR 场景整体缩放旋转效果图

11.2　手势操作交互

AR Foundation 提供了特征点与平面检测功能，利用检测到的特征点和平面，就可以在其上放置虚拟对象了。SLAM 算法能实时跟踪这些点和平面，当用户移动时，连接到这些特征点或者平面上的虚拟对象会进行姿态更新，从而保持它们与真实环境的相对位置关系，就像真实存在于环境中一样。除了可以通过算法对虚拟物体进行自动姿态更新，很多时候我们也希望与 AR 场景中的虚拟物体进行交互，如旋转、缩放、平移虚拟物体等。

智能移动设备的手势操作是使用者接受并已习惯的操作方式，在移动端 AR 应用中，对虚拟物体的操作也基本通过手势操作完成，本节将学习手势检测基础知识。需要注意的是本节中描述的手势检测是指用户在手机屏幕上的手指操作检测，不是指利用计算机视觉处理技术对使用者空间手部运动的检测。

11.2.1　手势检测

在本节之前，其实已经使用了手势检测，如通过单击屏幕在检测到的平面上放置虚拟对象，这是最基础最简单的手势，下面我们学习一些手势检测基础知识和通过手势控制虚拟物体行为的一般操作。

1. 手势检测定义

手势检测是指通过检测用户在手机屏幕上的手指触控运动来判断用户操作意图的技术，如单击、双击、缩放、滑动等，常见的手势操作如图 11-2 所示。

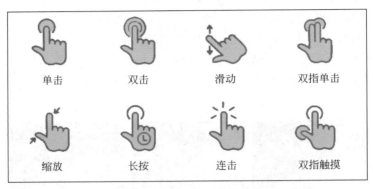

单击　　　　双击　　　　滑动　　　双指单击

缩放　　　　长按　　　　连击　　　双指触摸

图 11-2　常见的手势操作

2. Unity 中的手势检测

Unity 提供了对触控设备底层 API 的访问权限和高级手势检测功能，可以满足不同手势定制需求。底层 API 访问能够获取手指单击的原始位置、压力值、速度信息，高级手势检测功能则借助手势识别器来识别预设手势（包括单击、双击、长按、缩放、平移等）。Unity 通过 Input 类管理设备输入及相关操作（包括手势触控输入），Unity 常见的与手势检测相关的方法属性如表 11-1 所示。

表 11-1　Input 类常见的与手势检测相关的方法属性

方法属性名	描　　述
Input.GetTouch（int index）	返回特定触控状态对象，该方法会返回 Touch 结构体
Input.touchCount	接触触摸屏的手指数量，只读属性
Input.touches	返回上一帧中所有触控状态对象 List，每个 List 值表示一个手指触控状态
touchPressureSupported	Bool 值，检测用户手机设备是否支持触控压力特性
touchSupported	Bool 值，检测用户手机设备是否支持触控输入

1）Touch 结构体

Touch 结构体用于描述手指触控屏幕的状态。Unity 可以跟踪触摸屏上与触控有关的各类数据，包括触控阶段（开始、移动、结束）、触控位置及该触控是一个单一的触点还是多个触点。此外，Unity 还可以检测到帧更新之间触控的连续性，因此可以检测到一致的 fingerId 并用于确定手指如何移动。Touch 结构体被 Unity 用来存储与单个触控实例相关的数据，并由 Input.GetTouch 方法查询和返回。在 Unity 内部，每次帧更新都需要对 GetTouch 进行一次调用，以便从设备获得最新的触控信息，还可以通过手指 fingerId 来识别帧间的相同触控，Touch 结构体更多的属性如表 11-2 所示。

表 11-2　Touch 结构体

结构体属性	描　　述
altitudeAngle	触控时的角度，0 值表示触头与屏幕表面平行，$\pi/2$ 表示垂直
azimuthAngle	手写笔的角度，0 值表示手写笔沿着设备的 X 轴指向
deltaPosition	上次触控变化后的位置增量，delta 值
deltaTime	自上一次记录的触点值变化以来已流逝的时间，delta 值
fingerId	触控的唯一索引值
maximumPossiblePressure	屏幕触摸的最大压力值，如果 Input.touchPressureSupported 的返回值为 false，则此属性值保持为 1.0F
phase	描述触控阶段
position	以像素坐标表示的触控位置
pressure	当前施加在屏幕上的压力量，1.0F 被认为是平均触点的压力，如果 Input .touchPressureSupported 的返回值为 false，则此属性的值保持为 1.0F
radius	一个触点半径的估计值，加上 radiusVariance 值得到最大触控尺寸，减去 radiusVariance 值得到最小触控尺寸
radiusVariance	该值决定了触控半径的准确性，把该值加到半径中，得到最大的触控尺寸，减去它得到最小的触控尺寸
rawPosition	触控原始位置
tapCount	触点的数量
type	指示触控是直接、间接（或远程）还是手写笔类型的值

2）TouchPhase 枚举

TouchPhase 是一个枚举类型，用于描述手指触控阶段类型。Unity 可以跟踪触控的连续状态，包括按压开始、保持、移动、结束等，触控阶段指示了触控在最新帧中所处的阶段，TouchPhase 枚举值如表 11-3 所示。

表 11-3　TouchPhase 枚举值

枚　举　值	描　　述
Began	手指接触到屏幕，开始跟踪
Moved	手指在屏幕上移动
Stationary	手指触摸着屏幕，保持接触，但没有移动
Ended	手指从屏幕上抬起，跟踪结束
Canceled	系统取消了对触摸的跟踪

11.2.2　手势操作控制

本节将运用手势检测基础知识，结合 Unity 的 Input 类配合射线检测功能实现对虚拟物体的操控，为了更好地学习原理，不使用任何手势插件。

在单物体场景中对物体操控时，甚至可以不用射线检测来查找需要操作的虚拟对象，因为场景中只有一个物体，我们只需在实例化该对象时将其保存到全局变量中，在进行手势操作时只针对这个全局变量进行操作。

新建一个 C# 脚本，命名为 GestureManager，代码如下：

```
// 第 11 章 /11-2
using System.Collections.Generic;
using UnityEngine;
using UnityEngine.XR.AR Foundation;
using UnityEngine.XR.ARSubsystems;

[RequireComponent(typeof(ARRaycastManager))]
public class GestureManager : MonoBehaviour
{
    public GameObject spawnPrefab;                        // 需要放置物体的预制体
    private static List<ARRaycastHit> Hits;               // 射线检测碰撞结果
    private ARRaycastManager mRaycastManager;
    private GameObject spawnedObject = null;              // 实例化后的虚拟物体
    private readonly float mRotateSpeed = -20f;           // 旋转速率
    private readonly float mZoomSpeed = 0.01f;            // 缩放速率

    private void Start()
    {
        Hits = new List<ARRaycastHit>();
        mRaycastManager = GetComponent<ARRaycastManager>();
    }

    void Update()
    {
        switch (Input.touchCount)
        {
            case 1:
                if (spawnedObject == null)
                    onSpawnObject();
                else
                    onRotate();
                break;
            case 2:onZoom(); break;
            default:return;
        }
    }
```

```
        // 放置虚拟物体
        private void onSpawnObject()
        {
            var touch = Input.GetTouch(0);
            if (mRaycastManager.Raycast(touch.position, Hits, TrackableType
.PlaneWithinPolygon | TrackableType.PlaneWithinBounds))
            {
                var hitPose = Hits[0].pose;
                spawnedObject = Instantiate(spawnPrefab, hitPose.position, hitPose
.rotation);
            }
        }
        // 缩放虚拟物体
        private void onZoom()
        {
            if (spawnedObject != null)
            {
                Touch touchZero = Input.GetTouch(0);
                Touch touchOne = Input.GetTouch(1);
                Vector2 touchZeroPrevPos = touchZero.position - touchZero.deltaPosition;
                Vector2 touchOnePrevPos = touchOne.position - touchOne.deltaPosition;
                float prevTouchDeltaMag = (touchZeroPrevPos - touchOnePrevPos).magnitude;
                float touchDeltaMag = (touchZero.position - touchOne.position).magnitude;
                float deltaMagnitudeDiff = touchDeltaMag - prevTouchDeltaMag;
                float pinchAmount = deltaMagnitudeDiff * mZoomSpeed * Time.deltaTime;
                spawnedObject.transform.localScale += new Vector3(pinchAmount,
pinchAmount, pinchAmount);
            }
        }
        // 旋转虚拟物体
        private void onRotate()
        {
            Touch touch;
            touch = Input.GetTouch(0);
            if (touch.phase == TouchPhase.Moved)
            {
                spawnedObject.transform.Rotate(Vector3.up * mRotateSpeed * Time
.deltaTime * touch.deltaPosition.x, Space.Self);
            }
        }
    }
```

在代码中，onSpawnObject() 方法负责在用户单击检测到的平面时放置虚拟物体，这里使用了射线检测来确定射线与平面的碰撞位置，用于设置虚拟物体姿态（位置与方向）。

onRotate() 方法用于实施用户旋转操作，使用 touch.deltaPosition.x 值来控制旋转，touch.deltaPosition 存储了两次手势检测之间手指在屏幕上移动的位置数据，这里我们只使用了 X 轴的 delta 值，代码如下：

```
Vector3.up * mRotateSpeed * Time.deltaTime * touch.deltaPosition.x
```

该语句可获取虚拟物体绕其本身 Y 轴的旋转量，通过这个旋转量就可以控制虚拟物体的旋转，本示例中我们只对 Y 轴进行旋转。

onZoom() 方法负责缩放虚拟物体，缩放使用双指，首先获取每个手指的当前位置与前一次检测时的位置，然后分别计算当前两个手指之间的距离与前一次两手指之间的距离，这么做的目的是获取两次距离之差，这个差值就是手指放大或缩小的度量值，如果当前两指之间的距离大于之前两指之间的距离，则说明用户在使用放大手势，反之，用户就是在使用缩小手势，代码如下：

```
deltaMagnitudeDiff * mZoomSpeed * Time.deltaTime
```

该语句用于计算缩放量，通过这个缩放量就可以对虚拟物体进行缩放。

在使用时，将 GestureManager 脚本挂载于 XR Origin 对象上并设置好需要放置的虚拟对象即可。编译运行，在检测到平面后单击放置虚拟物体，可以使用单指左右滑动手势旋转虚拟物体，或者使用双指捏合手势缩放虚拟物体。

示例演示了单物体场景中操控对象的一般方法，对多物体场景，在使用手势操控时首先需要明确操作对象，即通过射线检测选择被操作对象，然后进行操作。通常为了更好的操作体验，以及告知用户将要操作的对象，需要将选中的对象通过颜色、大小变化、包围盒等方式可视化展示出差异。

11.3　XR Interaction Toolkit

直接使用手势检测可以非常灵活地进行手势操作控制，但需要开发人员自行处理细节，而且就 AR 应用而言，很多操作具有共通性，重复发明轮子可能并不是最明智的选择[①]。实事上，Unity 已经推出了 XR 交互工具包（XR Interaction Toolkit，XRIT），从工具包名字可以看出，XRIT 的目标已经不仅是 AR 交互，也囊括了 VR 交互操作。借助 XRIT，开发人员无须从头开始编写交互代码，可以快速构建交互操作及交互视觉表现，同时支持对交互的扩展，兼容 AR Foundation 支持的所有 AR/MR 平台。

如前所述，XRIT 支持 VR、AR/MR 交互操作，由于 VR 交互操作比较复杂，XRIT 引入了很多专业概念和术语，但 AR/MR 操作相对简单，这些概念和术语对我们意义不大，下面主要讲述利用 XRIT 进行 AR/MR 的交互操作，不详细阐述与 AR/MR 操作无关的概念和术语[②]。具体而言，XRIT 支持 AR 对象放置、选择、平移、缩放、旋转操作，同时支持操作时的视觉外观呈现。

---

① 在实现更细致或者更个性化的手势操作时，仍然需要直接对手势进行处理。
② 读者可查阅官方文档 https://docs.unity3d.com/Packages/com.unity.xr.interaction.toolkit@2.0/manual/locomotion.html。

目前 XRIT 已经更新到 v2.0 版本，可以通过 Unity 包管理器（Unity Package Manager）进行导入，在 Unity 菜单中，依次选择 Window → Package Manager 打开包管理器，选择 XR Interaction Toolkit 进行安装，安装该工具包时，会自动安装其所依赖的 XR Plugin Management 插件库，如图 11-3 所示。

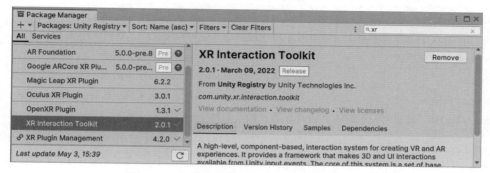

图 11-3　安装 XR Interaction Toolkit 工具包

安装导入该工具包后，可能会与 Unity 默认使用的输入处理方式冲突，在 Unity 菜单中，依次选择 Edit → Project Settings → Player，打开 iOS 平台 → Other Settings，将 Active Input Handling 属性设置为 Input System Package（new）或者 Both[1]。

为应用新的输入处理工具，需要对场景中的两处进行设置：

（1）在层级窗口中选择 XR Origin → Camera Offset → Main Camera 对象，为其挂载 AR Gesture Interactor 组件，并将其 XR Origin 属性设置为层级窗口中的 XR Origin 对象，其他属性可以根据需求进行设置。

（2）在层级窗口中选择 AR Session 对象，为其挂载 XR Interaction Manager 组件。

完成这两处设置，现在 XRIT 已经能完成功能初始化，为使用作好了准备。

11.3.1　对象放置

XRIT 提供了 AR Placement Interactable 组件，用于放置 AR 对象，在层级窗口中选择 AR Session 对象，为其挂载该组件，挂载后，该组件会自动引用 XR Interaction Manager 组件和 XR Origin 组件。一般在使用时，我们只需将需要放置的虚拟对象预制体设置到 Placement Prefab 属性。

需要注意的是，AR Placement Interactable 组件使用时不仅需要 AR Plane Manager 组件进行平面检测，还需要 AR Raycast Manager 组件进行射线检测，所以该放置组件正常工作的前提是场景中必须挂载了这两个组件。

AR Placement Interactable 组件各属性的意义如表 11-4 所示。

---

① 导入 XRIT 工具包后可能会要求 Unity 重启以应用新的输入处理工具。

表 11-4　AR Placement Interactable 组件各属性意义

属 性 名	描 述
Interaction Manager（交互管理器）	XR Interaction Manager 组件引用
Interaction Layer Mask（交互层掩码）	射线检测的碰撞层掩码
Colliders（碰撞器）	可以与射线检测进行碰撞检测的对象组
Custom Reticle（自定义指示器）	显示射线检测与其他对象交互点，目前仅用于 VR
Select Mode（选择模式）	可交互对象选择类型，支持单选和多选
XR Origin	用于 AR Foundation 5.0 及以后版本的 XR Origin 组件引用
AR Session Origin	用于 AR Foundation 5.0 之前版本的 AR Session Origin 组件引用
Placement Prefab（放置对象预制体）	用于放置的虚拟对象预制体
Fallback Layer Mask（回退层掩码）	当进行射线检测时，如果没有与 AR 检测到的平面发生碰撞，则提供给 Unity 的默认碰撞层掩码

　　从上述属性可以看到，AR Placement Interactable 组件的使用界面比较简洁，在进行交互操作时，该组件还提供了全局性的交互事件，这些交互事件被分成了 6 类，对交互各阶段进行了划分，方便开发人员使用，这些事件如表 11-5 所示。

表 11-5　AR Placement Interactable 组件提供的全局性事件

类 型	事 件 名	描 述
对象操作	Object Placed	虚拟物体放置后触发
Fist/Last Hover（第 1 次/最后一次聚焦）	First Hover Entered	第 1 次聚焦虚拟对象时触发（全局）
	Last Hover Exited	最后一次聚焦虚拟对象退出时触发（全局）
Hover（聚焦）	Hover Entered	聚焦虚拟对象时触发（全局）
	Hover Exited	聚焦虚拟对象退出时触发（全局）
First/Last Select（第 1 次/最后一次选择）	First Select Entered	第 1 次选择虚拟对象时触发（全局）
	Last Select Exited	最后一次选择虚拟对象后取消选择时触发（全局）
Select（选择）	Select Entered	选择虚拟对象时触发（全局）
	Select Exited	选择虚拟对象后取消选择时触发（全局）
Activate（激活）	Activated	当 XRIT 架构激活该组件时触发（非 Unity 游戏对象中的激活）
	Deactivated	当 XRIT 架构取消激活该组件时触发（非 Unity 游戏对象中的取消激活）

　　利用 AR Placement Interactable 组件事件可以介入交互操作的各阶段，方便灵活地控制各交互阶段状态，但需要注意的是，该组件提供的事件都是全局交互事件，与虚拟对象本身的事件有所区别。

　　利用 AR Placement Interactable 组件放置虚拟对象简单方便，但相比于通过代码手动控制放置过程灵活性会受到一定影响，例如不能控制放置虚拟对象的数量，默认情况下只要用户单击检测到的平面就会生成虚拟对象。为解决该问题，可以通过 Object Placed 事件，在放置一个虚拟对象后将该组件的 Placement Prefab 属性设置为 null，但这种方式会形成一个循环引用[①]，不够优雅，为此，可以直接继承 ARBaseGestureInteractable 类，添加相应的功能控制逻辑，代码如下：

```
// 第 11 章 /11-3
using System;
using System.Collections.Generic;
using UnityEngine.Events;
using UnityEngine.XR.AR Foundation;
using UnityEngine.XR.ARSubsystems;
using UnityEngine;
using UnityEngine.XR.Interaction.Toolkit.AR;


// 定义事件
[Serializable]
public class ARObjectPlacementExtensionEvent :
UnityEvent<ARObjectPlacementExtensionEventArgs> { }
// 定义事件参数
public class ARObjectPlacementExtensionEventArgs
{
    public ARPlacementInteractableExtension placementExtension { get; set; }
    public GameObject placementObject { get; set; }
}

public class ARPlacementInteractableExtension : ARBaseGestureInteractable
{
    public GameObject placementPrefab;              // 需要放置的对象预制体
    [SerializeField]
    private int MaxPlaceObjectNum = 2;              // 最大可放置的虚拟对象数量
    public LayerMask fallbackLayerMask;            // 回退层掩码
    public ARObjectPlacementExtensionEvent objectPlaced; // 放置对象后事件

    private readonly ARObjectPlacementExtensionEventArgs mEventArgs = new
ARObjectPlacementExtensionEventArgs();
    private static readonly List<ARRaycastHit> mHits = new List<ARRaycastHit>();
    private int mPlacedObjectNum = 0;               // 当前已放置的虚拟对象数量

    // 触发订阅事件
    protected virtual void OnObjectPlaced(ARObjectPlacementExtensionEventArgs args)
    {
        objectPlaced?.Invoke(args);
```

① 事件代码所在脚本需要引用 AR Placement Interactable 组件，AR Placement Interactable 组件的 Object Placed 事件也需要引用事件代码脚本。

```
        }

        // 重写操作判断可否操作方法
        protected override bool CanStartManipulationForGesture(TapGesture gesture)
        {
            return gesture.targetObject == null;
        }

        // 重写操作结束方法
        protected override void OnEndManipulation(TapGesture gesture)
        {
            base.OnEndManipulation(gesture);

            if (gesture.isCanceled || arSessionOrigin == null || mPlacedObjectNum >=
MaxPlaceObjectNum || gesture.targetObject != null)
                return;

            // 进行射线检测，确定放置位置
            if (GestureTransformationUtility.Raycast(gesture.startPosition, mHits,
arSessionOrigin, TrackableType.PlaneWithinPolygon,fallbackLayerMask))
            {
                var hit = mHits[0];
                var camera = arSessionOrigin != null ? arSessionOrigin.camera :
Camera.main;
                if (camera == null)
                    return;
                // 进行平面正反面检查，排除击中背面的平面
                if (Vector3.Dot(camera.transform.position - hit.pose.position, hit
.pose.rotation * Vector3.up) < 0)
                    return;
                mPlacedObjectNum++;
                var placementObject = Instantiate(placementPrefab, hit.pose.position,
hit.pose.rotation);
                var anchor = new GameObject("PlacementAnchor").transform;
                anchor.position = hit.pose.position;
                anchor.rotation = hit.pose.rotation;
                placementObject.transform.parent = anchor;
                var trackablesParent = arSessionOrigin != null ? arSessionOrigin
.trackablesParent : null;
                if (trackablesParent != null)
                    anchor.parent = trackablesParent;

                mEventArgs.placementExtension = this;
                mEventArgs.placementObject = placementObject;
                OnObjectPlaced(mEventArgs);
            }
        }
    }
```

事实上，ARPlacementInteractableExtension 脚本实现了 ARPlacementInteractable 组件功能，可以取代后者，通过添加 MaxPlaceObjectNum 属性，就能够更灵活地控制生成虚拟对象的数量，因为是继承自 ARBaseGestureInteractable 类，所以其他属性事件也都可以正常使用。本示例也演示了当原组件功能不能满足要求或者需要添加额外功能时，可以通过直接继承 ARBaseGestureInteractable 类进行扩展。

11.3.2　对象选择

选择对象是进行交互操作的前提，选择对象一方面是让用户知道将要操作的对象，另一方面也是让应用系统知道操作的目标，选择是针对对象本身的，因此，需要将操作组件挂载于被操作对象上。使用 XRIT 时，直接将 AR Selection Interactable 组件挂载于对象上即可（被操作对象必须挂载碰撞器）。

AR Selection Interactable 组件属性事件和 AR Placement Interactable 组件属性事件基本一致，因为它们都继承自 ARBaseGestureInteractable 类，但 AR Selection Interactable 组件包含一个 Selection Visualization（选择视觉）属性，这个属性用于设置操作对象被选择时的视觉外观表现，如呈现一个对象包围盒、在操作对象下方呈现一个圆形指示图标等。Selection Visualization 属性是一个 GameObject 类型，接受一个游戏对象，因此可以做出任何想要的视觉效果，下面以显示对象包围盒为例进行演示。

在 Unity 场景中创建一个 3D 球体，命名为 sphere，在 sphere 对象下创建一个立方体子对象（cube），命名为 BoundingBox，并根据 sphere 对象调整立方体的位置和大小，使它们重合。为渲染线框，新创建一个 Shader 文件，代码如下：

```
// 第 11 章 /11-4
shader "DavidWang/Wireframe" {
    properties{
        _Color("Color",Color) = (1.0,1.0,1.0,1.0)
        _Width("Width",Range(0,1)) = 0.2
    }

    SubShader
    {
        Tags {"Queue" = "Transparent" "IgnoreProjector" = "True"}
        Cull Back
        Pass
        {
            HLSLPROGRAM
            #pragma vertex vert
            #pragma fragment frag
#include "Packages/com.unity.render-pipelines.universal/ShaderLibrary/Core.hlsl"

            struct a2v {
```

```
    half4 uv : TEXCOORD0;
    half4 vertex : POSITION;
};

struct v2f {
  half4 pos : SV_POSITION;
  half4 uv : TEXCOORD0;
};

CBUFFER_START(UnityPerMaterial)
    float4 _Color;
    float _Width;
CBUFFER_END

v2f vert(a2v v)
{
  v2f o;
  o.uv = v.uv;
  o.pos = TransformObjectToHClip(v.vertex.xyz);
  return o;
}

float4 frag(v2f i) : COLOR
{
  float LowX = step(_Width, i.uv.x);
  float LowY = step(_Width, i.uv.y);
  float HighX = step(i.uv.x, 1.0 - _Width);
  float HighY = step(i.uv.y, 1.0 - _Width);
  float num = LowX * LowY * HighX * HighY;
  clip((1 - num) - 0.1f);
  return _Color;
}
ENDHLSL
    }
  }
}
```

利用这个 Shader 创建一个材质，并应用到 BoundingBox 对象上，最后将 sphere 对象保存为预制体，再打开并编辑该预制体，为其挂载 AR Selection Interactable 组件[1]，并将 BoundingBox 对象赋给其 Selection Visualization 属性。

将制作好的预制体赋给 AR 放置组件中的 Placement Prefab 属性，运行后的效果如图 11-4 所示。

---

[1]　不要在场景中为 sphere 对象挂载选择组件，因为该组件挂载时会自动搜索并引用场景中已有的 XR Interaction Manager 组件和 XR Origin 组件，预制体引用场景中的其他组件会导致运行时出错。

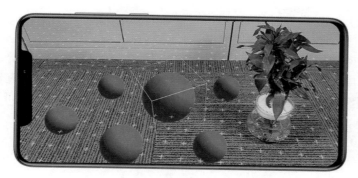

图 11-4　使用包围盒线框渲染展示对象选中状态

挂载 AR Selection Interactable 组件的对象在放置后即处于选中状态，单击可切换选中状态。

11.3.3　对象操作

选中对象后，就可以进行对象操作了，XRIT 支持单选和多选两种模式，通过设置 AR Selection Interactable 组件的 Select Mode 属性可以切换选择模式。

1. 对象平移

XRIT 工具包平移使用 AR Translation Interactable 组件，该组件也继承自 ARBaseGesture-Interactable 类（缩放、旋转组件也继承自该类），因此，它们都有基本相同的属性和事件。

平移组件 Object Gesture Translation Mode（平移模式）属性用于设置平移模式：Horizontal 值用于设置只能在水平方向平移、Vertical 值用于设置只能在垂直方向平移、Any 值用于设置允许水平和垂直平移。Max Translation Distance 属性用于设置最大平移距离，防止用户将虚拟对象移动得过远。

平移对象时，需要手指按压住对象进行拖曳。

2. 对象缩放

XRIT 工具包缩放使用 AR Scale Interactable 组件，该组件的 Min Scale 属性用于设置最小缩放值；Max Scale 属性用于设置最大缩放值；Elastic Ratio Limit 属性用于设置缩放对象时使用的弹性比率；Sensitivity 属性用于设置对缩放的敏感度，防止缩放震荡，降低缩放时的性能消耗；Elasticity 属性用于设置回弹系数，当放大时大于最大缩放值后和缩小时小于最小缩放值后，对象会回弹，可以实现更好的视觉效果。

缩放时使用双指捏合手势进行操作，与普通应用缩放图片手势一致。当选择对象后，可以在屏幕的任何位置使用双指捏合手势进行缩放操作。

3. 对象旋转

XRIT 工具包旋转使用 AR Rotation Interactable 组件，该组件的 Rotation Rate Degrees Drag

属性用于设置使用拖曳手势时的旋转速率；Rotation Rate Degrees Twist 属性用于设置使用 Twist Gesture（扭转手势）时的旋转速率。

从组件属性可以看出，旋转操作可使用两种手势，一种是单指拖曳手势；另一种是双指扭转手势，当选择对象后，可以在屏幕的任何位置使用单指拖曳手势进行旋转操作，也可以在屏幕的任何位置使用双指扭转手势进行旋转操作，扭转手势需要双指向同一方向作顺时针或者逆时针滑动。

第 12 章

3D 文字与音视频

人类对世界的感知主要来源于视觉信息，长期以来形成的先验知识使我们能在毫秒级的时间内形成周围环境的三维地图，除此之外，听觉也起着非常重要的作用，在真实世界中，我们不仅利用视觉信息，也利用听觉信息来定位跟踪 3D 物体。为了达到更好的沉浸式体验效果，在 AR 应用中也应当真实还原现实世界的 3D 音效，即 AR 应用不仅包括虚拟物体的位置定位，还应该包括声源的 3D 定位。本章主要学习在 AR 应用中使用 3D 文字、声频和播放视频的相关知识。

12.1　3D 文字

文字是虚拟场景中非常重要的组成部分，常用于对象描述、说明、操作指示，AR 应用中，可以使用 3 种方案渲染文字：UI Text、3D Text Mesh、Text Mesh Pro。UI Text 借助于 Unity Canvas（画布）渲染文字；3D Text Mesh 则使用独立网格渲染文字；Text Mesh Pro 使用有向距离场（Signed Distance Field，SDF）技术提高文字渲染质量，可同时处理 UI 和 3D 文字渲染工作。从本质上讲，在 AR 应用中渲染文字需要使用文字纹理，文字纹理图与其他所有纹理图一样，也会随距离变化出现采样过滤导致纹理模糊的问题，对汉字而言，文字纹理图文件大小与其容纳的文字数量相关，文字数量越多纹理体积越大。Text Mesh Pro 使用的有向距离场技术类似于图形中的向量图，可以在放大或缩小时保证不模糊，因此渲染的文字质量更高。

12.1.1　文字单位换算

在 Unity 坐标系中，1 单位为 1m，导入的对象默认为 100% 缩放值，因此，Unity 中的 1 单位在 AR 设备中也是 1m。3D Text Mesh 默认字体大小为 13，对应 Unity 中的 1 单位（高为 1m）；UI Text 默认字体大小为 14，但由于使用 Unity Canvas 的缘故，其相当于 Unity 中的 10 单位（高为 10m）；Text Mesh Pro 渲染 3D 文字时，默认大小为 36，其相当于 Unity 中的 2.5 单位（高为 2.5m），渲染 UI 文字时，默认大小也是 36，但相当于 Unity 中的 25 单位（高为 25m）。

基于以上比例的文字尺寸与 Unity 坐标单位的换算关系很不直观，因此，人们使用点（Point）的概念来描述 3D 空间中的文字大小，将 3D 空间中的 1m 定义为 2835 点，从而就很容易将文字字体大小与 Unity 中的缩放值（Scale）关联起来。如 3D Text Mesh 中默认字体大小为 13，因此，13/2835=0.005 则描述了普通文字展示与 3D 文字展示呈现相同效果时的缩放关系，由此可以总结 UI Text、3D Text Mesh 和 Text Mesh Pro 中各文字对象的缩放值，如表 12-1 所示。

表 12-1　3 种文字渲染方式的缩放值

渲 染 方 式		默认文字大小	Scale 值
3D Text Mesh		13	0.005
UI Text		14	0.0005
Text Mesh Pro	渲染 3D 文字	36	0.005
	渲染 UI 文字	36	0.0005

通过以上比例，我们就能获得与常规文字 1∶1 的显示效果，也方便我们操作场景中的文字对象，获得连续一致的设计和使用体验，但由于文字显示大小受字体类型及导入方式影响，相同大小的文字最终的呈现效果也会略有差异。

由于 Text Mesh Pro 能提供更好的文字渲染质量，而且相同情况下所需要的字体纹理更小，建议使用这种方式渲染 UI 与 3D 文字。事实上，当创建 Unity 工程时，默认会引入 Text Mesh Pro 文字渲染插件。

12.1.2　中文字体制作

Unity 默认不带中文字体，因此无法显示中文字符，在需要显示汉字时，可以从互联网上下载 Unity 使用的中文字体，也可以自己创建 Unity 中文字体。如前所述，在 Unity 中渲染文字实际上是使用文字纹理贴图，创建 Unity 中文字体也就是创建一张包含汉字的纹理贴图，但由于汉字非常多，如果都渲染到一张贴图中会导致这张贴图非常大（运行时占用大量内存），因此，我们通常会根据需要创建一张包含常见汉字的贴图以节约资源。

创建 Unity 中文字体需要使用字符文件和常规字体文件，字符文件就是纹理贴图所需要包含汉字的文本文件，常规字体文件用于渲染汉字字符[①]。下面我们以使用微软雅黑字体为例，创建一个包含 7000 个汉字的 Unity 中文字体。

Text Mesh Pro 自带 Unity 字体创建器（如果 Text Mesh Pro 插件没有安装，则可以使用 Unity 包管理器安装，从 Unity 菜单中依次选择 Window → Package Manager 打开包管理器进行安装），在安装 Text Mesh Pro 插件后，可以通过 Unity 菜单栏 Window → TextMeshPro → Font

---

① 在 macOS 中打开"字体册"应用程序，选择一种或多种字体或字体系列，然后在菜单中依次选择"文件"→"导出字体"，选取字体的存储位置，单击"存储"按钮便可以导出并保存 macOS 自带的字体文件。

Asset Creator 打开字体创建面板，如图 12-1 所示。

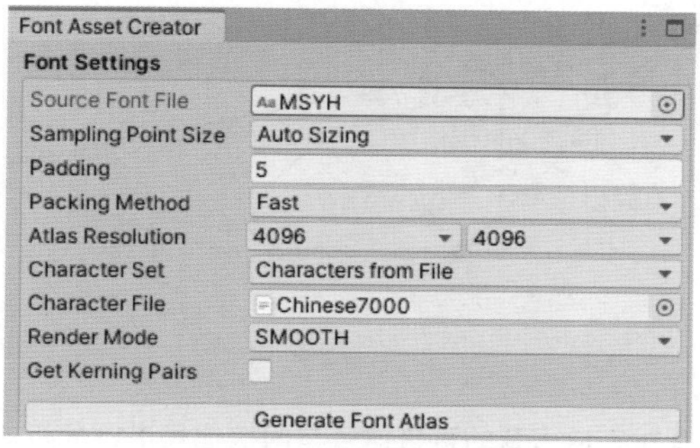

图 12-1　字体创建面板界面

创建面板中 Source Font File 属性为使用的常规字体、Atlas Resolution 属性为生成字体纹理贴图的分辨率 ①、Character File 属性为需要生成的汉字字符文件，设置完成后单击 Generate Font Atlas 按钮生成字体文件，然后保存生成的字体文件即可在 Unity 中使用。

12.2　3D 声频

在前面章节中，我们学习了如何定位追踪用户（实际是移动设备）的位置与方向，然后通过将虚拟场景叠加到真实环境中营造虚实融合的效果，在用户移动时，通过 VIO 和 IMU 更新用户的位置与方向信息、更新投影矩阵，这样就可以把虚拟物体固定在空间的某点上，从而达到以假乱真的视觉体验。

3D 空间音效处理的目的是还原声音在真实世界中的传播特性，进一步提高 AR 应用虚实融合的真实度。事实上，3D 音效在电影、电视、电子游戏中被广泛应用，但在 AR 中 3D 空间音效的处理有其特别之处，类似于电影中采用的技术并不能很好地解决 AR 中 3D 空间音效的问题。

在电影院中，观众的位置是固定的，因此可以通过在影院的四周都加装上音响设备，通过设计不同位置音响设备上声音的大小和延迟，就能给观众营造逼真的 3D 声音效果。经过大量的研究与努力，人们根据人耳的结构与声音的传播特性也设计出了很多新技术，可以只用两个音响或者耳机就能模拟出 3D 音效，这种技术叫双耳声（Binaural Sound），它的技术原理如图 12-2 所示。

在图 12-2 中，从声源发出来的声音会直接传播到左耳和右耳，但因为左耳离声源近，所以声音会先到达左耳再到达右耳，由于在传播过程中的衰减，左耳听到的声音要比右耳大，这是直接的声音信号，大脑会接收到两只耳朵传过来的信号。同时，从声源发出的声音也会

---

① 生成字符贴图的分辨率与所包含的字符数有关，字符数越多，贴图分辨率应当越大，否则会出现渲染的字符模糊问题。但分辨率过大又会导致生成的字符贴图体积过大，使用时占用更多内存。

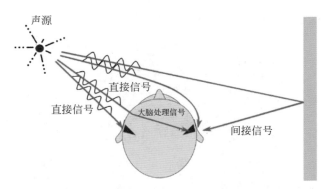

图 12-2 大脑通过双耳对来自声源的直接信号与间接信号进行分析，可以计算出声源位置

被周围的物体反射，这些反射与直接信号相比有一定的延迟并且音量更小，这些是间接的声音信号。大脑会采集到直接信号与所有的间接信号并比较从左耳与右耳采集的信号，经过分析计算达到定位声源位置的效果。在了解大脑的工作模式后，就可以通过算法控制两个音响或者耳机的音量与延迟来模拟 3D 声源的效果，让大脑产生虚拟的 3D 声音场景。

12.2.1 3D 声场原理

3D 声场，也称为三维声频、虚拟 3D 声频、双耳声频等，它是根据人耳对声音信号的感知特性，使用信号处理的方法对到达两耳的声音信号进行模拟、重建的复杂空间声场。通俗地说就是通过数学的方法对声音信号到达耳朵的音量大小与延迟进行数字建模，模拟真实声音在空间中的传播特性，让人产生听到三维声频的感觉。

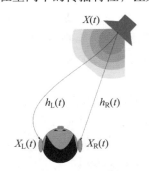

图 12-3 通过信号处理的数学方法可以模拟 3D 音效

不仅用户周边环境对声音传播有影响，当人耳在接收到声源发出的声音时，人的耳郭、耳道、头盖骨、肩部等对声波的折射、绕射、衍射及鼓膜接收的信息都会被大脑捕获，大脑通过计算、分析、经验来对声音的方位、距离进行判断。与大脑工作原理类似，在计算机中通过信号处理的数学方法，构建头部相关传输函数 HRTF（Head Related Transfer Functions），通过多组滤波器来模拟人耳接收到声源的"位置信息"，其原理如图 12-3 所示。

目前 3D 声场重建技术已经比较成熟，人们不仅知道如何录制 3D 声频，还知道如何播放这些 3D 声频，让大脑产生逼真的 3D 声场信息，实现与真实环境相同的声场效果，然而，目前大多数 3D 声场重建技术假设用户处于静止状态（或者说与用户位置无关），而在 AR 应用中，情况却有很大不同，AR 应用的用户是随时移动的，这意味着用户听到的 3D 声音也需要调整，这一特殊情况导致目前的 3D 声场重建技术在 AR 应用中失效。

12.2.2　空间声频使用

在本书中，我们使用空间声频来描述在 AR 空间中的 3D 声源效果，以区别于传统 3D 声频，空间声频更加侧重于声源的 6DoF 定位。由于 ARKit 内置空间声频支持，因此，在 ARKit 中使用空间声频变得非常简单。

需要注意的是，ARKit 空间声频不会进行任何混音处理，它会直接使用原声频播放，但现实生活中，声源在不同的环境中进入人脑后会呈现完全不一样的听觉感受，例如，同一首曲子在空旷的原野上、在地下室里、在演播大厅里、在浴室里、在小房间里会给人带来完全不同的感觉。为达到更好的效果，在使用 ARKit 播放空间声频时，我们通常需要进行混音，以模拟声源周围的环境。

12.2.3　使用空间声频

通过前面的学习，现在已经了解了足够多的知识来使用空间声频，空间声频算法会消耗很多计算资源，也非常复杂，但在 ARKit 中使用空间声频却非常简单。

1. 添加 Audio Listener 组件

为了接收声频，场景中需要挂载一个 Audio Listener 组件，在 AR 应用中，通常把它挂载在场景渲染相机对象上，这里我们也将其挂载在 XR Origin → Camera Offset → Main Camera 游戏对象上，直接使用内置的 Audio Listener 组件即可，如图 12-4 所示。

图 12-4　使用 Unity 内置 Audio Listener 组件

2. 添加 Audio Source 组件

在渲染相机对象上添加 Audio Listener 组件后，应用程序已经能够"听到"声音了，但如果场景中没有声源，依然是无法"听到"任何声音的，所以需要在场景中添加声源对象。本节演示从一只狐狸发出声音，体验空间音效。在层级窗口（Hierarchy 窗口）中新建一个空对象，命名为 Fox，将狐狸模型放置到该空对象下，调整好位置、大小与旋转关系，然后在 Fox

游戏对象上挂载一个 Audio Source 组件，这样才能将声频绑定到 Fox 对象上模拟声音从 Fox 对象发出的效果。选中层级窗口中的 Fox 对象，直接为其挂载 Unity 内置的 Audio Source 组件，如图 12-5 所示。

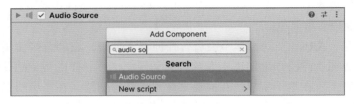

图 12-5　使用 Unity 内置 Audio Source 组件

现在，Fox 对象已经能够直接播放声频了，但为了模拟声音的空间特性，我们还需要进行混音，以模拟声音在不同空间环境中发出的效果。首先在工程窗口（Project 窗口）中新建一个文件夹，命名为 Audio，并将需要播放的声频文件（通常为 .mp3、.wav 等声频文件）放置到该文件夹中，然后在文件夹空白处右击，依次选择 Create → Audio Mixer 创建混音器，命名为 FoxMixer（这里先不做任何操作，后文会详细介绍混音器的用法），单击 FoxMixer 混音器右侧三角形图标（▶ 形图标）展开其子项，可以看到 Master 和 Snapshot 两个子项。

回到层级窗口（Hierarchy 窗口），保持选中层级窗口中的 Fox 对象，在属性窗口（Inspector 窗口）中展开 Audio Source 组件，进行的设置如下：

（1）将需要播放的声频文件设置到 Audio Source 组件的 AudioClip 属性。

（2）将工程窗口中 Audio → FoxMixer 混音器下的 Master 子混音器赋给 Audio Source 组件的 Output 属性。

（3）将 Spatial Blend 属性滑动条滑到 3D 状态（将值设置为 1）。

（4）如果需要，则可以勾选 Play On Awake 和 Loop 复选框，以便在场景加载后循环播放声频。

（5）展开 3D Sound Settings 卷展栏，将 Volume Rolloff（音量衰减）属性选为 Custom Rolloff，将 Max Distance 属性设置为 2.5，调整下方的衰减曲线，如图 12-6 所示。

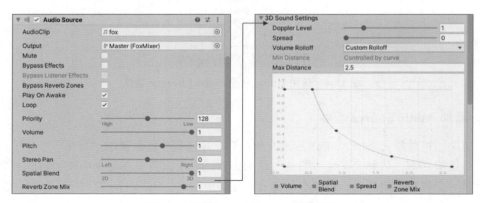

图 12-6　设置 Audio Source 属性参数

完成后将 Fox 对象拖动到工程窗口中 Prefabs 文件夹下保存成 Fox 预制体并删除层级窗口中的 Fox 对象。

编译运行 AR 应用，使用耳机（注意耳机上的左右耳塞勿戴反，一般会标有 L 和 R 字样）或者使用双通道音响体验 3D 空间音效，在检测到的平面放置狐狸对象后[①]，移动手机或者旋转手机朝向，体验在 AR 中 3D 空间音效效果。在 AR 应用运行时，我们能直观地感受到由于离声源的距离、朝向的不同，同一个声源的声音会呈现出与真实环境中一样的 3D 空间声场效果。

经过多次迭代，Unity 内置 Audio Source 组件已经从简单的声音播放组件，发展成一个功能强大、支持 2D 和 3D 空间声音播放的声频播放组件，除支持混音，还支持 3D 空间音效的最大最小距离、声音衰减等特性，其主要属性如表 12-2 所示。

表 12-2　Audio Source 组件主要属性

属 性 名	描　述
声频剪辑（AudioClip）	指定播放的声频文件
声频输出（Output）	设置声频输出目标，为空时输出到声频监听器（AudioListener），也可以设置到具体的声频混音器（AduioMixer）
静音（Mute）	使用静音不会卸载声频数据，只是停止声频输出，取消静音可以恢复当前声音播放
音源滤波开关（Bypass Effects）	作用在当前声频源的声频滤波器开关
监听器滤波开关（Bypass Listener Effects）	作用在当前监听器的声频滤波器开关
回音混响开关（Bypass Reverb Zones）	执行回音混响效果开关
加载即播放开关（Play On Awake）	对象加载后立即播放声频
循环播放开关（Loop）	是否循环播放声频
播放优先级（Priority）	本声频源在整个场景的所有声频源中的播放优先级
音量（Volume）	音量设置
音调（Pitch）	播放声频时速度的变化量，默认值为 1，表示以正常速度播放。当 <1 时，慢速播放；当 >1 时，快速播放，速度越快，音调越高
声道占比（Stereo Pan）	左右声道占比，默认为 0，表示左右均值，当 <1 时，左声道占比高；当 >1 时，右声道占比高
空间混合（Spatial Blend）	指定声频源是 2D 音源（0）、3D 音源（1）、二者插值的复合音源
混响区混音（Reverb Zone Mix）	声频源混合到混响区中的音量，0 ～ 1 的范围为线性区（与音量属性类似），1 ～ 1.1 是增强范围区，最高将混响信号增强 10dB。在模拟从近场到远处声音的过渡时，与基于距离的衰减曲线结合使用非常有用

① 可以使用射线检测的方法，在检测到平面的地方实例化 Fox 预制体即可，这个过程读者应该很熟悉，不再赘述。

在使用 3D 空间音效时，Audio Source 组件还专门设置了 3D Sound Settings（3D 声音设置）卷展栏，在该卷展栏下，Volume Rolloff（音量衰减）用于设置声音的衰减模式；Min Distance（最小距离）为最小声音变化距离，在该距离内，声音将保持最大设定值，不再发生变化；Max Distance（最大距离）为最大声音变化距离，在该距离之外，声音将衰减到最小设定值，不再变化，其他 3D 音效参数的意义如表 12-3 所示。

表 12-3　Audio Source 组件 3D 音效主要属性

属 性 名	描 述
多普勒级别（Doppler Level）	决定多少多普勒效应将被应用到这个声频信号源（如果设置为 0，则无效果）
扩散（Spread）	设置 3D 立体声或多声道声源在扬声器空间的传播角度
音量衰减模式（Volume Rolloff）	有 3 种衰减模式：Logarithmic Rolloff（对数衰减），接近声频源时声音响亮，远离声频源时声音成对数下降；Linear Rolloff（线性衰减），声频源音量成线性衰减；Custom Rolloff（自定义衰减），根据设置的衰减曲线调整声频源音量衰减行为
最小距离（Min Distance）	最小距离，单位为米，在最小距离内声音会保持最响亮
最大距离（Max Distance）	最大距离，单位为米，声音停止衰减距离，超过这一距离，音量保持为衰减曲线末音量，不再衰减

12.2.4　运行时启用和禁用 3D 音效

空间音效处理是一项计算密集型的任务，在不需要使用空间音效时应当关闭或者使用普通声频播放替代以降低资源消耗，在 AR 应用运行时，可以方便地通过设置声频源组件参数实现声频的 2D、3D 空间音效切换，典型代码如下：

```
// 第 12 章 /12-1
using UnityEngine;
[RequireComponent(typeof(AudioSource))]
public class ToogleAudio : MonoBehaviour
{
    private AudioSource mSourceObject;
    private bool mIsSpatialized = false;

    public void Start()
    {
        mSourceObject = gameObject.GetComponent<AudioSource>();
        mSourceObject.spatialBlend = 1;
    }

    public void ToogleAudioSpatialization()
    {
```

```
        if (mIsSpatialized)
        {
            mIsSpatialized = false;
            mSourceObject.spatialBlend = 0;
        }
        else
        {
            mIsSpatialized = true;
            mSourceObject.spatialBlend = 1;
        }
    }
}
```

代码清单 12-1 所示脚本应与 Audio Source 组件挂载于同一个场景对象上，通过按钮事件 /
其他脚本事件切换声频的 2D、3D 空间音效，其中 spatialBlend 属性用于控制音效的 2D 声与
空间音效混音，在将 spatialBlend 属性设置为 1 时，声音音量将根据设置的距离衰减曲线衰减，
呈现 3D 空间音效，而当将 spatialBlend 属性设置为 0 时，音量只会在最大值与无音量之间切
换，即声音播放与距离无关。

12.2.5　使用回响营造空间感

在真实环境中，我们不仅能听出声音声源的远近和方向，还能通过声音了解周边环境，
这就是回响，如在开阔空间、密闭小屋、大厅等各种不同环境中听同一种声音感受会非常不
一样。通过前述章节，已经能够实现 3D 空间音效，能正确地反映出声源的远近和方向。本节
将阐述在 Unity 中实现回响的一般方法，由于影响回响的因素非常多，在开始之前，先了解回
响的基本原理和术语。

声波在空气中传播时，除了透过空气进入人耳外，还会经由墙壁或是环境中的介质反射
后进入耳内，混合成我们听到的声音，这就产生了一个复杂的反射组合。声波的混合分为以
下 3 部分。

（1）直达音：从声源直接传入耳朵的声波称为直达音（Direct Sound），直达音随着传播
距离的增加能量会逐渐减弱，这也是离我们越远的声源声音会越小的原因。

（2）早期反射音：声波在传播时遇到介质会不断反射，如果仅经过 1 次反射后就进入人
耳我们称其为早期反射音（Early Reflections），早期反射音会帮助我们了解所处空间的大小与
形状，如图 12-7 所示。

（3）后期混响：声波会在环境中不断地反射，反射音随着时间的不断增加会形成更多也
更密集的反射音，最终会密集到人耳无法分辨，这种现象称为后期混响（Late Reverb）。

直达音、早期反射音、后期混响混合成我们最终听到的声音，人脑会根据经验将听到的
声音与空间环境关联起来，从而形成空间环境感知。在使用计算机进行模拟时，我们将输入
的纯净声频称为干音，而将经过回响混音后的声频称为湿音，最终这两种声频都会同时输入

到混音器中混合成最终播放出来的声音。

可以利用 Unity 内置声频处理功能实现更加复杂的回响模拟，在工程窗口中，双击 Audio 文件夹下的 FoxMixer 文件将打开 Unity 混音器面板，在该面板中 Group 栏下的 Master 混音器组上右击，在弹出的菜单中选择 Add child group（添加子组）新添加一个组，命名为 RoomEffectGroup，如图 12-8 所示。

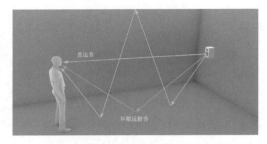

图 12-7　早期反射音有助于我们了解
所处空间的大小和形状

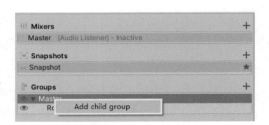

图 12-8　添加新的声频组

选择 RoomEffectGroup 组，在右侧展开的面板中，单击其最下方的 Add 按钮，在弹出的菜单中选择 SFX Reverb 回响特效组件，如图 12-9 所示。

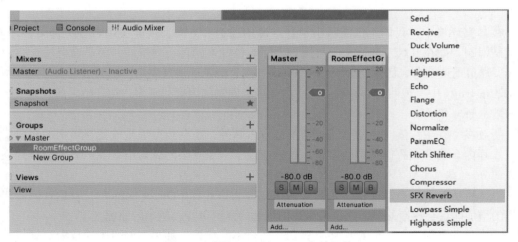

图 12-9　添加 SFX Reverb 音效组件

在属性窗口打开的 SFX Reverb 属性面板中可以调整各干湿声频的参数，其中 Dry Level 参数用于设置输入干声频的音量，因为最后回响混音后的湿音会输入到 Master 混音器，该值可以设置为最小值（-10000mB）；Room 参数用于设置低频声音在房间中的传播效果，该值可以设置为最大值（0.0mB）；Decay Time 参数用于设置声音反射时延，单位为秒，通过该值能感知到空间大小；Reflections 和 Reflect Delay 参数用于设置早期反射音信息；Reverb 和 Reverb Delay 参数用于设置后期混响信息。

属性窗口中的每个参数都与真实声音传播的一个特性相关联，在需要时，可以查阅相关
声频处理资料了解更多详细信息，图 12-10 所示的参数设置仅供参考。

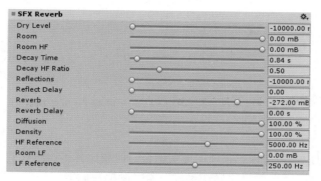

图 12-10　SFX Reverb 参数设置参考值

在完成音效回响效果设置后，可以直接将 RoomEffectGroup 组赋给 Audio Source 组件的
Output 属性，这样就可以体验到带回响的空间混音效果了，也可以通过代码动态地使用回响
效果，典型的代码如下：

```
// 第 12 章 /12-2
using UnityEngine;
using UnityEngine.Audio;

[RequireComponent(typeof(AudioSource))]
public class ToogleAudio : MonoBehaviour
{
    public AudioMixerGroup RoomEffectGroup;
    public AudioMixerGroup MasterGroup;
    private AudioSource mSourceObject;
    private bool mIsSpatialized = false;

    public void Start()
    {
        mSourceObject = gameObject.GetComponent<AudioSource>();
        mSourceObject.spatialBlend = 1;
    }

    public void SwapSpatialization()
    {
        if (mIsSpatialized)
        {
            mIsSpatialized = false;
            mSourceObject.spatialBlend = 0;
            mSourceObject.outputAudioMixerGroup = MasterGroup;
        }
```

```
            else
            {
                mIsSpatialized = true;
                mSourceObject.spatialBlend = 1;
                mSourceObject.outputAudioMixerGroup = RoomEffectGroup;
            }
        }
    }
```

12.2.6　3D 音效设计原则

　　AR 应用程序可以实现沉浸感很强的虚实融合，但相比真实物体对象，虚拟对象的操作缺乏触感，触感是一种很重要的操作确认手段，通过触感我们能感知到身体部位与物体对象的接触程度、物体对象的质地等，而这些在虚拟对象操作时均无法提供，因此，为实现更好的使用体验，AR 应用应当通过其他途径弥补操作触觉确认缺失，在所有方法中，音效是一个非常不错的选择，可以通过合理使用音效提示用户各操作阶段发生的事情，让使用者得到听觉上的反馈，强化对操作的确认。除此之外，还可以利用声音通知使用者某些事件的发生，通过视觉与听觉的结合，提高 AR 应用使用者的满意度。

　　在 AR 应用中使用声音的一般原则如表 12-4 所示。

表 12-4　AR 应用中声音使用基本原则

类　　型	描　　　　述
通知与事件	在应用状态变化（如任务完成、收到信息）时应当通过声音提醒用户，在 AR 应用中，一些虚拟对象有时会超出用户的视野范围，合理使用 3D 音效可以帮助用户确认对象位置； 对于伴随用户移动的虚拟对象，如一只虚拟宠物狗，沙沙的 3D 脚步声将会帮助用户跟踪这些对象的位置； 事件发生时可根据事件类型制定不同的声音方案，如事件成功，则可使用积极的声音，如事件失败，则可使用比较消极的声音，对于不能区分成功与失败的事件则应当使用中性声音
触发时机	声音的使用应符合大众审美，并且保持一致性，每类声音用于表达某种意义，不可混合乱用； 将最重要的声音音量调高，同时暂时性地降低其他声音音量； 使用声音延时，防止在同一时间触发过多声音
手势交互	以按钮操作为例，按钮事件符合传统 PC 按钮的基本机制，在按钮按下时触发短促、低频的声音，在按钮释放时触发积极、高频的声音以传达不同操作阶段
语音命令交互	如果在 AR 应用中使用了语音命令，则语音命令通常应当提供视觉反馈，但可以通过声音强化语音命令识别或者执行结果，使用中性或者积极的声音表示执行确认，使用积极的声音表示执行成功，使用消极的声音表示语音识别或者执行失败
声音依赖	不要过分依赖声音，用户可能由于隐私、环境或者听力问题而无法感知声音

　　具有空间特性的对象所发出的声音也应当具有空间效果（3D），包括 UX 元素、视觉提示、虚拟物体发出的声音。3D 化 UX 元素声音可以强化使用者的空间感知，3D 音效有助于用户了解视野之外发生事件的空间位置和距离。

　　由于 3D 音效需要消耗计算资源，对不具有空间特性的对象使用 3D 音效则不会对提升用户体验产生任何有利影响，如旁白、简单事件提示音等。同时应注意，在 AR 应用中，应当确保任何时候都不能有多于两个的 3D 空间音效同时播放，这可能会导致性能问题。

　　声音随距离的衰减在 AR 应用中应用得非常广，衰减类型和曲线可以调节声音衰减效果。通常而言，线性衰减能适应绝大部分声音衰减需求，也可以通过自定义调整衰减曲线营造不同的衰减效果。信息提示类声音更应关注声音的有效性而非距离，无须使用衰减。

12.3　3D 视频

　　视频播放是一种非常方便高效的展示手段，在 AR 应用中播放视频也是一种常见的需求，如在一个展厅中放置的虚拟电视上播放宣传视频，或者在游戏中为营造氛围而设置的虚拟电视视频播放，本节将学习如何在 AR 场景中播放视频。

12.3.1　Video Player 组件

　　Video Player 组件是 Unity 提供的一个跨平台视频播放组件，这个组件在播放视频时会调用运行时系统本地的视频解码器，即其本身并不负责视频的解码，因此开发人员需要确保在特定平台上视频编码格式能被支持。Video Player 组件不仅能播放本地视频，也能够通过 HTTP/HTTPS 协议播放远端服务器视频，而且支持将视频播放到相机平面（Camera Plane，包括近平面和远平面）、作为渲染纹理（Render Texture）、作为材质纹理、作为其他组件的 Texture 属性纹理，因此，可以方便地将视频播放到相机平面、3D 物体、UI 界面上，功能非常强大。Video Player 组件的界面如图 12-11 所示。

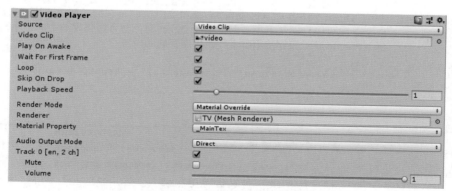

图 12-11　Video Player 组件界面

Video Player 组件的主要属性意义如表 12-5 所示。

表 12-5　Video Player 组件的主要属性意义

属　　性	描　　述
Source（视频源）	视频源，其下拉菜单包括两个选项：Video Clip 与 URL。选择 Video Clip 时，可以将项目内的视频直接赋给 Video Clip 属性。当选择 URL 时，可以使用视频的路径定位视频（如使用 http:// 或者 file://），我们既可以在编辑状态时为其设置固定的地址信息，也可以在运行时通过脚本代码动态地修改这个路径以达到动态控制视频加载的目的
Play On Awake（加载即播放）	是否在场景加载后就播放视频，如果不勾选该项，则应当在运行时通过脚本控制播放视频
Wait For First Frame（等待第 1 帧）	该选项主要用于同步视频播放与场景进度，特别是在游戏场景中，如果勾选，Unity 则会在游戏开始前等待视频源加载显示，如果取消勾选，则可能会丢弃前几帧以使视频播放与游戏的其余部分保持同步，在 AR 中建议不勾选，不勾选时视频会跳帧播放
Loop（循环）	循环播放
Skip On Drop（跳帧同步）	是否允许跳帧以保持与场景同步，建议勾选
Playback Speed（播放速度）	视频播放速度倍率，如设置为 2，视频则以 2 倍速播放，范围为 [0，10]
Render Mode（渲染模式）	定义视频的渲染模式。其下拉菜单中包括 4 个选项：Camera Far Plane（相机远平面）、Camera Near Plane（相机近平面）、Render Texture（渲染纹理）、Material Override（材质复写）、API Only（仅 API）。各渲染模式功能如下。 （1）Camera Far Plane：将视频渲染到相机的远平面，其 Alpha 值可设置视频的透明度。 （2）Camera Near Plane：将视频渲染到相机的近平面，其 Alpha 值可设置视频的透明度。 （3）Render Texture：将视频渲染为渲染纹理，通过设置 Target Texture 定义 Render Texture 组件渲染到其图像的 Render Texture。 （4）Material Override：将视频渲染到物体材质上。 （5）API Only：仅能通过脚本代码将视频渲染到 VideoPlayer.texture 属性中
Audio Output Mode（音轨输出模式）	定义音轨输出，其下拉菜单包括 4 个选项：None（无）、Audio Source（声频源）、Direct（直接）、API only（仅 API）。选择 None 时不播放音轨；选择 Audio Source 时可以自定义声频输出；选择 Direct 时，会直接将视频中的音轨输出；选择 API only 时，只能使用脚本代码控制音轨的设置
Mute（静音）	是否静音
Volume（音量）	声频音量

注意

　　Source 属性设置时，在广域网中使用 http:// 定位视频源在某些情况下可能无法获取视频文件，这时应该使用 https:// 定位。HTTPS 是一种通过计算机网络进行安全通信的传输协议，经由 HTTP 进行通信，利用 SSL/TLS 建立安全信道，加密数据包，在某些平台必须使用该协议才能获取视频源。

除此以外，Video Player 组件还有很多供脚本调用的属性、方法及事件，常用的主要包括表 12-6 所示方法及事件，其他方法在使用时读者可以查阅相关文档说明。

表 12-6　Video Player 组件方法事件

名　　称	类　　型	描　　述
EnableAudioTrack	方法	启用或禁用音轨，需要在视频播放前设置
Play	方法	播放视频
Pause	方法	暂停视频播放
Stop	方法	停止视频播放，与暂停视频相比，停止视频播放后，再次播放视频会从头开始
isPlaying	属性	视频是否正在播放
isLooping	属性	视频是否是循环播放
isPrepared	属性	视频是否已准备好（如加载是否完成可供播放）
errorReceived	事件	发生错误时回调
frameDropped	事件	丢帧时回调
frameReady	事件	新帧准备好时回调，这个回调会非常频繁，需要谨慎使用
loopPointReached	事件	视频播放结束时回调
prepareCompleted	事件	视频资源准备好时回调
started	事件	视频开始播放后回调

Video Player 组件还有很多其他方法、属性、事件，利用这些方法及属性可以开发出功能强大的视频播放器。如前文所述，Video Player 会调用运行时本地系统中的原生解码器，因此为确保在特定平台视频可正常播放，需要提前了解运行系统的解码能力，通常，不同的操作系统对视频的原生解码支持并不相同，表 12-7 为当前主流系统对视频格式的原生解码支持列表。

表 12-7　主要平台原生可以解码的视频格式

平　　台	支持的原生视频格式
Windows	.asf、.avi、.dv，.mv4、.mov、.mp4、.mpg、.mpeg、.ogv、.vp8、.webm、.wmv
Mac OS X	.dv、.m4v、.mov、.mp4、.mpg、.mpeg、.ogv、.vp8、.webm、.wmv
Linux	.ogv、.vp8、.webm
Android	.3gp、.mp4、.webm、.ts、.mkv
iPhone	.m4v、.mp4、.mov

表 12-7 所列原生视频格式并不一定全面完整，在具体平台上使用 Video Player 时应当详细了解该平台所支持的原生视频解码格式，防止出现视频无法播放的情形。

注意

特别需要提醒的是：即使视频后缀格式相同也不能确保一定能解码，因为同一种格式会有若干种编码方式，在具体使用过程中需要查询特定平台的解码格式。

除可以在 Unity 属性面板中进行参数属性设置外，也可以使用脚本代码的方式控制视频加载、播放、暂停等操作，典型的操作代码如下：

```
// 第 12 章 /12-3
using UnityEngine;
using UnityEngine.Video;
[RequireComponent(typeof(VideoPlayer))]
public class VideoController : MonoBehaviour
{
    private VideoPlayer mVideoPlayer;
    void Start()
    {
        mVideoPlayer = gameObject.GetComponent<VideoPlayer>();
    }
    // 播放视频
    public void Play()
    {
        mVideoPlayer.Play();
    }
    // 暂停视频播放
    public void Pause()
    {
        mVideoPlayer.Pause();
    }
    // 停止视频播放
    public void Stop()
    {
        mVideoPlayer.Stop();
    }
}
```

12.3.2　3D 视频播放实现

由于 AR 虚实融合场景的特殊性，使用 UI 及相机平面播放视频模式不太适合 AR 应用，以虚拟物体作为视频播放承载物是最好的选择，视频渲染模式使用 Material Override 非常有利于在模型特定区域播放视频，因此首先制作一个预制体，在模型的特定区域采用 Material Override 模式播放视频。

新建一个工程，在层级窗口中新建一个空对象，命名为 TV，将电视机模型文件拖放到该空对象下作为其子对象并调整好大小，然后新建一个 Quad，用这个 Quad 作为视频播放的载体，将该 Quad 调整到电视机屏幕位置，处理好尺寸与位置关系。因为我们采用 Material Override 模式播放视频，所以需要新建一个材质，命名为 videos，该材质选用 Universal Render Pipeline → Unlit → Texture 着色器，但不赋任何纹理、不设置任何参数（因为后面我们将使用视频帧作为纹理渲染到材质上），并将该材质赋给 Quad 对象。最后为 Quad 对象挂载 Video Player 组件，并设置好视频源等属性，如图 12-12 所示。

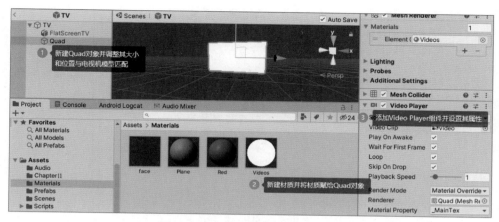

图 12-12　实现 3D 视频播放的步骤

　　将 TV 制作成预制体，同时删除层级窗口场景中的 TV 对象。为将虚拟电视机放置到真实环境中，我们采取与以往一样的射线检测放置方式，新建一个 C# 脚本，命名为 TVPlacement，代码如下：

```
// 第 12 章 /12-4
using System.Collections.Generic;
using UnityEngine;
using UnityEngine.XR.AR Foundation;
using UnityEngine.XR.ARSubsystems;
using UnityEngine.UI;

[RequireComponent(typeof(ARRaycastManager))]
public class TVPlacement : MonoBehaviour
{
    public  GameObject spawnPrefab;                      //TV 预制体
    public int MaxTVnumber = 1;                          // 可放置电视机数量
    public Button BtnPlay;                               //UI 按钮（播放）
    public Button BtnPause;                              //UI 按钮（暂停）
    public Button BtnStop;                               //UI 按钮（停止）

    static List<ARRaycastHit> Hits;
    private ARRaycastManager mRaycastManager;
    private GameObject spawnedObject = null;
    private ARPlaneManager mARPlaneManager;
    private int mCurrentTVnumber = 0;                    // 已放置的电视机数量
    private UnityEngine.Video.VideoPlayer mVideoPlayer;  // 视频播放组件

    private void Start()
    {
        Hits = new List<ARRaycastHit>();
        mRaycastManager = GetComponent<ARRaycastManager>();
```

```
            mARPlaneManager = GetComponent<ARPlaneManager>();
            // 事件监听注册
            BtnPlay.transform.GetComponent<Button>().onClick.AddListener(()=>
mVideoPlayer.Play());
            BtnPause.transform.GetComponent<Button>().onClick.AddListener(() =>
mVideoPlayer.Pause());
            BtnStop.transform.GetComponent<Button>().onClick.AddListener(() =>
mVideoPlayer.Stop());
        }

        void Update()
        {
            if (Input.touchCount == 0)
                return;
            var touch = Input.GetTouch(0);
            // 射线检测放置对象
            if (mRaycastManager.Raycast(touch.position, Hits, TrackableType
.PlaneWithinPolygon | TrackableType.PlaneWithinBounds) )
            {
                var hitPose = Hits[0].pose;
                if (spawnedObject == null && mCurrentTVnumber < MaxTVnumber)
                {
                    spawnedObject = Instantiate(spawnPrefab, hitPose.position,
hitPose.rotation);
                    mVideoPlayer = spawnedObject.gameObject.transform.Find("Quad")
.gameObject.GetComponent<UnityEngine.Video.VideoPlayer>();
                    TrunOffPlaneDetect();
                    mCurrentTVnumber++;
                }
                else
                {
                    spawnedObject.transform.position = hitPose.position;
                }
            }
        }
        // 关闭平面检测功能
        void TrunOffPlaneDetect()
        {
            mARPlaneManager.enabled = false;
            foreach (var plane in mARPlaneManager.trackables)
                plane.gameObject.SetActive(false);
        }
    }
```

在上述代码中，首先定义了 3 个按钮（分别用于控制视频播放、暂停、停止）及最大可放置虚拟电视机的数量（视频解码也是一项计算密集型任务，过多的虚拟电视播放视频会严重影响应用程序性能），然后使用射线检测的方式放置虚拟电视模型，并在放置模型后停止平面检测和已检测到平面的显示。

　　将 TVPlacement 脚本挂载到层级窗口中的 XR Origin 对象上，然后在场景中新建 3 个 UI 按钮，并设置好脚本的相应属性（将之前制作好的 TV 预制体设置到 Spawn Prefab 属性，将 3 个按钮设置到对应的按钮属性）。

　　编译运行，在检测到平面后单击加载虚拟电视机，这时电视机上会播放设定的视频，可以通过 UI 按钮控制视频的播放、暂停与停止，效果如图 12-13 所示。

图 12-13　3D 视频播放效果图

12.3.3　视频音效空间化

　　在直接播放视频时，如果不勾选禁音（Mute）属性，声频可以同步播放，但播放的声频并不具备空间定位能力，即声音不会呈现空间特性，在 AR 中实现视频音轨 3D 空间化功能需要与前文所述的空间声频组件配合使用。

　　在 12.3.2 节中，通过挂载和设置 Video Player 组件，已经实现了 AR 视频播放。为实现视频 3D 空间音效，打开 TV 预制体[①]，选择 Quad 子对象，为其挂载 Audio Source 组件，并按照 12.2 节所述正确地设置 Output、Spatial Blend 属性，但其 AudioClip 属性留空，即不设置声频源。

　　将 Video Player 组件的 Audio Output Mode 属性设置为 Audio Source 值、勾选 Track 0 [2 ch] 复选框，并将其 Audio Source 属性设置为 Quad 对象上挂载的 Audio Source 组件（确保 Audio Source 组件与 Video Player 组件挂载于同一个场景对象上），如图 12-14 所示。

图 12-14　设置视频播放中的音轨从 AudioSource 输出

　　通过以上设置，在使用 Video Player 组件播放视频时，其音轨将从视频文件中剥离并输到 Audio Source 组件进行混音处理，因此自然就可以利用 Audio Source 组件的所有音效功能，如混音、回响、距离衰减等，从而实现 3D 空间音效。

───────────

　　① 在工程窗口中选择 TV 预制体，然后在属性窗口中单击 Open Prefab 按钮即可对预制体进行再编辑。

第 13 章

USDZ 与 AR Quick Look

ARKit 从一面世就因其稳定的跟踪、出色的渲染、便捷的传播特性而引领移动 AR 领域技术发展，在 iOS 操作系统的支持下，ARKit 实现了从 App、Web 到邮件、短信息各应用领域的全域覆盖，将 AR 带入了 iOS 设备的各个角落，其背后不仅有苹果公司强大的软硬件整合能力，还有 USDZ 文件格式和 AR Quick Look 的突出贡献。本章主要学习 AR Quick Look 的使用方法及其使用的三维模型格式 USDZ。

13.1 USDZ 概述

ARKit 支持 USDZ（Universal Scene Description Zip，通用场景描述文件包）、Reality 两种格式的模型文件，得益于 USDZ 的强大描述能力与网络传输便利性，使 iOS 设备能够在其信息（Message）、邮件（Mail）、浏览器（Safari）等多种应用中实现 AR 功能，AR 体验的共享传播也变得十分方便。USDZ 从 USD（Universal Scene Description，通用场景描述）格式文件发展而来，是在 ARKit 中广泛使用的模型文件格式，而 Reality 文件格式则是由 Reality Composer 生成，专用于 RealityKit 的优化、压缩格式文件。

13.1.1 USD

USDZ 格式文件从 USD 格式发展而来，USD 格式文件是由皮克斯（Pixar）公司为了提升图形渲染与动画效果、改善大场景动画制作工作流、方便 3D 内容交换而设计的一种通用场景描述文件，是一种专为大型资源管线设计、注重并行工作流和可交换性的文件格式。

由于 USD 文件的强大动画、流程管理能力，以及皮克斯公司对相关技术的开源，USD 格式逐渐成为行业领域下一代 3D 图形与动画制作的事实标准。USD 文件对几何网格（geometry）、渲染（shading）、骨骼（skeletal）变形交换有强大支持能力，其灵活的架构易于适应未来不断变化的需求。USD 格式也包含一个强大的，重点关注速度、可伸缩性、协作性的组合引擎，并支持实时合成，对复杂场景有着良好的支持，因此越来越多的公司开始支持 USD 格式。

为不同的设计目的，USD 文件支持 3 种后缀格式：USDA、USDC、USD。

其中 USDA 格式是方便人类阅读和理解的纯文本格式，USDC 格式则是为高效存取数据设计的二进制文件格式，USD 可以是文本文件格式，也可以是二进制文件格式，USDA 与USDC 格式可以相互转换。

13.1.2　USDZ

在 2018 年，苹果公司引入 USD 格式并将其改造成 USDZ，字母 Z 表示该文件是 Zip 存档文件，USDZ 格式在 USD 格式文件基础上进行了改进优化，使其更适合于 AR 渲染展示、网络传播。USDZ 文件的主要特性如下：

（1）USDZ 本质上是 USD 文件的另一种变体。

（2）USDZ 将某特定场景中的文件打包压缩到一个单一文件中。

（3）USDZ 为网络传输共享专门进行了优化，构成了 iOS、iPadOS、macOS、tvOS 等系统都支持的 AR Quick Look 基础。

（4）USDZ 同样支持复杂场景的扩展。

（5）USDZ 数据采用 64 字节对齐方式，将所有文件打包到一个单一文件中，为了提高性能并未对数据进行压缩。

USDZ 格式文件包体内包含两种类型的文件格式，一种是场景描述文件，可以为 USD、USDA、USDC、USDZ 中的任意一种，另一种是纹理资源文件，纹理支持 JPEG 和 PNG 两种格式。

> **提示**
>
> 由于是压缩打包文件，可以直接将 USDZ 后缀修改成 .zip，然后利用压缩软件解压，解压后可以看到所有包含的文件。Reality 文件同样遵循打包原则，因此也可以通过修改后缀解压查看包体内文件。

13.2　USDZ 文件转换

USDZ 格式文件虽然功能强大、优势明显，但由于推出时间还不是很长，目前支持直接转换导出 USDZ 格式的三维模型制作软件还不多，常用的有 3 种工具可以将其他类型格式（如 .obj、.gltf、.fbx 等格式）转换成 USDZ 格式文件，相信随着时间的推移，3ds Max、Blender 等模型制作软件以后都可以直接导出 USDZ 文件。

13.2.1　USDZ Tools

2019 年，苹果公司发布了一款转换 USDZ 格式文件的工具，称为 USDZ Tools，该工具基于 Python 语言，能以命令行的形式转换、验证、检查 USDZ 文件格式，该工具还包含皮克斯公司 USD 文件的一些库文件（Library）及一些示例代码。

　　该工具可以从苹果公司官方网站上下载[①]，下载解压后，在 USD.command 文件上右击，在弹出的菜单中依次选择打开方式→终端，如图 13-1 所示，这将打开 USDZ Tools 命令行窗口。

图 13-1　打开 USDZ Tools 命令行窗口

　　在打开的命令行窗口中输入 usdzconvert -h 命令，可以查看所有帮助信息，包括命令使用格式、参数等。需要注意的是该工具只支持将 .obj、.gltf 两种格式的模型文件转换成 USDZ 格式，典型的命令如下：

```
// 第13章 /13-1

xcrun usdz_convert robot.obj   robot.usdz
    -m bodyMaterial
    -diffuseColor body.png
    -opacity  body.png
    -metallic  metallicRoughness.png
    -roughness  metallicRoughness.png
    -normal normal.png
    -occlusion ao.png
```

　　从命令格式可以看出，USDZ 支持 PBR 渲染，并且是 Metallic-Roughness 工作渲染流。使用该工具转换模型文件时，我们只需将相应的网格、纹理对照参考输入，即可完成转换。除此之外，该工具还支持网格分组、支持材质分组、支持对 USDZ 文件的验证等，具体使用方法读者可以参阅相应的文档。

13.2.2　Reality Converter

　　2020 年，苹果公司又发布了一款转换 USDZ 格式文件的新工具，称为 Reality Converter，新工具摒弃了命令行的方式，提供了直观的窗口操作模式（该工具实际上源自 USDZ Tools），因此更方便使用。该工具支持将 .obj、.gltf、.fbx、.usd 4 种格式文件转换到 USDZ 格式。

　　该工具也可以从苹果公司官方网站下载[②]，下载并安装后，打开的程序界面如图 13-2 所示。

---

①　网址为 https://developer.apple.com/augmented-reality/tools/。

②　网址为 https://developer.apple.com/augmented-reality/tools/。

图 13-2　Reality Converter 窗口

从图 13-2 可以看到，Reality Converter 工具界面非常简洁，可以直接将 .obj、.gltf、.usd 文件拖曳到左侧的模型预览窗口中导入，当模型加载后，可以进行缩放、旋转、平移等常规操作，以便查看模型的各个角度及细节。

单击左上角 Models 按钮，会展开当前打开的所有模型，通过展开面板可以选择、关闭、切换管理多个模型（如果直接将多个模型拖曳到左侧模型预览窗口中，则可以通过 Models 按钮切换预览的模型）；单击 Frame 按钮允许以逐帧的方式查看模型动画（USDZ 支持动画）；在右上角 Environment 选项卡打开的面板中可以使用 6 种内置的环境贴图模式（Image Based Lighting，IBL 环境映射），可以模拟绝大部分使用场景的环境光照明，还可以设置环境贴图是否可见及曝光度（Exposure）；在 Materials 材质面板可以设置 USDZ 支持的所有 PBR 贴图纹理，包括清漆（Clear Coat）纹理、清漆粗糙度（Clear Coat Roughness）纹理。Reality Converter 已经预设纹理贴图框，只需将相应贴图纹理拖曳到对应纹理贴图框，如果模型材质有分组，则可以选择分组单独设置贴图纹理；Properties 面板用于填写版权信息及设置模型尺寸所使用的单位，建议使用国际单位米（Meters）。

Reality Converter 工具是个所见即所得的工具软件，我们能即时地看到所做的更改产生的变化。在设置完所有内容后，在工具菜单栏中依次选择 File→Export 导出 USDZ 格式文件即可。

该工具还可以一键导出所有待转换的模型，或者直接分享到其他设备，使用也非常直观，在实际开发中，推荐使用该转换工具，读者可以查阅相关资料了解更详细信息。

13.2.3 USD Unity 插件

除使用苹果公司官方的转换工具外，Unity 引擎目前也可以通过 USD 插件转换和导出 USDZ 格式文件，具体操作如下：

（1）打开 Unity 软件，在菜单中依次选择 Window → Package Manager，打开资源包管理器，然后单击该窗口左上角 "＋" 符号下拉菜单，选择 Add package from git URL，如图 13-3 所示。

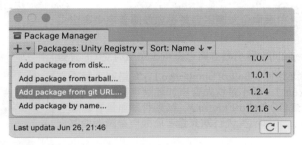

图 13-3　在 Package Manager 窗口中选择 Add package from git URL

（2）在随后出现的输入框中输入 com.unity.formats.usd@3.0.0-exp.2 后按 Enter 键即可下载并安装该插件，安装完成后的插件界面如图 13-4 所示。

图 13-4　在 Package Manager 窗口中下载并安装 USD 插件包示意图

为确保该插件正常工作，还需要将工程颜色空间设置为线性（Linear），并将 API Compatibility Level 设置为 .Net Framework 兼容，如图 13-5 和图 13-6 所示。

图 13-5　将场景颜色空间设置为线性

图 13-6　将 API 兼容设置为 .NET Framework

由于 USDZ 只支持 PBR 渲染 Metallic-Roughness 工作流，因此所有需要导出的模型材质着色器（Shader）必须为 Standard 着色器，在设置好相应纹理后，还需将模型导入设置面板中的 Model 选项卡 Meshes 下的 Read/Write Enabled 复选框勾选，允许导出模型文件时对几何网格进行修改。

最后，在 Unity 层级（Hierarchy）窗口中选择需要导出的模型，在菜单中依次选择 USD→Export Selected as USDZ 进行模型导出，如图 13-7 所示。

图 13-7　将模型导出为 USDZ 格式

在打开的文件保存对话框中选择好保存路径并保存即可导出 USDZ 格式。

13.3　AR Quick Look 概述

为更便捷地传播及共享 AR 体验，苹果公司引入了 AR Quick Look，并在 iOS 12 及以上版本系统中深度集成了 AR Quick Look，因此可以通过 iMessage、Mail、Notes、News、Safari、Files 等应用直接体验 AR，如图 13-8 所示。AR Quick Look 提供了在 iPhone 和 iPad 上以最简单、最快捷的方式体验 AR 的方法，同时也允许开发者将其集成到应用开发中，大幅度降低了 AR 应用开发门槛。

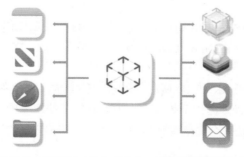

图 13-8　iOS 对 AR Quick Look 进行了深度集成

通俗地讲，AR Quick Look 更像是一个 AR 浏览器，它可以直接使用 AR 方式浏览 USDZ 和 Reality 格式文件，对外封装了所有的技术细节，并提供了非常简洁清晰的使用接口，简单到只需提供文件路径。对集成该框架的应用，如 iMessage，直接单击 USDZ 文件就可以启动 AR 体验模式，在 AR Quick Look 检测到平面后会自动放置模型文件，并提供以下模型操纵功能。

（1）移动：通过选择模型，单指拖动可以移动模型[①]，AR Quick Look 支持水平平面和垂直平面检测，可以将模型从水平平面拖动到垂直平面上，反之亦然（在配备有 LiDAR 传感器的设备上，AR Quick Look 可以将模型拖动到任何已重建的场景几何表面上）。

（2）缩放：可以通过双指捏合手势缩放模型，也可以通过双击模型将模型还原到 100% 大小（模型原始尺寸）。

（3）旋转：通过双指扭转手势进行模型旋转（双指同时顺时针或者逆时针旋转），双击模型将模型还原到原始方向。

（4）提升：通过两指向上滑动手势可以提升模型，让模型悬空。

（5）拍照：单击 AR Quick Look 界面上的圆形按钮可以拍摄当前 AR 场景照片，并自动保存到相册中。

（6）录像：长按 AR Quick Look 界面上的圆形按钮可以录制当前 AR 场景的短视频，并自动保存到相册中。

（7）分享：通过 AR Quick Look 界面右上角的分享按钮可以分享当前模型场景（实际上是直接将 USDZ 模型文件发送给对方），如图 13-9 所示。

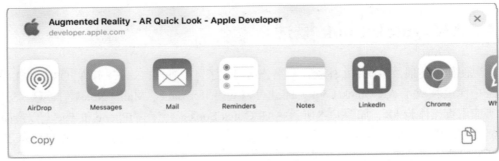

图 13-9　可以将 AR 体验分享给其他人

（8）3D 查看：可以将浏览模式切换到 Object 以 3D 形式浏览模型。

（9）关闭：通过单击 AR Quick Look 界面左上角的"×"符号关闭 AR 体验并返回调用应用程序。

AR Quick Look 提供了 AR 和 3D 两种查看模型的方式，这两种方式所使用的手势完全一致，并且这些手势与 iOS 日常操作手势一致，大大降低了使用者操作 AR 的难度。

AR Quick Look 虽然是一个简单直观易用的框架，但其功能非常丰富，它支持当前 ARKit

---

① 移动模型时手指需要按压住模型并进行拖动。

的所有功能，并会根据运行时的设备硬件资源自动启用或者停用特定功能[①]，在停用某功能后还会启用替代方案，这些功能全部自动化完成，无须开发者任何形式的介入。

AR Quick Look 的功能特性如下。

（1）锚点：AR Quick Look 支持水平平面、垂直平面、场景几何、2D 图像、3D 物体、人脸、人体类型对象检测跟踪，即在启动后会根据配置检测识别这些类型并在检测成功后自动生成相应 ARAnchor（锚点），如图 13-10 所示。

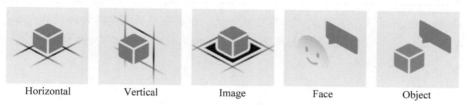

Horizontal　　　　Vertical　　　　Image　　　　Face　　　　Object

图 13-10　AR Quick Look 自动检测识别物体生成锚点

（2）人形遮挡（Occlusion）：在受支持的设备上启用人形与人脸遮挡功能。

（3）物理与碰撞：支持物理模拟，如重力可使物体下坠、物体反弹与相互之间的碰撞。

（4）触发器和行为（Triggers & Behaviors）：支持事件和动画的触发，支持使用者与虚拟元素、虚拟物体与现实环境之间的交互。

（5）实时阴影：虚拟元素会将真实感极强的实时阴影投射到检测到的表面上，阴影质量取决于设备硬件，在高端设备上会使用光线跟踪（Ray traced）方法生成高质量阴影，而在低端设备上则会使用投影阴影（Project Shadow）方法生成阴影。

（6）环境反射：AR Quick Look 会从用户的真实环境中实时采样当前环境信息，并使用 HDR（High Dynamic Range，高动态范围）、颜色映射（Tone Mapping）、色彩校正（Color Correction）等技术渲染虚拟元素以控制虚拟元素的反射、光照信息，营造真实可信的 AR 体验。

（7）相机噪声：模拟在低光照条件下相机产生的噪声并以此来渲染虚拟元素。

（8）运动模糊：模拟在物体快速移动时相机产生的模糊现象。

（9）景深（Depth of Field）：模拟数码相机焦点的聚焦与失焦现象。

（10）多重采样（Multi-Sampling）：对 3D 模型边缘进行多重采集以平滑边界。

（11）高光（Specular Anti-aliasing）：对高反射光进行抗锯齿处理以防止闪烁现象。

（12）清漆（Clear Coat）：清漆用于模拟物体表面的玻璃样高反光现象，BPR 渲染支持清漆材质。

（13）环境与空间音效：支持环境中的背景音效与物体的 3D 音效，能真实模拟声音随距离变化的衰减效果。

（14）Apple 支付：AR Quick Look 支持使用 Apple 支付功能，用户可以直接在 AR Quick

①　如在设备配备有 LiDAR 传感器时会自动启用场景几何表面网格功能，实现更精细的场景重建，而在不配备该传感器的设备上则只会使用平面检测功能。

Look 中下单支付而不用离开 AR 体验环境。

（15）在配备 LiDAR 传感器的设备上，由于 LiDAR 传感器对场景深度值的精确快速检测能力，AR Quick Look 还能实现场景遮挡、物理模拟，并且自动放置虚拟物体速度更快，用户体验更好。

（16）自定义功能：为满足开发者的需求，AR Quick Look 还支持简单的定制化开发。

> **提示**
>
> AR Quick Look 支持 ARKit 的所有功能特性，但有些特性需要特定的硬件设备，只有配备 A13 以上处理器的机型才能支持上述的全部功能特性，在不支持的机型上，一些功能特性不会开启，也不会产生效果。

13.4　App 应用中嵌入 AR Quick Look

AR Quick Look 功能强大，但在应用中嵌入使用它实现 AR 体验却非常简单，如其他所有 Quick Look 的使用一样，简单到只需提供一个文件名就可以达到目的。

AR Quick Look 支持 .usdz 和 .reality 两种格式文件，如果在 Xcode 工程中引入了 Reality Composer 工程文件（.rcproject），在 Xcode 编译时会自动将 .rcproject 文件转换成 .realtiy 格式打包进应用程序包中。

在应用中嵌入使用 AR Quick Look 时需要遵循 QLPreviewControllerDataSource 协议并实现该协议定义的两种方法，如表 13-1 所示。

表 13-1　QLPreviewControllerDataSource 协议方法

方法名称	描　　述
numberOfPreviewItems (in: QLPreviewController) –> Int	AR Quick Look 需要知道浏览的模型数目，通常返回 1
previewController (QLPreviewController, previewItemAt: Int) –> QLPreviewItem	提供给 AR Quick Look 具体需要展示的模型

在 previewController() 方法中，可以直接返回 QLPreviewItem 类型实例，也可以返回 ARQuickLookPreviewItem 类型实例。ARQuickLookPreviewItem 类继承自 QLPreviewItem 类，是专为 AR 展示定制的类型，该类提供了两个 AR 专用属性：allowsContentScaling 和 canonicalWebPageURL，其中 allowsContentScaling 为布尔值，用于设置是否允许缩放模型，这在一些实物展示类应用场合会比较有用，如家具展示，一般没有必要允许使用者缩放模型；canonicalWebPageURL 用于设置分享的文件 URL，如果设置了该值，则在使用 AR Quick Look 分享时会分享该链接地址，而如果没有设置，则会直接分享模型文件（.usdz 或 .reality 文件）。

下面模拟实际使用场景进行演示，为了简单起见，我们只在主场景中设置一个按钮，当用户单击这个按钮时会调用 AR Quick Look 展示指定的模型，并设置是否允许缩放和分享链接属性[①]。

（1）在界面设计使用 SwiftUI 时，新建一个 SwiftUI 文件，命名为 ARQuickLookView，如图 13-11 所示。

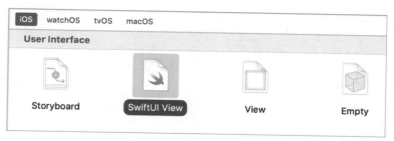

图 13-11　新建 SwiftUI 文件

编写的 Swift 代码如下：

```
//第 13 章 /13-2

import SwiftUI
import QuickLook
import ARKit

struct ARQuickLookView: UIViewControllerRepresentable {
    var fileName: String
    var allowScaling: Bool
    func makeCoordinator() -> ARQuickLookView.Coordinator {
        Coordinator(self)
    }
    func makeUIViewController(context: Context) -> QLPreviewController {
        let controller = QLPreviewController()
        controller.dataSource = context.coordinator
        return controller
    }

    func updateUIViewController(_ controller: QLPreviewController,context:
Context) {}
    class Coordinator: NSObject, QLPreviewControllerDataSource {
        let parent: ARQuickLookView
        private lazy var fileURL: URL = Bundle.main.url(forResource: parent.fileName,
withExtension: "usdz")!
        init(_ parent: ARQuickLookView) {
            self.parent = parent
            super.init()
```

---

① 本节的操作基于 Xcode，使用原生 Swift 语言进行代码编写，而非在 Unity 中。

```
        }
        func numberOfPreviewItems(in controller: QLPreviewController) -> Int {
            return 1
        }
        func previewController(_ controller: QLPreviewController,previewItemAt
index: Int) -> QLPreviewItem {
            guard let filePath = Bundle.main.url(forResource: parent.fileName,
withExtension: "usdz") else {fatalError("无法加载模型")}
            let item = ARQuickLookPreviewItem(fileAt: filePath)
            item.allowsContentScaling = parent.allowScaling
            item.canonicalWebPageURL = URL(string: "https://www.example.com/
example.usdz")
            return item
        }
    }
}
```

在上述代码中，首先定义了 fileName、allowScaling 两个变量，用于存储 ARQuickLook-PreviewItem 属性信息，然后遵循了 QLPreviewControllerDataSource 协议并实现了该协议的两个方法。将该类独立出来是为了更好地组织代码、方便使用、简化主代码逻辑。

（2）在主场景中放置一个按钮，并设置当按钮被单击时启用 AR Quick Look 并显示实例化的 ARQuickLookView 场景，Swift 代码如下：

```
// 第 13 章 /13-3

import SwiftUI
struct ContentView : View {
    @State var showingPreview = false
    var body: some View {
        VStack {
            Button("在 AR 模式中预览模型") {
                self.showingPreview.toggle()
            }
            .padding(.all)
            .background(Color.yellow)
            .sheet(isPresented: $showingPreview) {
                VStack {
                    HStack {
                        Button("关闭") {
                            self.showingPreview.toggle()
                        }
                        Spacer()
                    }
                    .padding()
                    .background(Color.red)
                    // 实现 AR 体验
```

```
                        ARQuickLookView(fileName: "fender_stratocaster",allowScaling:
true).edgesIgnoringSafeArea(.all)
                }
            .edgesIgnoringSafeArea(.all)
            }
        }
        .edgesIgnoringSafeArea(.all)
    }
}
```

在上述代码中，由于前面已经将 AR Quick Look 使用代码封装到 ARQuickLookView 结构体中，在主代码中直接调用即可。编译运行，在应用启动后，单击预览按钮会切换到 AR Quick Look 界面，效果如图 13-12（a）所示。

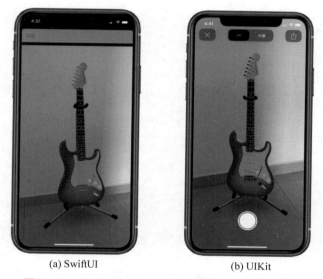

(a) SwiftUI　　　　　　　　　(b) UIKit

图 13-12　使用 AR Quick Look 浏览 AR 模型效果图

（3）在界面设计不使用 SwiftUI 时，如使用 UIKit 时，调用 AR Quick Look 的方法稍微有点不同，但同样也需要遵循 QLPreviewControllerDataSource 协议并实现该协议的两个方法。下面以 UIKit 为例进行 AR Quick Look 使用演示，新建一个 Swift 代码文件，命名为 ViewController，如图 13-13 所示。

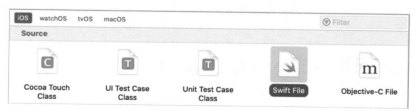

图 13-13　新建 Swift 类文件

编写 Swift 代码如下：

```
// 第 13 章 /13-4

import UIKit
import QuickLook
import ARKit

class ViewController: UIViewController, QLPreviewControllerDataSource {
    override func viewDidAppear(_ animated: Bool) {
        let previewController = QLPreviewController()
        previewController.dataSource = self
        present(previewController, animated: true, completion: nil)
    }

    func numberOfPreviewItems(in controller: QLPreviewController) -> Int
{ return 1 }

    func previewController(_ controller: QLPreviewController, previewItemAt
index: Int) -> QLPreviewItem {
        guard let filePath = Bundle.main.url(forResource: "fender_stratocaster",
withExtension: "usdz") else {fatalError("无法加载模型")}
        let item = ARQuickLookPreviewItem(fileAt: filePath)
        item.allowsContentScaling = true
        item.canonicalWebPageURL = URL(string: "https://www.example.com/example.
usdz")
        return item
    }
}
```

上述代码实现的功能与代码 13-3 完全一样，编译运行，效果如图 13-12（b）所示。

在 iOS 13 及以上版本系统中，AR Quick Look 还支持多模型展示，并支持环境光照明，这大大地拓宽了其使用领域，可以实现诸如家具布置、模型对比等功能。另外，AR Quick Look 与 Reality Composer 的组合使用，对设计人员非常友好，可以快速开发出 AR 应用原型。

> **提示**
>
> 在本书创作时，使用 SwiftUI 设计开发的界面实现 AR Quick Look 浏览 AR 模型时没有显示 UI 图标，这应当是由于 AR Quick Look 对 SwiftUI 支持还不够完善引起的，随着 RealityKit 的发展，相关功能也会进一步完善。

13.5 Web 网页中嵌入 AR Quick Look

在支持 ARKit 的设备上，iOS 12 及以上版本系统中的 Safari 浏览器支持 AR Quick Look，因此可以通过浏览器直接使用 3D/AR 的方式展示 Web 页面中的模型，目前 Web 版本的 AR

Quick Look 只支持 USDZ 格式文件。

　　苹果公司自建了一个 3D 模型示例库 ①，当通过支持 ARKit 的 iOS 设备使用 Safari 浏览器访问上述页面时，可以看到每个可以使用 AR Quick Look 浏览的模型文件图片的右上角都有一个小虚立方体标识，如图 13-14 所示。

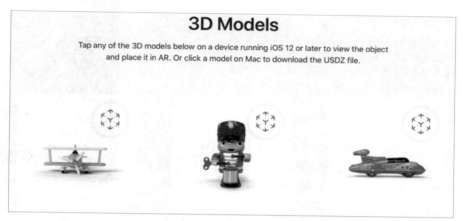

图 13-14　可以使用 **AR Quick Look** 的模型图片上均有标记

　　单击图片即可在浏览器中打开 AR Quick Look，使用体验与本地应用完全一致。Web 页面内容与 AR Quick Look 嵌入模型融合得非常好，过渡非常平滑。

　　技术层面，为了从 Web 页面内容中区分出可以使用 AR Quick Look 浏览的模型，苹果公司在 HTML 中的 <a> </a> 标签内加入了一个属性标识 <a rel="ar"> </a>，Safari 浏览器在检测到该属性标识后就会调用 AR Quick Look 打开链接中的模型文件，在 AR 体验结束后会直接返回原浏览页面。

　　除了在 <a> </a> 标签中加入属性标识，为避免歧义，苹果公司还规定，在 <a> </a> 标签中必须有且仅有一个 <img/> 标签，用于显示与模型对应的图片（该图片被称为海报，一般是模型的渲染图片，当然也可以使用任何其他图片），典型的 HTML 代码如下：

```
// 第 13 章 /13-5

<a rel="ar" href="model.usdz">
    <img src="model-preview.jpg">
</a>
```

　　在 W3C 标准中，<a> </a> 标签并不包含 rel="ar" 属性标识，所以在 <a> </a> 标签中加入 rel="ar" 属性只是苹果公司自己的行为，因此只能在 Safari 中得到合理解析，在其他浏览器（如 Chrome、Firefox）中则无法识别，因此无法解析所链接的 USDZ 模型文件（通常情况下会直接被当作压缩文件下载），也无法调用 AR Quick Look，自然更无法使用 AR 体验。

---

　　① 网址为 https://developer.apple.com/augmented-reality/quick-look/。

在实际项目中，为了提高兼容性，可以通过 JavaScript 脚本检查所使用的浏览器类型，也可以使用如下 JavaScript 代码检查 rel="ar" 属性的支持情况，以便根据不同的情况进行不同的处理（在受支持的环境中使用 AR 浏览，在不支持的环境中启用其他替代方案）：

```
//第13章/13-6

const a = document.createElement("a");
if (a.relList.supports("ar")) {
  //AR 可用
}
```

在 Web 页面中嵌入 AR Quick Look 支持 3D/AR 功能，很多时候是为了满足电子商务的需求，为了方便用户直接从 AR Quick Look 中实现购买支付、执行自定义操作，AR Quick Look 扩展了在 Web 端的功能（需要 iOS 13.3 及以上系统），支持商品描述和下单购买等功能，如图 13-15 所示。

图 13-15　在 Web 中浏览 AR 商品时可直接下单购买

13.5.1　选择支付样式

ARKit 预定义了 7 种支付样式，如图 13-16 所示，开发人员可以选择其中之一作为 AR Quick Look 中的支付显示类型。

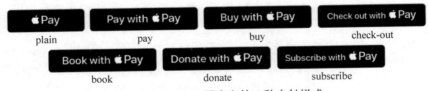

图 13-16　ARKit 预定义的 7 种支付样式

不同样式的使用方法是将显示样式类型作为模型文件的 applePayButton 参数传递，如使用 plain 样式显示支付按钮时，HTML 代码如下：

```
//第13章/13-7

<a rel="ar" href="https://example.com/biplane.usdz#applePayButtonType=plain">
    <img src="model-preview.jpg">
</a>
```

13.5.2　显示自定义按钮文件

除了显示 ARKit 预定义的支付按钮图标，也可以显示自定义的文字按钮，如图 13-17 所示。

图 13-17　自定义文字按钮

显示自定义文字按钮的方法是将文字作为模型文件的 callToAction 参数传递，如显示"去购买"的示例 HTML 代码如下：

```
// 第 13 章 /13-8

<a rel="ar" href="https://example.com/biplane.usdz#callToAction=%e5%8e%bb%e8%
b4%ad%e4%b9%b0">
    <img src="model-preview.jpg">
</a>
```

提示

附加于模型地址后的参数都需要以 URL 编码的方式对特殊字符进行编码，如空格的编码为 %20，如不编码，则会造成传输错误而无法解析。在使用汉字时，也需要对汉字进行 URL 编码。

13.5.3　自定义显示文字

为了更好地描述所展示的商品，还可以自定义当前商品的名称（checkoutTitle）、简要介绍（checkoutSubtitle）、价格（price），如图 13-18 所示。

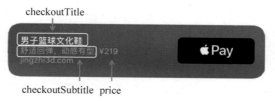

图 13-18　自定义商品名称、简介、价格

使用方法是将文字信息作为模型文件的 checkoutTitle、checkoutSubtitle、price 参数对进行传递，参数对之间通过 & 连接，HTML 代码如下：

```
// 第 13 章 /13-9

<a rel="ar" href="https://example.com/biplane.usdz#applePayButtonType=buy&che
ckoutTitle=%e7%94%b7%e5%ad%90%e7%af%ae%e7%90%83%e6%96%87%e5%8c%96%e9%9e%8b&check
outSubtitle=%e8%88%92%e9%80%82%e5%9b%9e%e5%bc%b9%ef%bc%8c%e5%8a%a8%e6%84%9f%e6%9
c%89%e5%9e%8b&price=¥219">
```

```
        <img src="model-preview.jpg">
    </a>
```

如果 checkoutTitle、checkoutSubtitle 传输的文字过多，AR Quick Look 则会直接截断文字，并使用省略号（...），表示文字过多未显示完整。

13.5.4　自定义显示条目

上述显示样式是 ARKit 提供的标准参考样式，除此之外，也可以提供完全自定义的条目显示样式，其方法是通过先预定义一个 HTML 条目显示文件，在模型文件后使用 custom 参数传递该 HTML 文件路径，示例 HTML 代码如下：

```
// 第 13 章 /13-10

<a rel="ar" href="https://example.com/biplane
.usdz#custom=https://example.com/customBanners/
comingSoonBanner.html">
    <img src="model-preview.jpg">
</a>
```

在上述代码中，通过预先制作了一个名为 comingSoonBanner.html 的 Web 页面文件，预定义了相应的文字图片样式，然后将其路径作为 custom 参数传递，效果如图 13-19 所示。

需要注意的是，custom 提供的文件路径必须是绝对 URL 路径，另外出于安全考虑，只允许使用 HTTPS 协议传输 HTML 文件内容，并且 AR Quick Look 只显示 HTML 中的静态信息，任何脚本、事件都将被忽略。

图 13-19　完全自定义条目显示样式

13.5.5　自定义条目高度

在使用自定义条目时，可以通过 customHeight 定义条目的高度，AR Quick Look 支持 3 种高度类型，分别是 small（81 像素）、medium（121 像素）、large（161 像素），使用方法及 HTML 代码如下：

```
// 第 13 章 /13-11

<a rel="ar" href="https://example.com/biplane.usdz#custom=https://example.
com/my-custom-page.html&customHeight=large">
    <img src="model-preview.jpg">
</a>
```

AR Quick Look 会根据硬件设备屏幕尺寸和方向自动缩放宽度，自定义条目的最大宽度为 450 像素，如果省略 customHeight 参数，则默认使用 small 类型高度，任何不符合要求的自定义高度信息都将被忽略。

13.5.6　事件处理

在 13.5.1 和 13.5.2 节中，设置和显示了支付和自定义文字按钮，但并没有处理按钮单击事件。当用户单击支付或者自定义按钮时，会触发一个 <a> </a> 标签事件，可以通过 <a> </a> 标签 ID 检测到该事件，如定义了一个 ID 名为 ar-link 的 <a> </a> 标签，HTML 代码如下：

```
// 第 13 章 /13-12

<a id="ar-link" rel="ar" href="https://example.com/cool-model.usdz#applePayBu
ttonType=pay....etc">
  <img src="model-preview.jpg">
</a>
```

当用户单击支付按钮时，Safari 浏览器会触发 <a></a> 标签单击事件，这时可以通过在 JavaScript 脚本中检测 event.data 是否等于 _apple_ar_quicklook_button_tapped 判断单击操作是否来自 AR Quick Look，然后根据判断结果进行相应处理，用于事件处理的 JavaScript 代码如下：

```
// 第 13 章 /13-13

const linkElement = document.getElementById("ar-link");
linkElement.addEventListener("message", function (event) {
    if (event.data == "_apple_ar_quicklook_button_tapped") {
        // 用户单击处理逻辑
    }
}, false);
```

JavaScript 事件消息完全遵循 DOM 的处理规则，因此，除了上述代码所示只监听特定 ID 的方法，也可以直接定义一个全局的 <a> </a> 事件监听器，然后使用 .target 属性区分事件来自哪个特定的 ID 对象，这样就可以处理所有的 <a> </a> 单击事件了。

如果使用苹果支付，则可以直接调用 Apple Pay JS API 的相关接口进入支付环节。如果处理的是用户自定义的按钮，则通常是将商品添加到购物车或者跳转到支付界面，具体不再赘述。

13.6　使用 AR Quick Look 的注意事项

AR Quick Look 支持 PBR 渲染技术，渲染的虚拟物体具有很强的真实感。例如，粗糙度属性会影响光线在哑光表面上的漫反射方式，利用多重散射算法实现粗糙效果，从而增强虚拟物体的纹理和真实感。此外，还可以使用清漆贴图（Clear Coat），为虚拟内容增添光泽感。

清漆贴图是一种高级材质贴图，清漆贴图源于瓷器工艺，通常在瓷器制作完成后会在其表面再刷一层清漆用于保护，刷过清漆的瓷器表面会呈现一种玻璃样通透的质感，如图 13-20 所示，所以清漆贴图通常用于模拟光滑玻璃样表面。

图 13-20　清漆贴图对材质外观质感的影响，左图为正常纹理，右图为使用清漆贴图纹理

AR Quick Look 支持清漆贴图与清漆粗糙度贴图（Clear Coat Roughness），在具体执行中，ARKit 对粗糙度采用多次散射（Multi-scattering）算法，对材质表面粗糙度的模拟更细致，结合清漆贴图与清漆粗糙度贴图可以细致地模拟物体表面的散光，效果更真实可信，如图 13-21 所示。

图 13-21　多次散射与清漆贴图的使用对物体外观表现影响对比图

清漆贴图和清漆粗糙度贴图对物体表面质感的渐进式影响如图 13-22 所示，这两种贴图纹理的取值范围均为 [0，1]，即从 0 到 1，清漆贴图对物体表面渲染影响越来越弱，清漆粗糙度贴图则会让物体对光照反射越来越模糊。清漆贴图和清漆粗糙度贴图与其他材质贴图结合使用，可以让模型更生动真实。

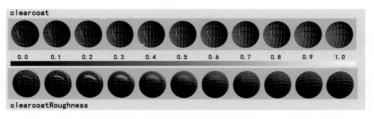

图 13-22　清漆贴图与清漆粗糙度贴图对物体表面质感的影响

多重散射粗糙效果会影响哑光质感模型表面上的光线反射或漫反射方式。AR Quick Look 以细腻的方式处理模型的粗糙度（Roughness）、金属度（Metallic）和高光反射（Specular）分量。可以通过配置 USDZ 格式资源的粗糙度、金属度和高光反射输入值，让反射和漫反射恰当地融合在一起。

粗糙度分量用于控制模型表面的纹理。当粗糙度值为 0（光滑）时，会形成镜面反射；当粗糙度值为 1（粗糙）时，则会形成漫反射，从而使表面暗淡哑光。图 13-23 显示了 roughness 参数在 0 和 1 之间变化的效果，左侧该值为 0。

图 13-23　粗糙度分量对物体表面质感的影响

金属度分量用于定义模型是呈现出绝缘体质感（0）还是金属质感（1）。图 13-24 显示了金属度分量在 0 和 1 之间变化的效果，左侧该值为 0。

图 13-24　金属度分量对物体表面质感的影响

对绝缘体材质，高光反射分量用于控制模型表面光照的反射程度，范围从 0（不反射）到 1（全反射）。图 13-25 显示了高光反射分量参数在 0 和 1 之间变化时的高光效果，左侧该值为 0。

图 13-25　高光反射分量对物体表面质感的影响

AR Quick Look 功能强大，可以渲染出真实感极强的 AR 效果，如 PBR 材质、实时软阴影、运动模糊、景深、人形人脸遮挡等，但开发人员应当明白，营造这些出色效果的背后是强大的计算资源支持，如果过多过滥地使用材质、纹理、模型则会导致性能快速降低，甚至出现卡顿、假死等现象，因此，在使用 AR Quick Look 时也需要进行一些限制与优化。

1. 优化模型和透明度

AR Quick Look 支持多模型展示，但通常而言，每个模型渲染都需要一个 Drawcall，过多的 Drawcall 会导致 GPU 与 CPU 过载，因此，为减少内存使用、提高性能，建议将总模型数目控制在 50 个以内，模型总多边形数保持在 10 万面左右。同时可以将共享相同材质的模型对象合并，尽量使用合并各种小纹理的大纹理集，而不是分散使用小纹理，因为纹理不同会导致模型网格无法合并。

另外，透明度混合是逐像素进行的昂贵操作，会大大地增加片元着色器（Fragment Shader）的工作，因此，若希望通过降低应用程序着色器的压力以提高性能，则应谨慎使用透明度。

2. 控制纹理数量

AR Quick Look 支持完整的 PBR 渲染，包括清漆、清面粗糙度等 9 种纹理，大量纹理的处理不仅要消耗内存资源，还会消耗计算资源。为了提升性能，纹理尺寸大小通常需要设置为 1024×1024 像素或更小，最好不要超过 2048×2048 像素。如果有多个小纹理，则可以将它们合并为一个较大的纹理。同时，建议每个模型文件的贴图纹理数量应尽量控制在 6 个以内。

在运行时，AR Quick Look 会自动地为模型所使用的纹理生成 Mipmap，AR Quick Look 还可能会根据设备硬件能力自动缩小纹理尺寸，以将内存的使用控制在一定的范围。

3. 在各种设备上测试

支持 ARKit 的设备多种多样，硬件性能也各不相同，为了更好地兼容所有设备，在开发时应当先从一个保守的设备配置开始，以确保 AR Quick Look 在早期 iOS 设备（iPhone 6s 和第 1 代 iPad Pro）得到支持。AR Quick Look 也会自动检测设备并根据设备性能最佳化使用体验。

高 级 篇

　　本篇为在移动设备上进行 AR 应用开发高级主题篇，主要阐述 AR 应用设计、性能优化相关主题，提升开发人员在 AR 应用开发时的实际应用能力和整体把握能力。

　　高级篇包括以下章节：

　　第 14 章　　AR 应用设计指南

　　本章讨论 AR 应用与普通应用的区别，也会指出在 AR 应用设计开发时应该注意的事项，以及在 AR 应用设计开发中应该遵循的基本准则，阐述提升虚拟对象渲染真实感的方法技巧，着力提升 AR 应用的用户体验。

　　第 15 章　　性能优化

　　AR 应用是计算密集型应用，其运行的载体为轻便移动设备，软硬件资源非常有限，性能优化起着举足轻重的作用，本章主要对 AR 应用开发时的性能问题排查及优化技术进行学习，着力提升 AR 应用的性能。

第 14 章

AR 应用设计指南

AR 是一种全新的应用形式，不同于以往任何一种通过矩形框（电视机、智能手机、屏幕）来消费的视觉内容，AR 是一个完全没有形状束缚的媒介，环境显示区域完全由用户自行控制，这是一种神奇的体验方式，但也给传统操作习惯带来了极大的挑战。本章通过 AR 技术特性、AR 应用设计原则探讨提升 AR 应用用户体验的相关话题。

14.1 移动 AR 带来的挑战

在 AR 眼镜成熟并且价格降到普通消费者可承受之前，基于移动手机和平板电脑的 AR 技术仍会是 AR 应用的主流，也是在元宇宙发展浪潮的初级阶段最有希望率先普及的技术。得益于 Apple ARKit、Google ARCore、华为 AREngine 等 SLAM 引擎，开发 AR 应用的技术门槛也越来越低，这对 AR 应用的普及无疑至关重要。但我们也要看到，AR 应用在带来更强烈视觉刺激的同时，对普通用户长期以来形成的移动设备操作习惯也形成一种挑战。因为 AR 应用与普通应用无论在操作方式、视觉体验还是功能特性方面都有很大的区别。目前，用户形成的某些移动设备操作习惯无法适应 AR 应用，还需要扩展很多特有的操作方式。例如，用户在空间手部动作的识别、凌空对虚拟物体的操控等，这些都是传统移动设备操作中没有的，并且更关键的是目前智能设备操作系统并不是为 AR 应用而开发的，因此从底层架构上就没有彻底地支持 AR，这对开发人员来讲构成了一个比较大的挑战。所以，在设计 AR 应用时，就应当充分考虑这方面的需求，用一种合适的方式引导用户采用全新的操作手段去探索 AR 世界，而不应在这方面让用户感到困惑。不仅如此，对习惯于传统应用开发的设计人员而言，这些挑战还包括以下几个方面。

14.1.1　3D 化思维

相比于传统 PC、手机应用，AR 应用最大的区别是显示方式的变革。传统应用所有的图像、文字、视频等信息均排布在一个 2D 屏幕内，人与机器存在天然的隔离，WIMP（Window，Icon，Menu，Pointer）是其典型的操作方式，而 AR 应用则完全打破了传统屏幕信息显示模式，显示内容彻底摆脱了屏幕的限制，并与真实的现实世界融为一体，人机交互也向着更自然、更直观的 3D 形式演进。因此，设计 AR 应用首先需要将思维从传统的 2D 模式转换到 3D 模式，在设计之初就应当充分考虑应用的交互空间（包括空间大小、平面类型、遮挡关系）、输入方式（语音、手势、控制器）、信息呈现方式（3D 模型、2D 界面、UX 元素）、音效（空间音效、界面反馈音效、背景音效）、融合方式（叠加、遮挡、跟随）等。

3D 思维应该贯穿整个应用开发周期，而不仅局限于界面设计，因为世界本身就是三维的，AR 应用是将人也置于应用之中，而不再将其当成旁观者，这就需要在 AR 应用开发中跳出传统应用设计 2D 思维模式，以一种全新的视角重新审视 AR 应用开发设计。

14.1.2　用户必须移动

由于 AR 应用的技术特性，要求用户要么站起来移动、要么举着手机来回扫描以获得更好的体验。这是与传统移动设备操作最大的不同，在 AR 之前，从来不会有应用要求用户站起来操作，这种操作在带来用户新奇感的同时也会降低用户使用操作时间，由于生物力学原因，没有人愿意为了操作某个 AR 应用而长时间站立。或许在使用初期大家还能忍受为这种神奇而带来的身体不适，但作为一个 AR 应用而言，很难要求用户在长时间使用与长时间移动中取得平衡，而这在使用手机作为 AR 应用硬件载体时表现得尤为突出。

因此，就目前而言，这也是应用开发者在开发 AR 应用时首先要考虑的情况，如果开发的应用持续时间较长那就应该采取合适的方法来降低因为要求用户移动而带来的用户流失风险。

14.1.3　要求手持设备

就目前 AR 主要使用的手机和平板电脑设备而言，运行 AR 应用后要求用户一直手持设备而不能将设备放置在一旁，如图 14-1 所示，这也是对长时间持续使用 AR 应用的一个考验。用户至少需要使用一只手来握持手机或平板以使用 AR，这是对用户的一种束缚，意味着很多看起来很美好的东西其实并不适合做成 AR。

图 14-1　用户操作 AR 应用

要求手持设备带来的另一个问题是会加速用户的疲劳感，在用手机等移动设备看电影时，我们通常会找一个支架或者将移动设备放置在一个让自己感觉很舒适的地方，而这对 AR 应用并不适用，AR 应用启动后如果将移动设备长时间放置在一个地方，则 AR 的所有优势将全部转换为劣势。

另一方面，要求用户手持设备至少会占用用户的一只手（除非借助于专门的支架设备），导致用户在进行其他操作时的便捷度大大降低。例如，修理师傅在使用一个演示发动机构造的 AR 应用修理发动机时，由于要用一只手一直握持设备，从而导致其维修的灵活性与效率下降。

14.1.4　近脸使用

移动手机 AR 应用终归还是手机应用，需要将手机放在脸前。如果是短时的体验，这并没有不妥，但从长远来看，将手机时刻保持在脸前可能会让人感到厌烦，特别是如果用户还处在移动中，如在街上行走。

其他非 AR 应用也要求用户将手机放在脸前，但是非 AR 应用不要求用户必须移动或者手持。考虑这个因素，如移动实景导航类应用就需要格外关注，将手机时刻保持在脸前不仅会导致用户疲劳，还会增加现实环境中的安全风险。同时，将手机放在用户脸前也意味着用户使用 AR 的 FoV（Field of View，视场角）非常有限，这会降低 AR 的整体沉浸感。

14.1.5　手势操作

AR 应用中，用户往往不再满足于屏幕上的手势操作而希望采用空间上的手势操作，在 2D 的屏幕上操作 3D 空间中的对象，这本身就违背了人的操作本能，这不仅会导致沉浸体验降低，也会带来操作上的困难。不过就目前来讲，移动端还没有非常成熟的空间手势操作解决方案，虽然也出现了一些适用于移动设备的手势操作解决方案，但受限于移动终端资源和性能，并未大规模普及，可穿戴肢体动作捕捉设备及灵巧控制器的出现可能会对操作方式中面临的困难起到一定的缓解作用。

> **提示**
>
> 屏幕手势操作就是目前常用的在手机屏幕上单击、滑动、双击等操作方式，这是用户已经习惯的操作方式，也有非常成熟的手势操作识别解决方案。空间手势操作是指用户在空中而非手机屏幕上的操作，也叫虚拟 3D 手势操作。当用户手部在摄像头前时，算法可以捕获并识别用户手掌和手指的变化，并且通过采用计算机视觉分析算法，过滤掉除手掌和手指外的其他轮廓，然后将此转换为手势识别模型，并进一步转换成操作指令。

14.1.6　启动应用

所有移动 App 应用都面临这个问题，如果不打开相应的 App，就不能进行相应操作，但对 AR 应用来讲，这个问题变得更加严重。对用户而言，最自然的方式是在需要时弹出、显示、提示相应的信息，而用户不用去关注其细节，使用以手机为主的移动 AR 显然还做不到，但这个问题归根结底还是没有专门针对 AR 的硬件平台和操作系统，现行的移动操作系统都源自 PC 操作系统，已经不能适应 AR、MR 技术的发展需求。

必须打开 App 与人的本性形成了相对的冲突，人在做某件事情时通常是功利性的，在使用手机端普通 App 应用时，只需轻轻一点就能返回用户满意的结果，而 AR 则不然。如果使用 AR 像使用摄像头拍照那样，则需要用户启动一个 App，但却不总是能给用户以满足，那么启动和关闭 AR 应用将是致命的命题，因为对于基于智能手机的 AR，让用户决定将放在口袋里的手机取出并使用 AR 体验，这本身就是一个挑战，而且目前来看，AR 还不是一种必需品。

14.1.7　色彩运用

由于屏幕显示的一致性，在传统应用配色上，只要符合一定的设计准则，即可提供视觉效果良好的用户界面，而 AR 应用则有很大的不同，其应用背景是现实环境，AR 应用中显示的内容是直接叠加到现实环境色彩之上的，因此存在一个色彩融合的问题。测试结果显示，高饱和度的颜色在适应环境的过程中辨识度更高，纯饱和度的颜色由于只包含单一波长，因此在 AR 应用中所呈现的视觉效果更明亮；深色颜色和现实场景融合度更高，甚至能够融为一体，白色与环境区分度最高，但大面积使用白色，用户在长时间使用时会产生视觉疲劳，也会对眼睛视力造成一定的损害。

通常在 AR 应用中，高饱和度的蓝色、绿色、紫色、橙黄色或白色效果更好，不建议在应用中过多地使用红色，因为红色具有警示效果，容易让人产生误解。另外，在使用 AR 应用时，呈现效果在强背景光的情况下很不理想，即使高饱和度的色彩也很难在高强度光线下完美呈现，如果将 AR 应用设计为在室外环境使用，则应当考虑此因素的影响。

14.2　移动 AR 设计准则

在 14.1 节中，我们了解了当前移动 AR 在使用上对用户操作习惯形成的巨大挑战，对用户而言，如果一个应用不是必不可少但却要求用户付出额外的操作或者让用户感到不适，那么用户很可能就会放弃该应用而选择替代方案，所以在设计 AR 应用时，有些准则需要遵循以使开发的应用更有生命力。

14.2.1　实用性或娱乐性

正如前文所述，说服一个人取出手机并启动 AR 应用本身就是非常大的挑战。要触发此类行为，则该应用必须具备有用或有趣的内容来吸引用户。将一个 3D 模型放在 AR 平面上确实很酷绚，但这并不能每次都能达到触发用户启用 AR 应用的开启线。所以从长远来看，用户真正愿意用的 AR 必须有用或者有趣，如在教学中引入 AR 能强化学生对知识的直观体验，能加深学生对事物的理解；或者如 Pokemon Go 能做得非常有趣，让人眼前一亮。

所以 AR 应用开发创意是击败上述 AR 对用户操作带来挑战的有效手段，一个真正解决用户痛点的 AR 应用会破解所有不利因素的影响。因此，对 AR 开发设计人员来讲，这是首先要遵循的准则，否则可能花费很长时间做出来的应用却无人问津。

14.2.2 虚实融合必须有意义

AR 的字面意思也是增强现实，但只有将虚拟元素与真实环境融合时，增强现实才有意义，并且这种混合场景在单独的现实或单独的虚拟中都不能全部体现，也就是将虚拟对象附加到现实环境中后才具有附加价值。如果附加上的虚拟对象对整体来讲没有附加价值，则这个附加就是失败的。例如，将一个虚拟电视挂在墙上，透过智能手机的屏幕看播放的电影绝对没有附加价值，因为通过这种方式看电影不仅没有增加任何观影体验，而且还会因为手机视场过小而使人感觉很不舒服，结果还不如直接看电视或者在手机上播放 2D 电影更有意义。

但如果开发一个食品检测 AR，能够标注一款食品的卡路里或者各成分含量，在扫描到一个面包后就能在屏幕上显示出对应的卡路里，这符合有意义准则，因为无论是现实还是虚拟都不能提供一眼就可以看到的食品卡路里值。

14.2.3 移动限制

移动 AR 通过设备摄像头将采集的现实物理环境与生成的虚拟对象进行合理组合以提供沉浸式交互体验，如前所述，移动 AR 要求用户一直握持设备，因此设计 AR 应用时对用户移动和设备移动要有良好的考量，尽量不要让用户全时移动并减少大量不必要的设备移动操作。

在交互方面，目前用户习惯于屏幕操作，这就要求在进行 AR 开发设计时，要对现实与虚拟对象的交互有很好的把握。交互设计要可视化、直观化、便于一只手操作甚至不用手去实现。移动 AR 设备是用户进行 AR 体验的窗口，还必须充分考虑到用户使用移动 AR 的愉悦性，设计的 AR 应用要能适应不同的屏幕大小和方向。

14.2.4 心理预期与维度转换

大屏幕移动手机普及后，用户已形成特定的使用习惯及使用预期，2D 应用操作时，其良好的交互模式可以带来非常好的应用体验，但 AR 应用与传统应用在操作方式上有非常大的差异，因此在设计时需要引导用户去探索新的操作模式，鼓励用户在物理空间中移动，并对这种移动给予适当的奖励回报，让用户获得更深入和丰富的体验。

操作习惯的转换固然是很难的，但对开发者而言，其有利的一点是现实世界本身就是三维的，以三维的方式观察物体的这种交互方式也更加自然，良好的引导可以让用户学习和适应这种操作方式。如在图 14-2 中，当虚拟的鸟飞离手机屏幕时，如果能提供一个箭头指向，就可以引导用户通过移动手机设备来继续追踪这只飞鸟的位置，这无疑会提高用户体验效果。

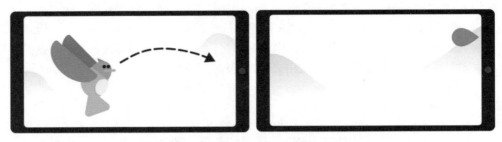

图 14-2　为虚拟对象提供适当的视觉指引

14.2.5　环境影响

　　AR 建立在现实环境基础之上，如果虚拟的对象不考虑现实环境，则将直接降低用户的使用体验。每个 AR 应用都需要拥有一个相应的物理空间与运动范围，过于狭小紧凑的设计往往会让人感到不适。AR 有检测不同平面大小和不同平面高度的能力，这非常符合三维的现实世界，也为应用开发人员准确地缩放虚拟对象提供了机会。

　　一些 AR 应用对环境敏感，另一些则对环境不敏感，如果对环境敏感的应用没有充分地考虑环境影响，则可能导致应用开发失败，如图 14-3 所示，虚拟对象穿透墙壁会带来非常不真实的感觉，在应用开发时，应尽量避免此类问题。

图 14-3　虚拟对象穿透墙壁会带来非常不真实的感觉

14.2.6　视觉效果

　　AR 应用结合了现实物体与虚拟对象，如果虚拟对象呈现的视觉效果不能很好地与现实统一，就会极大地影响综合效果，例如一条虚拟的宠物小狗放置在草地上，小狗的影子与真实物体的影子相反，这将会营造非常怪异的景象。

先进的屏幕显示技术及虚拟照明技术的发展有助于解决一些问题，可以使虚拟对象看起来更加真实，同时 3D 的 UI 设计也能增强 AR 的应用体验。3D UI 的操作（如状态选择和功能选择）对用户的交互体验非常重要，良好的 UI 设计可以有效地帮助用户对虚拟物体进行操作，如在扫描平面时，可视化的效果能让用户实时地了解平面检测的进展情况，并了解哪些地方可以放置虚拟对象。

AR 应用需要综合考虑光照、阴影、实物遮挡等因素，动画、光影等视觉效果的完善对用户的整体体验提升非常重要。

14.2.7　UI 设计

UI 可以分为两类：一类是固定在用户设备显示平面的 UI，这类 UI 不随应用内容的变化而改变；另一类是与对象相关的标签 UI，这类 UI 有自己的空间三维坐标。这里主要指第一类 UI 设计，这类 UI 是用户与虚拟世界交互的中间媒介，也是目前用户非常适应的一种操作方式，但要非常小心，AR 应用 UI 设计需要尽量少而精。由于 AR 应用的特殊性，面积大的 UI 应尽量采用半透明的方式，如一个弹出的物品选择界面，半透明效果可以让用户透过 UI 看到真实的场景，营造一体化沉浸体验，而不应让人感觉 UI 与 AR 分离。同时，过多过密的 UI 会打破用户的沉浸体验，导致非常糟糕的后果，如图 14-4 所示。

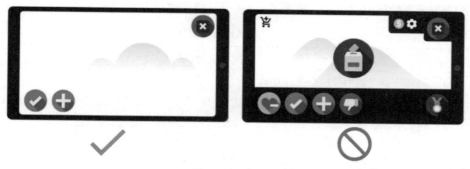

图 14-4　UI 元素过多过密会极大地影响 AR 应用沉浸感

14.2.8　沉浸式交互

在 AR 应用中，所谓沉浸式就是让用户相信虚拟的对象就是存在于现实环境中的对象而不仅是一个图标。这是 AR 应用与 VR 应用在沉浸式方面的不同之处，VR 天生就是沉浸式的，而 AR 由于现实世界的参与让沉浸变得困难。

由于上述原因，移动 AR 在设计交互时，包括对象交互、浏览、信息显示、视觉引导方面都与传统的应用设计有很大的不同。例如，在信息显示时根据对象的远近来决定显示信息的多少，这就会让用户感到很符合实际；通过考虑将虚拟对象放置在固定位置或动态缩放，可以优化可读性、可用性和用户体验；由于真实世界的三维特性，对虚拟物体的直接操作比对通过 UI 图标操作更符合 AR 应用，如图 14-5 所示。

图 14-5　对虚拟物体的直接操作比对通过 UI 图标操作更符合 AR 应用

14.3　移动 AR 设计指南

在 AR 应用开发中遵循一些设计原则，可以应对移动 AR 带来的挑战，并能为用户操作提供方便和提升应用的体验效果。总体来讲，AR 设计应当遵循表 14-1 所示原则。

表 14-1　移动 AR 应用设计指南

体验要素	设计指南
操作引导	循序渐进地引导用户进行互动
	图文、动画、声频结合引导，能让用户更快上手操作，可通过声频、振动烘托气氛，增强代入感
	告知用户手机应有的朝向和移动方式，引导图表意清楚，明白易懂
模型加载	避免加载时间过长，减少用户对加载时长的感知
	大模型加载提供加载进度图示，减少用户焦虑
交互	增加趣味性、实用性，提高用户互动参与度
	避免强制性地在用户环境中添加 AR 信息
	综合使用声频、振动可以提升沉浸感
	操作手势应简单统一，符合用户使用习惯
状态反馈	及时对用户的操作给予反馈，减少无关的杂乱信息干扰
模型真实感	充分运用光照、阴影、PBR 渲染、环境光反射、景深、屏幕噪声等技术手段提高模型真实质感，提高模型与环境的融合度
异常引导	在运行中出现错误时，通过视觉、文字等信息告知用户，并允许用户在合适的时机重置应用

14.3.1　环境

VR 中的环境由开发者在开发应用时确定，开发人员能完全控制使用者所能体验到的各类环境，这也为用户体验的一致性打下了良好的基础。AR 应用使用的环境却千差万别，AR 应用必须足够 "聪明" 才能适应不同的环境，不仅如此，更重要的是 AR 的设计开发人员需要比其他应用开发人员更多地考虑这种差异，并且形成一套适应这种差异的设计开发方法。

1. 真实环境

AR 设计者要想办法让用户了解到使用该应用时的理想条件，还要充分考虑用户的使用环境，从一个桌面到一个房间再到开阔的空间，用合适的方式让用户了解使用该 AR 应用可能需要的空间大小，如图 14-6 所示。尽量预测用户使用 AR 应用时可能带来的一些挑战，包括需要移动身体或者移动手机等。

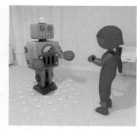

图 14-6　预估 AR 应用可能需要的空间

特别要关注在公共场所使用 AR 应用所带来的更多挑战，包括大场景中的跟踪和景深遮挡的问题，还包括在用户使用 AR 应用时带来的潜在人身安全问题或者由于用户使用 AR 而导致出现一些影响他人正常活动的问题。

2. 增强环境

增强环境由真实的环境与叠加在其上的虚拟内容组成，AR 能根据用户的移动来计算用户的相对位置，还会检测捕获摄像头图像中的特征点信息并以此来计算其位置变化，再结合 IMU 惯性测量结果估测用户设备随时间推移而相对于周围环境的姿态（位置和方向）。通过将渲染 3D 内容的虚拟相机姿态与 AR 设备摄像头的姿态对齐，用户就能够从正确的透视角度看到虚拟内容。渲染的虚拟图像可以叠加到从设备摄像头获取的图像上，让虚拟内容看起来就像现实世界的一部分。

从前面章节已经知道，ARKit 可以持续地改进对现实环境的理解，它可以对水平、垂直、有角度的表面特征点进行归类和识别，并将这些特征点转换成平面供应用程序使用，如图 14-7 所示。

目前影响准确识别平面的主要因素如下：

（1）无纹理的平面，如白色办公桌、白墙等。

图 14-7　ARKit 检测环境并进行平面识别

（2）低亮度环境。

（3）极其明亮的环境。

（4）透明反光表面，如玻璃等。

（5）动态的或移动的表面，如草叶或水中的涟漪等。

　　当用户在使用 AR 时遇到上述环境限制时，需要设计友好的提示告知用户改进环境或者操作方式。

14.3.2　用户细节

　　在智能设备的长期使用中，用户已经习惯了当前移动设备的 2D 交互方式，往往都倾向于保持静止，但 AR 应用是一种全新的应用形式，在 AR 中，保持静止就不能很好地发挥 AR 的优势。因此，在设计时应当关注此差异并遵循适当的设计原则，引导用户熟悉新的交互操作形式。

1. 用户运动

　　AR 要求用户移动操作的特殊性，与传统的设备操作习惯形成相对冲突，这时开发人员就应该通过合适的设计引导用户体验并熟悉这种新的操作模式。例如，将虚拟对象放置在别的物体后面或者略微偏离视线中央可触发用户进一步探索的欲望，如图 14-8 所示。另外，通过合适的图标来提示用户进行移动以便完成后续操作也是不错的选择。

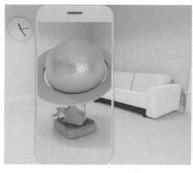

图 14-8　虚拟对象隐藏在别的物体后面或适当地偏离用户视线可触发用户进行探索的欲望

　　根据用户的环境和舒适度，用户手持设备运动可以分为 4 个阶段，如图 14-9 所示，这 4 个阶段如下：

（1）坐着，双手固定。

（2）坐着，双手移动。

（3）站着，双手固定。

（4）全方位的动作。

图 14-9　用户手持设备运动阶段示意图

　　从（1）到（4），对运动的要求越来越高，从部分肢体运动到全身运动，幅度也越来越大。对开发设计者而言，不管要求用户的运动处于哪个阶段，都需要把握及处理好以下几个问题：

（1）设计舒适，确保不会让用户处于不舒服的状态或位置，避免大幅度或突然的动作。

（2）当需要用户从一个动作转换到另一个动作时，提供明确的方向或指引。

（3）让用户了解触发体验所需的特定动作。

（4）对移动范围给予明确的指示，引导用户对位置、姿态或手势进行必要的调整。

（5）降低不必要的运动要求，并循序渐进地引导用户进行动作。

　　在某些情况下，用户可能无法四处移动，此时设计者应提供其他备选方案。例如，可以提示用户使用手势操作虚拟对象，通过旋转、平移、缩放等对虚拟物体进行操作来模拟需要用户运动才能达到的效果，如图 14-10 所示。当然，这样可能会破坏沉浸体验。

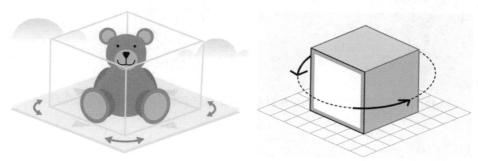

图 14-10　通过旋转虚拟对象来模拟用户围绕虚拟对象观察

　　在用户疲劳时或者处于无法运动的状态时，通过旋转、平移、缩放操作可以大大地方便用户，开发人员应当考虑类似需求并提供解决方案。

2. 用户舒适度

AR 应用要求用户一直处在运动状态，并且要求至少用一只手握持移动设备，在长时间使用后可能会带来身体上的疲惫，所以在设计应用时需要时刻关注用户的身体状况。

（1）在应用设计的所有阶段考虑用户的身体舒适度。

（2）注意应用体验的时长，考虑用户可能需要的休息时间。

（3）让用户可以暂停或保存当前应用进度，在继续操作时使他们能够轻松地恢复应用进程，即使他们变更了物理位置。

3. 提升应用体验

AR 应用设计时应充分考虑用户的使用限制并符合一定的规则，尽量提前预估并减少用户使用 AR 应用时带来的不适。

预估用户实际空间的限制：室内和室外、实际的物理尺寸、可能的障碍物（包括家具、物品或人）。虽然仅仅通过应用无法知道用户的实际位置，但应尽量提供建议或反馈以减少用户在使用 AR 应用时的不适感，并在设计时注意以下几个方面：

（1）不要让用户后退、进行快速大范围的身体动作。

（2）让用户清楚地了解 AR 体验所需的空间大小。

（3）提醒用户注意周围环境。

（4）避免将大物体直接放在用户面前，因为这样会强迫他们后退从而引发安全风险，如图 14-11 所示。

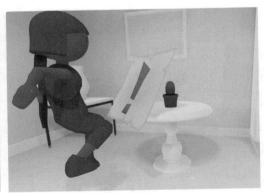

图 14-11　将一个尺寸过大的虚拟对象放置在用户前面会惊吓用户并强迫用户后退

14.3.3　虚拟内容

扫描环境、检测平面、放置虚拟物体这是 AR 应用常用的流程，但因为 AR 应用是一种新型的应用形式，用户还不习惯也不清楚其操作方式，因此提供合适、恰当的引导至关重要。

1. 平面识别

平面识别包括发现平面和检测平面两部分，在进行虚拟物体操作时还可能涉及多平面间的操作。

1）发现平面

AR 应用启动时会进行初始化操作，在此过程中 AR 应用程序会评估周围环境并检测平面，但这时由于屏幕上并无可供操作的对象，用户对进一步的操作存在一定的困惑，为了减少可能的混淆，在设计 AR 时应为用户提供有关如何扫描环境的明确指引，如图 14-12 所示。通过清晰的视觉提示，来引导用户正确地移动手机，加快平面检测过程，如提供动画来帮助用户了解所需进行的移动，例如顺时针或圆周运动。

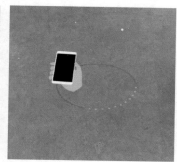

图 14-12　提供文字或动画引导用户扫描环境

2）检测平面

在应用检测平面时，提供清晰明确实时的平面检测反馈，这个反馈可以是文字提示类，也可以是可视化的视觉信息，如图 14-13 所示，在用户扫描他们的环境时，实时的反馈可以缓解用户的焦虑。

图 14-13　对 AR 检测发现的平面进行可视化显示更符合人类发现事物的规律

当用户检测到平面时，应引导用户进行下一步操作，建立用户信心并降低用户操作不适感，如通过以下方式来引导用户进行后续操作。

（1）设计无缝的过渡：当用户快速移动时，系统可能会无法跟踪，应在发现平面和检测平面之间设计平滑的过渡。

（2）标识已检测到平面：在未检测与已检测的平面之间做出区分，考虑通过视觉上的可视化信息来标识已检测到的平面。

（3）以视觉一致性为目标：为了保持视觉的一致性，每种状态的视觉信息也应具备大众的审美属性。

（4）使用渐进式表达：应当及时和准确地传达系统当前的状态变化，通过视觉高亮或文本显示可以更好地表达出平面检测成功的信息。

3）多个平面

ARKit 可以检测多个平面，在设计 AR 应用时，应当通过明确的颜色或者图标来标识不同的平面，通过不同颜色或者图标来可视化平面可以协助用户在不同的平面上放置虚拟对象，如图 14-14 所示。

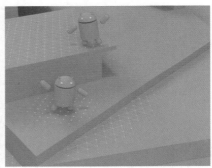

图 14-14　对已检测到的不同平面用不同方式标识可以方便用户区分

为了更好地提供给用户明确的平面检测指示，应遵循以下原则：

（1）高亮显示那些已检测并准备好放置物体的平面。

（2）在不同平面之间构建视觉差异，通常以不同颜色来标识不同平面，以避免在后续放置虚拟物体时发生混淆。

（3）仅在视觉上高亮显示用户正在浏览或指向的平面，但需要注意的是，不要一次高亮多个平面，这会让用户失去焦点。

（4）在发现平面的过程中缺乏视觉或者文字提示会导致用户失去耐心，通常需要将可用的平面与不可用的平面明确区分并以可视化的方式告知用户。

2. 物体放置范围

确定最佳放置范围有助于确保用户将虚拟对象放置在舒适的观察距离内，在该范围内放置虚拟对象能优化用户的使用体验，避免将虚拟对象放置在屏幕边缘，除非有意引导用户移动。

1）场景分区

手机屏幕有限的视场会对用户感知深度、尺度和距离带来挑战，这可能会影响用户的使用体验及与物体交互的能力，尤其是，对深度的感知会由于物体位置关系而发生变化。如将虚拟物体放置得离用户太近，会让人感到惊讶甚至惊恐，此外，当将大物体放置在离用户过近的位置时，可能会强迫他们后退，甚至撞到周围的物体，从而引发安全问题，而过远过小的虚拟物体则非常不方便操作。

为了帮助用户更好地了解周围环境，可通过将屏幕划分为 3 个区域设置舒适的观察范围：下区、中区和上区，如图 14-15 所示。

图 14-15　对手机屏幕进行区域划分找出最佳位置

（1）下区：离用户太近，如果虚拟对象没有遵照期望，放置得离用户过近，用户很难看到完整的对象，从而迫使用户后退。

（2）上区：离用户太远，如果虚拟对象被放在上区，用户会很难理解"物体缩小与往远处放置物体（近大远小）"之间的关系，从而导致理解与操作困难。

（3）中区：这是用户最舒适的观察范围，也是最佳的交互区域。

注意，3 个区域的划分是相对于手机视角的，与用户手持手机的姿态没有关系。

2）最大放置距离

在 AR 设计及操作时，应该引导用户在场景中的最佳位置放置物体，帮助用户避免将物体放置在场景内不舒适的区域中，也不宜将虚拟对象放置得过远，如图 14-16 所示，过近或过远的区域都不建议使用。

图 14-16　设计时应该确保虚拟对象不要放置得过远或过近

使用最远放置距离有助于确保将对象放置在舒适的观察距离上，也可以保证用户在连续拖动时，保持物体的真实比例。

3）目标位置

目标位置是指最终放置物体的位置，在放置虚拟物体时应提供最终位置指引，如图 14-17 所示。

图 14-17　对虚拟对象的最终放置提供可视化指引

在用户放置物体时通过可视化标识引导用户，阴影可以帮助指明目标位置，并让户更容易了解物体将被放置在已检测平面的精确位置。

3. 虚拟对象放置

如果不在真实环境中放置虚拟对象，AR 就没有意义，只有将虚与实结合起来才能带给用户耳目一新的体验。在真实场景中放置虚拟对象可以是自动的（由程序控制放置），也可以是手动的（由用户选择放置）。

1）自动放置

自动放置是由应用程序控制在场景中放置物体，如一旦检测到平面，程序就自动在检测到的平面上种花草植被，随着检测的进行，种草的过程也一直在动态地进行，并且这个过程不需要用户的参与，检测完成时所有检测到的平面上就都种上了植被，如图 14-18 所示。

图 14-18　自动在已检测的平面上种植植被

通常来讲，自动放置适用于以下情况：

（1）虚拟环境需要覆盖整个现实空间，例如一个魔法界面或者游戏地形。

（2）非常少或者完全不需要交互。

（3）不需要精确地控制虚拟物体的放置位置。

（4）AR 应用模式需要，在启动应用时就自动开始放置虚拟对象。

2）手动放置

手动放置是由用户控制的放置行为，用户可以在场景中实施虚拟对象放置和其他操作，这可以包括锚定一个游戏空间或者设置一个位置来开启 AR 体验。

（1）单击放置对象，允许用户通过单击场景中已检测到的平面位置，或者通过单击选中的虚拟物体图标来放置虚拟物体，通过单击选中的虚拟物体图标放置物体如图 14-19 所示。

图 14-19　通过单击选中的图标在已检测到的平面上放置虚拟对象

单击已检测的平面放置虚拟物体的方式通常对用户来讲是非常自然的，以下情况下更适合单击放置对象：

A. 在放置之前，虚拟对象不需要进行明显的调整或转换（缩放 / 旋转）。

B. 通过单击快速放置。

当需要同时将多个不同虚拟对象放置在场景中时，单击已检测到的平面放置可能并不适用，这时可以弹出菜单由用户选择放置的对象，而不是同时将多个相同的虚拟对象放置在平面上，如图 14-19 底部显示的可供选择的虚拟物体菜单列表。

（2）拖动放置对象，这是一种精度很高且完全由用户控制的放置物体操作，该操作允许用户将虚拟物体从库中拖动到场景中，如图 14-20 所示。

通常用户可能不太熟悉这种拖放操作，这时应该给用户视觉或者文字提示，提供拖动行为的明确指引和说明。当用户事先并不了解放置操作手势时，拖动行为就无法很好地工作，显示放置位置的定点标识图标就是不错的做法。

拖动操作非常适合以下情形：

A. 虚拟对象需要进行显著调整或转换。

B. 需要高精准度的放置。

C. 放置过程是体验的一部分。

图 14-20　拖放放置方式可以精确地控制虚拟物体的放置位置

（3）锚定放置，锚定对象与拖动放置物体不同，通常需要锚定的对象不需要经常性地旋转、平移、缩放，或者锚定的对象包含很多其他对象，需要整体操作。被锚定的对象通常会固定在场景中的一个位置上，除非必要一般不会移动。锚定对象通常在放置一些需要固定的对象时有用，例如游戏地形、象棋棋盘，如图 14-21 所示，当然，锚定对象也不是不可移动的，在用户需要时仍然可以被移动。在场景中静态存在的物体一般不需要采用锚定放置的方式，如沙发、灯具等。

图 14-21　将虚拟物体锚定放置到指定位置

（4）自由放置，自由放置允许用户自由地对虚拟物体进行放置操作，但在未检测到平面时放置物体通常会造成混乱，如果虚拟对象出现在未检测到平面的环境中，会造成幻象，因为虚拟对象看起来像是悬浮的，这将破坏用户的 AR 体验，并阻碍用户与虚拟对象进一步交互，因此在未检测到平面时，应当让用户知道该虚拟对象并不能准确地放置到平面上，对用户的行为应当加以引导，如果有意让虚拟对象悬浮或上升，则应当为用户提供清晰的视觉提示和引导。

以下两种处理方式可以较好地解决用户自由放置对象时出现的问题：

A. 禁止任何输入直到平面检测完成，这可以防止用户在没有检测到平面的情况下，将物体放置在场景中。

B. 提供不能放置对象的视觉或文本反馈。例如使用悬停动画、半透明虚拟对象、震动或文本传达出在当前位置不能放置虚拟物体的信息，并引导用户进行下一步操作。

14.3.4　交互

模型的交互程度，需根据模型自身属性/产品的类型去定义，并非都需要涉及所有可交互类型，在进行与核心体验无关的交互时，可予以禁止或增加操作难度。如科普类模型固定放置在平面后，需要便捷地旋转以查看模型细节，但通过 Y 轴移动查看的需求不大，部分场景可考虑禁止沿 Y 轴移动的操作。

手势设计优先使用通用的方式，若没有通用的方式，则尽可能地使用简单和符合用户直觉的方式进行设计。若违反该原则，则可能造成用户的理解和记忆障碍，给用户操作造成困难。

1. 选择

选择是交互的最基本操作，除了环境类的虚拟对象，应当允许用户辨别、选择虚拟物体，以及与虚拟物体进行交互。

在用户选择虚拟对象时应当创建视觉指引，高亮或者用明显的颜色、图标标识那些可以与用户交互的对象，如图 14-22 所示。尤其是在有多个可供选择物体的情况下，明确指示反馈显得非常重要，同时还应保持虚拟物体原本的视觉完整性，不要让视觉提示信息凌驾于虚拟物体之上。

图 14-22　对可选择的虚拟对象提供一个清晰的视觉提示

2. 平移

AR 应用应当允许用户沿着检测到的平面移动虚拟对象，或从一个平面移动到另一个平面。

1）单平面移动

单平面移动指只在一个检测到的平面内移动虚拟物体，在移动物体前用户应当先选择它，用手指沿屏幕拖动或实际地移动手机，从而移动虚拟物体，这种方式相对比较简单，如图 14-23 所示。

图 14-23　在选择虚拟物体后可实施移动

2）多平面移动

多平面移动是指将虚拟对象从 AR 检测到的一个平面移动到另一个平面，多平面移动比单平面移动需要考虑的因素更多一些，在移动过程中应当避免突然旋转或缩放，要有视觉上的连续性，不然极易给用户带来不适。对于多平面间的移动需要注意以下几点：

（1）在视觉上区分多个平面，明确标示出不同的平面。

（2）避免突然变化，如旋转或者缩放。

（3）在用户松开手指前，在平面上显示虚拟物体放置点以提示用户可以在此平面放置，如图 14-24 所示。

图 14-24　在平面间移动物体时提前告知用户放置平面及放置点

3）平移限制

AR 应用应当对用户的平移操作进行适当限制，限制最大移动范围。添加最大平移限制主要是为了防止用户将场景中的物体平移得太远，以至于无法查看或操作，如图 14-25 所示，在虚拟物体移动得过远时用红色图标标识当前位置不能使用。

图 14-25　添加平移限制可以防止用户将虚拟对象移动得过远过小

3. 旋转

旋转可以让用户将虚拟对象旋转到其所期望的方向，旋转分为自动旋转和手动旋转，旋转也应该对用户的操作给出明确的提示。

（1）手动旋转：手动旋转可使用单指进行旋转，也可使用双指进行旋转。使用单指进行旋转时，通常通过屏幕手势 delta.x 值提供旋转量值；通过双指手势进行旋转时，为避免与缩放手势冲突，要求双指同时顺时针或者逆时针旋转，如图 14-26 所示。

图 14-26　双指同时逆时针旋转以操作物体旋转

（2）自动旋转：尽量避免自动旋转，除非这是体验中有意设计的一部分。长时间的自动旋转可能会令用户感到不安，如果物体的方向被锁定为朝向用户，当手动更改物体方向时应限制自动旋转。

4. 缩放

缩放是指放大或缩小虚拟物体显示的尺寸，在屏幕上的操作手势应尽量与当前操作 2D 缩放的手势保持一致，这符合用户使用习惯，方便用户平滑过渡。

1）缩放

缩放常用捏合手势操作，如图 14-27 所示。

图 14-27　使用捏合手势缩放对象

2）约束

与平移一样，也应当添加最小和最大缩放限制，防止用户将虚拟对象放得过大或缩得过小。允许将较小的缩放比例用于精确的组合场景，考虑添加回弹效果来指示最大和最小尺寸。另外，如果物体已根据需要达到实际比例，则应当给用户以提示，如达到 100% 比例时添加一定的吸附效果。

3）可玩性

有时，也可以不必拘泥于约束，夸张的缩放可能会带来意外惊喜，如放置在场景中的大型虚拟角色可以增加惊喜元素，并让人感觉更加有趣。另外，声音也可用于与缩放同步，以增强真实性，如当物体放大时，同时增大音量，配合模型缩放的音量调整会让用户感觉更加真实。

5. 操作手势

在手机屏幕上操作虚拟对象是目前 AR 成熟可用的技术，也是用户习惯的操作方式，但有时复杂的手势会让用户感到困惑，如旋转与缩放操作手势，设计不好会对执行手势造成不便。

1）接近性

由于手机屏幕的限制，精准地操控过小或过远的物体对用户来讲是一个挑战。设计开发时应当考虑触控目标的大小，以便实现最佳的交互。当应用检测到物体附近的手势时，应当假设用户正在与它进行交互，即使可能并没有完全选中该目标。另外，尽管目标物体尺寸比较小，但也应当提供合理的触控尺寸，在一定范围后，触控尺寸不应随着目标的缩小而缩小，如图 14-28 所示。

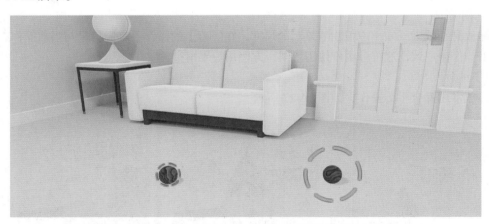

图 14-28　触控尺寸的大小在某些情况下不应随着虚拟对象的缩放而缩放

2）采用标准手势

为手势和交互创建统一的标准体系，当将手势分配给特定的交互或任务时，应当避免使用类似的手势来完成不同类型的任务，如通过双指捏合手势缩放物体时，应当避免使用此手势来旋转物体。

3）融合多种两指手势

双指手势通常用于旋转或缩放对象，下面这些触控手势应包括为两指手势的一部分：

（1）使用食指加拇指旋转。

（2）使用拇指加食指，用拇指作为中心，旋转食指。

（3）分别独立使用两个拇指。

14.3.5　视觉设计

视觉设计是一款正式应用软件必须重视的用户体验，一款软件能否有用户黏度，除了功能外，视觉设计也占很大一部分原因。在 AR 应用中，应尽可能多地使用整个屏幕来查看及探索物理世界和虚拟对象，避免过多过杂的 UI 控制图标和提示信息，因为这将使屏幕混乱不堪从而降低沉浸体验。

1. UI

UI 设计应以沉浸体验为目标，目的是在视觉上融合虚拟与现实，既方便用户操作又与场景充分融合。创建一个视觉上透明的 UI 可以帮助构建无缝的沉浸式体验，切记不可满屏的 UI，这会极大地降低 AR 应用的真实感从而破坏沉浸式体验。

1）界面风格

在 UI 设计时应当尽量避免让用户在场景和屏幕之间来回切换，这会分散用户注意力并减少沉浸感，可以考虑减少屏幕上 UI 元素的数量，或尽量将这些控件放在场景本身中，如图 14-29 所示，应使用如左图所示的简洁菜单而不要采用铺满全屏的设计。

图 14-29　使用简洁的菜单更适合 AR

2）删除

由于移动手机 2D 软件操作传统，将物体拖动到垃圾桶图标上进行删除更符合当前用户的操作习惯，如图 14-30 所示。当然这种操作也有弊端，如物体太大时不宜采用这种方式。在删除物体时最好提供被删除物体消失的动画，在增强趣味性的同时也增强用户的视觉感受。

图 14-30　通过拖放的方式来删除虚拟对象

3）重置

应当允许用户进行重置，在一定的情况下重新构建体验，这包括以下几种情况：

（1）当系统无响应时。

（2）体验是渐进式并且任务完成后。

重置是一种破坏性的操作，应当先征询用户意见，如图 14-31 所示。

图 14-31　在特定的情况下允许用户重置应用

4）权限申请

明确应用需要某些权限的原因，如告诉用户需要访问其设备摄像头或 GPS 位置信息的原因。一般需要在使用某一权限时才提出请求，而不是在应用启动时要求授权，不然用户可能会犹豫是否同意访问。

5）错误处理

应用出现错误在某些情况下不可避免，特别是对于 AR 这类使用环境不可预测的应用。在出现错误时应当积极帮助用户从错误中恢复，使用视觉、动画和文本的组合，告知用户当前发生的问题，并为系统错误和用户错误传达明确清晰的解决措施。

标明出现的问题，用语要通俗易懂，要避免专业术语，并给出进行下步操作的明确步骤，错误提醒的部分示例如表 14-2 所示。

表 14-2　错误提示示例

错 误 类 型	描　　　述
黑暗的环境	环境太暗无法完成扫描，请尝试打开灯或移动到光线充足的区域
缺少纹理	当前图像纹理太少，请尝试扫描纹理信息丰富的表面
用户移动设备太快	设备移动太快，请不要快速移动设备
用户遮挡传感器或摄像头	手机摄像头传感器被阻挡，请不要遮挡摄像头

2. 视觉效果

AR 应用界面设计在视觉上应该要有足够的代入感，但同样要让用户感觉可控，界面效果充分融合虚与实。

1）界面

界面是用户打开应用后最直观的视觉感受，虽然 AR 应用要求界面简洁，但杂乱放置、风格不一致的图标会在用户心中留下糟糕的第一印象。AR 应用在界面设计时，既要设计身临其境的沉浸感，也要考虑用户独立的控制感，如图 14-32 所示。

图 14-32　简洁一致的界面

在设计用户界面时应时刻关注以下几个问题。

（1）覆盖全屏：除非用户自己明确选择，否则应避免这种情况发生。

（2）2D 元素覆盖：避免连续的 2D 元素覆盖，因为这会极大地破坏沉浸感。

（3）连续性体验：避免频繁地让用户反复进出场景，确保用户在场景中即可执行主要和次要任务，如允许用户选择、自定义、更改或共享物体而无须离开 AR 场景。

2）初始化

在启动 AR 应用时，屏幕从 2D 到 AR 3D 之间的转换，应当采用一些视觉技术清晰地指明系统状态，如在即将发生转换时，将手机调暗或使用模糊屏幕等效果，提供完善的引导流程，避免突然变化。

允许用户快速开启 AR 应用，并引导用户在首次运行中按流程执行关键的任务，这将有助于执行相关任务并建立黏性。在添加流程引导提示时，需要注意以下几点：

（1）任务完成后即时解除提示。

（2）如果用户重复相同的操作，则应当提供提示或重新开始重要的视觉引导。

依靠视觉引导，而不是仅仅依赖于文本，使用视觉引导、动作和动画的组合来指导用户，如在操作中用户很容易理解滑动手势，可以在屏幕上通过图标向他们展示，而不是仅仅通过纯文本指令性地进行提示，如图 14-33 所示。

图 14-33　提供多种方式的组合来引导用户操作

3）用户习惯

尽量利用用户熟悉的 UI 形式、约定及操作方式，与标准 UX 交互形式和模式保持一致，同时不要破坏体验的沉浸感，这会加快用户适应操作并减少对说明或详细引导的需求。

4）横屏与竖屏

尽量提供对竖屏和横屏模式的支持，除非非常特别的应用，都应该同时支持竖屏与横屏操作，如果无法做到这一点，就需要友好地提示用户。支持这两种模式可以创造更加身临其境的体验，并提高用户的舒适度，如图 14-34 所示。

图 14-34　提供平滑的横屏与竖屏转换

在横竖屏适应及转换中还应该注意以下几点。

（1）相机和按钮位置：对于每种模式，注意相机的位置及其他按钮的放置要尽量符合一般原则，并且不要影响设备的深度感知、空间感知和平面感知。

（2）关键目标位置：不要移动关键目标，并允许对关键目标的旋转操作。

（3）布局：适当的情况下，更改次要目标的布局。

（4）单一模式支持：如果只支持一种模式，应当向用户说明原因。

5）声频

使用声频可以鼓励用户参与并增强体验。声频可以帮助构建身临其境的 360° 环绕沉浸体验，但需要确保声音应当是增强这种体验，而不是分散注意力。在发生碰撞时使用声音效果或震动是确认虚拟对象与物理表面或其他虚拟对象接触的好方法，在沉浸式游戏中，背景音乐可以帮助用户融入虚拟世界。在 3D 虚拟物体或 360° 环境中增加声频，应当注意以下几个方面：

（1）避免同时播放出多个声音。

（2）为声音添加衰减效果。

（3）当用户没有操控物体时，可以让声频淡出或停止。

（4）允许用户手动关闭所选物体的声频。

6）视觉探索

当需要用户移动时，可以使用视觉或声频提示来鼓励用户进行屏幕外空间的探索。有时用户很难找到位于屏幕外的物体，可以使用视觉提示来引导用户，鼓励用户探索周边更大范围内的 AR 世界。例如，飞鸟飞离屏幕时应该提供一个箭头指引，让用户移动手机以便追踪其去向，并将其带回场景，如图 14-35 所示。

图 14-35　使用声音或视觉提示来鼓励用户进行空间探索

7）深度冲突

在设计应用时，应该始终考虑用户的实际空间大小，避免发生深度上的冲突（当虚拟物体看起来与现实世界的物体相交时，如虚拟物体穿透墙壁），如图 14-36 所示，并注意建立合理的空间需求和对象缩放，以适应用户可能的各种环境，可以考虑提供不同的功能集，以便在不同的环境中使用。

8）穿透物体

在用户使用中，有可能会因为离虚拟物体太近而产生穿透进入虚拟物体内部的情况，这会破坏虚拟物体的真实性并打破沉浸体验，当这种情况发生时，当应让用户知道这种操作方式不正确，距离过近，通常在摄像头进入物体内部时可采用模糊的方式提示用户。

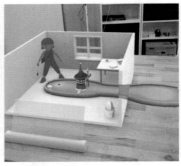

图 14-36　深度冲突会破坏用户体验的沉浸感

14.3.6　真实感

通过利用阴影、光照、遮挡、反射、碰撞、物理作用、PBR 渲染（Physically Based Rendering，基于物理的渲染）等技术手段来提高虚拟物体的真实感，可以更好地将虚拟物体融入真实世界中，提高虚拟物体的可信度，营造更加自然真实的虚实环境。

1. 建模

在构建模型时，模型的尺寸应与真实的物体尺寸保持一致，如一把椅子的尺寸应与真实的椅子尺寸相仿，一致的尺寸更有利于在 AR 中体现真实感。在建模时，所有的模型应当在相同的坐标系下构建，建议全部使用右手坐标系，即 X 轴向右、Y 轴向上、Z 轴向外。模型原点应当构建在物体中心下部平面上，如图 14-37 所示。另外需要注意的是，在 AR 中，模型应当完整，所有面都应当有材质与纹理，以避免部分面出现白模的现象。

图 14-37　模型原点位置及坐标系

2. 纹理

纹理是表现物体质感的一个重要因素，为加快载入速度，纹理尺寸不应过大，建议分辨率控制在 2K 以内。带一点噪声的纹理在 AR 中看起来会更真实，重复与单色纹理会让人感觉虚假，带凸凹、裂纹、富有变化、不重复的纹理会让虚拟物体看起来更富有细节和更可信。

1）PBR 材质

当前在模型及渲染中使用 PBR 材质可以让虚拟物体更真实，PBR 可以给物体添加更多真实的细节，但 PBR 要达到理想效果通常需要很多纹理。使用物理的方式来处理这些纹理可以让渲染更自然可信，如图 14-38 所示，这些纹理的共同作用定义了物体的外观，可以强化 AR 中的视觉表现。

图 14-38　采用 PBR 渲染可以有效地提升真实质感

2）法线贴图

法线贴图可以在像素级层面上模拟光照，可以给虚拟模型添加更多细节，而无须增加模型顶点及面数。法线贴图是理想的制作照片级模型渲染的手段，可以添加足够细节的外观表现，如图 14-39 所示，左图使用了法线贴图，可以看到细节纹理更丰富。

(a) 使用法线贴图　　　　　　　　　(b) 未使用法线贴图

图 14-39　法线贴图能非常好地表现纹理细节

3）环境光遮罩贴图

环境光遮罩贴图是一种控制模型表面阴影的技术方法，使用环境光遮罩贴图，来自真实世界的光照与阴影会在模型表面形成更真实的阴影效果，更富有层次和景深外观表现。

3. 深度

透视需要深度信息，为营造这种近大远小的透视效果，需要在设计时利用视觉技巧让用户形成深度感知以增强虚拟对象与场景的融合和真实感，如图 14-40 所示，在远处的青蛙要比在近处的青蛙小，这有助于帮助用户建立景深。

图 14-40　深度信息有助于建立自然的透视

通常用户可能难以在增强现实体验中感知深度和距离，综合运用阴影、遮挡、透视、纹理、常见物体的比例，以及放置参考物体来可视化深度信息，可帮助建立符合人体视觉的透视效果。如青蛙从远处跳跃到近处时其比例、尺寸大小的变化，通过这种可视化方式表明空间深度和层次。开发人员可以采用阴影平面、遮挡、纹理、透视制造近大远小及物体之间相互遮挡的景深效果。

4. 光照

光照是影响物体真实感的一个重要因素，当用户真实环境光照条件较差时，可以采用虚拟灯光照明以为场景中的对象创建深度和真实感，也就是在昏暗光照条件下可以对虚拟物体补光，如图 14-41 所示，但过度的虚拟光照会让虚拟对象与真实环境物体形成较大反差，进而破坏沉浸感。

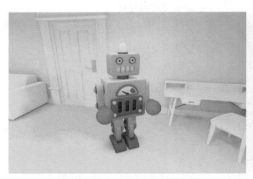

(a) 明亮环境中采用正常虚拟光照　　　　　　　　(b) 昏暗环境中适当补光

图 14-41　适度的补光可以营造更好的真实感

使用光照估计融合虚拟物体与真实环境，可以比较有效地解决虚拟物体与真实环境光照不一致的问题，防止在昏暗的环境中将虚拟物体渲染得太亮或者在明亮的环境中将虚拟物体渲染过暗的问题，如图 13-42 所示。

(a) 明亮环境中虚拟物体渲染过暗　　　　　　　　(b) 昏暗环境中虚拟物体渲染过亮

图 14-42　真实环境光照与虚拟光照不一致会破坏真实感

5. 阴影

在 AR 中，需要一个阴影平面来接受阴影渲染，阴影平面通常位于模型下方，该平面只负责渲染阴影，本身没有纹理。使用阴影平面渲染阴影是强化三维立体效果最简单有效的方式，阴影可以通过实时计算获得，也可以预先烘焙，模型有阴影后立体感觉会更强烈并且可以有效地避免虚拟物体的飘浮感，如图 14-43 所示，左图在添加阴影效果后模型真实感大幅提升。

(a) 虚拟物体使用阴影　　　　　　　　(b) 虚拟物体不使用阴影

图 14-43　阴影的正确使用能营造三维立体感和增强可信度

6. 真实感

在 AR 体验中，应当想办法将虚拟对象融入真实环境中，充分营造真实、逼真的物体形象。使用阴影、光照、遮挡、反射、碰撞等技术手段将虚拟物体呈现于真实环境中，可大大地增强虚拟物体的可信度，提高体验效果。

在 AR 场景中，虚拟物体的表现应当与真实的环境一致，如台灯应当放置在桌子上而不是悬浮在空中，而且也不应该出现漂移现象。虚拟物体应当利用阴影、光照、环境光遮罩、碰撞、物理作用、环境光反射等模拟真实物体的表现，营造虚拟物体与真实物体相同的观感，如在桌子上的球滚动下落到地板上时，应当充分利用阴影、物理仿真来模拟空间与反弹效果，让虚拟物体看起来更真实。

真实感的另一方面是虚拟对象与真实环境的交互设计，良好的交互设计可以让虚拟对象看起来像真的存在于真实世界中一样，从而提升沉浸体验，在 AR 体验中，可以通过虚拟对象对阴影、光照、环境遮挡、物理和反射变化的反应来模拟物体的存在感，当虚拟物体能对现实世界环境变化做出反应时将会大大地提高虚拟物体的可信度。如图 14-44 所示，虚拟狮子对真实环境中灯光的实时反应可以显著提升其真实感。

(a) 正常光照时　　　　　　　　(b) 环境光照突然发生变化时

图 14-44　虚拟对象对真实环境做出适当反应能有效地提升其真实感

14.3.7　3D 音效

人脑除了依赖视觉信息感知周边环境外，还利用双耳对声音进行 3D 定位，在 AR 应用中，也可以充分利用 3D 空间音效营造更加沉浸式的虚实体验、扩大使用者的感知范围、提供传统应用无法提供的独特体验。3D 音效可使人机交互变得更自然和自信、使虚拟元素的空间立体感更饱满、提供关于目标对象的其他额外信息、吸引使用者注意力、提供更强烈的感知冲击力。使用声频还可以鼓励用户参与并增强体验。

声频可以帮助构建身临其境的 360° 环绕沉浸体验，但需要注意的是要确保声音应当是增强这种体验，而不是分散注意力。在发生碰撞时使用声音效果或振动是确认虚拟对象与物理表面或其他虚拟对象接触的好方法，在沉浸式游戏中，背景音乐可以帮助使用者融入虚拟世界。

1. 3D 音效所扮角色

在 AR 应用中，3D 音效也扮演着重要的角色。

（1）提高置信值：在现实生活中，我们通过融合各类感知器官对环境的感知信息整合形成最终环境印象，如我们通过视觉获取物体表面的凸凹光照信息、通过抚摸获取其粗糙不平的触觉信息、通过双耳获取声音在粗糙平面的混音信息，最终形成完整的对物体表面的印象。当从不同感知器官获取的信息不匹配时，如看起来凸凹不平的表面摸起来却很光滑，大脑的先验信息会受到质疑，使我们对物体的属性产生怀疑，这也说明大脑获取的各类感知信息会相互印证，印证通过后我们会确认物体的真实性。在 AR 应用中，如果来自视觉与来自听觉的感知信息能够相互印证，这会帮助人们确信眼前一切的真实性，提高虚实融合的置信值。

（2）扩大感知范围：通常人们只会关注其视野范围内的对象，但也会通过声音感知不在视野范围内的事件，这对于全场景感知的 AR 应用非常重要，如在游戏中，可以通过 3D 音效提醒玩家其他方向的敌人正在靠近，这是只凭视觉无法完成的任务。

（3）提供旁白：当使用者关注某个对象时，可以通过旁白提供该对象的更详细的信息，这对某些文旅类、观展类应用非常有帮助，会大大地提高信息的使用效率。

2. 声频设计

与基于矩形框屏幕的应用相比，在 AR 应用中声频的设计与使用完全不一样。在 AR 应用中，声频设计的最一般原则是满足用户期望，成功的声频运用可以大大提高虚拟对象的可信度和真实感。

（1）空间音效：在 AR 应用中，很多时候需要使用空间音效（3D 音效），如果一个人形机器人正在移动，则该机器人应当发出特定的声音，如果声音缺失就会造成大脑感知信息的不一致，从而产生对机器人真实性的质疑，而且不同于传统屏幕应用，在 AR 中，使用者可以从不同距离、不同角度、不同方向对机器人进行观察，因此音效也应当是空间性的，这就意味着需要对机器人的发声部位进行认真设计。

（2）使用多声源：由于声音的空间特性，所有发声的部位都应当设置声源，以确保声音的可信性，但过多的声源又会造成混乱。

（3）与视觉同步：声音效果与视觉效果应当紧密同步，每个动画和基于物理的运动都应当关注声音与视觉的同步。

3. 混音设计

在 AR 应用中，开发人员无法预测使用者观察虚拟对象的距离、视角，但仍然需要考虑各种可能性，以确保在各种情况下都能有令人信服的用户体验。

（1）衰减设置：对声源进行不同距离、角度的测试，力争音效的衰减效果能满足大部分使用场景，设置最大音效范围和衰减速率非常重要，如一只蜜蜂的声音衰减要比一头大象的脚步声衰减快得多。在某些场景中，声音的开始与结束不应突兀地出现或者消失（如旁白），一个渐变的过程更符合自然。

（2）层次感：对于多声源的对象，声音应当有层次感，如深沉的低频声源衰减得更慢，而尖细的声源衰减得更快，因而从远处只能听到主要的声源声音，而随着距离的接近，各类声源会加入进来从而丰富整个声场，给人丰富的声音层次感体验。

（3）聚束混音：聚束混音（Spotlight Mixing）是对空间声音计算的一种动态混合技术，当场景中声源逐渐增多时，声音的混合会出现问题，聚束混音就是为了解决这类问题，它考虑了用户的姿势、眼睛注视或控制方向（实际上是移动设备姿态），以确定用户在任何给定时刻最感兴趣的内容并实时动态地调整音量，类似于声频聚光灯，聚光灯内的声源比它外面声源的音量大。

设计良好的音效可以满足用户的期望并扩大使用者的感知范围，增强虚拟元素的可信度，但如果设计不好，如声音太小则达不到效果，太大则会让人反感，保持某种平衡非常重要，通常而言，音量保持在 70% 左右的水平能满足大部分使用场景。

第 15 章

性 能 优 化

性能优化是一个非常宽泛的主题，但性能优化又是必须探讨的主题，特别是对手机、平板这种移动式、资源有限的设备，性能优化起着举足轻重的作用，甚至可能会决定应用的成败，但性能优化又是一个庞大的主题，要想深入理解性能优化需要对计算机图形渲染管线、CPU/GPU 协作方式、内存管理、计算机体系架构、代码优化有很好的掌握，这样才能在实践中逐步加深理解从而更好地优化性能。本章将对利用 ARKit 开发 AR 应用的性能优化内容与技巧进行阐述。

15.1 性能优化基础

性能优化是一个非常综合、涉及技术众多的大主题，从计算机出现以来，人们就一直在积极追求降低内存使用、提高单位指令性能、降低功耗、提高代码效率等目标。虽然随着硬件技术特别是 CPU 性能按照摩尔定律飞速发展，PC 上一般应用代码的优化显得不再那么苛刻，但是对计算密集型应用而言，如游戏、实时三维仿真、AR/VR/MR，优化仍然是一个在设计、架构、开发、代码编写各阶段都需要重点关注的事项。相对于 PC，移动设备在硬件性能上还有比较大的差距，而且其 CPU、GPU 等设计架构与 PC 完全不同，能使用的计算资源、存储资源、带宽都非常有限，功耗要求也更严格，因此，AR 应用的优化就显得尤为重要。

AR 应用与游戏相似，是属于对 CPU、GPU、内存重度依赖的计算密集型应用，因此在开发 AR 应用时，需要特别关注性能优化，否则可能会出现卡顿、反应慢、掉帧、虚拟场景漂移等问题，导致 AR 体验变差甚至完全无法正常使用。

15.1.1 影响性能的主要因素

从 CPU 架构来讲，移动设备 ARM 架构与 PC 常见的 x86、MIPS 架构有很大的不同。从处理器资源、内存资源、带宽资源到散热，移动设备相对来讲都受到更多限制，因此移动设备的应用都要尽可能地使用更少的硬件及带宽资源。苹果公司 A 系列仿生芯片集成了 CPU、GPU、NPU 各功能模块，在使整体结构更加紧凑的同时也带来了散热、扩展方面的问题，这与 PC 端分离式结构设计完全不同。

从 GPU 架构来讲，iPhone 8 设备以前采用的是 PowerVR，现在则采用与 CPU 高度集成的苹果公司自研的 GPU，它们之间的技术也不太相同，在减少 Overdraw（多次绘制）方面也存在很大差异。

从显示设备来讲，ARKit 需要应对 iPhone、iPad 及以后的 AR 眼镜多种类型、多种显示分辨率和刷新频率的设备，显示需求千差万别。

从移动设备多样性来讲，移动设备相比 PC 更加复杂多样，各类 CPU、GPU、分辨率，各式各样的附加设施（深度传感器、黑白摄像头、彩色摄像头、结构光、TOF 等），复杂的操作系统版本。正是这些差异，针对不同芯片、不同操作系统的移动设备性能优化要更加复杂，也带来了更大的挑战。

对 AR 应用而言，需要综合利用 CPU、GPU 并让应用在预期的分辨率下保持一定的帧速，这个帧速至少要在每秒 30 帧以上才能让人感觉到流畅不卡顿，其中 CPU 主要负责场景加载、物理计算、特征点提取、运动跟踪、光照估计等工作，而 GPU 主要负责虚拟物体渲染、更新、特效处理等工作。具体来讲，影响 AR 应用性能的主要原因如表 15-1 所示。

表 15-1　影响 AR 应用性能的主要原因

类　　型	描　　述
CPU	过多的 drawcall 复杂的脚本计算或者特效
GPU	过于复杂的模型、过多的顶点、过多的片元 过多的逐顶点计算、过多的逐片元计算 复杂的 Shader、显示特效
带宽	大尺寸、高精度、未压缩的纹理 高精度的帧缓存
设备	高分辨率的显示 高分辨率的摄像头

了解了主要制约因素，就可以有针对性地进行优化，对照优化措施如表 15-2 所示。

表 15-2　性能优化的主要措施

类　　型	描　　述
CPU	减少 drawcall，采用批处理技术 优化脚本计算或者尽量少使用特效，特别是全屏特效
GPU	优化模型、减少模型顶点数、减少模型片元数 使用 LoD（Level of Detail）技术 使用遮挡剔除（Occlusion Culling）技术 控制透明混合、减少实时光照 控制特效使用、精减 Shader 计算
带宽	减少纹理尺寸及精度 合理缓存
设备	利用分辨率缩放 对摄像头获取数据进行压缩

表 15-2 所列的方案是通用和一般的优化方案，但对具体应用需要具体分析，在优化之前需要找准性能瓶颈点，针对瓶颈点的优化才能取得事半功倍的效果，才能有效地提高帧速。由于是在独立的 CPU 芯片上处理脚本计算、在 GPU 芯片上处理渲染，总耗时不是 CPU 花费时间加 GPU 花费时间，而是两者中的较长者，这个认识很重要，这意味着如果 CPU 负荷重、处理任务重，光优化 Shader 着色器根本不会提高帧率，如果 GPU 负荷重，光优化脚本和模型加载也根本无济于事，而且，AR 应用的不同部分在不同的情况下表现也不同，这意味着 AR 应用有时可能完全是由于脚本复杂而导致帧速低，而有时是因为加载的模型复杂或者过多而减速，因此，要优化 AR 应用，首先需要知道所有的瓶颈在哪里，然后才能有针对性地进行优化，并且要对不同的目标机型进行特定的优化。

15.1.2　AR 应用常用调试方法

在 Unity 中使用 ARKit 开发 AR 应用时，通常需要把程序编译后下载到真机上运行试错，需要将开发计算机直接连接到真机进行联机排错，相对来讲没有调试其他应用方便，这是个耗时费力的工作，对存疑的地方按下面的方法进行处理能加快调试过程，方便查找出现问题的原因、对结果进行分析，以便更有效地进行故障排除 [①]。

1. 控制台

将代码运行的中间结果输到控制台是最常用的调试手段，即使在真机上运行程序也可以实时且不间断地查看所有中间结果，这对理解程序内部执行或者查找出错点有很大的帮助，通常这也是在真机上调试应用的最便捷最直观的方式。在通过 Xcode 编译打包应用后，Unity代码中的 Debug.Log() 信息也会正常输出到 Xcode 控制台。

2. 写日志

有时可能不太方便真机直接连接开发计算机进行调试（如装在用户机上试运行的应用），这时写日志反而就成了最方便的方式，可以将原本输到控制台上的信息保存到日志中，再通过网络通信将日志发回服务器，以便及时了解应用在用户机上的试运行情况。除了将日志记录成文本文档格式外，我们甚至还可以直接将应用的运行情况写入服务器数据库中，更方便查询统计。

3. 弹出信息框

除了可以将应用运行情况发送到控制台进行调试，也可以在必要时在真机上弹出运行情况报告，这种方式也可以查看应用的实时运行情况，但采用这种方式时不宜弹出过频，应以

[①]　目前 AR 应用调试还有很多不方便的地方，IDE 没有集成 AR 调试功能，模拟器使用复杂、问题多，真机调试耗时长、不方便等。但这些都是发展中出现的问题，AR 应用是全新的应用类型，各类 IDE、工具、新的调试方法随着时间的推移也会慢慢地成熟。

弹出重要的关键信息为主，不然可能很快就会耗尽设备应用资源。通过在流程的关键位置弹出信息，可以帮助分析代码运行逻辑，以便确定代码的关键部分是否正在运行及如何运行。

4. 第三方调试工具

Unity 开发的 ARKit 应用需要先编译成 Xcode 工程，再由 Xcode 打包成 ipa 安装包，因此，可以在 Xcode 工程脚本代码中设置断点进行调试，设置断点调试方法可以精确跟踪脚本代码的执行过程，以及获取执行过程中的所有中间变量值。这是一种对程序员非常友好的调试方式，只是过程稍嫌烦琐，而且调试周期长。除此之外，也可以利用第三方调试工具，如 MARS、AR Foundation Editor Remote 等加速调试过程。

15.1.3　AR 应用性能优化一般原则

3D 游戏开发应用的优化策略与技巧完全适用于 AR 应用开发，如静态批处理、动态批处理、LoD、光照烘焙等优化技术全部可以应用到 AR 开发中，但 AR 应用运行在移动端设备上，这是比 PC 或者专用游戏机更苛刻和复杂的运行环境，而且边端设备的各硬件性能与 PC 或专用游戏机相比还有很大的差距，因此，对 AR 应用的优化比 PC 游戏要求更高。对移动设备性能进行优化也是一个广泛而庞大的主题，我们只取其中的几个代表性方面进行一般性阐述。

在 AR 应用开发中，我们应当充分认识边端设备软硬件的局限性，了解图形渲染管线，使用一些替代性策略来缓解计算压力，如将一些物理数学计算采用动画或预烘焙的形式模拟、将实时光照效果使用纹理的形式模拟等，对资源受限设备需要谨慎使用的技术及优化方法如表 15-3 所示。

表 15-3　资源有限设备需要谨慎使用的技术及优化方法

谨 慎 使 用	替代或优化技术
全屏特效，如发光和景深	在对象上混合 Sprite 代替发光效果
动态的逐像素光照	只在主要角色上使用真正的凹凸贴图（Bump Mapping）；尽可能多地将对比度和细节烘焙进漫反射纹理贴图，将来自凹凸贴图的光照信息烘焙进纹理贴图
全局光照	关闭全局光，采用 Lightmaps 贴图，而不是直接使用光照计算；在角色上使用光照探头，而不是真正的动态灯光照明；在角色上采用唯一的动态逐像素照明
实时阴影	使用伪阴影
光线追踪	使用纹理烘焙代替雾效；采用淡入淡出代替雾效
高密度粒子特效	使用 UV 纹理动画代替密集粒子特效
高精度模型	降低模型顶点数与面数；使用纹理来模拟细节
复杂特效	使用纹理 UV 动画替代，降低着色器复杂度

总体而言，由于移动设备硬件性能的限制，为获得更好的渲染效果和性能，在 AR 应用开发中，总渲染的三角形数以不超过 50 万个为宜，针对不同场景复杂度，具体如表 15-4 所示。

表 15-4　不同场景复杂度最大对象和三角形数量建议

对象属性	简单场景	中等场景	复杂场景
渲染对象数	1～3	4～10	＞10
每个对象的三角形数	＜100 000	＜30 000	＜10 000
每个对象的材质数	1～2	1～2	1～2

就图形渲染格式而言，相比 STEP、STL、BIM 等工业高精度模型，FBX、OBJ、GLB/glTF 2.0 等模型格式对渲染更友好，可以进行更多的优化，如顶点数量、顶点属性、法线等，可以在不明显影响渲染效果的情况下，将几万的顶点数优化到几千，对性能提升会起到非常大的帮助。

性能优化不是最后一道工序而应该贯穿于 AR 应用开发的整个过程，并且优化也不仅是程序员的工作，它也是美工、策划的工作任务之一，如可以烘焙灯光时，美工应该制作烘焙内容而不是采用实时光照计算。

15.2　AR 应用性能调试工具

为帮助开发人员了解和分析 AR 应用运行时的性能情况，AR Foundation 提供了 DebugMenu，Unity 提供了内建性能分析工具（Unity Profiler）和帧调试器（Frame Debugger），Xcode 也提供了调试工具，利用这些性能调试分析工具可以从各个层面查看 AR 应用的性能情况。

15.2.1　DebugMenu

DebugMenu 是 AR Foundation 提供的用于直观查看 AR 应用运行帧率、会话原点、平面检测、锚点、点云等功能特性情况的调试工具，该工具是完全非侵入性工具，简单易用。

需要使用时，在层级窗口空白处右击，选择级联菜单 XR → AR Debug Menu 即可在场景中加入 DebugMenu 调试工具①，该工具的使用界面如图 15-1 所示。

DebugMenu 调试工具使用简单，在场景中添加该工具后会在 AR 应用界面中创建 3 个 UI 图标：①调试选项（Debug Options）用于显示会话原点、检测到的平面、创建的锚点、检测到的点云；②状态信息（Stats Info）用于显示应用当前帧率和 SLAM 运动跟踪状态；③配置（Configurations）用于显示当前设备支持的 ARKit 特性及相关特性开启情况。

通过 DebugMenu 调试工具，我们能直观地看到当前 AR 应用运行时的各类情况，了解应用运行状态，不过目前该工具提供的信息还比较有限，在深度分析时需要结合其他工具一并进行。

---

① DebugMenu 使用了 Canvas 进行 UI 显示和操作交互，因此场景中需要有 Event System 对象，不然 UI 按钮不可交互。

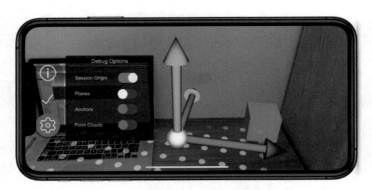

图 15-1　DebugMenu 运行效果图

15.2.2　Unity 分析器

AR 应用除了需保证程序逻辑运行正确，性能表现也是需要时刻重点关注的事项，Unity 强大的性能分析工具 Profiler 在性能分析调试中非常有帮助（下文中 Unity Profiler 译为 Unity 分析器）。

Unity 分析器可以提供应用性能表现的详细信息。当 AR 应用存在性能问题时，如低帧率或者高内存占用，性能分析工具可以帮助发现问题并协助解决问题。Unity 分析器是一个非常强大的性能剖析工具，不仅有利于分析性能瓶颈，也提供了窥视 Unity 内部各部分工作情况的一个机会，使用 Unity 分析器的步骤如下。

1. 打开分析器窗口

在 Unity 菜单中依次选择 Window → Analysis → Profiler，打开 Unity 分析器窗口，将窗口拖到 Game 选项卡旁边，以使其停靠在 Game 选项卡右侧（当然，可以把它放在任何的地方）。

2. 设置远程调试

从 Unity 菜单栏中选择 File → Build Settings（或者使用快捷键 Command+Shift+B）打开 Build Settings 对话框，勾选 Development Build、Autoconnect Profiler、Deep Profiling Support 复选框，启用自动连接和调试分析功能，如图 15-2 所示。

3. 连接调试设备

将真机设备通过 USB 连接到开发计算机，单击 Build Settings 对话框中的 Build And Run 按钮，将应用编译后下载到真机上启动运行，在 Unity 分析器的 Play Mode 下拉菜单 Local → Devices 中选择真机设备，如图 15-3 所示，然后按下开始（◎符号）按钮开始捕获应用的运行数据[①]。

----

① 默认连接到真机设备后即开始捕获应用运行数据，可以通过单击 Play Mode 右侧的◎图标开始、停止捕获。

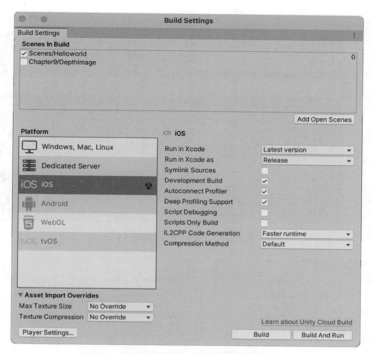

图 15-2　设置开发构建和自动连接调试

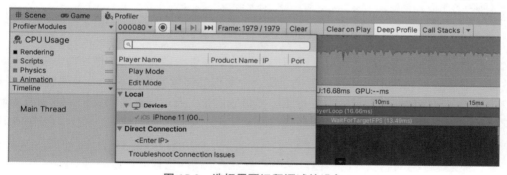

图 15-3　选择需要远程调试的设备

　　连接上真机设备后就可以在 Unity 分析器上看到分析器窗口的全貌了，如图 15-4 所示。

　　Unity 分析器可以提供应用程序不同部分运行情况的深度信息。使用分析器可以了解性能优化的不同方面，例如应用如何使用内存、每个任务组消耗了多少 CPU 时间、物理运算执行频度等。最重要的是可以利用这些数据找到引起性能问题的原因，并且可以测试解决方案的有效性。

　　在 Unity 分析器窗口左侧，可以看到一列子分析器（Sub Profilers），每个子分析器会显示应用程序运行时某一方面的信息，分别为 CPU 使用情况、GPU 使用情况、渲染、内存使用情况、声音、物理和网络等，如图 15-5 所示。

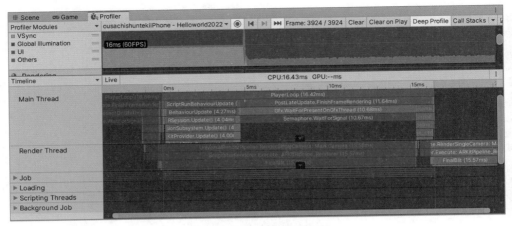

图 15-4　Unity 分析器窗口

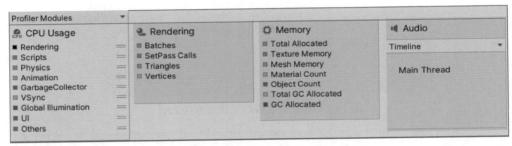

图 15-5　Unity 分析器中的各类子分析器

在开始录制性能数据后，窗口上部的每个子分析器都会随着时间的推移而不断地更新显示数据。性能数据会随着时间发生变化，是一个动态的连续变化过程，通过观察这个过程，可以获取很多仅仅凭一帧性能数据分析无法提供的信息。通过观察曲线变化，可以清楚地看到哪些性能问题是持续性的，哪些问题仅仅在某一帧中出现，还有哪些性能问题是随着时间的推移逐渐显现的。

当选择某个子分析器模块时，窗口下半部会显示当前所选择分析器的当前帧的详细信息，此处显示的数据依赖于我们选择的子分析器。例如，当选中内存分析器时，该区域会显示应用运行时内存和总内存占用等与内存相关的数据；如果选中渲染分析器，则这里会显示被渲染的对象数量或者渲染操作执行次数等数据。

这些子分析器会提供应用运行时详尽的性能数据，但是我们并不总是需要使用所有的这些子分析器模块，事实上，通常在分析应用性能时只需观察一个或者两个子分析器。例如，当游戏应用运行得比较慢时，可以先查看 CPU 分析器，如图 15-6 所示。

CPU 分析器提供了设备 CPU 的使用情况总览，可以观察到应用各部分占用 CPU 时间的情况。该分析器可以只显示特定应用部分对 CPU 的占用，通过单击 CPU 分析器窗口左侧的任务组颜色图标可以打开或关闭对应任务组的数据显示。针对各任务组的 CPU 占用情况，可

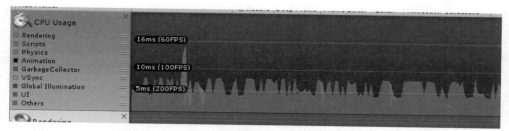

图 15-6　CPU 使用分析器

以通过查看对应子分析器获取更详尽的信息，例如发现渲染占用了很长时间，那么就可以查看渲染分析器模块，以便获取更多的详细信息。

也可以关闭一些我们不关心的子分析器，通过单击 Unity 分析器子分析器模块右上角的"×"符号按钮关闭该模块，在需要时也可以随时通过单击分析器窗口左上角的 Add Profiler 按钮添加想要的子分析器模块。添加及删除子分析器的操作不会清除从设备获取的性能数据，仅仅是显示或者隐藏相应分析模块而已。

Unity 分析器窗口的顶部包含一组控制按钮，可以使用这些按钮控制性能分析的开始、停止和浏览收集的数据。

15.2.3　帧调试器

Unity 分析器是一个强大的性能分析工具，除此之外，Unity 还提供了用于单帧分析的帧调试器（Frame Debugger），帧调试器允许将正在运行的应用在特定的帧冻结回放，并查看用于渲染该帧的单次绘制调用。除允许列出 Drawcall 外，调试器还允许逐个地遍历它们，即一个 Drawcall 一个 Drawcall 地渲染，这样就可以非常详细地看到场景如何一步一步地被绘制出来。

使用帧调试器的流程与使用 Unity 分析器的流程基本一致，具体流程如下。

1. 打开 Debugger 窗口

在 Unity 菜单中，依次选择 Window → Analysis → Frame Debugger，打开帧调试器窗口，将该窗口也拖到 Game 选项卡旁边，使其停靠在 Game 选项卡右侧。

2. 选择调试设备

当 AR 应用在真机设备上运行后，由于构建应用时勾选了 Autoconnect Proflier 复选框，所以应用会自动连接到帧调试器，按下帧调试器左上角的 Enable 按钮（单击 Enable 按钮时会暂停应用）捕获当前帧数据，这时在帧调试器窗口中将会加载应用程序渲染该帧时的相关信息，如图 15-7 所示。

帧调试器窗口左侧主列表以树形层次结构的形式显示了 Drawcalls 序列（及其他事件，如 Framebuffer Clear），该层次结构标识了调用的起源。列表右侧的面板提供了关于 Drawcall 的更多详细信息，例如用于渲染的几何网格细节和着色器。

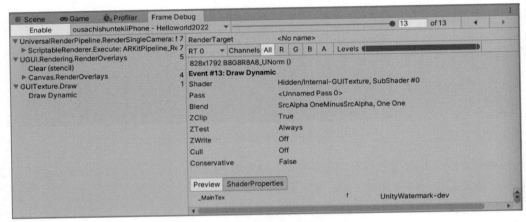

图 15-7　帧调试器窗口

单击左侧列表中的一个项目将在右侧显示该项目的详细 Drawcall 信息，包括着色器中的参数信息（对每个属性都会显示值，以及它在哪个着色器阶段"顶点、片元、几何、hull、domain"中被使用）。

工具栏中的左右箭头表示向前或向后移动一帧，也可以使用键盘方向按键达到同样的效果。此外，窗口顶部的滑块允许在 Drawcall 调用中快速"擦除"，从而快速找到感兴趣的点。

在帧调试器右侧窗口顶部 Channels（通道）栏会分别显示红、绿、蓝和 Alpha 通道信息，以方便查看场景颜色各分量渲染情况。类似地，可以使用这些通道按钮右侧的 levels 滑块，根据亮度级别隔离视图渲染层级，但这个功能只有在渲染到纹理时才有用。

15.3　Unity 分析器使用

Unity 分析器是非常强大的性能分析工具，它能对 CPU 使用、GPU 使用、渲染、内存使用、UI、网络通信、声频、视频、物理仿真、全局光照进行实时查看，非常有助于发现性能瓶颈，为分析性能问题提供有力支持。Unity 分析器包含很多子分析器，可以通过某个子分析器针对应用性能的某一方面进行更深入的分析。

15.3.1　CPU 使用情况分析器

CPU 使用情况分析器（CPU Usage Profiler，下文简称为 CPU 分析器）是对应用运行时设备上的 CPU 使用情况进行实时统计的分析器。CPU 分析器以分组的形式对各项任务建立逻辑组，即左侧列表中的 Rendering、Scripts、Physics、Animation 组等，如图 15-8 所示，其中 Others 组记录了不属于渲染的脚本、物理、垃圾回收及 VSync 垂直同步的总数，还包括动画、AI、声频、粒子、网络、加载和 PlayerLoop 数据（其他分析器与此一致）。CPU 分析器采用分组的形式对属于该组的信息进行独立统计计算，更直观地显示出各任务组对 CPU 的占用比，可以方便地勾选或者不勾选某个 / 某些任务组，以简化分析曲线。

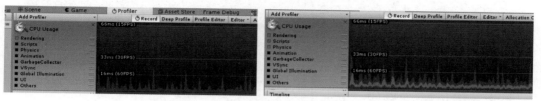

图 15-8　CPU 分析器可以选择左侧的任务组显示特定任务组的统计曲线

在分析器窗口左侧选择 CPU 分析器后，下方窗格将显示详细的分层时间数据，数据显示模式可以是时间线（Timeline）、层次结构（Hierarchy）、原始层次结构（Raw Hierarchy），通过左侧下拉菜单选择，如图 15-9 所示。

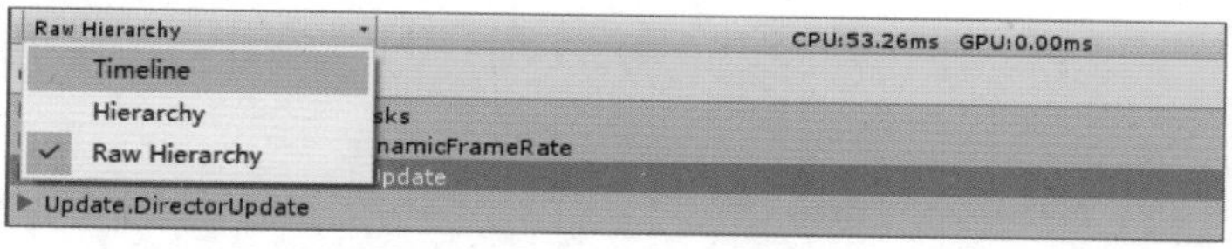

图 15-9　CPU 分析器详细信息可以通过选择 Timeline、Hierarchy、Raw Hierarchy 方式显示

当以层次结构或原始层次结构显示时，各列属性的含义如表 15-5 所示，在下方窗格右侧的下拉菜单中，还可以选择无细节（No Details）、显示细节（Show Related Objects）、显示 Drawcall（Show Calls）以便进行更加深入的检查。

表 15-5　CPU 分析器属性列含义

列　名　称	描　　述
Self 列	指在特定函数中花费的时间量，不包括调用子函数所花费的时间
Time ms 和 Self ms 列	显示相同的信息，以毫秒为单位
Calls 列	指 Drawcall 调用次数
GC Alloc 列	显示当前帧占用的将要在后面被垃圾回收器回收的存储空间，此值最好保持为 0

CPU 分析器还提供了进行物理标记、性能问题检测告警、内存性能分析、时间轴细节高亮等功能，是进行性能分析时使用得最多的分析器。

15.3.2　渲染情况分析器

渲染情况分析器（Rendering Profiler）主要对图形渲染情况进行统计计算，包括 Drawcalls、动态批处理、静态批处理、纹理、阴影、顶点数、三角面数等，使用界面如图 15-10 所示。

渲染分析器中的一些统计信息与 Unity 编辑器 Stats 渲染统计信息窗口中显示的统计数据非常接近。在使用渲染分析器进行分析时，在某个特定时间点，也可以通过单击 Open Frame Debugger 按钮打开帧调试器，以便对某一帧进行更加深入的分析。

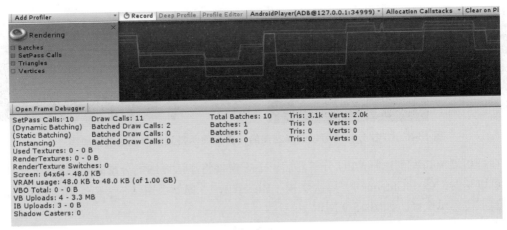

图 15-10　渲染分析器窗口

15.3.3　内存使用情况分析器

内存使用情况分析器（Memory Profiler）提供了两种对应用内存使用情况的查看模式，即简单模式（Simple）和细节模式（Details），可以通过其下方窗格左上角的下拉列表进行选择，如图 15-11 所示。

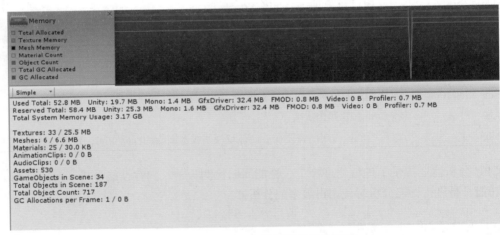

图 15-11　Simple 方式查看内存分析器

简单查看模式只简单显示应用程序在真实设备上每帧所占用的内存情况，包括纹理、网格、动画、材质等对内存的占用大小。从图 15-11 中也可以看到，Unity 保留了一个预分配的内存池，以避免频繁地向操作系统申请内存。内存使用情况包括为 Unity 代码分配的内存量、Mono 托管代码内存量（主要是垃圾回收器）、GfxDriver 驱动程序（纹理、渲染目标、着色器）、FMOD 声频驱动程序的内存量、分析器内存量等。

　　详细查看模式允许采集当前设备真实使用内存情况的快照。可以通过单击 Take Sample 按钮捕获详细的内存使用情况，在获取快照后，将使用树形图更新分析器窗口，树形图对 Assets 资源、内置资源、场景、其他类型资源都进行了内存占用情况分析，非常直观，提供了内存使用情况的深度统计数据。

15.3.4　物理分析器

　　物理分析器（Physics Profiler）用于显示场景中物理引擎处理过的物理仿真统计数据，这些数据有助于诊断和解决与场景中物理仿真相关的性能问题，使用界面如图 15-12 所示。

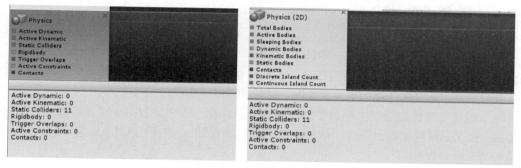

图 15-12　物理分析器窗口

　　物理引擎有非常多的专业术语，使用物理分析器时主要的术语含义如表 15-6 所示。

表 15-6　物理分析器术语含义

术　　语	描　　述
Active Dynamic（活跃动态体）	活动状态的非运动学刚体组件
Active Kinematic（活跃运动学刚体）	活动状态的运动学刚体组件，带关节的运动学刚体组件可能会在同一帧出现多次
Static Colliders（静态碰撞体）	没有刚体组件的静态碰撞体
Rigidbody（刚体）	由物理引擎处理的活动状态刚体组件
Trigger Overlaps（触发器重叠）	重叠的触发器
Active Constraints（激活的约束）	由物理引擎处理的原始约束数量
Contacts（接触）	场景中所有碰撞体的接触对总数

　　在 Unity 中，物理模拟运行在与主逻辑更新循环不同的固定频率更新周期上，并且只能按照 Time.fixedDeltaTime 来步进时间，这类似于 Update() 和 Fixedupdate() 方法之间的差异。在使用物理分析器时，如果当前有大量的复杂逻辑或图形帧更新导致物理模拟需要很长时间，物理分析器则需要多次调用物理引擎，从而有可能导致物理模拟暂停。

15.3.5 音视频分析器

声频视频分析器（Audio Profiler，Video Profiler）是对应用中声频与视频使用情况进行统计计算的分析器。在声频分析器窗口面板中有声频系统的重要性能监视数据，如总负载和语音计数，还展示了有关声频系统各部分的详细信息。视频分析器与声频分析器差不多，使用起来也很直观。

除此之外，Unity 分析器还包括全局光分析器、GPU 分析器等，在用到时读者可查阅 Unity 官方文档了解更详细信息。

15.4 性能优化流程

对 AR 应用而言，引起掉帧、卡顿、漂移问题的原因可能有上百种，模型过大过多、纹理精度高、特效频繁、网络传输数据量过大等都有可能导致用户使用体验下降。解决性能问题首先要找到引起性能问题的最主要原因，通常遵循以下流程：

（1）收集所有性能数据。彻底了解应用程序的性能，收集来自多个渠道的性能数据，包括 Unity 和 Xcode 性能调试数据、测试人员测试体验反馈、使用用户对 AR 应用的反馈、AR 应用运行异常报告等。

（2）查找并确定引起性能问题的主要原因。利用上一阶段获取的数据信息，结合应用的性能目标与使用预期，找出影响性能问题的瓶颈。

（3）对主要性能问题进行针对性修改完善。针对查找到的问题，有针对性地进行优化。

（4）对照性能表现反馈查看修改效果。对比修改后的性能数据与原始数据，以确定修改是否有效，直到达到预期效果。

（5）修改及完善下一个性能问题。按照上述流程继续迭代，以便对下一个主要性能问题进行优化。

性能提升是一个循环过程，需要不断迭代完善直至满足要求，如图 15-13 所示。

图 15-13　性能优化的一般流程

对 AR 应用而言，最少化资源的使用有助于提高用户对应用的好感和提升用户的体验，具体而言包括以下几方面：

（1）降低 AR 应用的启动加载时间，这不仅有助于提高用户体验，还能防止用户对应用假死的误判。

（2）降低内存使用，这可以减少垃圾回收系统在后台频繁地清理内存垃圾，从而提高响应速度。

（3）降低频繁地对外存储器进行读写，这可以提高响应速度。

（4）降低电量消耗，对非必需的能源消耗大的特性在不使用时及时关闭，如平面检测、场景几何网格、动作捕捉、锚点等功能。

在 AR 应用开发完成后，即使在测试机上没有出现性能问题，也应当进行一次性能优化流程，一方面进一步提升性能，另一方面防止非正常情况下性能的恶化。

AR 应用不同于一般桌面应用，用户对桌面应用的耐受性比较高，如执行一个复杂统计，用户有足够的耐心等待 3s，而 AR 应用卡顿 3s 则是完全不可接受的。对 AR 应用来讲，帧率要在 30 帧 / 秒以上才可以接受，低于这个值就会让人感觉有延时、卡顿、操作反应迟钝。

AR 应用与游戏一样，对性能要求高，特别是对单帧执行时间有严格限制，按最低 30 帧 / 秒计算，每帧的执行时间必须限制在 33.3ms 内，若超时，则必将导致掉帧。

帧率（Frame Rate）是 AR 应用流畅度的重要衡量指标，也是衡量应用性能的基本指标，一帧类似于动画中的一个画面，一帧图像就是 AR 应用绘制到屏幕上的一个静止画面，将一帧绘制到屏幕上也称为渲染一帧。帧率通常用 FPS（Frame Per Second）衡量，提高帧率就要降低每帧的渲染时间，即渲染每帧画面所需要的毫秒数，这个毫秒数有助于指导我们优化性能。

渲染一帧图像，AR 应用需要执行很多各种类型的任务。简单地说，Unity 必须更新应用的状态，获取应用的快照并且把快照绘制到屏幕上。有些任务需要每帧都执行，包括读取用户输入、执行脚本、运行光照计算等，还有许多操作需要每帧执行多次，如物理运算、多通道着色器等。当所有这些任务都执行得足够快时，AR 应用才能有稳定且可接受的帧率，当这些任务中的一个或者多个执行得不够快时，渲染一帧将花费超过预期的时间，帧率就会因此下降。

因此知道哪些任务执行时间过长，对我们解决性能瓶颈问题就显得非常关键。一旦知道了哪些任务降低了帧率，就可以有针对性地去优化应用的这一部分，而如何获取这些任务执行时的性能表现这就是性能分析器的工作了。

AR 应用非常类似于移动端游戏应用，因此，移动端游戏应用中的那些优化策略和技巧完全适用于 AR 应用，下面我们对 AR 应用性能分析与性能优化各流程进行详细阐述。

15.4.1　收集运行数据

收集 AR 应用运行时性能数据主要通过汇总 DebugMenu 工具、Unity 和 Xcode 性能调试数据、测试人员测试体验反馈、使用用户对 AR 应用的反馈、AR 应用运行异常报告工具数据等。DebugMenu 是最直观获取性能数据的方式，操作使用简单、数据呈现直观；在需要深入进行性能问题定位和排查时，Unity 分析器、Xcode、帧调试器都是强大的分析利器，通过 Unity 分析器和帧调试器收集 AR 应用实时运行数据的步骤如下：

（1）在目标设备上生成开发构建（Development Build）应用并运行，实时采集 AR 应用运行时数据。

（2）对采集的运行数据进行观察，特别是那些性能消耗过高的节点，寻找导致帧速降低的关键点，录制应用运行时数据。

（3）在 Unity 分析器的上部窗格中选择展示有性能问题的渲染帧（可能是帧速突然降低帧，也可能是持续性的低速帧）。通过键盘的左右箭头按键或者窗格控制栏的前后按钮移动选择目标帧，直到选择到需要进行分析的目标帧。

（4）对选定的帧启动帧调试器采集更翔实细致的运行数据。

15.4.2　分析运行数据

采集 AR 应用运行时数据是基础，对这些数据进行分析并找到引起性能问题的原因才是修复问题的关键。这里以 CPU 分析器为例，讲解如何分析采集到的数据（其他分析器类似）。

在出现性能问题时，CPU 分析器通常是使用得最多的分析器。在 CPU 分析器窗口的上部，可以很清晰地看到为完成一帧画面各任务组花费的 CPU 时间，如图 15-14 所示。

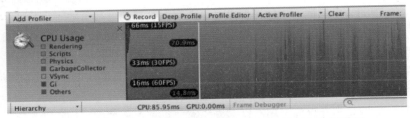

图 15-14　打开 CPU 使用分析器窗口分析各任务组执行数据

对各任务组，分析器以不同颜色进行了标识分类，可以选择一个或几个任务组进行查看。不同的颜色分别代表了在渲染、脚本执行、物理运算等方面花费的时间，分析器左侧显示了哪种颜色代表哪类任务。在本演示截图中，窗口底部显示了这帧所有 CPU 运算耗时共计 85.95ms。

对照颜色查看各任务组，发现大部分时间消耗在渲染上，由此可以知道，是渲染性能问题造成了掉帧，那么渲染优化就成了当前最主要的优化方向。

CPU 分析器还提供了不同的显示模式，可以是时间线（Timeline）、层次结构（Hierarchy）、原始层次结构（Raw Hierarchy）。在发现是渲染问题导致掉帧后，可以选择使用层次结构模式去挖掘更深入的信息，通过在分析器左下窗口的下拉菜单中选择层次结构可以查看 CPU 任务的详细信息，查看在这帧中是哪些任务花费了最多的 CPU 时间。

在层级结构视图中，可以单击任意列标题栏按该列值进行排序。如单击 Time ms 栏可以按照函数花费时间排序，单击 Calls 栏可以按照当前选中帧中函数的执行次数排序。在图 15-15 所示截图中，我们按照时间排序，可以看到 Camera.Render 任务花费了最多的 CPU 时间。

在层级结构视图中，如果左侧行标题名字左侧有箭头，则可以单击展开，进一步查看这个函数调用了哪些其他函数，并且这些函数是怎样影响性能的。在这个例子中，Camera.

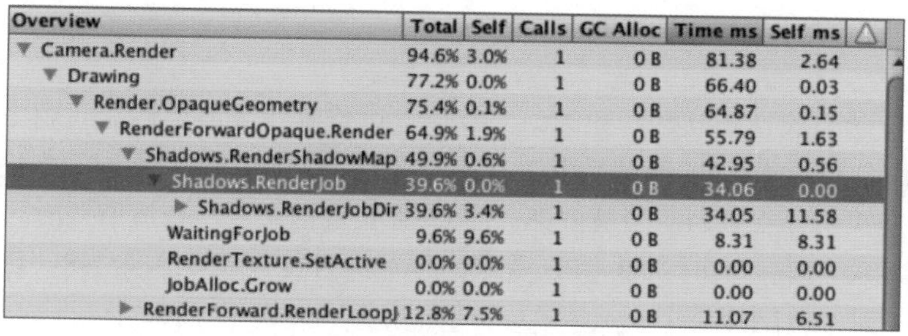

Overview	Total	Self	Calls	GC Alloc	Time ms	Self ms
▼ Camera.Render	94.6%	3.0%	1	0 B	81.38	2.64
▼ Drawing	77.2%	0.0%	1	0 B	66.40	0.03
▼ Render.OpaqueGeometry	75.4%	0.1%	1	0 B	64.87	0.15
▼ RenderForwardOpaque.Render	64.9%	1.9%	1	0 B	55.79	1.63
▼ Shadows.RenderShadowMap	49.9%	0.6%	1	0 B	42.95	0.56
▼ Shadows.RenderJob	39.6%	0.0%	1	0 B	34.06	0.00
▶ Shadows.RenderJobDir	39.6%	3.4%	1	0 B	34.05	11.58
WaitingForJob	9.6%	9.6%	1	0 B	8.31	8.31
RenderTexture.SetActive	0.0%	0.0%	1	0 B	0.00	0.00
JobAlloc.Grow	0.0%	0.0%	1	0 B	0.00	0.00
▶ RenderForward.RenderLoopJ	12.8%	7.5%	1	0 B	11.07	6.51

图 15-15　通过层次视图查看性能消耗情况

Render 任务中消耗 CPU 时间最多的是 Shadows.RenderJob 函数，即使我们现在对这个函数还不太了解，也已经对影响性能的问题有了大致的印象，知道了性能问题与渲染相关，并且最耗时的任务是处理阴影。

切换到时间线模式，如图 15-16 所示，时间线视图展示了两个重要的事项：CPU 任务执行顺序和各线程负责的任务。

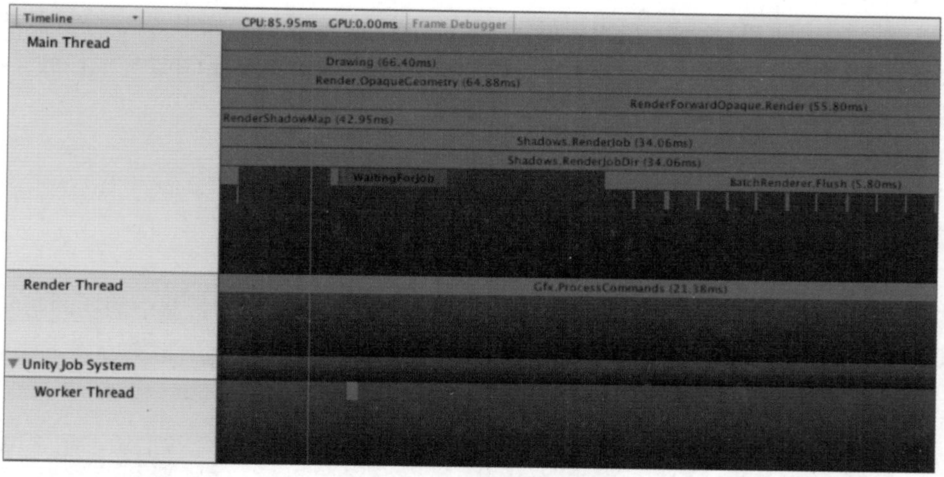

图 15-16　各线程执行情况

通过查看时间线任务执行图，可以找到执行最慢的线程，这也是我们下一步需要优化的线程。在图 15-16 中，我们看到 Shadows.RenderJob 调用的函数发生在主线程，主线程的一个任务 WaitingForJob 指示出主线程正在等待工作者线程完成任务，因此，可以推断出和阴影相关的渲染操作在主线程和工作者线程同步上消耗了大量时间。

提示

线程允许不同的任务同时执行，当一个线程执行一个任务时，另外的线程可以执行另一个完全不同的任务。和 Unity 渲染过程相关的线程有 3 种：主线程、渲染线程和工作者线程（Worker Threads），多线程就意味着需要同步，很多时候性能问题就出在同步上。

15.4.3 确定问题原因

渲染是常见的引起性能问题的原因，当我们尝试修复一个渲染性能问题之前，最重要的是确认 AR 应用是受限于 CPU 还是受限于 GPU，不同的问题需要用不同的方法去解决。简单地说，CPU 负责决定什么东西需要被渲染，而 GPU 负责渲染它。当渲染性能问题是因为 CPU 花费了太长时间去渲染一帧时，是 CPU 受限，当渲染性能问题是因为 GPU 花费了太长时间去渲染一帧时，是 GPU 受限。

1. GPU 受限

识别是否 GPU 受限的最简单方法是使用 GPU 分析器，但遗憾的是并非所有的设备和驱动都支持 GPU 分析器，因此需要先检查 GPU 分析器在目标设备上是否可用，单击打开 GPU 使用情况分析器，如果目标设备不支持，则会在其右侧窗格显示信息"不支持 GPU 分析（GPU profiling is not supported）"字样。

如果设备支持 GPU 分析，则只需查看 GPU 分析器窗口区域下方的 CPU 耗时和 GPU 耗时，如果 GPU 耗时大于 CPU 耗时，就可以确定 AR 应用是 GPU 受限。如果 GPU 分析器不可用，则需要借助于 CPU 分析器，通过 CPU 分析器，如果看到 CPU 在等待 GPU 完成任务，则意味着 GPU 受限，步骤如下：

（1）选择 GPU 分析器。

（2）在窗口下方窗格查看选择帧的详细信息。

（3）选择层级结构视图。

（4）单击 Time ms 属性列，按函数消耗时间排序。

本示例截图如图 15-17 所示，函数 Gfx.WaitForPresent 在 CPU 分析器中消耗的时间最长，这表明 CPU 在等待 GPU，也就是 GPU 受限。如果是 GPU 受限，下一步就应该主要对 GPU 图形渲染进行优化。

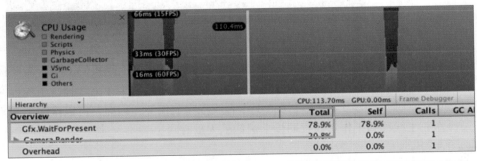

图 15-17 设备不支持 GPU 分析时通过 CPU 分析器判断是否是 GPU 受限

2. CPU 受限

如果 AR 应用渲染不受限于 GPU，则我们就需要检查 CPU 相关的渲染问题。选择 CPU

分析器，在分析器窗口中检查代表渲染任务组颜色的数据，在有性能问题的帧中，如果大部分时间消耗在渲染上，则表示是渲染引起了问题，按照以下步骤进一步查找性能问题信息：

（1）选择 CPU 分析器。

（2）在窗口下方窗格查看选择帧的详细信息。

（3）选择层级结构视图。

（4）单击 Time ms 属性列，按函数消耗时间排序。

（5）单击列表中最上方的函数（消耗时间最多的函数）。

如果选中的函数是一个渲染函数，则 CPU 分析器会高亮渲染部分。如果是这个原因，则意味着是与渲染相关的操作引起了性能问题，并且在这一帧中是 CPU 受限，同时需要注意函数名和函数是在哪个线程执行，这些信息在我们尝试修复问题时非常有用。如果是 CPU 受限，则下一步就应该主要对 CPU 图形渲染进行优化。

3. 其他引起性能问题的主要原因

通常垃圾回收、物理计算、脚本运行也是引起性能问题的重要因素，可以通过 CPU 分析器、内存分析器等多分析器联合进行分析。如果函数 GC.Collect() 出现在最上方，并且花费了过多的 CPU 时间，则可以确定垃圾回收是应用性能问题所在；如果在分析器上方高亮物理运算，则说明 AR 应用的性能问题与物理引擎运算相关；如果在分析器上方高亮显示的是用户脚本函数，则说明 AR 应用的性能问题与用户脚本相关。

尽管我们讨论了图形渲染、垃圾回收、物理计算、用户脚本 4 种最常见的引起性能问题的原因，但 AR 应用在运行时可能会遇到各种各样的性能问题，不过万变不离其宗，遵循上述解决问题的方法，通过收集数据，使用 CPU 分析器分析应用运行信息，找到引起问题的原因，一旦知道了引起问题的函数名字，就可以在 Unity Manual、Unity Forums、Unity Answers 等资源社区中查找函数的相关信息，并最终解决问题。

15.5　渲染优化

对 AR 应用而言，绝大部分情况下，发生卡顿、掉帧、假死等情况源于场景渲染问题，源于系统无法按时完成场景渲染任务。为达到流畅的用户体验，ARKit 要求应用帧率达到 60 帧 / 秒以上，即每帧所有工作完成时间不大于 16.7ms，这对计算的实时性提出了很高要求[①]。

15.5.1　渲染流程

在 AR 应用中，渲染性能受很多因素的影响，并且高度依赖 CPU 与 GPU 的协作，优化

---

① ARKit 相比 ARCore，对帧率要求更高，更高帧率对提高运动跟踪稳定性、虚实融合一致性更有利，但资源消耗也会更大。

渲染性能最重要的是通过调试实验，精确分析性能检测结果，有针对性地解决问题。深入理解 Unity 渲染事件流有助于研究和分析，在渲染过程中，CPU 与 GPU 各自都有其独立的任务周期，如图 15-18 所示。

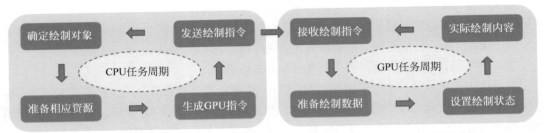

图 15-18　左侧循环是 CPU 渲染工作流程图、右侧循环是 GPU 渲染工作流程图

首先需要清楚，在渲染一帧画面时 CPU 和 GPU 需要分工协作并完成各自任务，它们中的任何一方花费时间超过预期都会造成渲染延迟，因此当渲染性能出现问题时有两类基本的问题：第一类问题是 CPU 计算能力弱，如果 CPU 处理数据时间过长（往往是因为复杂的计算或大量的数据准备），打断了平滑的数据流时 CPU 成为渲染瓶颈；第二类问题是 GPU 渲染管线引起的，当渲染管线中一步或者多步花费时间过长（往往是渲染管线需要处理的数据太多，如模型顶点多、纹理尺寸大等），打断了平滑的数据流时 GPU 成为渲染瓶颈。简而言之，如果 CPU 与 GPU 负载分布不平衡，就会导致其中一个过载而另一个空载，一方等待另一方。在给定硬件条件下，对渲染的优化就是寻求一个平衡点，使 CPU 和 GPU 都处于忙碌但又不过载的状态。如果 CPU 与 GPU 硬件性能确实不能满足要求，则只能通过降低效果、精简模型等手段，以质量换性能。

15.5.2　CPU 瓶颈

在渲染一帧画面时，CPU 主要完成三类工作：决定绘制内容、为 GPU 准备命令、将命令发送到 GPU。这三类工作包含很多独立的任务，这些任务可以通过多线程协同完成。

Unity 渲染过程与三类线程相关：主线程（Main Thread）、渲染线程（Render Thread）和工作者线程（Worker Thread）。主线程用于完成 AR 应用中的主要 CPU 任务，包括逻辑运算和资源管理；渲染线程专门用于向 GPU 发送命令；每个工作者线程执行一个独立的任务，如剔除或网格蒙皮。哪些任务在哪个线程执行取决于 AR 应用运行的硬件和应用来设置，通常 CPU 核心数量越多，生成的工作者线程数也可以越多。

由于多线程渲染非常复杂并且依赖硬件，在我们尝试提高性能时，首先必须了解是哪些任务导致了 CPU 瓶颈，如果 AR 应用运行缓慢是因为在一个线程上的剔除操作花费了太长的时间，则尝试在另一个线程上降低网格蒙皮的时间不会有任何帮助。

Player Settings 设置面板中的 Graphics Jobs 选项（在 Player Settings → Player → iOS → Other Settings 选项卡下）决定了 Unity 是否使用工作者线程去执行一些原本需要在主线程或者

渲染线程中执行的任务，在支持这个功能的平台上启用该选项能够提供可观的性能提升。如果希望使用这个功能，则应该分别对开启和关闭此功能进行性能分析，观察该功能对性能的影响，看一看是否有助于性能的提升。

解决 CPU 瓶颈问题可以从 CPU 的三类工作入手逐个分析。

1. 决定绘制内容

在 AR 场景中，视锥平截头体外的物体、物体背面、尺寸过小、距离过大的物体都不需要渲染，因此需要提前剔除，底层图形处理接口（OpenGL、Metal 等）可以帮助处理一部分，也可以手动进行处理以提高性能。剔除主要有 3 种形式：视锥体剔除（Frustum Culling）、遮挡剔除（Occlusion Culling）、远近剔除（LayerCullingDistance），如表 15-7 所示。

表 15-7　剔除方式及处理方法

剔除方式	常用技巧
Frustum Culling	使用 Camera 的 Frustum Matrix 属性剔除不需要显示的物体，简单地说就是渲染相机看不到的物体不需要显示，Unity 默认开启此方式
Occusion Culling	将被遮挡的物体剔除，Unity 里需设置遮挡标识（Occlude Flag）

LayerCullingDistance	将超过一定距离的物体剔除，使用该方法时需要提前设置需要剔除物体所属的层（Layer），如设置为 grass，则剔除方法如下：
	
	```float[] distances = new float[32];```
	```distances[LayerMask.NameToLayer("grass")] = 50;```
	```camera.layerCullSpherical = true;```
	```camera.layerCullDistances = distances;```
	
	当物体与摄像机距离超过 50m 后，物体将被剔除而不再渲染，该方法一般用于处理数量多且体积小的虚拟物体

2. 为 GPU 准备命令

为 GPU 准备命令包括将渲染所需数据加载到显存、设置渲染状态。在准备渲染时，CPU 需要将所有渲染时所需数据从硬盘加载到内存中，模型顶点、索引、纹理等数据又被从内存加载到显存中，这些数据量在复杂场景中会非常大。在将渲染数据加载到显存后，CPU 还需要设置 GPU 渲染状态，如网格的顶点 / 片元着色器、光照模型、抗锯齿模式等，不仅如此，还需要设置 GPU 的管线状态，如 RasterizerState、BlendState、DepthStencilState、InputLayout 和其他数据，这个过程需要 CPU 与 GPU 同步，也是一个耗时的过程。在这个阶段优化的重点就是减少 Drawcall，能一次性渲染的内容不要分阶段、分区域多次渲染，能合并的模型、纹理、材质尽量合并。

3. 将命令发送到 GPU

将命令发送到 GPU 消耗时间过长是引起 CPU 性能问题的最常见原因。在大多数平台上，将命令发送到 GPU 任务由渲染线程执行，个别平台由工作者线程执行（如 PS4），在将命令发送到 GPU 时，最耗时的操作是 SetPass call。如果 CPU 瓶颈是由发送 GPU 命令引起的，则降低 SetPass call 的数量通常是最好的改善性能的办法。在 Unity 渲染分析器中，可以直观地看到有多少 SetPass call 和 Batches 被发送。

不同硬件处理 SetPass call 的能力差异很大，在高端 PC 上可以发送的 SetPass call 数量要远远大于移动平台。通常在优化时为了降低 SetPass call 和 Batches 数量，需要减少渲染对象数量、降低每个渲染对象的渲染次数、合并渲染对象数据。

1）减少渲染对象数量

减少渲染对象数量是最简单的降低 Batches 和 SetPass call 的方法，减少渲染对象数量的常见方法如表 15-8 所示。

表 15-8　减少渲染对象数量的常见方法

序号	常用技巧
1	降低场景中可见对象数量。如渲染很多僵尸时，可以尝试减少僵尸数量，如果看起来效果不错，则说明这是一个简单且高效的优化方法
2	降低渲染相机裁剪平面的远平面（Far plane）来减小绘制范围。这个属性表示距离摄像机多远后的物体将不再被渲染，并通常使用雾效来掩盖远处物体从不渲染到渲染的突变
3	如果需要基于距离更细粒度地控制物体渲染，则可以使用摄像机的 Layer Cull Distances 属性，它可以给不同的层设置单独的裁剪距离，如果场景中有很多前景装饰细节，则这种方法很有用
4	可以使用遮挡剔除功能关闭被遮挡物体的渲染。如场景中有一个很大的建筑，可以使用遮挡剔除功能，关闭该建筑后面被遮挡物体的渲染。需要注意的是 Unity 的遮挡剔除功能并不是所有场景都适用，它会导致额外的 CPU 消耗，并且相关设置比较复杂，但在某些场景中可以极大地改善性能
5	手动关闭物体渲染。可以手动关闭用户看不见的物体渲染，如场景包含一些过场的物体，那么在它们出现之前或者移出之后，应该手动关闭对它们的渲染。手动剔除往往比 Unity 动态地遮挡剔除有效得多

2）降低每个渲染对象的渲染次数

阴影和环境反射可以大幅提高 AR 应用的真实感，但是这些操作也非常耗费资源，使用这些功能可能导致物体被渲染多次，从而对性能造成影响，通常来讲，这些功能对性能的影响程度依赖于场景选择的渲染路径，降低每个渲染对象的渲染次数的常见方法如表 15-9 所示。

表 15-9　降低每个渲染对象渲染次数的常见方法

序　号	常用技巧
1	深入理解 Unity 中的动态光照，尽量少使用动态光照，包括点光和聚光
2	使用烘焙技术去预计算场景的光照
3	尽量少使用反射探头
4	Shader 中尽量不使用多 pass 渲染，而使用 URP 渲染管线

> **提示**
>
> 　　渲染路径就是在绘制场景时渲染计算的执行顺序。不同渲染路径最大的不同是处理实时光照、阴影和环境反射的方法。通常来讲，如果 AR 应用运行在比较高端的设备上，并且应用了较多实时光照、阴影和反射，则延迟渲染是比较好的选择。前向渲染适用于目前的移动设备，它只支持较少的逐像素光照。

　　3）合并物体

　　一个 Batch 可以包含多个物体的数据，合并小的渲染物体可以大大地减少 Drawcall，如果要合并物体，则这些物体必须共享相同材质的相同实例、相同的渲染设置（纹理、Shader、Shader 参数等）。合并渲染物体的常见方法如表 15-10 所示。

表 15-10　合并渲染物体的常见方法

序　号	常用技巧
1	静态批处理（Batching），允许 Unity 合并相邻的不移动的物体。如一堆相似的静态石头就可以合并
2	动态批处理，不论物体是运动的还是静止的都可以进行动态合并，但对能够使用这种技术合并的物体有一些要求限制
3	合并 Unity 的 UI 元素
4	GPU Instancing，允许大量一样的物体十分高效地合并处理
5	纹理图集，把大量小纹理合并为一张大的纹理图，通常在 2D 渲染和 UI 系统中使用，但也可以在 3D 渲染中使用
6	手动合并共享相同材质和纹理的网格，不论是在 Unity 编辑器中还是在运行时使用代码手动合并
7	在脚本中，谨慎使用 Renderer.material，因为这会复制材质并且返回一个新副本的引用，导致渲染器（Renderer）不再持有相同的材质引用，从而破坏批处理。如果需要访问一个在合并中的物体的材质，则应该使用 Renderer.sharedMaterial

15.5.3　GPU 瓶颈

　　GPU 性能瓶颈中最常见的问题是填充率、显存带宽、顶点处理。

1. 填充率

　　填充率是指 GPU 每秒可以在屏幕上绘制的像素数量。如果 AR 应用受填充率限制，即应用每帧尝试绘制的像素数量超过了 GPU 的处理能力就会出现卡顿，解决填充率问题最有效的方式是降低显示分辨率，其他填充率问题的常见优化方法如表 15-11 所示。

表 15-11　填充率优化常见方法

序　号	常见引起填充率问题的原因及优化技巧
1	片元着色器处理像素绘制，GPU 需要对每个需要绘制的像素进行计算，如果片元着色器代码效率低，就很容易发生性能问题，复杂的片元着色器是很常见的引起填充率问题的原因
2	重绘制（Overdraw）是指相同的像素被绘制的次数，重绘制过高也容易引起填充率问题。最常见引起重绘制的原因是透明材质、未优化的粒子、重叠的 UI 元素，优化它们可以改善重绘制问题
3	屏幕后处理技术也会极大地影响填充率，尤其是在联合使用多种屏幕后处理技术时。如果在使用屏幕后处理时遇到了填充率问题，则应该尝试不同的解决方案或者使用更加优化的屏幕后处理版本。如使用 Bloom（Optimized）替换 Bloom，如果在优化屏幕后处理效果后，仍然有填充率问题，则应当考虑关闭屏幕后处理，尤其是在移动设备上

2. 显存带宽

显存带宽是指 GPU 读写显存的速度。如果 AR 应用受限于显存带宽，则通常意味着使用的纹理过多或者纹理尺寸过大，以至于 GPU 无法快速处理，这时需要降低纹理的内存占用，降低纹理使用的常见方法如表 15-12 所示。

表 15-12　降低纹理使用的常见方法

技　　术	常　用　技　巧
纹理压缩技术	纹理压缩技术可以同时降低纹理在磁盘和内存中的大小。如果是显存带宽的问题，则使用纹理压缩减小纹理在内存中的大小可以帮助改善性能。Unity 内置了很多可用的纹理压缩格式和设置，通常来讲，纹理压缩格式只要可用就应该尽可能地使用，尽管如此，通过实践找到针对每个纹理最合适的设置是最好的
MipMap	多级渐远纹理是指 Unity 对远近不同的物体使用不同的纹理分辨率版本的技术，如果场景中包含距离摄像机很远的物体或者物体与摄像机距离变化较大，则可以通过多级渐远纹理来缓解显存带宽问题，但 MipMap 也会增加 33% 显存占用

3. 顶点处理

顶点处理是指 GPU 处理渲染网格中的每个顶点的工作。顶点处理主要由需要处理的顶点数量及在每个顶点上的操作两部分组成。减少渲染的顶点，简化在顶点上的操作可以降低顶点处理压力，降低顶点处理的常见方法如表 15-13 所示。

表 15-13　降低顶点处理的常见方法

技　　术	常见优化技巧
减少顶点数	最直接的降低顶点数量的方法是在 3D 建模软件中创建模型时使用更少数量的顶点，另外，场景中渲染的物体越少越有利于减少需要渲染的顶点数量
法线贴图	法线贴图技术可以用来模拟更高几何复杂度的网格而不用增加模型的顶点数，尽管使用这种技术有一些 GPU 消耗，但在多数情况下可以获得性能提升

续表

技　　术	常见优化技巧
关闭切线操作	如果模型没有使用法线贴图技术，在模型的导入设置中则可以关闭顶点的切线，这将降低在顶点上的操作复杂度
LoD	LoD（Level of Detail）是一种当物体远离摄像机时降低物体网格复杂度的技术。LoD 可以有效地降低 GPU 需要渲染的顶点数量，并且不影响视觉表现
优化顶点 Shader	顶点着色器会处理绘制的每个顶点，优化顶点着色器可以降低在顶点上的操作，有助于性能提升
优化 Shader	特别是自定义的 Shader，应该尽可能地优化

15.6　代码优化

代码优化问题就像 C 语言一样古老，从编程语言诞生之日起，对代码进行优化就一直伴随着编程语言的发展。执行效率更高一直是语言发展和程序开发人员追求的目标，有关代码优化的方法、实践、指导原则也非常多，本节我们重点学习与 AR 开发密切相关的垃圾回收、对象池及部分极大影响性能却容易被忽视的代码细节。

15.6.1　内存管理

在 AR 应用运行时，应用会从内存中读取数据，也会往内存中写入数据，在运行一段时间后，某些写入内存中的数据可能会过期并不再被使用（如从硬盘中加载到内存中的一只狐狸模型在狐狸被子弹击中并不再显示后），这些不再被使用的数据就像垃圾一样，而存储这些数据的内存应该被释放以便重新利用，如果垃圾数据不被清理，则将会一直占用内存，从而导致内存泄漏，进而造成应用卡顿或崩溃。

我们通常把存储了垃圾数据的内存叫作垃圾，把重新使这些存储垃圾数据的内存变得可用的过程叫作垃圾回收（Garbage Collection，GC），垃圾回收是 Unity 内存管理的一部分。在应用运行过程中，如果垃圾回收执行得太频繁或者垃圾太多，就会导致应用卡顿甚至假死。

Unity 自动进行内存管理，其会替开发人员做很多工作，如堆栈管理、分配、垃圾回收等，在应用开发中开发人员不用操心这些细节。在本质上，Unity 中的自动内存管理大致如下：

（1）Unity 在栈（Stack）内存和堆（Heap）内存两种内存池中存取数据，栈用于存储短期和小块数据，堆用于存储长期和大块数据。

（2）当一个变量创建时，Unity 在栈或堆上申请一块内存。

（3）只要变量在作用域内（仍然能够被脚本代码访问），分配给它的内存就处于使用中状态，称这块内存已经被分配。一个变量被分配到栈内存时称为栈上对象，被分配到堆内存时称为堆上对象。

（4）当变量离开作用域后，其所占的内存即成为垃圾，就可以被释放回其申请的内存池。当内存返回内存池时，我们称为内存释放。当栈上对象不在作用域内时，栈上的内存会立刻被释放，堆上对象不在作用域时，在堆上的内存并不会马上被释放，并且此时内存状态仍然是已分配状态。

（5）垃圾回收器周期性地清理堆分配的内存，识别并释放无用的堆内存。

Unity 在栈上分配释放内存和在堆上分配释放内存存在很大的区别：栈上分配和释放内存很快并且很简单，分配和释放内存总是按照预期的顺序和预期的大小执行。栈上的数据均是简单数据元素集合（在这里是一些内存块），元素按照严格的顺序添加或者移除，当一个变量存储在栈上时，内存简单地在栈的"末尾"被分配，当栈上的变量不在作用域时，存储它的内存马上被返还回栈中以便重用。

在堆上分配内存要复杂得多，堆会存储各种大小和类型的数据，堆上内存的分配和释放并不总是有预期的顺序，并且需要不同大小的内存块。当一个堆对象被创建时 Unity 会执行以下步骤：

（1）首先检查堆上是否有足够的空闲内存，如果堆上空闲内存足够，则为变量分配内存。

（2）如果堆上内存不足，Unity 触发垃圾回收器并尝试释放堆上无用的内存。如果垃圾回收后空闲内存足够，则为变量分配内存。

（3）如果执行垃圾回收操作后，堆上空闲内存仍然不足，Unity 则会向操作系统申请增加堆内存容量。如果申请到足够内存空间，则为变量分配内存。

（4）如果申请失败，应用则会出现内存不足错误。

因此，堆上内存分配可能会很慢，尤其是在需要执行垃圾回收和扩展堆内存时。

> **提示**
>
> Unity 中所有值类型存储在栈上，引用类型则存储在堆上。在 C# 中，值类型包括基本数据类型、结构体、枚举；引用类型包括 Class、Interface、Delegate、Dynamic、Object、String 等。

15.6.2　垃圾回收

Unity 在执行垃圾回收时，垃圾回收器会检查堆上的每个对象，查找所有当前对象的引用，确认堆上对象是否还在作用域，将不在作用域的对象标记为待删并随后删除这些对象，然后将这些对象所占内存返还到堆中。

下列情况发生时将触发垃圾回收：

（1）当需要在堆上分配内存且空闲内存不足时。

（2）周期性的垃圾回收，自动触发（频率由平台决定）。

（3）手动强制执行垃圾回收（手动调用 System.GC.Collect() 方法）。

垃圾回收是一项复杂的操作，堆上的对象越多它需要做的工作就越多、对象的引用越多它需要做的工作就越多，并且垃圾回收还可能会在不恰当的时间执行和导致内存空间碎片化，严重时会导致应用卡顿或假死。减少垃圾生成和降低垃圾回收频率有以下常见技术。

1. 字符串使用

在 C# 语言中，字符串是引用类型，创建和丢弃字符串会产生垃圾，而且由于字符串被广泛使用，这些垃圾可能会积少成多、快速累积，特别是在 Update()、LateUpdate() 这类方法中使用字符串时，不恰当的方法可以迅速耗尽内存资源。

C# 语言中的字符串值不可变，这意味着字符串值在被创建后不能被改变，每次操作字符串（例如连接两个字符串），会创建一个新的字符串并保存结果，然后丢弃旧的字符串，从而产生垃圾，因此，在使用字符串时，应当遵循一些简单的规则以使字符串的使用所产生的垃圾最少化，如表 15-14 所示。

表 15-14　优化字符串使用的常见方法

序　号	常 用 技 巧
1	减少不必要的字符串创建。如果使用同样的字符串多于一次，则应该只创建一次，然后缓存它
2	减少不必要的字符串操作。如果需要频繁地更新一个文本组件的值，并且其中包含一个连接字符串操作，则应该考虑把它分成两个独立的文本组件
3	使用 StringBuilder 类。在需要运行时频繁操作字符串时，应该使用 StringBuilder 类，该类用于进行动态字符串处理，并且不产生堆内存频繁分配问题，在连接复杂字符串时，这将减少很多垃圾的产生
4	移除 Debug.Log()。在 AR 应用的 Release 版本中 Debug.Log() 虽然不会输出任何东西，但它仍然会被执行。调用一次 Debug.Log() 至少创建和释放一次字符串，所以如果应用包含了很多次调用，则会产生大量垃圾

例 15-1：在 Update() 方法中合并字符串，设计意图是在 Text 组件上显示当前时间，但产生了很多垃圾，代码如下：

```
// 第15章 /15-1
public Text titleText;
private float timer;
void Update()
{
    timer += Time.deltaTime;
    titleText.text = "当前时间:" + timer.ToString();
}
```

优化方案是将显示当前时间的字符串分成两部分，一部分显示"当前时间："字样，另一部分显示时间，这样不用字符串合并也能达到想要的效果，代码如下：

```
// 第 15 章 /15-2
public Text HeaderText;
public Text ValueText;
private float timer;
void Start()
{
    HeaderText.text = "当前时间 :";
}
void Update()
{
    ValueText.text = timer.toString();
}
```

2. 共用集合

创建新集合对象时在堆上分配内存是一个比较复杂的操作，在代码中可以共用一些集合对象，缓存集合引用，使用 Clear() 方法清空集合内容复用以替代耗时的集合创建操作并减少垃圾。

例 15-2：频繁地创建集合，每次使用 New 方法都会在堆上分配内存，代码如下：

```
// 第 15 章 /15-3
void Update()
{
    List mList = new List();
    Pop(mList);
}
```

优化方案是缓存公用集合，只在集合创建或者在底层集合必须调整大小时才分配堆内存，代码如下：

```
// 第 15 章 /15-4
private List mList = new List();
void Update()
{
    mList.Clear();
    Pop(mList);
}
```

3. 降低堆内存分配频度

在 Unity 中，最糟糕的设计是在那些频繁调用的函数中分配堆内存（如在 Update() 和 LateUpdate() 方法中），这些方法每帧调用一次，所以如果在这里产生了垃圾，垃圾将会快速累积。良好的设计应该考虑在 Start() 或 Awake() 方法中缓存引用，或者确保引起堆分配的代码只在需要时才执行。

例 **15-3**：频繁调用会生成大量垃圾，代码如下：

```
// 第15章 /15-5
void Update()
{
    ShowPosition(" 当前位置 :"+transform.position.x);
}
```

优化方案是只在 transform.position.x 值发生改变时才调用生成垃圾的代码，并对字符串的使用进行处理，代码如下：

```
// 第15章 /15-6
private float previousPositionX;
Private float PositionX;
void Update()
{
    PositionX = transform.position.x;
    if (PositionX != previousPositionX)
    {
        ShowPosition(PositionX);
        previousPositionX = PositionX;
    }
}
```

4. 缓存

堆内存对象重复创建会造成堆内存重复分配，产生不必要的垃圾，改进方案是保存结果的引用并复用它们，通常称这种方法为缓存。

例 **15-4**：方法被重复调用，因为方法中会创建数组，方法每次被调用时都会造成堆内存分配，代码如下：

```
// 第15章 /15-7
void OnTriggerEnter(Collider other)
{
    Renderer[] allRenderers = FindObjectsOfType<Renderer>();
    ExampleFunction(allRenderers);
}
```

优化方案是缓存结果，缓存数组并复用可以保证不生成更多垃圾，代码如下：

```
// 第15章 /15-8
private Renderer[] allRenderers;
void Start()
{
    allRenderers = FindObjectsOfType<Renderer>();
}
```

```
void OnTriggerEnter(Collider other)
{
    ExampleFunction(allRenderers);
}
```

5. 装拆箱

C# 中所有的数据类型都是从基类 System.Object 继承而来的，所以值类型和引用类型的值可以通过显式（或隐式）操作相互转换，该过程也就是装箱（Boxing）和拆箱（UnBoxing）。装箱操作，通常发生在将值类型的变量（如 int 或者 float）传递给需要 object 参数的函数时，如 Object.Equals()，而拆箱通常发生在将引用类型赋给值类型变量。

例 15-5：函数 String.Format() 接受一个字符串和一个 object 参数。当传递参数为一个字符串和一个 int 时，int 会被装箱，代码如下：

```
// 第 15 章 /15-9
void ShowPrice()
{
    int cost = 5;
    string displayString = String.Format(" 商品价格：{0} 元 ", cost);
}
```

另一个非常典型的装箱是返回可为 null 类型，如开发人员希望函数在调用时为值类型返回 null，尤其是在该函数操作可能失败的情况下。当一个值类型变量被装箱时，Unity 会在堆上创建一个临时的 System.Object，用于包装值类型变量，当这个临时对象被创建和销毁时产生了垃圾。

装箱拆箱会产生垃圾，而且十分常见，即使我们在代码中没有直接的装箱操作，使用的插件或者其他间接调用的函数也可能在幕后进行了装箱操作。装拆箱在频繁、大量使用时可能会导致极大的性能问题，如使用粒子系统在粒子操作时使用装拆箱操作，由于粒子数量大、更新频繁，短时间就会消耗掉大量内存空间。避免装箱操作最好的方式是尽可能地少使用导致装箱操作的函数及避免使用直接的装箱操作。

6. 材质实例化

在每次触发 Renderer.material(s) 赋值时，Unity 都会自动实例化新的材质，由开发人员负责销毁原材质，因此，在很多时候这都会引发内存泄漏问题，代码如下：

```
// 第 15 章 /15-10
private void Update()
{
    var cube = GameObject.CreatePrimitive(PrimitiveType.Cube);
    cube.GetComponent<Renderer>().material.color = Color.red;
    ...
    Destroy(cube);
}
```

一个改进的方法称为材质实例化（Material Instance）技术，它会跟踪实例化材质的生命周期，并在不需要时自动销毁实例化的材质，代码如下：

```
// 第15章 /15-11
private void Update()
{
    var cube = GameObject.CreatePrimitive(PrimitiveType.Cube);
    cube.EnsureComponent<MaterialInstance>().Material.color = Color.red;
    ...
    Destroy(cube);
}
```

15.6.3　对象池

对象池（Object Pool）顾名思义就是一个包含一定数量已经创建好的对象（Object）的集合。对象池技术在对性能要求较高的应用开发中使用得非常广泛，尤其在内存管理方面，可以通过重复使用对象池中的对象来提高性能和内存使用。如在游戏开发中，通常构建一个子弹对象池，通过重用而不是临时分配和释放子弹对象的方式提高内存利用效率，在发射子弹时从子弹池中取一个未用的子弹，在子弹与其他物体碰撞或者达到一定距离消失后将该子弹回收到子弹池中，通过这种方式可更快速地创建子弹，更重要的是确保使用这些子弹不会导致内存垃圾。

1. 使用对象池的好处

复用池中对象没有分配内存和创建堆中对象的开销，没有释放内存和销毁堆中对象的开销，从而可以减少垃圾回收器的负担，避免内存抖动，也不必重复初始化对象状态，对于比较耗时的构造函数（Constructor）和释构函数（Finalize）来讲非常合适，使用对象池可以避免实例化和销毁对象带来的常见性能和内存垃圾问题。

在 Unity 中，实例化预制体（Prefab）时，需要将预制体内容加载到内存中，然后将所需的纹理和网格上载到 GPU 显存，从硬盘或者网络中将预制体加载到内存是一个非常耗时的操作，如果将预制体预先加载到对象池中，则可以避免频繁的加载和卸载。

对象池技术在以下情况下使用能有效地提高性能并减少垃圾产生：

（1）需要频繁创建和销毁的对象。

（2）性能响应要求高的场合。

（3）数量受限的资源，例如数据库连接。

（4）创建成本高昂的对象，比较常见的线程池、字节数组池等。

2. 使用对象池的不足

合理地使用对象池能有效地提升性能和内存使用，但并不意味着任何时机任何场合都适合使用对象池，创建对象池会占用内存，从而减少可用于其他目的堆内存量。对象池大小设置不合理也会带来问题：如果分配的对象池过小，当需要继续在池上分配内存时，则可能会更频繁地触发垃圾回收，不仅如此，还会导致每次回收操作都变得更加缓慢（因为回收所用的时间会随着活动对象的数量的增加而增加）；当分配的池太大或者在一段时间内不需要对象池所包含对象时仍保持它们的状态，应用性能也将受到影响。此外，许多类型的对象不适合放在对象池中，如应用中包含的持续时间很长的魔法效果、需要渲染大量敌人而这些敌人随着游戏的进行只能逐渐被杀死，在此类情况下对象池的性能开销超过收益。

对象池使用不当也会出现如下问题：

（1）并发环境中，多个线程可能需要同时存取池中对象，因此需要在堆数据结构上进行同步或者因为锁竞争而产生阻塞，这种开销要比创建销毁对象的开销高数百倍。

（2）由于池中对象的有限数量，势必造成可伸缩性瓶颈。

（3）很难正确合理地设定对象池大小。

（4）设计和使用对象池容易出错，设计时会出现状态不同步、使用时会出现忘记归还或者重复归还、归还后仍使用对象等问题。

15.6.4 常见影响性能的代码优化策略

在开发 AR 应用时，AR Foundation、ARKit 工具包提供了很多方便快捷的方法、接口、工具，使用它们可以快速构建应用架构、实现应用功能，但在代码开发中，性能与便捷性很多时候是一对矛盾体，高的使用便捷性往往带来性能的降低，特别是在不了解底层实现时不恰当的调用会带来严重的性能问题。

1. 引用缓存

GetComponent<T>() 之类的方法非常方便获取对象的引用，Camera.main 属性也常常用于获取渲染相机，但实际上它们在底层都使用了搜索（遍历），如 GetComponent<T>() 使用了类型搜索，而 Camera.main 使用了 FindGameObjectsWithTag() 搜索，而且使用 GetComponent（string）字符串方法会比使用 GetComponent<T>() 泛型方法性能更差、开销更大。遍历是 $O(n)$ 级的复杂度，因此，为降低开销，通常应当在 Awake() 或者 Start() 方法中缓存引用，代码如下：

```
// 第 15 章 /15-12
private Camera cam;
private CustomComponent comp;
void Start()
{
    cam = Camera.main;
    comp = GetComponent<CustomComponent>();
}
void Update()
```

```
    {
        // 使用缓存引用
        this.transform.position = cam.transform.position + cam.transform.forward * 10.0f;
        // 使用搜索
        this.transform.position = Camera.main.transform.position + Camera.main
.transform.forward * 10.0f;
        // 使用缓存引用
        comp.DoSomethingAwesome();
        // 使用搜索
        GetComponent<CustomComponent>().DoSomethingAwesome();
    }
```

在 Unity 中，此类方法还非常多，虽然使用很方便，但其性能开销极大，大部分此类方法
API 涉及在整个场景中搜索匹配对象，为避免频繁使用，通常应该缓存引用，常用的此类方法
如表 15-15 所示。

表 15-15　常见性能开销大的方法

序　号	方　法　名
1	GameObject.SendMessage()
2	GameObject.BroadcastMessage()
3	UnityEngine.Object.Find()
4	UnityEngine.Object.FindWithTag()
5	UnityEngine.Object.FindObjectOfType()
6	UnityEngine.Object.FindObjectsOfType()
7	UnityEngine.Object.FindGameObjectsWithTag()
8	UnityEngine.Object.FindGameObjectsWithTag()

2. 避免使用 LINQ

尽管 LINQ 非常简单且易于读写，但与手写算法相比，它所需的计算资源要多得多，尤
其是在内存分配上表现更明显，所以如非必要不使用 LINQ，LINQ 的代码如下：

```
// 第 15 章 /15-13
List<int> data = new List<int>();
data.Any(x => x > 10);
var result = from x in data
        where x > 10 select x;
```

3. 空回调方法

在开发 AR 应用时，应该精心慎重地编写每秒执行很多次的任何函数、方法，如
Update()，如果在这些函数或者方法中发生了高开销的操作，则影响会非常巨大。在 Unity 中

新建脚本文件时，默认会生成 Start() 和 Update() 方法，空的 Update() 方法看似没有妨碍，但实际上这些 Update() 方法每帧都会被调用，Unity 会在 UnityEngine 代码与应用程序代码块之间进行托管 / 非托管切换，即使没有需要执行的操作，上下文的切换也会产生相当高的开销。如果应用中有数百个对象包含空 Update() 方法，就很容易造成性能问题。与 Update() 方法类似，其他执行频率高的回调方法存在同样的问题，如 FixedUpdate()、LateUpdate()、OnPostRender()、OnPreRender()、OnRenderImage() 等。

4. 杂项

结构体（Struct）为值类型，将其直接传递给函数时，其内容将被复制到新建的实例。这种复制增加了 CPU 开销及栈上内存。对于简单结构体，这种影响通常可以忽略，因此是可接受的，但是，对于每帧重复调用、采用复杂结构体的函数，应当将函数定义修改为按引用传递。

限制物理模拟仿真迭代次数、避免使用网格碰撞体（Mesh Collider）、禁用空闲动画、降低算法复杂度等方法都有利于提高应用性能。

15.7　ARKit 优化设置

AR 应用的一般优化原则与移动设备优化一致，使用 Unity 开发 AR 应用时，应当充分利用 Unity 提供的优化技术，降低性能消耗，提高用户体验。

15.7.1　UI/UX 优化

利用 Unity 进行 AR 应用开发时，在 UI/UX 中使用图集（Altas）能有效降低 Drawcall。在界面中默认一张图片一个 Drawcall，当同一张图片被多次渲染时仍然为一个 Drawcall，因此将多张小图拼合在一起形成图集可以减少 Drawcall 数量。另外，由于影响 Drawcall 数量的是Batch（批处理数），而 Batch 以图集为单位进行处理，所以在处理图集时，通常的做法是将常用图片放在一个公共图集，将独立界面图片放在另一个图集，一个 AR 应用 UI/UX 图集数建议为 3 ～ 4 个。

UI/UX 层级的深度也对 Drawcall 有很大影响，在使用中，应当尽量减少 UI/UX 层级的深度，在层级（Hierarchy）窗口中 UGUI 节点的深度表现的就是 UI/UX 层级的深度，深度越深，不处在同一层级的 UI/UX 就越多，Drawcall 数就会越大。

15.7.2　常用优化设置

在使用 Unity 开发 AR 应用时，通常会提供一些默认的设置，但这些默认设置是针对普通应用的普适性设置，并不能提供对 AR 应用的特殊优化，加之 ARKit 使用的移动设备属于边端设备，在性能上比 PC、PlayStation 等设备有更多的约束，为了提高性能，通常需要进行一些针对性的设置。在 Unity 菜单中，依次选择 Edit → Project Settings 打开 Project Settings 窗口，选择 Player 项，在 iOS 平台下的 Other Settings 栏中进行以下设置。

1. 开启 Graphics Jobs

在单线程设备中，图形渲染工作也由主线程承担，而在多线程设备中，则允许使用其他线程分担渲染任务，从而可以并行计算，提高效率。Graphics Jobs（图形任务）属性决定了 Unity 进行图形渲染时可利用的线程，当启用该功能后，Unity 可以利用渲染线程、工作者线程进行渲染任务，从而带来可观的性能改进。

2. 开启 Multihreaded Rendering

ARKit 支持多线程渲染，与 Graphics Jobs 属性类似，开启 Multihreaded Rendering 功能可以带来可观的性能提升。

3. 开启 Use Incremental GC

Unity 2019 及后续版本新增了增量垃圾回收（Incremental Garbage Collection），虽然使用的仍然是原 GC 回收器，但将原本全量式垃圾回收拆分成多块任务渐进式执行，这在垃圾较多或者应用规模较大时能分多阶段执行一次完整的垃圾回收，从而降低卡顿感。

4. 只使用 iPhone

如果能明确应用只运行在 iPhone 设备上，则可以将 Target Device 属性选为 iPhone Only，这样可以降低包体体积。

5. 关闭 Face Tracking

在没有人脸检测跟踪需求时，可以关闭人脸检测功能，即在 XR Plug-in Management → Apple ARKit 栏，取消勾选 Face Tracking 后的复选框，节约计算开销。

6. 使用低图像渲染质量

高质量图像渲染设置在带来更高渲染表现的同时也会消耗更多的资源，这往往是导致性能问题的重要因素，牺牲微小的质量以求性能也是一种折中的办法，因此，为了保证适当帧率，通常建议将 Unity 默认的 Unity Quality Settings（Unity 质量设置）修改为 Very Low 值。具体操作时应在 Unity 菜单中依次选择 Edit → Project Settings → Quality，单击 iOS 目标列下的 Default 属性下拉箭头，选择 Very Low。

7. 其他

在使用 ARKit 开发 AR 应用时，计算密集型功能包括平面检测、图像检测、3D 物体检测、人形动捕、人形遮挡、环境几何网格、锚点、阴影生成、图像捕获处理、3D 声频、3D 视频，因此在使用这些功能时，需要注意使用度，或者在不需要时及时关闭这些功能特性以提高性能、节约资源。

15.7.3　AR 应用开发一般注意事项

移动设备是边端设备，受限于硬件处理能力、功耗，为使渲染帧率达到 60 帧 / 秒，一般建议在场景中模型多边形数量不应当超过 50 万个。在设计、开发 AR 应用时，开发人员需要时刻关注性能问题，通常而言，开发与使用 AR 应用应当注意以下几个方面：

（1）使用 URP 渲染管线而不是 Unity 原 Build-in 管线。

（2）使用平面投射阴影代替 Unity 提供的 Shadowmap 阴影。

（3）及时关闭计算密集型功能。

（4）不添加不使用的可跟踪对象管理器。

图 书 推 荐

书　名	作　者
HarmonyOS 应用开发实战（JavaScript 版）	徐礼文
HarmonyOS 原子化服务卡片原理与实战	李洋
鸿蒙操作系统开发入门经典	徐礼文
鸿蒙应用程序开发	董昱
鸿蒙操作系统应用开发实践	陈美汝、郑森文、武延军、吴敬征
HarmonyOS 移动应用开发	刘安战、余雨萍、李勇军 等
HarmonyOS App 开发从 0 到 1	张诏添、李凯杰
HarmonyOS 从入门到精通 40 例	戈帅
JavaScript 基础语法详解	张旭乾
华为方舟编译器之美——基于开源代码的架构分析与实现	史宁宁
Android Runtime 源码解析	史宁宁
鲲鹏架构入门与实战	张磊
鲲鹏开发套件应用快速入门	张磊
华为 HCIA 路由与交换技术实战	江礼教
深度探索 Go 语言——对象模型与 runtime 的原理、特性及应用	封幼林
深度探索 Flutter——企业应用开发实战	赵龙
Flutter 组件精讲与实战	赵龙
Flutter 组件详解与实战	［加］王浩然（Bradley Wang）
Flutter 跨平台移动开发实战	董运成
Dart 语言实战——基于 Flutter 框架的程序开发（第 2 版）	亢少军
Dart 语言实战——基于 Angular 框架的 Web 开发	刘仕文
IntelliJ IDEA 软件开发与应用	乔国辉
Vue+Spring Boot 前后端分离开发实战	贾志杰
Vue.js 快速入门与深入实战	杨世文
Vue.js 企业开发实战	千锋教育高教产品研发部
Python 从入门到全栈开发	钱超
Python 全栈开发——基础入门	夏正东
Python 全栈开发——高阶编程	夏正东
Python 游戏编程项目开发实战	李志远
Python 人工智能——原理、实践及应用	杨博雄 主编，于营、肖衡、潘玉霞、高华玲、梁志勇 副主编
Python 深度学习	王志立
Python 预测分析与机器学习	王沁晨
Python 异步编程实战——基于 AIO 的全栈开发技术	陈少佳
Python 数据分析实战——从 Excel 轻松入门 Pandas	曾贤志
Python 数据分析从 0 到 1	邓立文、俞心宇、牛瑶
Python Web 数据分析可视化——基于 Django 框架的开发实战	韩伟、赵盼
Python 玩转数学问题——轻松学习 NumPy、SciPy 和 Matplotlib	张骞
Pandas 通关实战	黄福星
深入浅出 Power Query M 语言	黄福星

书　名	作　者
FFmpeg 入门详解——音视频原理及应用	梅会东
云原生开发实践	高尚衡
虚拟化 KVM 极速入门	陈涛
虚拟化 KVM 进阶实践	陈涛
边缘计算	方娟、陆帅冰
物联网——嵌入式开发实战	连志安
动手学推荐系统——基于 PyTorch 的算法实现（微课视频版）	於方仁
人工智能算法——原理、技巧及应用	韩龙、张娜、汝洪芳
跟我一起学机器学习	王成、黄晓辉
TensorFlow 计算机视觉原理与实战	欧阳鹏程、任浩然
分布式机器学习实战	陈敬雷
计算机视觉——基于 OpenCV 与 TensorFlow 的深度学习方法	余海林、翟中华
深度学习——理论、方法与 PyTorch 实践	翟中华、孟翔宇
深度学习原理与 PyTorch 实战	张伟振
AR Foundation 增强现实开发实战（ARCore 版）	汪祥春
ARKit 原生开发入门精粹——RealityKit + Swift + SwiftUI	汪祥春
HoloLens 2 开发入门精要——基于 Unity 和 MRTK	汪祥春
Altium Designer 20 PCB 设计实战（视频微课版）	白军杰
Cadence 高速 PCB 设计——基于手机高阶板的案例分析与实现	李卫国、张彬、林超文
Octave 程序设计	于红博
ANSYS 19.0 实例详解	李大勇、周宝
AutoCAD 2022 快速入门、进阶与精通	邵为龙
SolidWorks 2020 快速入门与深入实战	邵为龙
SolidWorks 2021 快速入门与深入实战	邵为龙
UG NX 1926 快速入门与深入实战	邵为龙
西门子 S7-200 SMART PLC 编程及应用（视频微课版）	徐宁、赵丽君
三菱 FX3U PLC 编程及应用（视频微课版）	吴文灵
全栈 UI 自动化测试实战	胡胜强、单镜石、李睿
FFmpeg 入门详解——SDK 二次开发与直播美颜原理及应用	梅会东
pytest 框架与自动化测试应用	房荔枝、梁丽丽
软件测试与面试通识	于晶、张丹
智慧教育技术与应用	［澳］朱佳（Jia Zhu）
敏捷测试从零开始	陈霁、王富、武夏
智慧建造——物联网在建筑设计与管理中的实践	［美］周晨光（Timothy Chou）著；段晨东、柯吉译
深入理解微电子电路设计——电子元器件原理及应用（原书第 5 版）	［美］理查德·C. 耶格（Richard C. Jaeger）、［美］特拉维斯·N. 布莱洛克（Travis N. Blalock）著；宋廷强 译
深入理解微电子电路设计——数字电子技术及应用（原书第 5 版）	［美］理查德·C. 耶格（Richard C.Jaeger）、［美］特拉维斯·N. 布莱洛克（Travis N. Blalock）著；宋廷强 译
深入理解微电子电路设计——模拟电子技术及应用（原书第 5 版）	［美］理查德·C. 耶格（Richard C.Jaeger）、［美］特拉维斯·N. 布莱洛克（Travis N. Blalock）著；宋廷强 译